全国水利行业规划教材　高职高专水利水电类
中国水利教育协会策划组织

工程力学与建筑结构

（第2版·修订版）

主　编　邹　林　杨永振
副主编　徐水平　韩永胜
　　　　廖　云　朱　强
主　审　毕守一

黄河水利出版社
·郑州·

内 容 提 要

本书是全国水利行业规划教材，是根据中国水利教育协会职业技术教育分会高等职业教育教学研究会组织制定的工程力学与建筑结构课程标准编写完成的。全书共分7个项目，主要介绍工程力学和建筑结构的基本知识，包括工程力学预备知识，杆件内力分析，工程构件承载力分析计算，混凝土结构预备知识，钢筋混凝土梁、板设计与构造，钢筋混凝土柱设计，单向板肋形楼盖设计与构造等内容。

本书适用于高职高专水利类专业以及建筑工程技术、工程监理、市政工程、道桥等土建类专业工程力学与建筑结构课程教学，亦可作为建筑工程技术人员的参考用书。

图书在版编目(CIP)数据

工程力学与建筑结构/邹林，杨永振主编.—2版.
郑州：黄河水利出版社，2017.1 (2024.7 修订版重印)
全国水利行业规划教材
ISBN 978-7-5509-1680-7

Ⅰ.①工… Ⅱ.①邹…②杨… Ⅲ.①工程力学-高等职业教育-教材②建筑结构-高等职业教育-教材
Ⅳ.①TB12②TU3

中国版本图书馆CIP数据核字(2017)第012092号

组稿编辑：王路平　电话：0371-66022212　E-mail：hhslwlp@163.com

出 版 社：黄河水利出版社　　网址：www.yrcp.com
地址：河南省郑州市顺河路黄委会综合楼14层　　邮政编码：450003
发行单位：黄河水利出版社
发行部电话：0371-66026940、66020550、66028024、66022620(传真)
E-mail：hhslcbs@126.com
承印单位：河南承创印务有限公司
开本：787 mm×1 092 mm　1/16
印张：20
字数：460千字
版次：2009年8月第1版　　印数：8 001—9 000
2017年1月第2版　　印次：2024年7月第4次印刷
2024年7月修订版

定价：40.00元

第2版前言

本书是贯彻落实《国家中长期教育改革和发展规划纲要(2010~2020 年)》、《国务院关于加快发展现代职业教育的决定》(国发〔2014〕19 号)、《现代职业教育体系建设规划(2014~2020 年)》和《水利部教育部关于进一步推进水利职业教育改革发展的意见》(水人事〔2013〕121 号)等文件精神,在中国水利教育协会指导下,由中国水利教育协会职业技术教育分会高等职业教育教学研究会组织编写的第三轮水利水电类专业规划教材。第三轮教材以学生能力培养为主线,体现出实用性、实践性、创新性的教材特色,是一套理论联系实际、教学面向生产的高职教育精品规划教材。

为了不断提高教材质量,编者于 2024 年 7 月,根据近年来在教学实践中发现的问题和错误,对全书进行了修订完善。

本书第 1 版由安徽水利水电职业技术学院毕守一教授主持编写,在此对毕守一教授及其他参编人员在本书编写过程中所付出的劳动和贡献表示感谢！第 1 版教材自 2009 年 8 月出版以来,因其通俗易懂、全面系统、应用性知识突出、可操作性强等特点,受到全国高职高专院校水利类专业师生及广大水利从业人员的喜爱。随着我国工程力学与建筑结构理论水平的不断发展,为进一步满足教学需要,应广大读者的要求,编者在第 1 版的基础上对原教材内容进行了全面修订、补充和完善。

本次再版,根据本课程的培养目标和当前工程力学与建筑结构理论的发展状况,力求拓宽专业面,扩大知识面,反映先进的理论水平以适合发展的需要;力求综合运用基本理论和知识,以解决工程实际问题;力求理论联系实际,以应用为主,内容上尽量符合实际需要。

本书突出高等职业技术教育的特点,为适应教学改革的要求,对工程力学与建筑结构内容进行了一定的调整,书中不过分强调理论及公式的推导,而更加注重结合工程实例。本书在编写过程中,注重对内容删繁就简,降低了一些知识点的教学要求,使教材更适合学生的认知水平。书中还注重基本概念、基本理论和基本计算方法在解决实际工程问题中的应用,以强化培养学生的工程意识。本书编写力求做到叙述简明、由浅入深,依托典型例题、习题,紧密结合生活及工程实际,以便读者理解和掌握。

本书共分 7 个项目,各项目开篇指明知识目标和能力目标,章后附有项目小结和知识技能训练,有助于读者掌握所学的知识。

本书编写人员及编写分工如下:河南水利与环境职业学院徐水平编写项目 1;山东水利职业学院杨永振编写项目 2;山东水利职业学院韩永胜编写项目 3;长江工程职业技术

学院邹林编写项目4和项目6;湖南水利水电职业技术学院廖云编写项目5;长江工程职业技术学院朱强编写项目7。本书由邹林和杨永振担任主编,由邹林负责全书统稿;由徐水平、韩永胜、廖云、朱强担任副主编;由安徽水利水电职业技术学院毕守一担任主审。

由于本次编写时间仓促,本书中难免存在缺点和疏漏,恳请广大读者批评指正。

编　者

2024年7月

目　录

项目1　工程力学预备知识

知识目标

(1)了解力的基本概念,约束的概念,力系的概念;
(2)掌握物体的受力分析,平面力系的合成与平衡;
(3)熟悉受力图,平衡方程的应用。

能力目标

(1)会进行物体的受力分析;
(2)能利用平面力系的平衡方程解决工程问题。

任务1　力的基本知识

1　力的基本概念

1.1　力的概念

力是人们在长期的生产劳动和日常生活中逐步建立起来的,并在实践中逐渐形成的概念。例如,当人推小车时由于肌肉紧张收缩,就会感到人对小车施加了力,使小车由静止到运动或使小车的运动速度发生变化,同时会感到小车也在推人;手用力拉弹簧,使弹簧发生伸长变形,同时感到弹簧也在拉手,这种力的作用是物体与物体之间所发生的;自空中下落的物体由于受到地球的引力作用而使运动速度加快;桥梁受行驶车辆的作用而产生弯曲变形等,这都是人们对力所产生的感性认识。

随着生产的发展,人们又进一步认识到:物体机械运动状态的改变和物体形状大小的改变,都是由于其他物体对该物体施加力的结果。例如,水流冲击水轮机叶片带动发电机转子的转动;起重机起吊构件;弹簧受力后伸长或缩短。牛顿定律给出了力的科学定义:力是物体间相互的机械作用,这种作用使物体的运动状态发生改变(外效应),或者使物体的形状发生改变(内效应)。既然力是物体与物体之间的相互作用,所以力不可能脱离周围的物体而单独存在。也就是说,存在受力物体就必然存在施力物体。

力是物体与物体之间的相互作用,有受力的物体则必有施力的物体。在建筑工程力学中,力的作用方式一般有两种情况:一种是两物体相互接触时,它们之间相互产生的拉力或压力;一种是物体与地球之间相互产生的吸引力,对物体来说,这吸引力就是重力。

1.2　力的三要素

实践证明,力对物体的作用效应取决于三个要素:力的大小、力的方向、力的作用点。

1.2.1 力的大小

力的大小表明物体间相互作用的强弱程度。为了度量力的大小,应规定力的单位,在国际单位制中,力的单位是牛顿(N)或千牛顿(kN),1 kN = 1 000 N;在工程单位制中,力的单位是千克(kg)或吨(t)。两种单位制的换算关系为 1 kg = 9.8 N ≈ 10 N。

1.2.2 力的方向

力的方向包含有方位和指向两个含义。例如,重力的方向是“垂直向下”。

1.2.3 力的作用点

力的作用点是指力对物体作用的位置。力的作用位置实际上有一定的范围,不过当作用范围与物体的几何尺寸相比很小时,可近似地看作一个点;作用于一个点的力,称为集中力。

力对物体的作用效果取决于力的大小、方向和作用点。在这三个因素中,只要改变其中的一个因素,都会使物体产生不同的效果。所以,把力的大小、方向和作用点称为力的三要素。

1.3 力的表示方法

1.3.1 图示法

为了便于对物体做受力分析,常需要将力用图形的形式表示出来。由力的三要素可知,力是既有大小又有方向的量,所以力是矢量,可用一带箭头的线段来表示,这种表示方法称为力的图示法。

如图 1-1 所示,线段的长度(按选定的比例)表示力的大小;线段与某定直线的夹角表示力的方位,箭头表示力的指向;带箭头线段的起点 A(或终点 B)表示力的作用点。通过力的作用点沿力方向的直线 L,称为力的作用线。

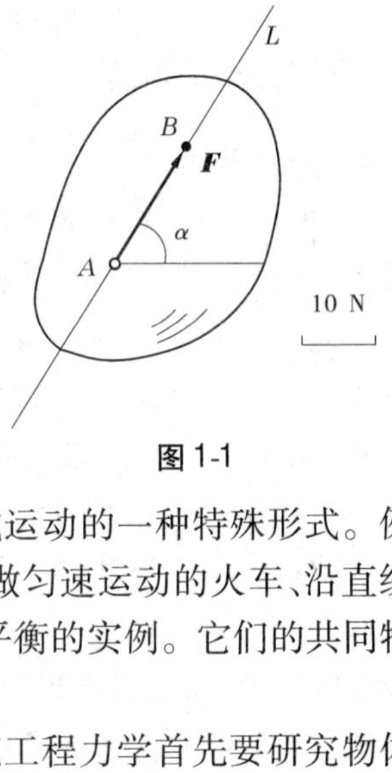

图 1-1

1.3.2 文字法

在印刷体中,用大写加粗字母表示,如 $\boldsymbol{F}$、$\boldsymbol{P}$、$\boldsymbol{R}$ 等;手写用大写字母头上加一横线表示,如 $\overline{F}$、$\overline{P}$、$\overline{R}$。

1.4 平衡的概念

一般将地球作为参照系,物体相对于惯性参考系保持静止或做匀速直线运动,则物体处于平衡状态。平衡是物体机械运动的一种特殊形式。例如,房屋、水坝、桥梁相对于地球是保持静止的,在直线轨道上做匀速运动的火车、沿直线匀速起吊的构件,它们相对于地球做匀速直线运动,这些都是平衡的实例。它们的共同特点,就是运动状态没有变化。

建筑物中的构件在正常情况下都处于平衡状态,因此建筑工程力学首先要研究物体的平衡问题。

1.5 力系

在一般情况下,一个物体总是同时受到若干个力的作用。我们把作用于一物体上的一群力统称为力系,使物体保持平衡的力系,称为平衡力系。

根据力系中各力作用线的分布情况,可将力系分为平面力系和空间力系两大类。各力作用线位于同一平面内的力系称为平面力系,各力作用线不在同一平面内的力系称为空间力系,空间力系不作为本教材学习内容,感兴趣的学生可自学此部分知识。

在静力学中具体讨论两个问题:力系的简化和力系的平衡条件问题。在一般情况下,物体受到力系的作用,会使运动状态发生变化,只有当力系满足某些条件时,才能使物体处于平衡状态。例如起吊构件,当绳索的拉力大于或小于构件的重力时,构件就加速直线上升或减速直线上升,只有当拉力与重力相等时,构件才会匀速直线上升或静止,即构件处于平衡状态。物体在力系作用下处于平衡状态时,力系应该满足的条件,称为力系的平衡条件,这是静力学讨论的主要问题。在讨论力系的平衡条件中,往往需要把作用在物体上的复杂的力系,用一个与原力系作用效果相同的简单的力系来代替,使得讨论平衡条件时比较方便,这种对力系作用效果做的等效代换,称为力系的简化,或称为力系的合成。若两个力系分别作用于同一物体上,其效应完全相同,则称这两个力系为等效力系。在特殊情况下,如果一个力与一个力系等效,则称此力为该力系的合力,而力系中的各力称为此合力的分力。

2 静力学公理

静力学是研究物体在力作用下处于平衡状态的规律的一门科学。一物体在力的作用下,其内部任意两点间的距离始终保持不变,这样的物体称为刚体。它是一个抽象化的力学模型。实际上物体在力的作用下都会产生不同程度的变形,因此绝对的刚体是不存在的。例如建筑物中的梁,它在中央处最大的下垂长度一般只有梁长度的1/300。一个物体在力的作用下变形很小,这样微小的变形,对于讨论物体的平衡问题影响甚少,可以忽略不计,因而可将物体看成是不变形的。

静力学研究的物体只限于刚体,故称为刚体静力学,它是研究变形体力学的基础。然而,当讨论物体受到力的作用后会不会发生破坏时,变形就是一个主要的因素,这时就不能把物体看作刚体,而应该看作变形体。但必须指出,以刚体为对象得出的力系的平衡条件,一般也可以推广应用于变形很小的变形体的平衡问题,且计算成果完全满足实践要求。

静力学公理是人们在长期的生产和生活实践中,经过反复观察和试验总结出来的普遍规律,它无须证明即被人们所公认。它阐述了力的一些基本性质,是静力学理论的基础。

在静力学研究中,对研究对象如没有特别强调的情况下,一般分析时不再考虑杆件的自重,这与中学物理关于力学分析中有很大不同。

2.1 二力平衡公理

公理:一刚体在两个力作用下,该刚体处于平衡状态,其必要和充分条件是:这两个力的大小相等、方向相反,作用在同一条直线上,如图1-2所示。

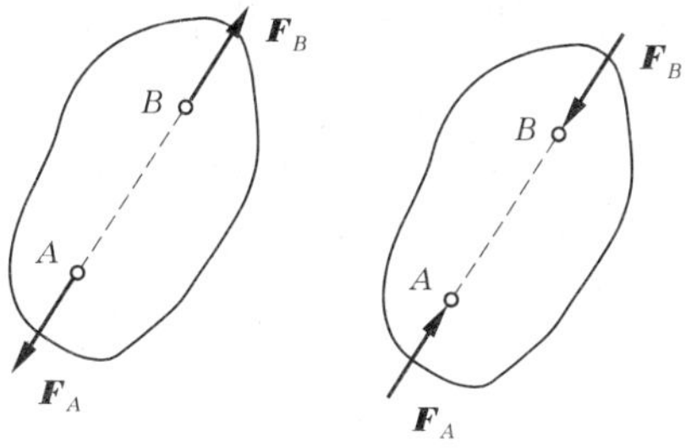

图1-2

只受二力作用而处于平衡状态的杆件或构件称为二力杆或二力构件。二力杆或二力构件上的两个力的作用线必为这两个力作用点的连线,如图1-3所示*AB*杆、*AC*杆均为二力杆。

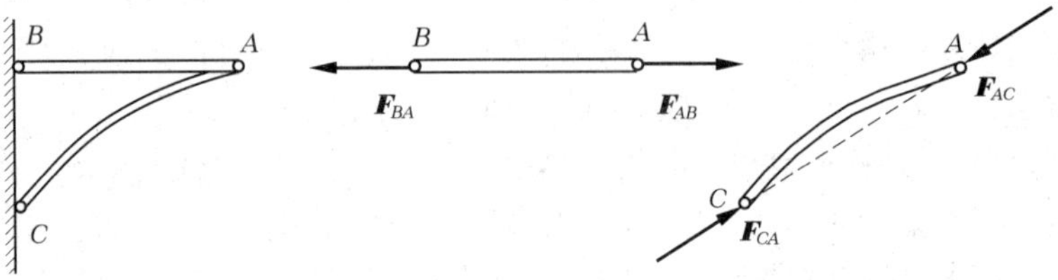

图1-3

2.2　加减平衡力系公理

公理:在作用于刚体上的任意力系中,加上或取消一个平衡力系,并不改变原力系对刚体的作用效应。

如图1-4(a)所示,在力$\boldsymbol{F}$作用线上点*B*处,加上一平衡力系,使$F_1=F_2=F$,则图1-4(a)与图1-4(b)为等效。

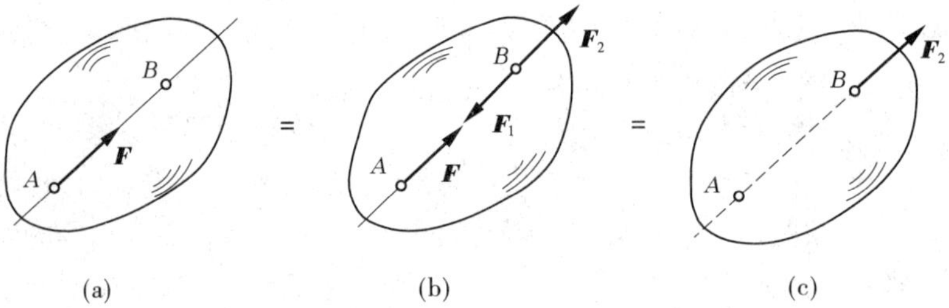

图1-4

2.3　力的可传性原理

作用在刚体上某点的力,可沿其作用线任意滑移至刚体上的任意一点,而不改变它对刚体的作用效应。

如图1-4(a)所示,设力$\boldsymbol{F}$作用在物体的*A*点,根据加减平衡力系公理,可在力的作用线上任取一点*B*,加上等值、反向、共线的$\boldsymbol{F}_1$和$\boldsymbol{F}_2$两个力,并且使$F_2=F_1=F$,如图1-4(b)所示。在图1-4(b)中,$\boldsymbol{F}$和$\boldsymbol{F}_1$是一个平衡力系,故可去掉,于是只剩下作用在*B*点的力$\boldsymbol{F}_2$,如图1-4(c)所示。又因为力$\boldsymbol{F}_2$与原力$\boldsymbol{F}$等效,这就相当于把作用于*A*点的力$\boldsymbol{F}$沿其作用线移到了*B*点。

力的可传性原理告诉我们:力对刚体的效应与力的作用点在作用线上的位置无关。因此,力的三要素可改为:力的大小、方向和作用线。

必须指出,加减平衡力系公理和力的可传性原理都只适用于刚体,不适用于变形体。因为在物体上加上或去掉一个平衡力系,或将力沿其作用线移动,不会改变力对物体的外效应,但会改变力对物体的内效应。例如图1-5所示的杆件,直杆*AB*的两端分别受到两个等值、反向、共线的力$\boldsymbol{F}_A$、$\boldsymbol{F}_B$作用而处于平衡状态。如果将这两个力沿其作用线分别移到杆的另一端，显然直杆 AB 仍处于平衡状态。这说明力沿其作用线移动并不改变力的外效应。但是直杆由如图 1-5(a)所示的拉伸变形转变为如图 1-5(b)所示的压缩变形。

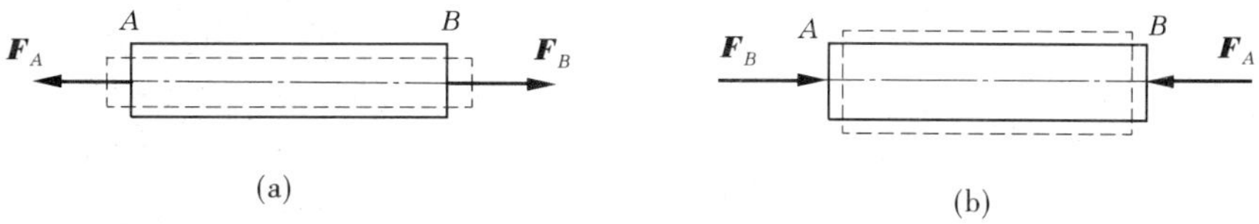

图 1-5

可见力对直杆的内效应由于力沿其作用线的移动而发生了形式的改变。这说明对变形体而言，力的可传性原理是不适用的。

2.4 力的平行四边形法则

公理：作用于物体上同一点的两个力，可以合成为一个合力，其合力作用线通过该点，合力的大小和方向由这两个力为邻边所构成的平行四边形的对角线表示。该公理又称为平行四边形法则。

如图 1-6(a)所示，$\boldsymbol{F}_1$、$\boldsymbol{F}_2$ 为作用于物体上 A 点的两个力，以 $\boldsymbol{F}_1$ 和 $\boldsymbol{F}_2$ 为邻边作平行四边形 $ABCD$，其对角线 AC 表示两共点力 $\boldsymbol{F}_1$ 与 $\boldsymbol{F}_2$ 的合力 $\boldsymbol{R}$。用矢量表达式表示为

$$\boldsymbol{R} = \boldsymbol{F}_1 + \boldsymbol{F}_2 \tag{1-1}$$

这个公理说明力的合成遵循矢量加法，只有当两力共线时，才能用代数加法。由于平行四边形对应边相等，则力的平行四边形法还可简化为力的三角形法则，如图 1-6(b)所示。力的三角形的两边由两分力首尾相接组成，第三边即为合力，它由第一个分力的起点指向第二个分力的终点，即合力的作用点仍在两分力的交点处。

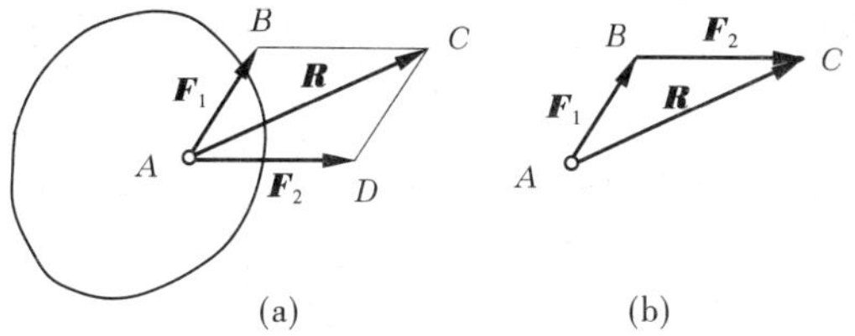

图 1-6

应当指出，力的平行四边形法则既是两个共点力的合成法则，又是力的分解法则。但将一个力按此法则进行分解时，若无条件限制，则有无穷多个解。因为由一条对角线可作出无穷多个平行四边形，如图 1-7(a)所示。也就是说，合力的分力有无穷多个，分力的合力只有一个。

要将一个力分解为两个力，必须给予附加条件。通常是将一个力分解为方向已知的两个分力。

设有一个作用于 A 点的力 $\boldsymbol{R}$，如图 1-7(b)所示，现将此力沿直线 AK 和 AL 方向分解，应用力的平行四边形法则，过 $\boldsymbol{R}$ 的终点 B 作两直线分别平行于 AK 和 AL，得交点 C 和 D，则 $\boldsymbol{F}_1$ 和 $\boldsymbol{F}_2$ 即为所求分力。

为了计算方便，在工程实际中，常将一个力 $\boldsymbol{R}$ 沿水平 x 轴和垂直 y 轴方向进行分解，

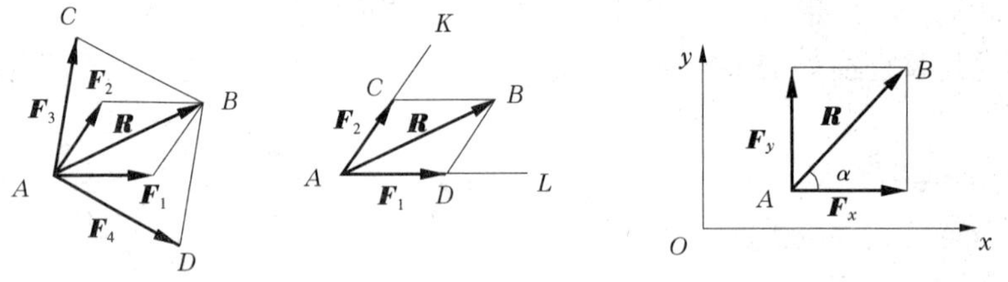

(a)无条件分解　　(b)有条件分解　　(c)正交分解

图1-7

如图1-7(c)所示,得出互相垂直的两个分力 $\boldsymbol{F}_x$ 和 $\boldsymbol{F}_y$。这样可用简单的三角函数关系求得每个分力大小为

$$\left.\begin{aligned} F_x &= R\cos\alpha \\ F_y &= R\sin\alpha \end{aligned}\right\} \tag{1-2}$$

式中　α——$\boldsymbol{R}$ 和 x 轴之间的夹角。

力的平行四边形法则是力系简化的依据之一。

2.5　力的作用与反作用公理

公理:两物体间相互作用的力,总是大小相等、方向相反,且沿同一直线,并分别作用在两个物体上。

这个公理说明了两物体间相互作用力的关系。力总是成对出现的,有作用力就必有反作用力,且总是同时产生又同时消失的。

如图1-8(a)中物体 A 放置在物体 B 上,$\boldsymbol{N}_1$ 是物体 A 对物体 B 的作用力,作用在物体 B 上,$\boldsymbol{N}$ 是物体 B 对物体 A 的反作用力,作用在物体 A 上。$\boldsymbol{N}_1$ 和 $\boldsymbol{N}$ 是作用力与反作用力的关系,即大小相等、方向相反,沿同一直线 KL,如图1-8(b)所示。

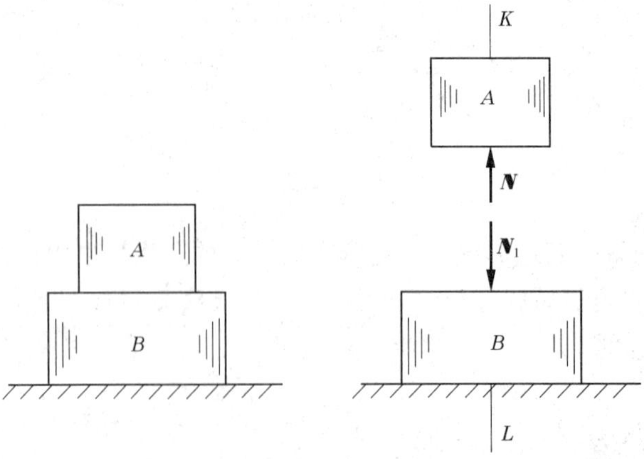

(a)　　(b)

图1-8

注意,二力平衡公理与作用和反作用公理是有区别的。区别在于:二力平衡公理中的二力是作用在同一物体上,而作用和反作用公理中的二力是分别作用在两个不同的物体上。

2.6 三力平衡汇交定理

若一刚体受三个共面不平行的力作用而处于平衡，则这三力的作用线必汇交于一点。

如图1-9所示，设有共面不平行的三个力 $\boldsymbol{F}_1$、$\boldsymbol{F}_2$、$\boldsymbol{F}_3$ 分别作用在一刚体上的 A_1、A_2、A_3 三点而使刚体平衡。

(1)根据力的可传性原理，将力 $\boldsymbol{F}_1$、$\boldsymbol{F}_2$ 移到两力作用线的交点 O 点。

(2)再用力的平行四边形法则将力 $\boldsymbol{F}_1$、$\boldsymbol{F}_2$ 合成为合力 $\boldsymbol{R}_{12}$，$\boldsymbol{R}_{12}$也作用在 O 点。

(3)因为 $\boldsymbol{F}_1$、$\boldsymbol{F}_2$、$\boldsymbol{F}_3$ 三力平衡，所以 $\boldsymbol{R}_{12}$应与力 $\boldsymbol{F}_3$ 平衡。又由二力平衡公理可知，力 $\boldsymbol{F}_3$ 和 $\boldsymbol{R}_{12}$一定是大小相等、方向相反，且作用在同一直线上，这就是说，力 $\boldsymbol{F}_3$ 必通过力 $\boldsymbol{F}_1$、$\boldsymbol{F}_2$ 的交点 O，即证明 $\boldsymbol{F}_1$、$\boldsymbol{F}_2$、$\boldsymbol{F}_3$ 三力的作用线必汇于一点。

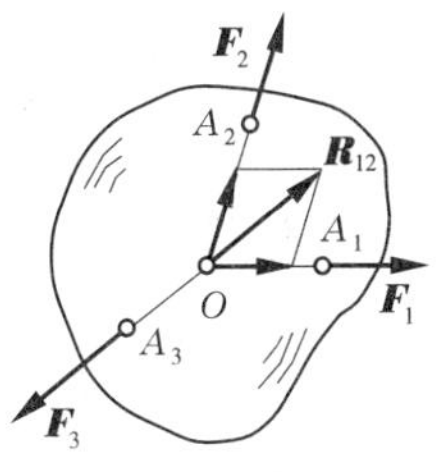

图1-9

三力平衡汇交定理常用来确定物体在共面不平行的三个力作用下平衡时其中一个未知力的作用线。

3 力矩和力偶

3.1 力对点之矩

力作用于物体上，除使物体移动外，还可以使物体发生转动。如图1-10所示，用扳手拧紧螺母时，作用于扳手上的力 $\boldsymbol{F}$ 使扳手绕 O 点转动，其转动效应不仅与力的大小和方向有关，而且与 O 点到力作用线的垂直距离 d 有关。将乘积 Fd 再冠以适当的正负号，对应的力绕 O 点的转动方向，称为力 $\boldsymbol{F}$ 对 O 点的矩，简称力矩，它是力 $\boldsymbol{F}$ 使物体绕 O 点转动效应的度量，用 $M_O(\boldsymbol{F})$ 表示，即

$$M_O(\boldsymbol{F}) = \pm Fd \tag{1-3}$$

式中 O——矩心；

d——力臂。

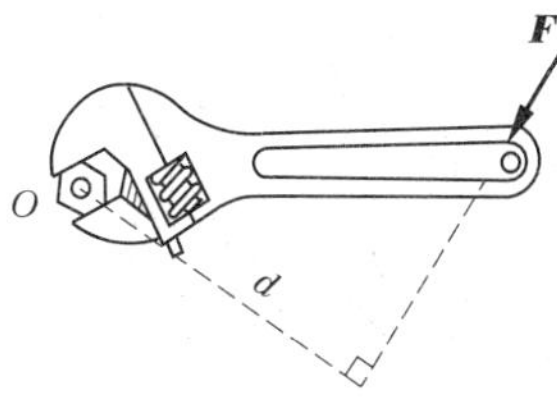

图1-10

平面内力 $\boldsymbol{F}$ 绕 O 点产生转动方向只有两种情况，为了计算方便，用正负号来区别表示，规定力 $\boldsymbol{F}$ 使物体绕矩心 O 点逆时针转动时为正，反之为负。

力矩的单位常采用 N·m 或 kN·m，有时为运算方便也采用 N·mm。其中 1 kN·m = 10^3 N·m = 10^6 N·mm。

由上述定义可得力矩的如下性质：

(1)力对点之矩不但与力的大小和方向有关，还与矩心位置有关。

(2)当力的大小为零或力的作用线通过矩心(力臂 $d=0$)时，则力矩恒等于零。

(3)当力沿其作用线移动时，因为力臂 d 不变，故力对点之矩也不变。

计算力矩时，重要的是确定矩心与力臂。同一个力，对不同的矩心，有不同的力臂，因而会产生力矩的大小不同，转向可能相同也可能不相同。

3.2 合力矩定理

由于一个力系的合力产生的效应和力系中各个分力产生的总效应是一样的,因此平面力系的合力对平面内任一点的矩等于它的所有分力对同一点的矩的代数和。这就是平面力系的“合力矩定理”,计算表达式如下:

$$M_O(\boldsymbol{R}) = M_O(\boldsymbol{F}_1) + M_O(\boldsymbol{F}_2) + \cdots + M_O(\boldsymbol{F}_n) = \sum_{i=1}^{n} M_O(\boldsymbol{F}_i) \quad (1\text{-}4)$$

计算力矩时,最重要的是确定矩心和力臂,而力臂的计算有时比较麻烦,应用合力矩定理可以简化力矩的计算。所以,在求一个力对某点的矩时,若力臂不易计算,可将该力分解为两个相互垂直的分力,使两分力对某点的力臂容易计算,求出两分力对该点矩的代数和。

【例1-1】 如图1-11所示的挡土墙受自重 $F_G = 75$ kN,垂直土压力 $F_V = 120$ kN,水平土压力 $F_H = 90$ kN 作用。试分别求这三个力对 A 点的矩,并校核该挡土墙抗倾稳定性。

解:1. 计算各力对 A 点的矩

$$M_A(\boldsymbol{F}_G) = -F_G \times 1.1 = -75 \times 1.1 = -82.5(\text{kN} \cdot \text{m})$$

$$M_A(\boldsymbol{F}_V) = -F_V \times (3-1) = -120 \times 2 = -240(\text{kN} \cdot \text{m})$$

$$M_A(\boldsymbol{F}_H) = F_H \times 1.6 = 90 \times 1.6 = 144(\text{kN} \cdot \text{m})$$

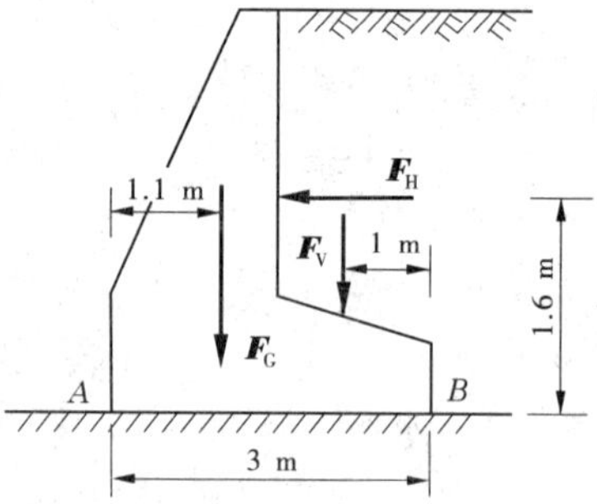

图1-11

2. 校核该挡土墙抗倾稳定性

挡土墙在自重和土压力作用下是否会倾倒,主要看挡土墙会不会绕 A 点发生转动。

考虑挡土墙倾倒的极限状态(挡土墙脱离基面瞬间,地基反力为零的状态),则使挡土墙绕 A 点产生倾覆的力矩为

$$M_{倾覆} = M_A(\boldsymbol{F}_H) = 144 \text{ kN} \cdot \text{m}$$

而挡土墙绕 A 点的抗倾力矩为

$$M_{抗倾} = M_A(\boldsymbol{F}_G) + M_A(\boldsymbol{F}_V) = -82.5 - 240 = -322.5(\text{kN} \cdot \text{m})$$

显然,$|M_{抗倾}| > M_{倾覆}$,故该挡土墙满足抗倾稳定性要求。

【例1-2】 试计算图1-12中力 $\boldsymbol{F}$ 对 A 点的力矩。

解法1 由力矩的定义计算力 $\boldsymbol{F}$ 对 A 点的力矩。

$$\begin{aligned} M_A(\boldsymbol{F}) &= Fd = F \cdot AD\sin\alpha \\ &= F(AB - DB)\sin\alpha \\ &= F(AB - BC\cot\alpha)\sin\alpha \\ &= F(a - b\cot\alpha)\sin\alpha \\ &= F(a\sin\alpha - b\cos\alpha) \end{aligned}$$

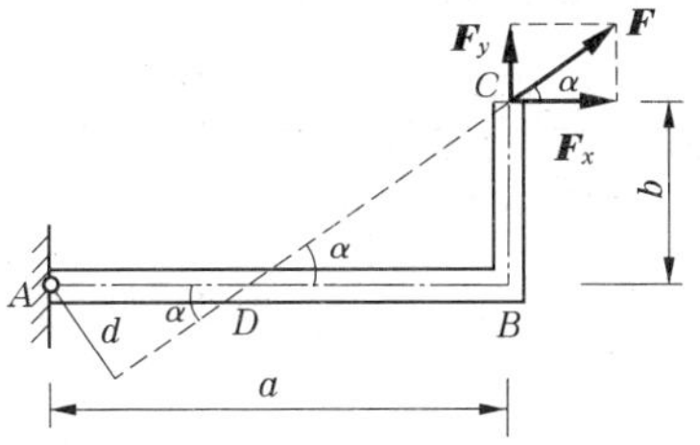

图1-12

解法2 应用合力矩定理计算力 $\boldsymbol{F}$ 对 A 点的力矩。将力 $\boldsymbol{F}$ 在 C 点分解为正交的两个分力 $\boldsymbol{F}_x$、$\boldsymbol{F}_y$。由合力矩定理得

$$\begin{aligned} M_A(\boldsymbol{F}) &= M_A(\boldsymbol{F}_x) + M_A(\boldsymbol{F}_y) = -F_x b + F_y a \\ &= -F\cos\alpha \cdot b + F\sin\alpha \cdot a \\ &= F(a\sin\alpha - b\cos\alpha) \end{aligned}$$

由此可见,两种解法的结果是相同的,但在解法1中,由几何关系推求力臂较麻烦,在解法2中,由合力矩定理计算则较为简便。

合力矩定理是力学中一个很重要的基本定理。应用合力矩定理可以很方便地计算出某些力的力矩;还可以求出力系合力作用点的位置,以确定物体的重心。

【例1-3】 如图1-13所示每1 m长挡土墙所受土压力的合力为 $\boldsymbol{R}$,如 $R = 150$ kN,方向如图示,求土压力使墙倾覆的力矩。

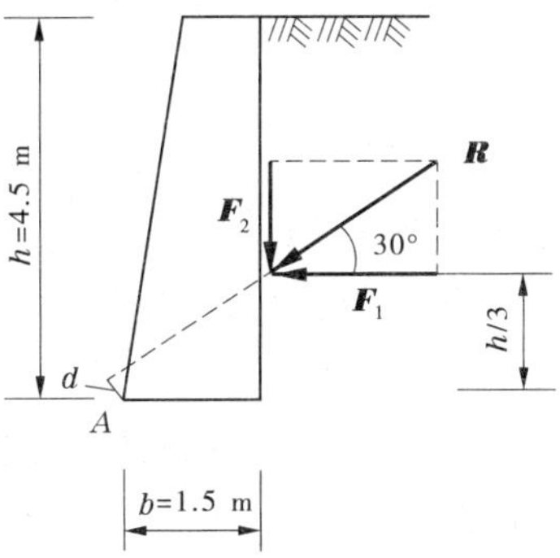

图1-13

解:土压力 $\boldsymbol{R}$ 可使挡土墙绕 A 点倾覆,故求土压力 $\boldsymbol{R}$ 使墙倾覆的力矩,就是求 $\boldsymbol{R}$ 对 A 点的力矩。由已知尺寸求力臂 d 不方便,但如果将 $\boldsymbol{R}$ 分解为两分力 $\boldsymbol{F}_1$ 和 $\boldsymbol{F}_2$,则两分力的力臂是已知的,故由式(1-4)可得

$$M_A(\boldsymbol{R}) = M_A(\boldsymbol{F}_1) + M_A(\boldsymbol{F}_2) = F_1 \times \frac{h}{3} - F_2 \times b$$
$$= 150 \times \cos30° \times 1.5 - 150 \times \sin30° \times 1.5$$
$$= 82.4(\text{kN} \cdot \text{m})$$

3.3 力偶及力偶矩

在生活和工程中,经常会遇到物体受到大小相等、方向相反、作用线互相平行的两个力作用的情况。例如,拧水龙头时,人手作用在开关上的两个力 $\boldsymbol{F}$ 和 $\boldsymbol{F}'$ 就是这样的,如图 1-14(a)所示;又如图 1-14(b)所示,汽车司机用两只手操纵方向盘驾驶汽车前进也是如此;在水利工程中,如图 1-14(c)所示,常用绞盘来起吊小型闸门等,在使绞盘旋转时,也需要用两个大小相等的反向平行力($\boldsymbol{F}$,$\boldsymbol{F}'$)分别作用于绞杠的两端。

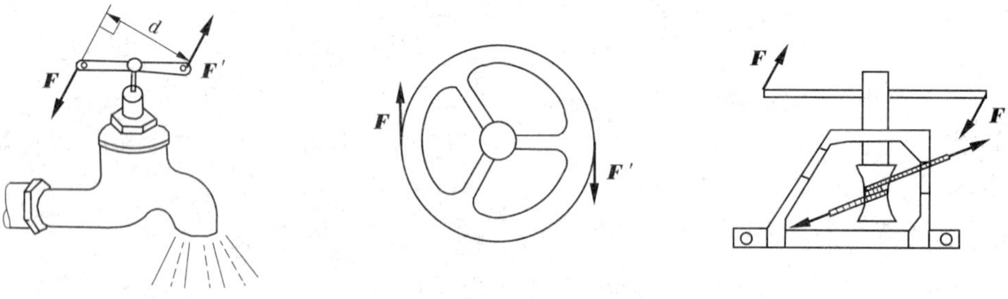

图 1-14

在力学中把这种作用在同一物体上的大小相等、方向相反、作用线平行而不共线的两个力所组成的力学基本元素称为力偶,用符号($\boldsymbol{F}$,$\boldsymbol{F}'$)表示,如图 1-15 所示。力偶使物体只产生转动效应,而不产生移动效应。力偶所在平面称为力偶作用面。作用面不同,力偶对物体的作用效果也不相同。组成力偶二力的作用线之间的垂直距离 d,称为力偶臂。

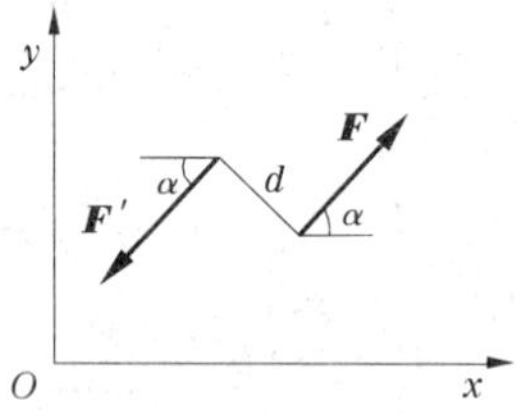

图 1-15

将力偶的力 $\boldsymbol{F}$ 与力偶臂 d 的乘积冠以正负号对应力偶的转向,作为力偶对物体转动效应的度量,称为力偶矩,用 m 表示,即

$$m = \pm Fd \tag{1-5}$$

式中的正负号规定为:力偶的转向是逆时针时为正,反之为负。

力偶矩的单位与力矩的单位相同,用符号 N · m 或 kN · m 表示,也采用符号 N · mm 表示。

3.4 力偶的性质

力和力偶是力学中两个基本要素,但力偶与力具有不同的性质,现分述如下:

(1)力偶没有合力,故不能用一个力来代替。

证明:设如图1-15所示的大小相等、方向相反、作用线相互平行且不共线的两个力,力与 x 轴的夹角为 α。

现求它们在任一轴上的投影,由合力投影定理得

$$\sum X = F\cos\alpha - F'\cos\alpha = F\cos\alpha - F\cos\alpha = 0$$

$$\sum Y = F\sin\alpha - F'\sin\alpha = F\sin\alpha - F\sin\alpha = 0$$

$$R = \sqrt{(\sum X)^2 + (\sum Y)^2} = 0$$

由此可见,力偶在任一轴上的投影等于零,所以力偶没有合力。既然力偶没有合力,故不能用一个力来代替,也不能与一个力构成平衡。这就是为什么力偶只会对物体产生转动效应,不会产生移动效应的原因。而一个力可使物体产生移动和转动的两种组合效应。

(2)力偶对物体的转动效应,用力偶矩度量而与矩心的位置无关。如图1-16所示。

$$m_O(\boldsymbol{F},\boldsymbol{F}') = m_O(\boldsymbol{F}) + m_O(\boldsymbol{F}') = F(d+x) - Fx = Fd$$

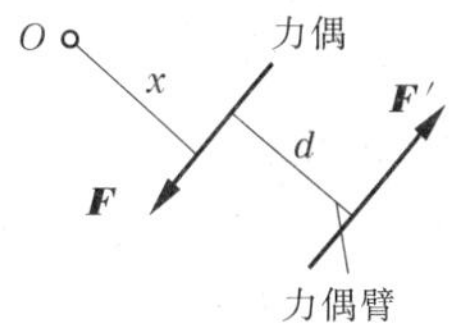

图1-16

(3)在同一平面内的两个力偶,如果它们的力偶矩大小相等、转向相同,则这两个力偶等效。

从以上性质可以得到如下两个推论:

推论1:只要保持力偶矩的大小和转向不变,力偶可在其作用面内任意搬动,而不改变它对刚体的转动效应。

这就是说,力偶对刚体的作用效应与它在作用平面的位置无关。

推论2:只要保持力偶矩的大小和转向不变,可以同时改变组成力偶的力的大小和力偶臂的长短,而不改变力偶对物体的转动效应。

例如,用这一推论可将力偶矩 $m = 100\ \text{N}\cdot\text{m}$ 表示为图1-17所示的多种情形。

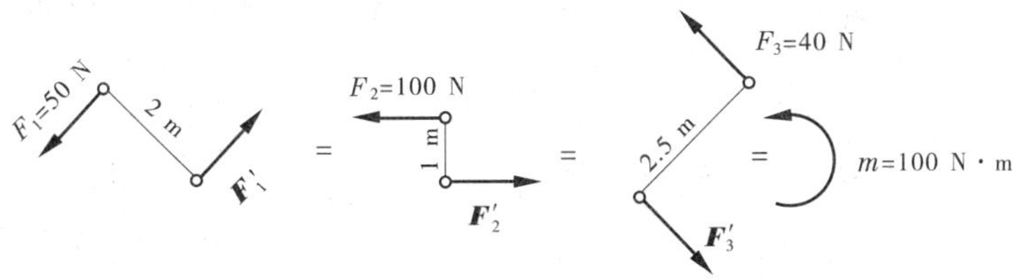

图1-17

综上所述,力偶对物体的转动效应完全取决于力偶矩的大小、力偶的转向和力偶的作用面。这就是力偶的三要素。只要这三个要素确定,则对物体的转动效应随之确定。

必须指出,力偶的移动或用等效力偶替代,对物体的运动效应没有影响,但影响对物体的变形效应。

3.5 力的平移定理

在作用效果等效的前提下,用最简单的力系来代替原力系对刚体的作用,称为力系的

简化。为了便于研究任意力系对刚体的作用效应,常需进行力系的简化。

对刚体而言,根据力的可传性原理,力的三要素为力的大小、方向、作用线。无论改变力的三要素中任意一个,力的作用效应都将发生变化。如果保持力的大小、方向不变,而将力的作用线平行移动到同一刚体的任意一点,则力对刚体的作用效应必定要发生变化;若要保持力对刚体的作用效应不变,则必须要有附加条件,如图 1-18 所示。

$$m_B = m_B(\boldsymbol{F}) = \pm Fd$$

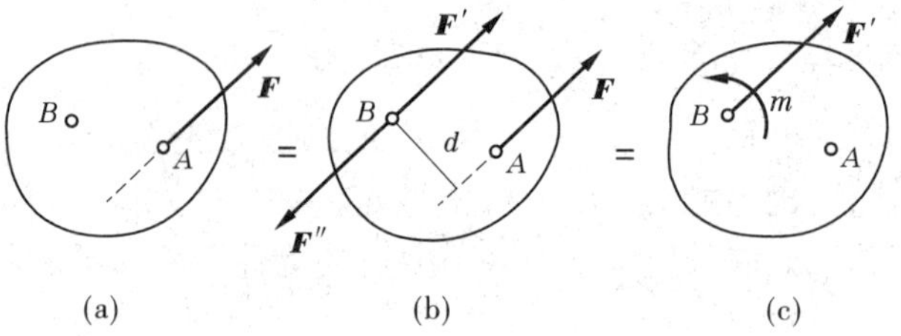

图 1-18

作用在刚体上的力可以平移到刚体上任意一个指定位置,但必须在该力和指定点所决定的平面内附加一个力偶,附加力偶的矩等于原力对指定点之矩。这个结论称为力的平移定理。

根据力向一点平移的逆过程,总可以将同平面内的一个力 $\boldsymbol{F}$ 和力偶矩为 m 的力偶简化为一个力 $\boldsymbol{F}'$,此力 $\boldsymbol{F}'$ 与原力 $\boldsymbol{F}$ 大小相等、方向相同、作用线间的距离为 $d = \dfrac{m}{F}$,至于 $\boldsymbol{F}'$ 在 $\boldsymbol{F}$ 的哪一侧,则视 $\boldsymbol{F}$ 的方向和 m 的转向而定。

【例 1-4】 钢柱受到 10 kN 的力作用,如图 1-19 所示。若将此力向钢柱中心线平移,得到一力和一力偶。已知力偶矩为 800 N·m,求原力至中心线的距离 d。

解: 根据力的平移定理,力的大小和方向不变。附加力偶矩 m 等于力对钢柱中心线的力矩。

$$m = m_O(\boldsymbol{F}) = Fd$$

$$d = \frac{m}{F} = \frac{800 \times 10^{-3}}{10} = 8 \times 10^{-2}(\mathrm{m}) = 8\ \mathrm{cm}$$

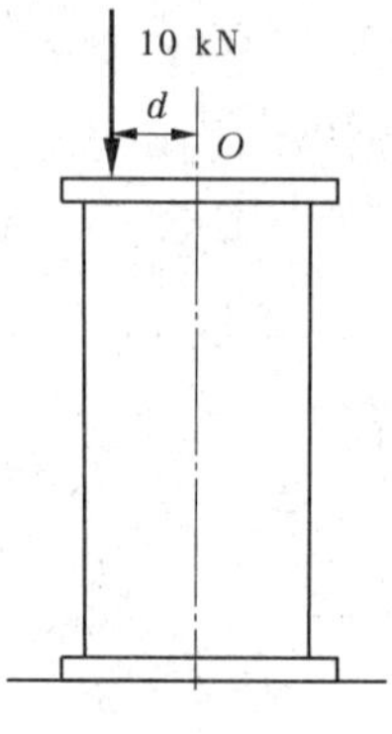

图 1-19

4 力的投影

4.1 力在平面直角坐标轴上的投影

由于力是矢量,而矢量在运算中很不方便,在力学计算中常常是将矢量运算转化为代数运算,力在平面直角坐标轴上的投影就是转化的基础。

设力 $\boldsymbol{F}$ 作用于物体的 A 点,如图 1-20 所示。在力 $\boldsymbol{F}$ 作用线所在平面内取直角坐标系 xOy,从力 $\boldsymbol{F}$ 的起点 A 和终点 B 分别向 x 轴和 y 轴作垂线,得垂足 a、b 和 a'、b',线段 ab 加上正负号,称为力 $\boldsymbol{F}$ 在 x 轴上的投影,用 $\boldsymbol{F}_x$ 表示。线段 $a'b'$ 加上正负号,称为力 $\boldsymbol{F}$ 在 y 轴上的投影,用 $\boldsymbol{F}_y$ 表示。投影的正负号规定如下:若从力的起点投影(a 或 a')到终点投影

(b 或 b')的方向与投影轴的正向一致,则力的投影取正值;反之,取负值。力在坐标轴上的投影是代数量。

若已知力 $\boldsymbol{F}$ 的大小及其作用线与 x 轴所夹的锐角 α,则力 $\boldsymbol{F}$ 在坐标轴上的投影 $\boldsymbol{F}_x$ 和 $\boldsymbol{F}_y$ 可按下式计算:

$$\left.\begin{aligned} F_x &= \pm F\cos\alpha \\ F_y &= \pm F\sin\alpha \end{aligned}\right\} \tag{1-6}$$

注意:①当力与坐标轴垂直时,力在该轴上的投影等于零。②当力与坐标轴平行时,力在该轴上的投影的绝对值等于力的大小。

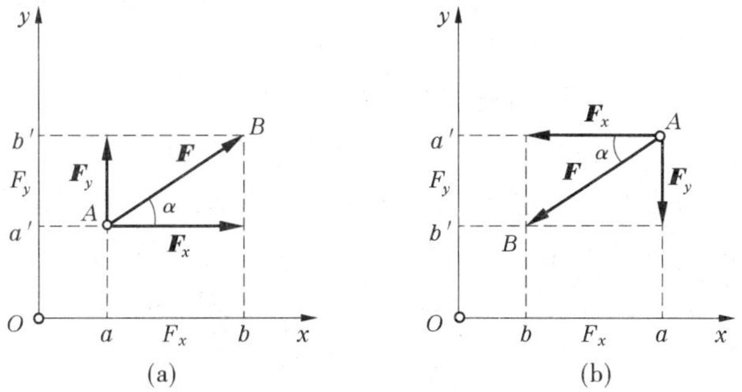

图 1-20

4.2 合力投影定理

合力在平面直角坐标轴上的投影等于各分力在同一轴上投影的代数和,即

$$\left.\begin{aligned} \sum X = R_x = F_{1x} + F_{2x} + \cdots + F_{nx} = \sum_{i=1}^{n} F_{ix} \\ \sum Y = R_y = F_{1y} + F_{2y} + \cdots + F_{ny} = \sum_{i=1}^{n} F_{iy} \end{aligned}\right\} \tag{1-7}$$

【例 1-5】 试分别求出图 1-21 中各力在 x 轴和 y 轴上的投影。已知 $F_1 = 100$ N, $F_2 = 150$ N, $F_3 = 200$ N, $F_4 = 200$ N,各力方向如图 1-21 所示。

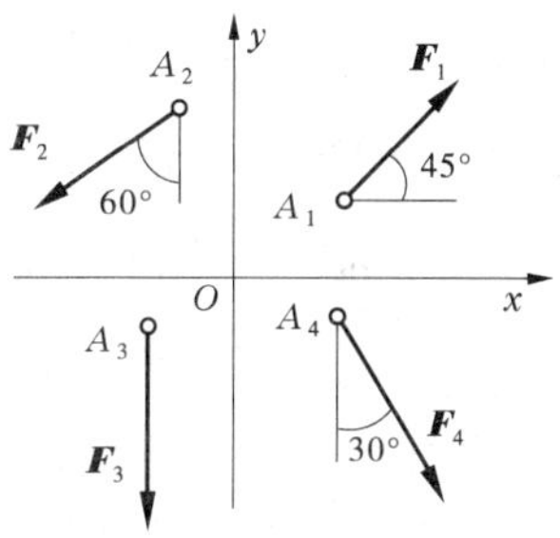

图 1-21

解:由式(1-6)可得出各力在 x、y 轴上的投影为

$F_{1x} = F_1\cos45° = 100 \times 0.707 = 70.7(\text{N})$

$F_{1y} = F_1\sin45° = 100 \times 0.707 = 70.7(\text{N})$

$F_{2x} = -F_2\cos30° = -150 \times 0.866 = -129.9(\text{N})$

$F_{2y} = -F_2\sin30° = -150 \times 0.5 = -75(\text{N})$

$F_{3x} = -F_3\cos90° = -200 \times 0 = 0$

$F_{3y} = -F_3\sin90° = -200 \times 1 = -200(\text{N})$

$F_{4x} = F_4\cos60° = 200 \times 0.5 = 100(\text{N})$

$F_{4y} = -F_4\sin60° = -200 \times 0.866 = -173.2(\text{N})$

任务2　物体受力分析

1　约束与约束反力

1.1　约束与约束反力的概念

自然界中物体一般分为自由体和非自由体;可以自由地运动的物体,称为自由体。其运动不受任何其他物体的限制。如飞行的飞机是自由体,它可以任意的移动和旋转。平面中的自由体可以左右移动,也可以上下移动,还可以转动。不能自由地运动,其某些方向的移动和转动因受其他物体的限制而不能任意发生移动和转动的物体,称为非自由体。

工程中的物体相互之间是联系的,联系的方式是复杂多样的,物体一般都是非自由体,限制非自由体运动的联系称为约束。约束的功能就是限制非自由体的某些运动。例如,桌子放在地面上,地面具有限制桌子向下移动的功能,桌子是非自由体,地面是桌子的约束。桥梁受到桥墩的约束而静止不动。约束对非自由体的作用力称为约束反力。显然,约束反力的方向总是与它所限制的运动方向相反。地面限制桌子向下移动,地面作用给桌子的约束反力方向向上。为了便于理论分析和计算,只考虑其主要的约束,忽略其次要的约束,便可得到一些理想化的约束形式。本任务所讨论的正是这些理想化的约束,它们在力学分析和结构设计中被广泛采用。

凡对物体运动起着限制作用的周围物体,称为约束。例如,楼板和梁支承在墙上,墙限制了楼板和梁的运动,墙便是楼板和梁的约束。柱子固定在基础上,基础便是柱子的约束。

约束限制了物体的运动,物体必然受到约束给予力的作用,这种力称为约束反力。相反,使物体运动或有运动趋势的力,称为主动力。

建筑结构都要受到主动力和约束反力的作用,若对结构进行力学计算,就要分析这两方面的力。通常主动力是已知的,约束反力是未知的。因此,约束反力的确定是对结构进行受力分析和计算的首要工作,而约束反力的确定又与约束类型有关,现将工程中常见的几种约束及约束反力介绍如下。

1.2　工程中常见的约束

1.2.1　柔性体约束

诸如绳索、链条和皮带等柔性物体用于限制物体运动时,称为柔性约束。

这类约束只能限制物体沿着柔性约束伸长的方向运动,而不能限制其他方向的运动。所以,柔性约束的约束反力通过接触点,其方向沿着柔性约束中心线背离物体,即为拉力。柔性约束反力用 $\boldsymbol{T}$ 表示,如图1-22所示。

1.2.2　光滑接触面约束

物体与另一物体相互接触,当接触处的摩擦力很小可略去不计时,两物体彼此的约束就是光滑面约束。这种约束不论接触面的形状如何,都不能限制物体沿光滑接触面的公切线或离开接触面的运动,只能限制物体沿接触面的公法线指向接触面的运动,所以,光滑面的约束反力通过接触点,沿着接触面的公法线指向被约束的物体,且为压力。通常以

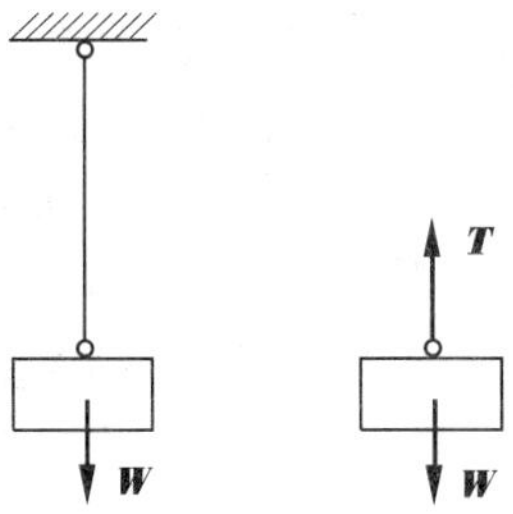

(a) (b)

图1-22

N 表示,如图1-23所示。

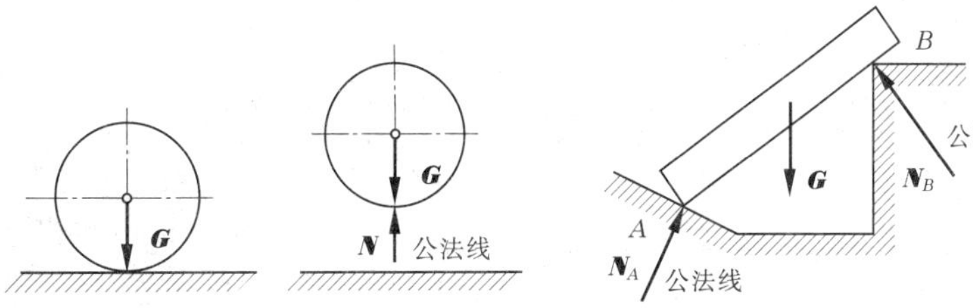

(a)曲面与平面接触 (b)平面与点接触

图1-23

1.2.3 光滑圆柱铰链约束

圆柱铰链是由一个圆柱形销钉插入两个物体的圆孔中构成的,且认为销钉与圆孔的表面很光滑,如图1-24(a)所示。其计算简图如图1-24(b)所示。

圆柱铰链约束只能限制物体在垂直于销钉轴线的平面内沿任意方向的相对移动,而不能限制物体绕销钉做相对转动,还不能限制物体沿销钉轴线移动,如图1-24(c)所示。

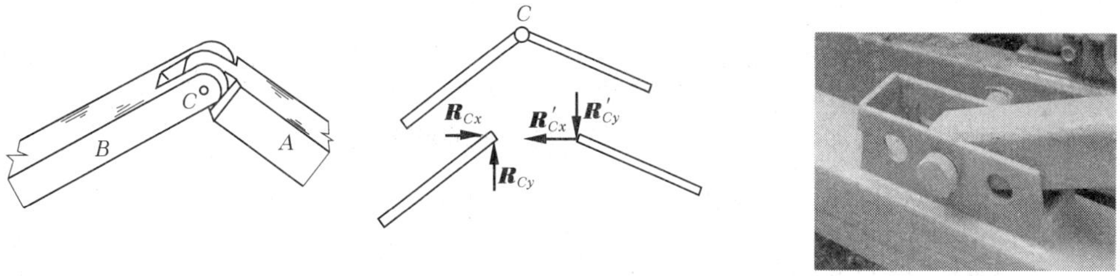

(a) (b) (c)

图1-24

当物体相对于另一物体有运动趋势时,销钉与圆孔壁便在某处光滑接触,由光滑接触面约束反力的特点可知,销钉反力应沿接触点与销钉中心的连线作用,如图1-24(b)所示。但由于接触点的位置一般不能预先确定,所以约束反力的方向也不能预先确定。也就是说,圆柱铰链的约束反力 $\boldsymbol{R}_C$ 在垂直于销钉轴线的平面内,通过销钉中心,方向未定,

通常将 $\boldsymbol{R}_C$ 分解为两个相互垂直的分力 $\boldsymbol{R}_{Cx}$ 和 $\boldsymbol{R}_{Cy}$，两个分力的指向可做假设，如图 1-24(b)所示。

1.2.4 固定铰支座

将结构或构件连接在墙、柱、基础等支承物上的装置称为支座。

用光滑圆柱铰链把结构或构件与支承底板连接，并将底板固定在支承物上而构成的支座，称为固定铰支座。

为避免在构件上穿孔而影响构件的强度，通常在构件上固结另一穿孔的物体，称为上摇座，而将底板称为下摇座，其构造示意图如图 1-25(a)所示，而结构简图如图 1-25(b)所示。

这种支座只能限制构件沿垂直于销轴轴线平面内任意方向的移动，但不能限制物体绕销轴发生转动，如图 1-25(d)所示。

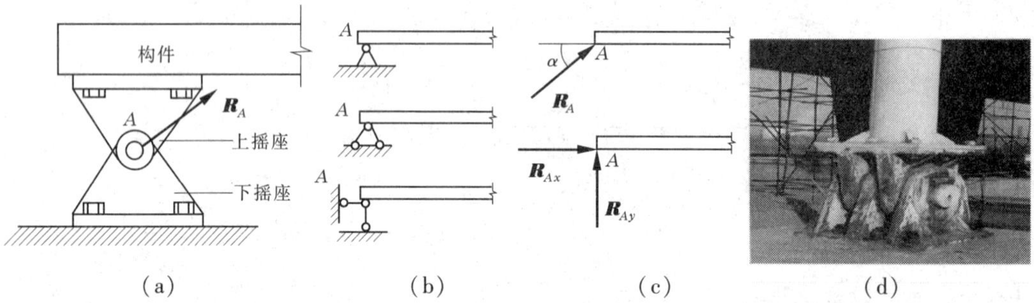

图 1-25

由此可见，固定铰支座的约束性能与圆柱铰链是相同的，所不同的是两个铰链的物体，其中一个是完全固定的。所以，固定铰支座的约束反力作用于接触点，垂直于销轴，并通过销轴轴线，其方向未定，可用 $\boldsymbol{R}_A$ 和一未知方向的 α 角表示，也可用一个水平力 $\boldsymbol{R}_{Ax}$ 和竖垂力 $\boldsymbol{R}_{Ay}$ 表示，如图 1-25(c)所示。

1.2.5 可动铰支座

在固定铰支座底板与支承面之间安装若干个辊轴，使支座可沿支承面移动，但支座的连接使它不能离开支承面，构成了可动铰支座，又称为辊轴支座。其构造示意图如图 1-26(a)所示，而结构简图如图 1-26(b)所示，此结构支承也称连杆支座。

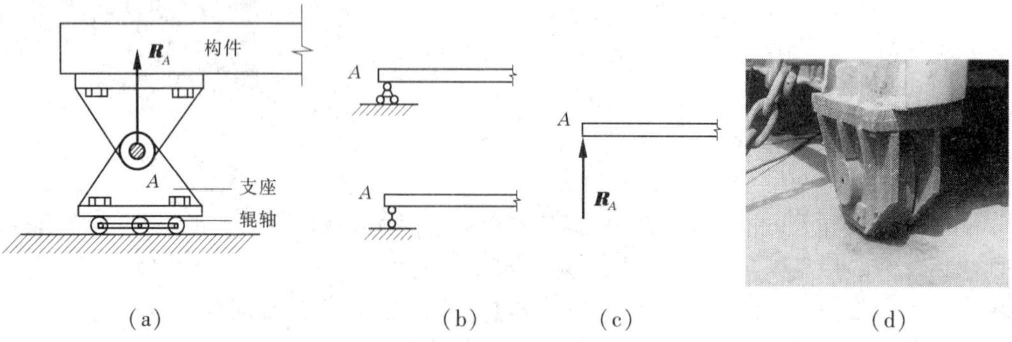

图 1-26

可动铰支座除能限制物体沿着支承面法线指向支承面的运动外,通常还附有特殊装置,使之也能限制物体沿着支承面法线背离支承面的运动,但不能限制物体沿支承面的运动,也不能限制物体绕销钉转动,如图1-26(d)所示。所以,可动铰支座的约束反力 $\boldsymbol{R}_A$ 通过销钉中心,垂直于支承面,指向未定。指向可做假定,如图1-26(c)所示。

1.2.6 固定端约束

固定端支座也是工程结构中常见的一种支座,它是将构件的一端插入一固定物而构成的。例如,房屋结构中的雨篷、阳台的挑梁,如图1-27(a)、(b)所示,都是一端插入墙内,另一端悬空的。如果构件插入墙内有足够的长度,嵌固得足够牢固,则砖墙与构件连接处就称为是固定端支座。

这种支座约束的特点是:构件在连接处不发生任何相对移动和转动。

固定端支座反力分布较为复杂,但在平面问题中,可简化为阻止构件不能移动的两个分力 $\boldsymbol{R}_{Ax}$、$\boldsymbol{R}_{Ay}$ 和阻止构件不能转动的约束反力偶矩 m_A,其阻移力的指向和阻转力偶矩的转向均可做假定,如图1-27(c)所示。

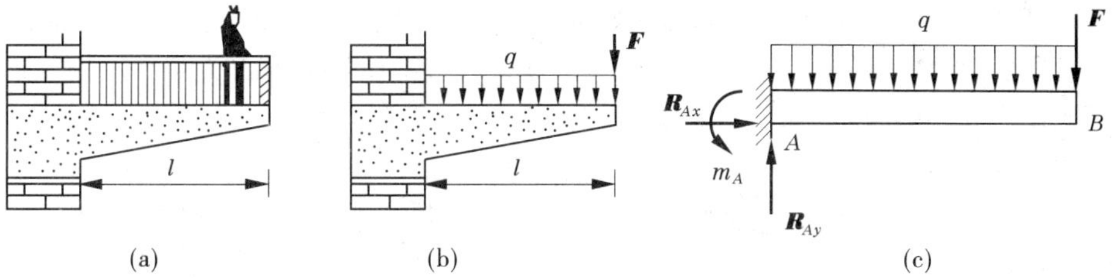

图1-27

1.2.7 链杆约束

杆两端与其他物体用光滑铰链连接,杆中间不受力,且杆件的自重不计,称为链杆。它可以是直杆,也可以是曲杆或折杆。

例如,图1-28(a)、(b)所示的支架,横杆 AB 在 A 端用铰链与墙连接,在图1-28(a)中 B 处由 BC 直杆支承,而在图1-28(b)中 B 处由 BC 曲杆支承。BC 杆不论是直杆还是曲杆,均可以看成是 AB 杆的链杆约束。

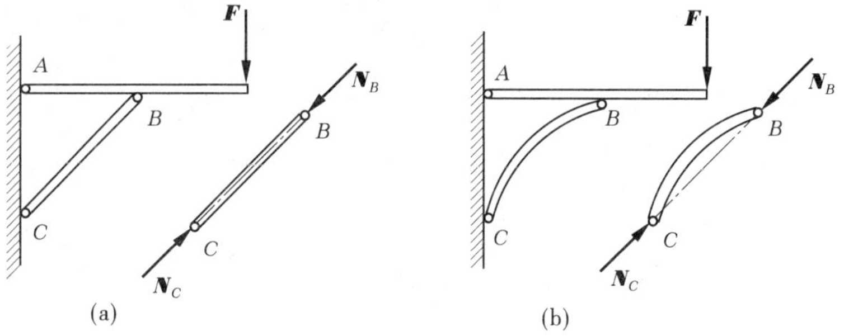

图1-28

链杆只能限制物体沿着链杆中心线方向靠近或离开,而不能限制其他方向的运动。由二力平衡公理可知,当链杆处于平衡状态时,其上所受的两个力必定大小相等、方向相反、作用在链杆两铰链中心的连线上。因此,按作用与反作用定律,链杆对物体的约束反力沿链杆两铰链中心的连线,其指向未定,$\boldsymbol{N}$ 的指向是假定的,如图 1-28(a)、(b)所示 BC 杆。由于链杆只在两铰链处受力,因此链杆又属二力杆。

2　物体的受力分析与受力图

2.1　受力分析与受力图

研究力学问题,首先要分析物体受哪些力作用,哪些是已知力,哪些是未知力,然后对所研究的物体进行力学计算,确定其未知力的大小和方向,这个过程称为物体的受力分析。

在对物体进行受力分析时,所研究的物体称为研究对象。为了清晰地表明物体的受力情况,必须解除研究对象周围的全部约束,并将其从周围的物体中分离出来,单独画出它的计算简图,这种解除了约束被分离出来的研究对象称为分离体。在分离体上如数画出周围物体对它的全部作用力(包括主动力和约束反力),用以表示物体受力情况的图形称为分离体的受力图。

选取合适的研究对象与正确画出受力图是解决力学问题的依据,如果物体的受力图画不出,则力学计算无法进行;如果受力图画错了,对实际问题就不可能进行正确的分析和求解。因此,画受力图是一项认真细致的工作,是解决力学问题的关键,是进行力学计算的依据,必须牢固掌握。

2.2　画受力图的步骤

进行力学计算,首先要对物体系统或其组成构件进行受力分析。完成物体受力分析图包含三个步骤:

(1)根据题意确定研究对象,并将研究对象从物体系统中分离出来,研究对象可以是一个物体或几个物体组成的物体系统;

(2)在研究对象上画出原系统中作用在研究对象上所有的主动力(荷载);

(3)分析研究对象周围的约束性质,分别画出相应的约束反力。

完成上述三个步骤后所得到的受力图称作所研究对象的受力分析图。

注意:在画物体的受力图时,不要运用力的等效变换或力的可传性改变力的作用位置,否则会改变物体的变形效应。

【例 1-6】　简支梁两端分别为固定铰支座和可动铰支座,在 C 截面处作用一集中力 $\boldsymbol{P}$,如图 1-29(a)所示。不计梁自重,试画出梁 AB 的受力图。

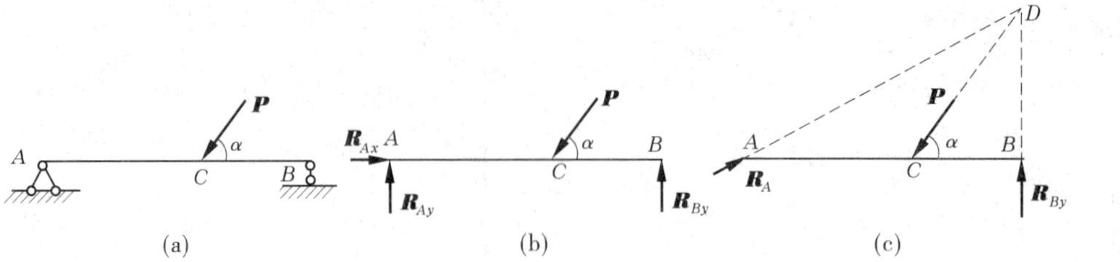

图 1-29

解:(1)以梁 AB 为研究对象,并将梁 AB 从系统中分离出来,如图 1-29(b)所示。

(2)在研究对象 AB 上画出主动力 $\boldsymbol{P}$。

(3)根据 AB 周围的约束性质分别画出约束反力。

画法 1:

可动铰支座 B 的约束反力 $\boldsymbol{R}_{By}$ 铅直向上,固定铰支座 A 的约束反力用过 A 点的两个正交分力 $\boldsymbol{R}_{Ax}$、$\boldsymbol{R}_{Ay}$ 表示。画出梁 AB 的受力图如图 1-29(b)所示。

画法 2:

由于该梁受三个力作用处于平衡,应用三力平衡汇交定理可确定 A 端支座反力 $\boldsymbol{R}_A$ 的方向,即主动力 $\boldsymbol{P}$ 与 B 端支座反力 $\boldsymbol{R}_{By}$ 两力作用线交于 D 点,而 $\boldsymbol{R}_A$ 的作用线必通过 D 点,画出梁 AB 的受力图如图 1-29(c)所示。

【例 1-7】 在图 1-30(a)所示的结构中,水平梁 AB 受集中荷载和均布荷载作用,A 端为固定铰支座,B 端为可动铰支座,梁的自重不计,试画出梁 AB 的受力图。

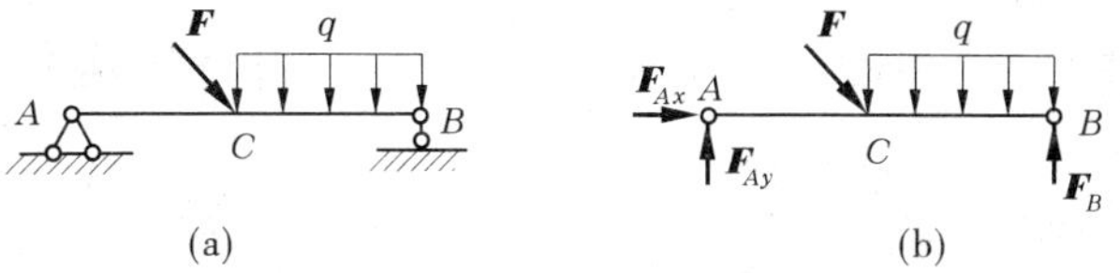

图 1-30

解:(1)以梁 AB 为研究对象,并将梁 AB 从系统中分离出来,如图 1-30(b)所示;

(2)在研究对象 AB 上画出主动力;

(3)根据 AB 周围的约束性质分别画出约束反力。

在 B 端可动铰支座的反力为 $\boldsymbol{F}_B$,在 A 端固定铰支座的反力为 $\boldsymbol{F}_{Ax}$ 和 $\boldsymbol{F}_{Ay}$,如图 1-30(b)所示。

【例 1-8】 图 1-31(a)所示是土建和水利水电工程中常见的刚架。已知刚架受一水平荷载 $\boldsymbol{F}$ 作用,杆的自重忽略不计,试画出刚架的受力图。

解:(1)取刚架为研究对象,画出分离体。

(2)画主动力 $\boldsymbol{F}$。

(3)画约束反力。A 处固定铰支座的约束反力为 $\boldsymbol{F}_{Ax}$ 和 $\boldsymbol{F}_{Ay}$,D 处可动铰支座的约束反力为 F_D,如图 1-31(b) 所示。

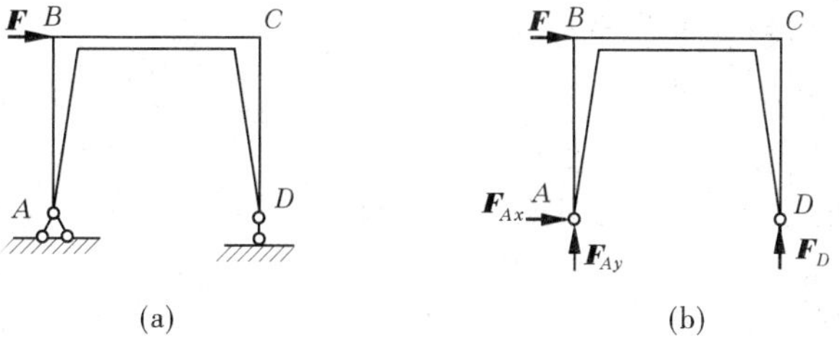

图 1-31

2.3 物体系统的受力图

在工程中,常常遇到由几个物体通过一定的约束联系在一起的系统,称为物体系统,简称为物系。画物体系统的受力图的方法,基本上与画单个物体的受力图的方法相同。在分析物体系统受力时应注意三点:

(1)当研究对象为整体或为其中某几个物体的组合时,没有解除约束的位置不画相应的约束反力,靠约束本身限制物体的运动。

(2)分析两物体间相互作用力时,应遵循作用与反作用定律,作用力方向一经确定,则反作用力方向必与之相反,不可再假设指向。

(3)同一个力在局部和整体的受力图上表示要完全一致。

【例1-9】 重量为 $\boldsymbol{W}$ 的圆管放置于如图1-32(a)所示的简易构架中,AB 杆的自重为 G,A 端用固定铰支座与墙面连接,B 端用绳水平系于墙面的 C 点上,若所有接触面都是光滑的,试分别画出圆管和 AB 杆的受力图。

解: 1. 画圆管的受力图

(1)以圆管为研究对象,将圆管从系统中分离出来,如图1-32(b)所示;

(2)在圆管上画出所受的主动力 $\boldsymbol{W}$;

(3)在圆管上分别画出其约束反力 $\boldsymbol{N}_D$、$\boldsymbol{N}_E$,D、E 点的约束反力 $\boldsymbol{N}_D$、$\boldsymbol{N}_E$ 力的作用线均沿其接触面的公法线,通过圆管横截面的中心,并指向圆管。圆管的受力图如图1-32(b)所示。

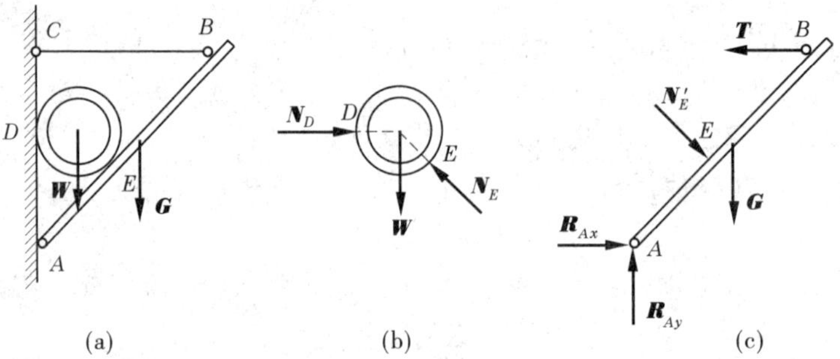

图1-32

2. 画 AB 杆的受力图

(1)以 AB 杆为研究对象,将 AB 杆从系统中分离出来,如图1-32(c)所示;

(2)在 AB 杆上画出所受的主动力 G;

(3)在 AB 杆上分别画出其约束反力。

E 点的约束反力 $\boldsymbol{N}_E'$ 与 $\boldsymbol{N}_E$ 为作用力与反作用力,以等值、反向画出;AB 杆的 B 端为绳索约束,约束反力用 $\boldsymbol{T}$ 表示,其方向沿绳索中心线背离分离体;A 端固定铰支座的约束反力用两个正交分力 $\boldsymbol{R}_{Ax}$ 和 $\boldsymbol{R}_{Ay}$ 表示,指向可做假定。最后画出 AB 杆的受力图如图1-32(c)所示。

【例1-10】　试分别画出图1-33(a)所示组合梁各部分和整个组合梁的受力图。

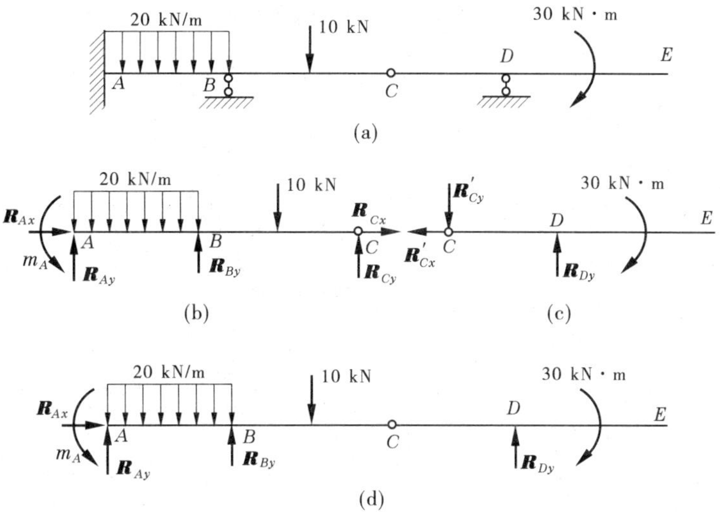

图1-33

解:1. 画梁 *ABC* 的受力图

(1)以梁 *ABC* 为研究对象,将梁 *ABC* 从系统中分离出来,如图1-33(b)所示;

(2)在梁 *ABC* 上画出所受的均布荷载和集中荷载;

(3)在梁 *ABC* 上分别画出其约束反力。

梁 *A* 端为固定端,其约束反力用两个正交分力 $\boldsymbol{R}_{Ax}$、$\boldsymbol{R}_{Ay}$和约束反力偶矩 m_A 表示,*B* 处为可动铰支座,其约束反力 $\boldsymbol{R}_{By}$,假定垂直向上,*C* 处为连接铰约束,其约束反力用两个正交分力 $\boldsymbol{R}_{Cx}$和 $\boldsymbol{R}_{Cy}$表示,指向可做假定,画出梁 *ABC* 杆的受力图,如图1-33(b)所示。

2. 画梁 *CDE* 的受力图

(1)以梁 *CDE* 为研究对象,将梁 *CDE* 从系统中分离出来,如图1-33(c)所示;

(2)在梁 *CDE* 上画出所受的主动力为集中力偶;

(3)在梁 *CDE* 上分别画出其约束反力。

梁 *C* 处为连接铰约束,根据作用力和反作用力,其约束反力用两个正交分力 $\boldsymbol{R}'_{Cx}$和 $\boldsymbol{R}'_{Cy}$表示,*D* 处为可动铰支座,其约束反力 $\boldsymbol{R}_{Dy}$假定垂直向上,画出梁 *CDE* 的受力图,如图1-33(c)所示。

3. 画整个梁的受力图

(1)以整个梁 *AE* 为研究对象,将梁 *AE* 从系统中分离出来,如图1-33(d)所示;

(2)在梁 *AE* 上分别画出所受的主动力为均布荷载、集中荷载和集中力偶;

(3)在梁 *AE* 上分别画出其约束反力。

梁 *A* 端为固定端,其约束反力用两个正交分力 $\boldsymbol{R}_{Ax}$、$\boldsymbol{R}_{Ay}$和约束反力偶矩 m_A表示,*B*、*D* 处均为可动铰支座,其约束反力 $\boldsymbol{R}_{By}$、$\boldsymbol{R}_{Dy}$ 假定垂直向上,画出梁 *AE* 的受力图,如图1-33(d)所示。

任务 3　平面力系的合成与平衡

1　平面汇交力系的合成与平衡

1.1　平面汇交力系的合成

平面力系的研究与讨论,不仅在理论上,而且在工程实际中都有着重要的意义。首先,平面力系概括了平面内各种特殊力系,同时是研究空间力系的基础。其次,平面力系是工程中最常见的一种力系,如在不少实际工程中的结构(或构件)和受力都具有同一对称面,此时作用力就可简化为作用在对称面内的平面力系。

如果在一个力系中,各力的作用线均分布在同一平面内,我们将这种力系称为平面力系;平面力系中各力的作用线均汇交于一点,则此力系称为平面汇交力系。

在工程中经常遇到。例如,在施工中起重机的吊钩所受各力就构成一个平面汇交力系,如图 1-34(a)、(b)所示。

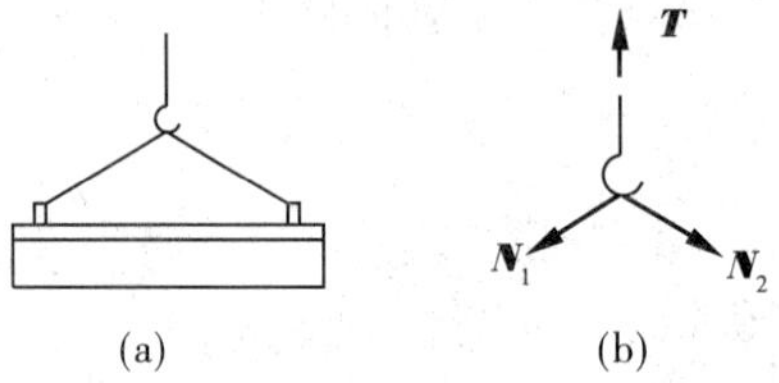

图 1-34

1.1.1　两汇交力的合成

由物理学可知,作用在物体上同一点的两个力,可以合成为作用在该点的一合力。合力矢量的大小和方向,由以这两个分力为邻边所组成的平行四边形的对角线来确定。上述结论就是力的平行四边形法则。

由矢量代数可知,合力矢量等于二分力矢量和,即

$$\overline{R} = \overline{F}_1 + \overline{F}_2 \tag{1-8}$$

在图 1-35(a)中,A 点上作用有两个力 $\boldsymbol{F}_1$ 和 $\boldsymbol{F}_2$,以二者为邻边作平行四边形 $ABCD$,对角线 AC 确定了此二力的合力 $\boldsymbol{R}$,即 $\overline{R}=\overline{AC}$。用作图法求合力矢量,方法是选取适当的比例尺表示力的大小,按选定的比例尺依次作出两个分力矢量 $\overline{F}_1$ 和 $\overline{F}_2$,并使二矢量首尾相连。再从第一个矢量的起点向另一矢量的终点引矢量 $\overline{R}$,它就是按选定的比例尺所表示的合力矢量,如图 1-35(b)所示。上述方法又称为力的三角形法则。

1.1.2　平面汇交力系合成的几何法

如图 1-36(a)所示,可以先将力系中的两个力按力的平行四边形法则合成,用所得的合力再与第三个力合成。如此连续地应用力的平行四边形法则,即可求得平面汇交力系的合力,具体作法如下:

任取一点 a,作矢量 $\overline{ab}=\overline{F}_1$,过 b 点作矢量 $\overline{bc}=\overline{F}_2$,由力的三角形法则,矢量 $\overline{R}_1=\overline{ac}=$

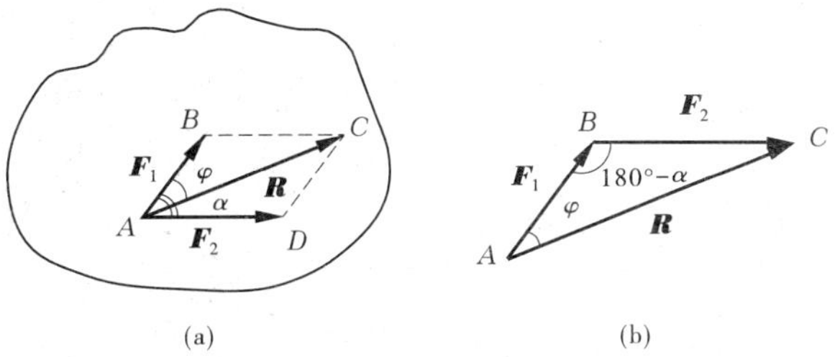

图1-35

$\overline{F}_1+\overline{F}_2$,即为力 $\overline{F}_1$ 和 $\overline{F}_2$ 的合力矢量。再过 c 点作矢量 $\overline{cd}=\overline{F}_3$,矢量 $\overline{R}_2=\overline{ad}=\overline{R}_1+\overline{F}_3=\overline{F}_1+\overline{F}_2+\overline{F}_3$,即为力 $\overline{F}_1$、$\overline{F}_2$ 和 $\overline{F}_3$ 的合力矢量。最后,过 d 点作矢量 $\overline{de}=\overline{F}_4$,则矢量 $\overline{R}=\overline{R}_2+\overline{F}_4=\overline{F}_1+\overline{F}_2+\overline{F}_3+\overline{F}_4$,即为力系中各力矢量的合矢量。

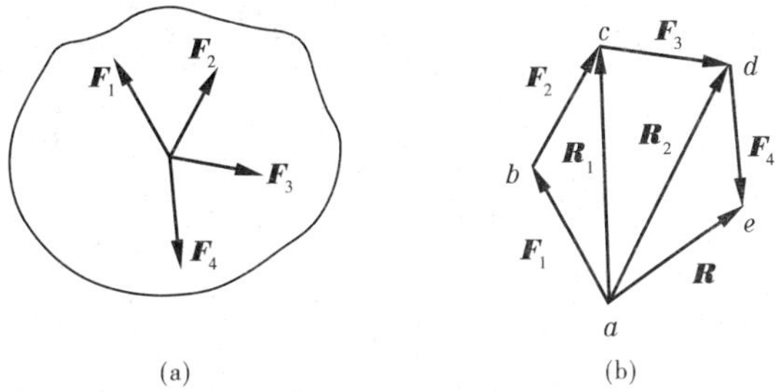

图1-36

上述过程示于图1-36(b)。可以看出,将力系中的各力矢量首尾相连构成开口的力多边形 $abcde$,然后,由第一个力矢量的起点向最后一个力矢量的末端,引一矢量 $\overline{R}$ 将力多边形封闭,力多边形的封闭边矢量 $\overline{R}$ 即等于力系的合力矢量。这种通过几何作图求合力矢量的方法称为力多边形法。

结论:平面汇交力系的合力矢量等于力系中各分力的矢量和,即

$$\overline{R}=\overline{F}_1+\overline{F}_2+\cdots+\overline{F}_n=\sum_{i=1}^{n}\overline{F}_i \tag{1-9}$$

合力的作用线通过各力的汇交点。

值得注意的是,作力多边形时,改变各力的连接顺序,可得不同形状的力多边形,但合力矢量的大小和方向并不改变。

1.1.3 平面汇交力系合成的解析法

平面汇交力系合成的解析法,是应用力在直角坐标轴上的投影来计算合力的大小,确定合力的方向。

作用于 O 点的平面汇交力系由 $\boldsymbol{F}_1$、$\boldsymbol{F}_2$、$\boldsymbol{F}_3$、$\boldsymbol{F}_4$ 组成,如图1-37(a)所示,以汇交点 O 为原点建立平面直角坐标系 xOy,按合力投影定理求合力在 x、y 轴上的投影,如图1-37(b)所示。

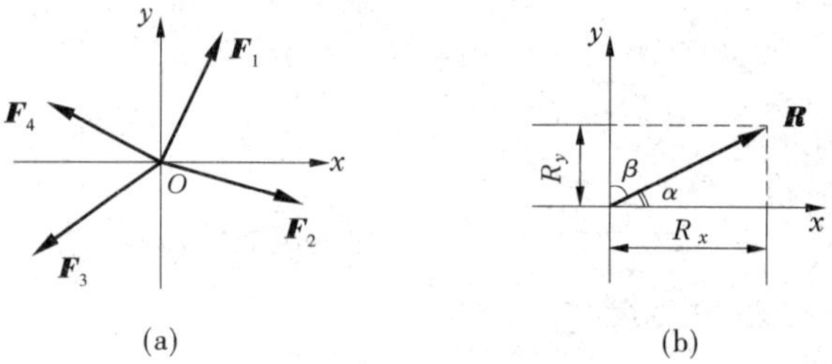

图1-37

$$\left.\begin{aligned}\sum X &= R_x = F_{1x} + F_{2x} + \cdots + F_{nx} = \sum_{i=1}^{n} F_{ix} \\ \sum Y &= R_y = F_{1y} + F_{2y} + \cdots + F_{ny} = \sum_{i=1}^{n} F_{iy}\end{aligned}\right\} \quad (1\text{-}10)$$

则合力的大小和方向：

$$\left.\begin{aligned}R &= \sqrt{R_x^2 + R_y^2} = \sqrt{(\sum X)^2 + (\sum Y)^2} \\ \tan\alpha &= \left|\frac{R_y}{R_x}\right| = \left|\frac{\sum Y}{\sum X}\right|\end{aligned}\right\} \quad (1\text{-}11)$$

式中　α——合力 $\boldsymbol{R}$ 与 x 轴之间的锐角。

合力 $\boldsymbol{R}$ 的指向可以由投影的正负号来确定。

用式(1-11)计算合力大小和方向的方法，称为平面汇交力系合成的解析法。

1.2　平面汇交力系的平衡

平面汇交力系平衡的充分和必要条件是该力系的合力等于零，即力系中各力的矢量和为零：$R=0$，即

$$R = \sqrt{R_x^2 + R_y^2} = \sqrt{(\sum X)^2 + (\sum Y)^2} = 0$$

该式等价于

$$\left.\begin{aligned}\sum X &= 0 \\ \sum Y &= 0\end{aligned}\right\} \quad (1\text{-}12)$$

于是，平面汇交力系平衡的充分和必要条件是力系中各力在两个坐标轴上投影的代数和分别为零。式(1-12)称为平面汇交力系的平衡方程。平面汇交力系有两个独立的平衡方程，可以求解两个未知量。

在实际工程中应用平衡方程进行分析问题时，应根据具体情况，恰当选取投影轴，尽可能使一个方程中只包含一个未知量，避免解联立方程。另外，利用平衡方程求解平衡问题时，受力图中未知力的指向可以任意假设，若计算结果为正值，表示假设的指向就是实际的指向；若计算结果为负值，表示假设的指向与实际指向相反。

【例1-11】　如图1-38所示三角托架，已知 $F=10$ kN，夹角 $\alpha=30°$，不计杆自重，求系统平衡时，AB、BC 杆受力。

解：(1)AB、BC 杆为二力杆，取点 B 为研究对象，画其受力图；

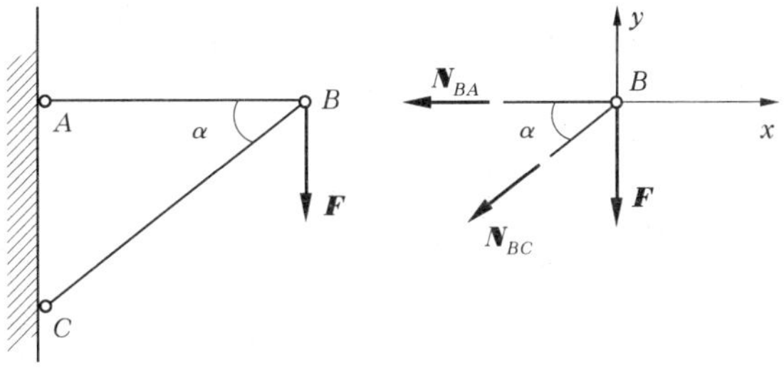

图1-38

(2)建立平面直角坐标系,如图1-38所示;

(3)列平衡方程:

$$\left.\begin{aligned}\sum X &= -N_{BA} - N_{BC}\cos 30^\circ = 0\\ \sum Y &= -N_{BC}\sin 30^\circ - F = 0\end{aligned}\right\}$$

解得

$$N_{BA} = 17.32\ \text{kN}(\text{拉})$$

$$N_{BC} = -20\ \text{kN}(\text{压})$$

AB 杆受力计算结果为正数,说明反力方向与图示假设方向相同;*BC* 杆受力计算结果为负数,说明反力方向与图示假设方向相反。

2 平面力偶系的合成与平衡

2.1 平面力偶系

若有 n 个力偶作用于物体的同一平面内,我们就把这种力系称为平面力偶系。物体在平面力偶系的作用下,其转动的总效应如何度量呢?这就涉及平面力偶系的合成问题。

2.2 平面力偶系的合成

由于力偶无合力,所以一个力偶不能用一个力来代替。同理,平面力偶系对物体的总效应也不能用一个力来代替。这就说明平面力偶系合成结果不可能是一个力,必定还是一个力偶,这个力偶叫作平面力偶系的合力偶。

一个力偶对物体的转动效应是由力偶矩(包括大小、转向)来度量的,所以平面力偶系的总效应也应由合力偶来度量。显然,合力偶等于同一个平面内的所有各分力偶矩的代数和,即

$$m = m_1 + m_2 + \cdots + m_n = \sum_{i=1}^{n} m_i \tag{1-13}$$

【例1-12】 如图1-39所示,在物体的某平面内受到三个力偶的作用。设 $F_1 = 200$ N, $F_2 = 600$ N, $m = 100$ N·m,求其合力偶。

解: 各分力偶矩为

$$m_1 = F_1 d_1 = 200 \times 1 = 200(\text{N}\cdot\text{m})$$

$$m_2 = F_2 d_2 = 600 \times \frac{0.25}{\sin 30^\circ} = 300(\text{N}\cdot\text{m})$$

$$m_3 = -m = -100\ \text{N}\cdot\text{m}$$

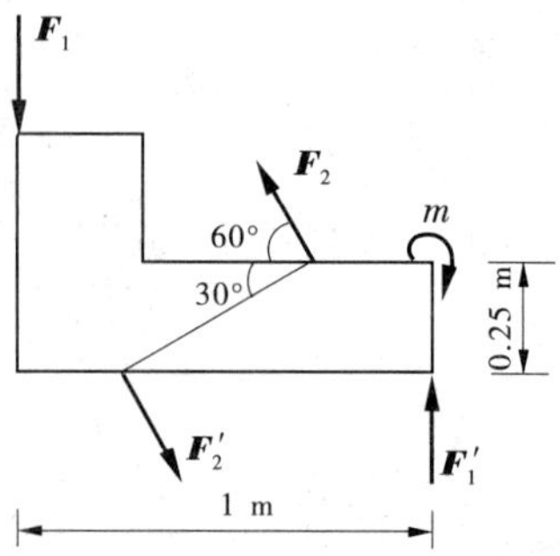

图 1-39

由式(1-13)得合力偶矩为

$$m = m_1 + m_2 + m_3 = 200 + 300 - 100 = 400(\mathrm{N \cdot m})$$

即合力偶矩的大小等于 400 N · m,转向为逆时针方向,与原力偶系共面。

2.3　平面力偶系的平衡

平面力偶系平衡的充分和必要条件是合力偶矩等于零。

$$m = m_1 + m_2 + \cdots + m_n = \sum_{i=1}^{n} m_i = 0 \qquad (1\text{-}14)$$

式(1-14)说明,物体在平面力偶系作用下保持平衡时,各分力偶矩的代数和必定等于零。这是平面力偶系的平衡条件。

一个平面力偶系只有一个独立的平衡方程,只能求解一个未知数;力偶系平衡问题求解是力偶应由力偶来平衡,所以约束反力应该是成对出现的,并且是两个大小相等、方向相反的一对平行力。

【例 1-13】 如图 1-40(a)所示梁 AB,在梁上作用两个力,求梁的支座反力。

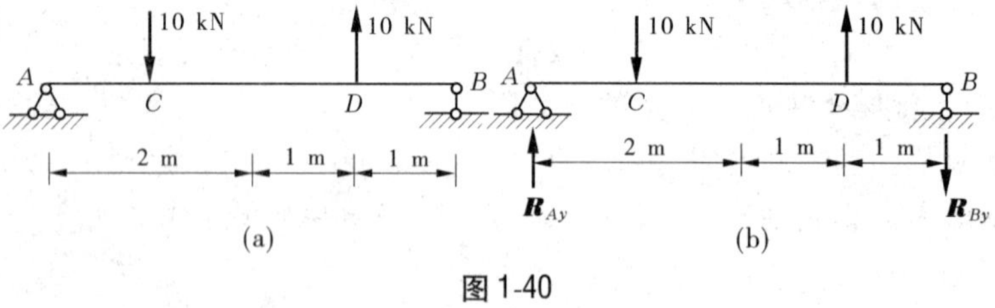

图 1-40

解:依据力偶只能由力偶平衡的性质做题。

(1)画受力图,如图 1-40(b)所示,$R_{Ay} = -R_{By}$。

(2)列平衡方程:

$$\sum_{i=1}^{n} m_i = 0$$

$$R_{Ay} \times 4 - 10 \times 2 = 0$$

$$R_{Ay} = 5\ \mathrm{kN} = -R_{By}$$

结果为正数,反力方向与假设方向相同。

3　平面一般力系的合成与平衡

3.1　平面一般力系

平面一般力系是指各力的作用线同在一个平面内，作用线既不汇交于一点也不相互平行的力系，又称为平面任意力系，如图1-41所示简支刚架和桁架。上述所介绍的平面汇交力系和平面力偶系是平面一般力系的特殊情况。实际工程结构上承受荷载分析一般都可简化为平面一般力系，分析和解决平面一般力系问题的方法具有普遍性，因此对平面一般力系的研究具有重要意义。

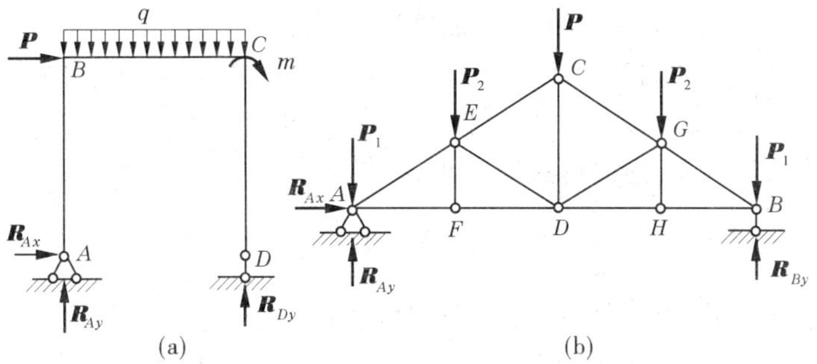

图1-41

3.2　平面一般力系的简化

如图1-42(a)所示，设物体受平面一般力系作用，该力系由 $\boldsymbol{F}_1$、$\boldsymbol{F}_2$、$\boldsymbol{F}_3$ 三个力组成。由力的平移定理，将力系中各力 $\boldsymbol{F}_1$、$\boldsymbol{F}_2$、$\boldsymbol{F}_3$ 平移至 O 点，组成汇交力系 $\boldsymbol{F}'_1$、$\boldsymbol{F}'_2$、$\boldsymbol{F}'_3$，同时加上相应的附加力偶，附加力偶矩分别为

$$m_1 = M_O(\boldsymbol{F}_1), m_2 = M_O(\boldsymbol{F}_2), m_3 = M_O(\boldsymbol{F}_3)$$

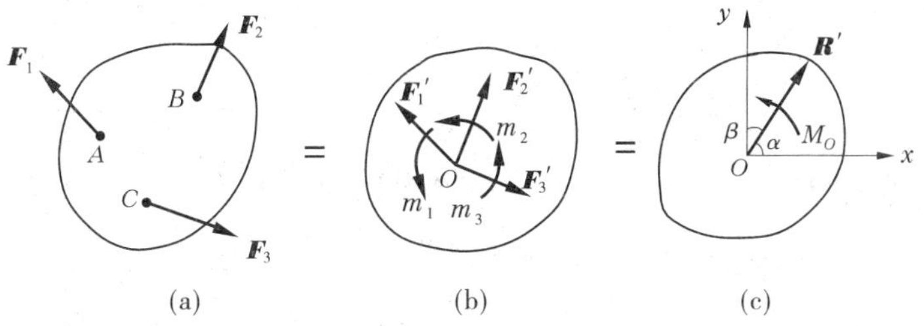

图1-42

如图1-42(b)所示，原力系可以用作用在 O 点的汇交力系 $\boldsymbol{F}'_1$、$\boldsymbol{F}'_2$、$\boldsymbol{F}'_3$和力偶系 m_1、m_2、m_3 代替，O 点称为简化中心。

对作用于 O 点的汇交力系，可合成为作用于简化中心 O 的一个力 $\boldsymbol{R}'$，该力的矢量等于各汇交力的矢量和，即

$$\overline{R'} = \overline{F'_1} + \overline{F'_2} + \cdots + \overline{F'_n} = \sum_{i=1}^{n} \overline{F'_i} \tag{1-15}$$

$\boldsymbol{R}'$称为平面一般力系的主矢。其中,$\boldsymbol{F}_1=\boldsymbol{F}'_1$、$\boldsymbol{F}_2=\boldsymbol{F}'_2$、…、$\boldsymbol{F}_n=\boldsymbol{F}'_n$。$\boldsymbol{R}'$的大小和方向可用解析法计算,通过 O 点作平面直角坐标系 xOy,由合力的投影定理得:

$$R'_x = F'_{1x} + F'_{2x} + \cdots + F'_{nx} = F_{1x} + F_{2x} + \cdots + F_{nx} = \sum X$$

$$R'_y = F'_{1y} + F'_{2y} + \cdots + F'_{ny} = F_{1y} + F_{2y} + \cdots + F_{ny} = \sum Y$$

于是求得主矢 $\boldsymbol{R}'$的大小和方向为

$$\left.\begin{aligned} R' &= \sqrt{R'^2_x + R'^2_y} = \sqrt{\left(\sum X\right)^2 + \left(\sum Y\right)^2} \\ \tan\alpha &= \left|\frac{R'_y}{R'_x}\right| = \left|\frac{\sum Y}{\sum X}\right| \end{aligned}\right\} \qquad (1\text{-}16)$$

对作用于 O 点的附加力偶所组成的平面力偶系,可合成为一个合力偶,合力偶矩用 M 表示。M 称为平面一般力系相对于简化中心 O 点的主矩,其大小等于力系中各力对简化中心 O 点之矩的代数和,逆时针转向为正,计算公式如下:

$$M = m_1 + m_2 + m_3 = \sum_{i=1}^{n} m_O(\boldsymbol{F}_i) \qquad (1\text{-}17)$$

由此可见,平面一般力系向其作用面内任一点简化后,一般得到一个力和一个力偶矩,见图 1-42(c)。这个力(主矢)等于力系中各力的矢量和,这个力偶矩(主矩)等于力系中各力对简化中心 O 点力矩的代数和。选取不同的简化中心,主矢的大小和方向不改变,但主矩一般会改变。

3.3　平面一般力系的简化结果讨论

平面一般力系向任意点简化,一般可得主矢 $\boldsymbol{R}'$与主矩 M,根据主矢与主矩组合可能出现以下四种情况:

(1)$R'\neq0$,$M\neq0$,此时力系没有简化为最简单的形式,根据力平移定理的逆过程,可将它们进一步合成为一个合力,合力 $R=R'$,合力至简化中心的距离为 $d=|M/R|$,如图 1-43 所示。

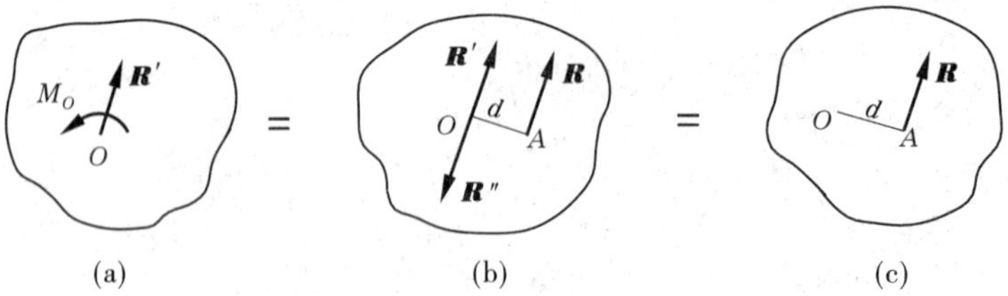

图 1-43

合力 $\boldsymbol{R}$ 在 O 点的哪一侧,由 $\boldsymbol{R}$ 对 O 点矩的转向与主矩 M 的转向相一致来确定。当 $M>0$ 时,顺着 $\boldsymbol{R}'$的方向看,合力 $\boldsymbol{R}$ 在主矢 $\boldsymbol{R}'$的右侧;当 $M<0$ 时,合力 $\boldsymbol{R}$ 在主矢 $\boldsymbol{R}'$的左侧。

(2)$R'\neq0$,$M=0$,此时主矢为原力系的合力,即原力系合力的作用线通过简化中心。

(3)$R'=0$,$M\neq0$,此时主矩可单独代表原力系,原力系可合成为一合力偶,此时的简化结果与简化中心的位置无关。

(4)$R'=0$,$M=0$,物体在此力系作用下处于平衡状态,属平衡力系。

【例1-14】 某办公楼楼层的预制板由矩形截面梁支承,梁支承在柱子上,梁、柱的间距如图1-44所示。已知板及其面层的自重是2.25 kN/m^2,板上受到活荷载按2 kN/m^2计,矩形梁截面尺寸 $b \times h = 200\ mm \times 500\ mm$,梁的材料密度为2.5 kg/m^3。试计算梁所受到的线荷载集度,并求其合力。

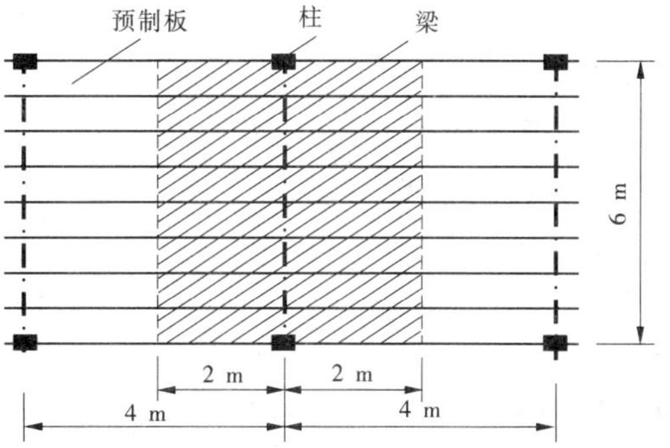

图1-44

解:当荷载连续地作用在整个构件或构件的一部分上(不能看作集中荷载)时,称为分布荷载。若荷载系分布在一个狭长范围内,则可以把它简化为沿狭长面的中心线分布的荷载,称为线荷载。当线荷载各点大小都相同时,称为均布线荷载;当线荷载各点大小不同时,称为非均布线荷载。各点线荷载的大小用荷载集度 q 表示,某点的荷载集度意味着线荷载在该点的密集程度,其常用单位为 N/m 或 kN/m。

本题梁受到板传来的荷载及梁的自重都是分布荷载,这些荷载可简化为线荷载。由于梁的间距为4 m,所以每根梁承担板传来的荷载范围如图1-44阴影区域所示,即承担范围为4 m,则沿梁轴线方向每一米长所承受的荷载为板传来的荷载:

$$q' = \frac{(2.25 + 2) \times 4 \times 6}{6} = 17(kN/m)$$

梁自重:$q'' = \dfrac{0.2 \times 0.5 \times 6 \times 2.5 \times 10}{6} = 2.5(kN/m)$

总线荷载:$q = 17 + 2.5 = 19.5(kN/m)$

梁所受的线荷载如图1-45(a)所示。在工程计算中,通常用梁轴表示一根梁,故梁受到的线荷载可用图1-45(b)表示。

线荷载 q 的合力为 Q:

$$Q = 6q = 6 \times 19.5 = 117(kN)$$

作用在梁的中点。

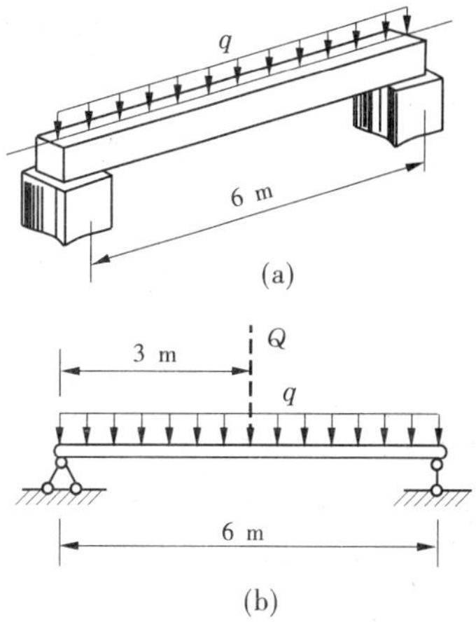

图1-45

3.4 平面一般力系的平衡

由前面讨论结果可知,当平面一般力系向平面内任一点简化时,若主矢和主矩都为零,则说明原力系是平衡力系,即

$$\left.\begin{aligned} R &= \sqrt{\left(\sum X\right)^2 + \left(\sum Y\right)^2} = 0 \\ M &= \sum_{i=1}^{n} m_O(\boldsymbol{F}_i) = 0 \end{aligned}\right\}$$

由此得平面一般力系的平衡方程为

$$\left.\begin{aligned} \sum X &= 0 \\ \sum Y &= 0 \\ \sum m_O &= 0 \end{aligned}\right\} \tag{1-18a}$$

式(1-18a)又称平面一般力系的平衡方程的基本方程,方程组中第一、二两个方程为投影平衡方程,即各力在任选的两个坐标轴 x、y 上的投影代数和为零,说明平面一般力系在 x 和 y 方向上没有合力,物体不会上下和左右移动;第三个方程为力矩平衡方程,即平面一般力系中的各力对任意点的力矩代数和等于零,说明物体不会转动。既没有移动又没有转动的物体就是平衡体。

平面一般力系的平衡方程组可以用来求不多于三个未知量。

平衡方程式应用一方面可以用来判别平面一般力系是否平衡,另一方面可以用来对处于平衡状态的物体求解未知力。

平面一般力系平衡方程式(1-18a)除基本形式外,还可用二力矩式(1-18b)和三力矩式(1-18c)来表示。

二力矩式:

$$\left.\begin{aligned} \sum X = 0 \text{ 或 } \sum Y &= 0 \\ \sum m_A &= 0 \\ \sum m_B &= 0 \end{aligned}\right\} \tag{1-18b}$$

其中 A、B 两点的连线不垂直于 $x(y)$ 轴。

三力矩式:

$$\left.\begin{aligned} \sum m_A &= 0 \\ \sum m_B &= 0 \\ \sum m_C &= 0 \end{aligned}\right\} \tag{1-18c}$$

其中 A、B、C 三点不共线。

以上三组平衡方程式是等价的,实际计算时选用哪一组平衡方程式,需要根据物体(或分离体)的受力图具体情况而定,灵活应用可避免联立方程组求解,尽可能达到用一个方程式直接求出一个未知力,简化计算。

【例1-15】　如图1-46(a)所示为支撑窗外凉台的水平梁承受均布荷载及集中荷载，试求插入端的反力及反力偶。

解：由于水平梁的A端插入砖墙较深，因而梁在A端既不容许移动，又不容许转动，这样的支座在工程中常简化为固定端支座，它的支座反力一般有限制水平移动的水平反力$\boldsymbol{R}_{Ax}$、限制竖向移动的竖向反力$\boldsymbol{R}_{Ay}$，同时有限制转动的反力偶m_A，如图1-46(b)所示。

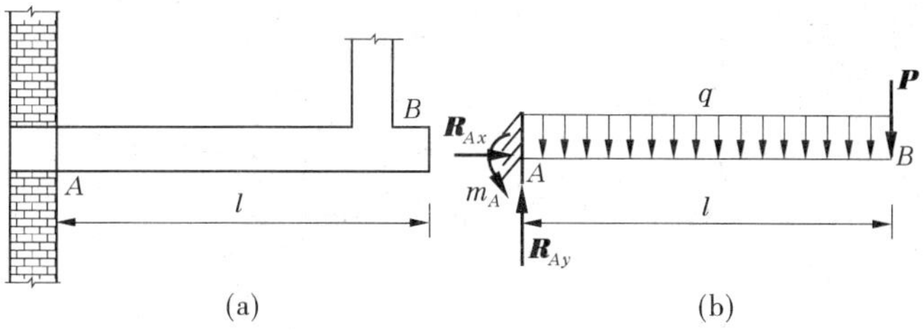

图1-46

由$\sum X=0$，得

$$R_{Ax}=0$$

由$\sum Y=0$，$R_{Ay}-ql-P=0$，得

$$R_{Ay}=ql+P$$

由$\sum m_A(\boldsymbol{F})=0$，$-Pl-\frac{1}{2}ql^2+m_A=0$，得

$$m_A=Pl+\frac{1}{2}ql^2$$

【例1-16】　简支外伸梁受荷载如图1-47(a)所示，已知均布荷载集度$q=2$ kN/m，力偶矩$m=40$ kN·m，集中力$F=20$ kN，试求支座A、B的反力。

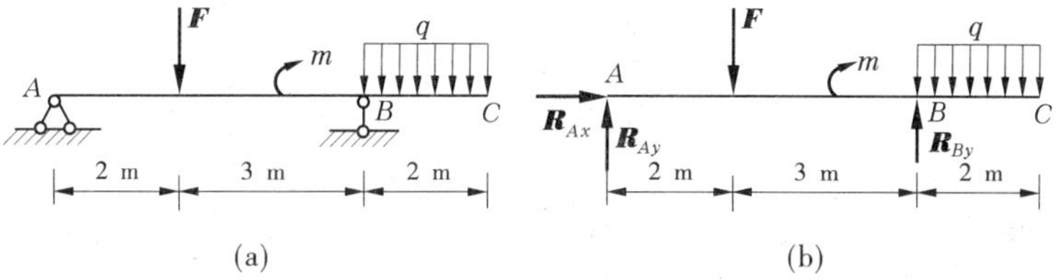

图1-47

解：(1)取梁AC为研究对象，画受力图，其受力图如图1-47(b)所示。

(2)列平衡方程，求支座反力。

由$\sum X=0$，得

$$R_{Ax}=0$$

由$\sum m_A=0$，$R_{By}\times5-F\times2-2q\times6-m=0$，得

$$R_{By}=\frac{1}{5}(F\times2+2q\times6+m)=\frac{1}{5}\times(20\times2+2\times2\times6+40)=20.8(\text{kN})(\uparrow)$$

由$\sum m_B=0$，$-R_{Ay}\times5+F\times3-2q\times1-m=0$，得

$$R_{Ay} = \frac{1}{5}(F \times 3 - 2q \times 1 - m) = \frac{1}{5} \times (20 \times 3 - 2 \times 2 \times 1 - 40) = 3.2(\text{kN})\ (\uparrow)$$

(3)校核。

由 $\sum Y = 0$, 得

$$R_{Ay} + R_{By} - F - 2 \times q = 3.2 + 20.8 - 20 - 2 \times 2 = 0$$

表明计算结果正确。

最后,将平面一般力系平衡问题的求解步骤归纳如下:

(1)选取适当的研究对象;

(2)对选取的研究对象进行受力分析,以研究对象为分离体,画出分离体的受力图;

(3)根据需要灵活建立平衡方程,应尽可能避免求解联立方程组,尽可能做到一个平衡方程中只包含一个未知量;

(4)由平衡方程解出所需的未知力;

(5)用非独立的平衡方程检验求解结果。

4 平面平行力系的平衡

当力系中各力的作用线在同一平面内且相互平行时,这种力系称为平面平行力系。

平面平行力系可归属于平面一般力系的一种特殊情况,它的平衡方程可由平面一般力系的平衡方程导出。如图 1-48 所示的一个平面平行力系,取 y 轴与力系中各力的作用线平行,x 轴与力系中各力的作用线垂直。不论力系是否平衡,各力在 x 轴上的投影代数和恒等于零,即 $\sum X = 0$ 自然满足,这一方程就可从平面一般力系的平衡方程组中除去。因此,由式(1-18a)就可导出平面平行力系的平衡方程为

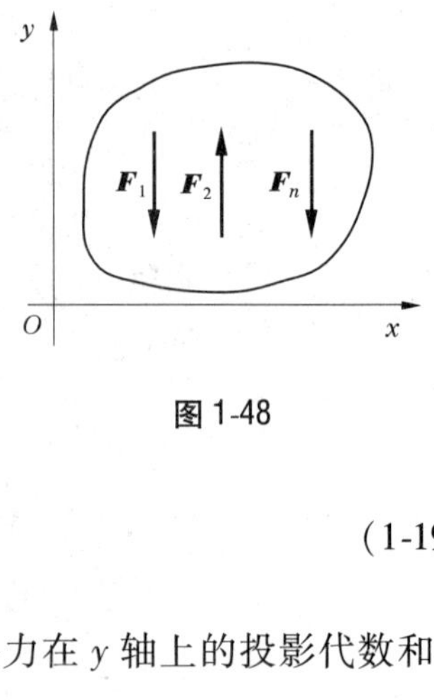

图 1-48

$$\left.\begin{aligned}\sum Y &= 0\\ \sum m_O &= 0\end{aligned}\right\} \tag{1-19}$$

平面平行力系平衡的必要和充分条件是:力系中所有各力在 y 轴上的投影代数和等于零,各力对作用面内任一点的力矩的代数和等于零。

式(1-19)称为平面平行力系的基本式。同理,由平面一般力系的平衡方程的二力矩式也可导出平面平行力系的平衡方程的另一种形式为

$$\left.\begin{aligned}\sum m_A &= 0\\ \sum m_B &= 0\end{aligned}\right\} \tag{1-20}$$

式中 A、B 两点的连线不与各力的作用线平行。

平面平行力系只有两个独立的平衡方程,因此只能求解两个未知量的平衡问题。

【例 1-17】 如图 1-49 所示的塔式起重机,已知机身重 $G = 250$ kN,设其作用线通过塔架中心,最大起吊重量 $W = 100$ kN,起重悬臂长 12 m,两轨间距 $b = 4$ m,平衡锤重 $\boldsymbol{Q}$ 至

机身中心线的距离 $a=6$ m。为使起重机在空载和满载时都不致倾倒，试确定平衡锤的重量。

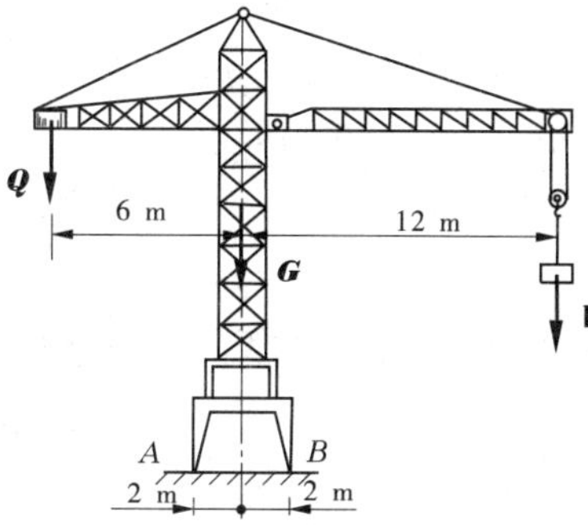

图1-49

解：取起重机为研究对象，画出受力图；其受力图如图1-50所示。为确保起重机不倾倒，则必须使作用在起重机上的主动力 $\boldsymbol{G}$、$\boldsymbol{W}$、$\boldsymbol{Q}$ 和约束反力 $\boldsymbol{N}_A$、$\boldsymbol{N}_B$ 所组成的平面平行力系在空载和满载时都满足平衡条件，因此平衡锤的重量应有一定的范围。

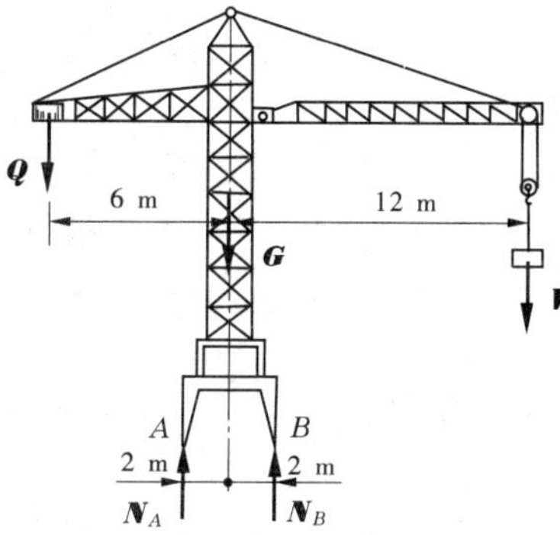

图1-50

1. 满载时的平衡锤重量

当满载（$W=100$ kN）时，若平衡锤重量太小，起重机可能绕 B 点向右倾倒。开始倾倒的瞬间，左轮与轨道脱离接触，这种情形称为临界状态。这时，$N_A=0$，满足临界状态时的平衡锤重量为所必须的最小平衡锤重量 $\boldsymbol{Q}_{\min}$。

由 $\sum m_B=0$，$Q_{\min}(6+2)+G\times 2-W\times(12-2)=0$，得

$$Q_{\min}=\frac{1}{8}(W\times 10-G\times 2)=\frac{1}{8}\times(100\times 10-250\times 2)=62.5(\mathrm{kN})$$

2. 空载时的平衡锤重量

当空载（$W=0$）时，若平衡锤太重，起重机会绕 A 点向左倾倒，在临界状态下，$\boldsymbol{N}_B=0$。满足临界状态时的平衡锤重量将是所允许的最大平衡锤重量 $\boldsymbol{Q}_{\max}$。

由 $\sum m_A=0$，$Q_{\max}(6-2)-G\times 2=0$，得

$$Q_{\max}=\frac{G\times 2}{4}=\frac{250\times 2}{4}=125(\mathrm{kN})$$

综上所述,为保证起重机在空载和满载时都不致倾倒,平衡锤的重量 Q 应满足下列不等式:

$$62.5\ \text{kN} \leqslant Q \leqslant 125\ \text{kN}$$

项目小结

一、基本概念

力:力是物体间相互的机械作用,这种作用使物体的运动状态发生改变(外效应),或者使物体的形状发生改变(内效应)。力对物体的作用效应取决于力的大小、方向和作用点。

平衡:物体相对于惯性参考系保持静止或做匀速直线运动,则物体处于平衡状态。

二、静力学公理

静力学公理揭示了力的基本性质,是静力学的理论基础。

(1)二力平衡公理。一刚体在两个力作用下,该刚体处于平衡状态,其必要和充分条件是:这两个力的大小相等、方向相反,作用在同一条直线上。

(2)加减平衡力系公理。在作用于刚体上的任意力系中,加上或取消一个平衡力系,并不改变原力系对刚体的作用效应。

(3)力的可传性原理。作用在刚体上某点的力,可沿其作用线任意滑移至刚体上的任意一点,而不改变它对刚体的作用效应。

(4)力的平行四边形法则。作用于物体上同一点的两个力,可以合成为一个合力,其合力作用线通过该点,合力的大小和方向由这两个力为邻边所构成的平行四边形的对角线表示。

(5)力的作用与反作用公理。两物体间相互作用的力,总是大小相等、方向相反,且沿同一直线,并分别作用在两个物体上。

(6)三力平衡汇交定理。若一刚体受三个共面不平行的力作用而处于平衡,则这三个力的作用线必汇交于一点。

三、力矩与力偶

(1)力对点之矩、合力矩定理。

(2)力偶矩的计算,力偶的基本性质。

(3)力的平移定理是力系简化的基础。

四、力在坐标轴上的投影

力在坐标轴上的投影计算,是对力进行解析计算时用到的基本量。

五、常见约束及其反力

(1)柔性体约束。

(2)光滑接触面约束。

(3)光滑圆柱铰链约束。

(4)固定铰支座。

(5)可动铰支座。

(6)固定端约束。

(7)链杆约束。

六、画受力图的步骤

(1)根据题意确定研究对象,并将研究对象从物体系统中分离出来,研究对象可以是一个物体或几个物体组成的物体系统。

(2)在研究对象上画出原系统中作用在研究对象上所有的主动力(荷载)。

(3)分析研究对象周围的约束性质,分别画出相应的约束反力。

七、平面力系的合成与平衡

(1)平面汇交力系的合成结果是一个合力,其平衡方程是2个投影方程。

(2)平面力偶系的合成结果是一个合力偶,其平衡方程是1个力偶方程。

(3)平面一般力系的合成的最终结果为一个力或一个力偶,其平衡方程有基本式、二矩式和三矩式,每种形式平衡方程都只有3个。

(4)平面平行力系的平衡方程有基本式、二矩式,每种形式平衡方程都只有2个。

知识技能训练

一、简答题

1. 作用在刚体上大小相等、方向相同的两个力对刚体的作用是否等效?

2. 在"作用力和反作用力公理"与"二力平衡公理"中,两者都是两力等值、反向、共线,问有什么不同?

3. 力的可传性原理的适用条件是什么?如图1-51所示,能否根据力的可传性原理,将作用于 AC 杆上力 $\boldsymbol{F}$ 沿其作用线移至 BC 杆上?

4. 两个共面共点力的合力一定比其分力大吗?

5. 作用在刚体上的三个力位于同一平面内,其作用线汇交于一点,此刚体一定处于平衡状态吗?

6. 力的投影和分力有什么相同和不同之处?

7. 力是什么量?投影是什么量?

8. 将图1-52所示 A 点的力 $\boldsymbol{F}$ 沿其作用线移至 B 点,是否改变该力对 O 点之矩。

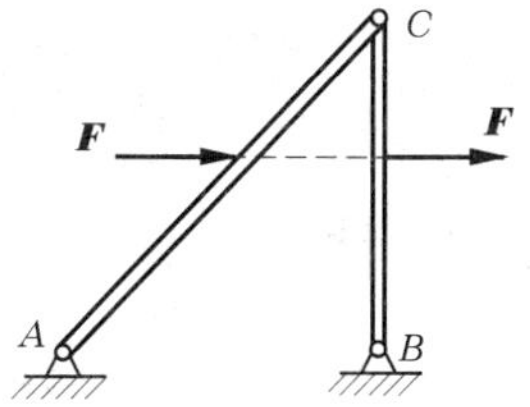

图1-51

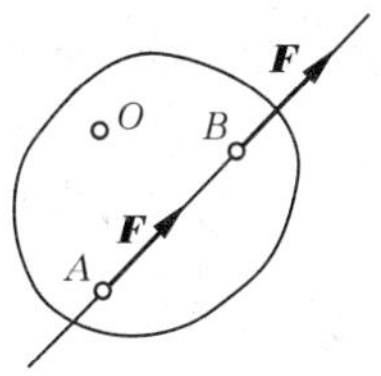

图1-52

9. 图1-53所示的矩形钢板放在地面上,其边长 $a=3$ m,$b=2$ m,按图示方向加力,转

动钢板需要 $F = -F' = 200$ N。试问如何加力才能使转动钢板所用的力为最小,并求出这个最小力的大小。

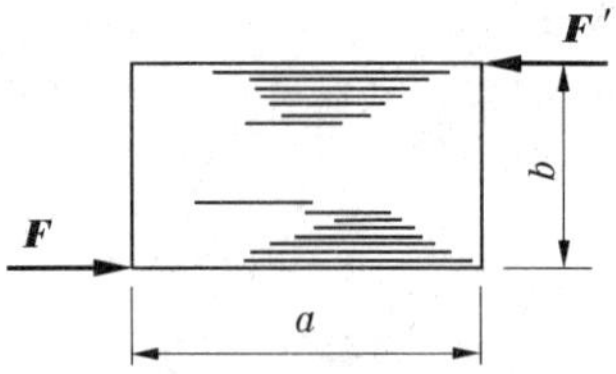

图 1-53

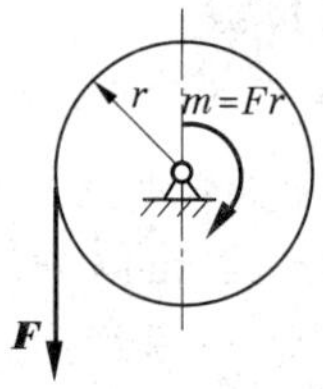

图 1-54

10. 力偶不能和一个力构成平衡,那为什么图 1-54 中的转轮受到一个力 $\boldsymbol{F}$ 和一个力偶($m = Fr$)的作用又能平衡呢?

11. 试比较力矩和力偶矩有何异同点?

12. 何为约束?常见的约束有哪几种类型?各种约束的约束反力如何确定?

13. 设一平面任意力系向某一点简化得到一合力。若另选简化中心,问该力系能否简化为一力偶?为什么?

14. 物体系统的计算方法只能是先部分物体,后整体吗?

15. 结构或构件的未知量数目超过了独立的平衡方程数目,仅利用平衡方程能求解出全部未知量吗?

二、填空题

1. 力偶在任一轴上的投影等于__________,且力偶没有合力。既然力偶没有合力,故不能用一个力来代替,不能与一个力构成平衡。

2. 力偶只会对物体产生__________效应,不会产生__________效应。而一个力可使物体产生__________和__________的两种效应。

3. 力偶对物体的转动效应,用力偶矩度量而与__________的位置无关。

4. 光滑面的约束反力作用于__________(位置),沿接触面的__________方向且指向物体。

5. 柔性约束反力通过__________(位置),方向沿柔性约束中心线背离物体。

6. 固定支座约束反力有__________约束反力、__________约束反力,还作用一个限制物体转动的__________。

7. 链杆对它所约束物体的约束反力必定沿着__________作用在物体上。

8. 可动铰支座的约束反力__________支承面,通过销钉__________指向未定。

9. 定向支座的约束反力是一个沿__________方向的力和一个__________。

10. 物体的受力分析有三个步骤,第一步取__________,第二步画__________,第三步分析__________。

11. 一般力系简化中主矢等于原力系各力的矢量和,所以它与简化中心的选择__________关;而主矩等于原力系各力对简化中心力矩的__________,简化中心不同力臂不同,一般情况下主矩与简化中心的选择__________关。

12. 一个平面汇交力系只有__________个独立的平衡方程,只能求解两个未知数。

13. 一个平面力偶系只有__________个独立的平衡方程，只能求解一个未知数。

14. 平面一般力系有__________个独立的平衡方程，只能求解三个未知数。

三、计算题

1. 已知 $F_1=F_2=200$ N，$F_3=F_4=100$ N，各力的方向如图1-55所示。试求各力在 x 轴和 y 轴上的投影。

2. 如图1-56所示钢板在孔 A、B 和 C 处分别受到三个力作用，其中 $F_1=160$ N，$F_2=100$ N，$F_3=70$ N。试求这三个力的合力在 x 轴和 y 轴上的投影。

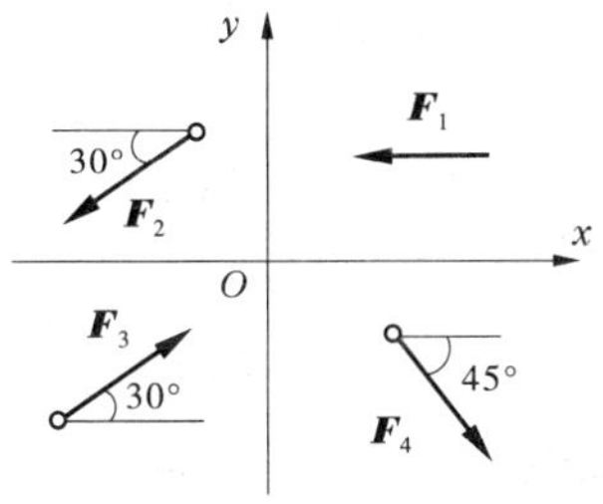

图1-55

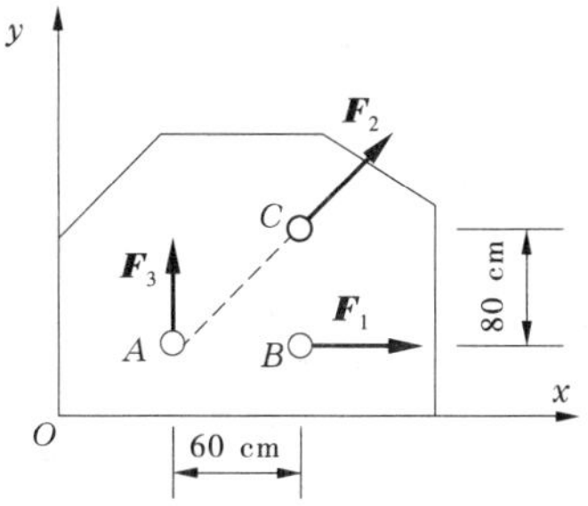

图1-56

3. 已知挡土墙重 $W_1=70$ kN，垂直土压力 $W_2=115$ kN，水平土压力 $P=85$ kN，如图1-57所示。试分别求此三个力对前趾 A 之矩。

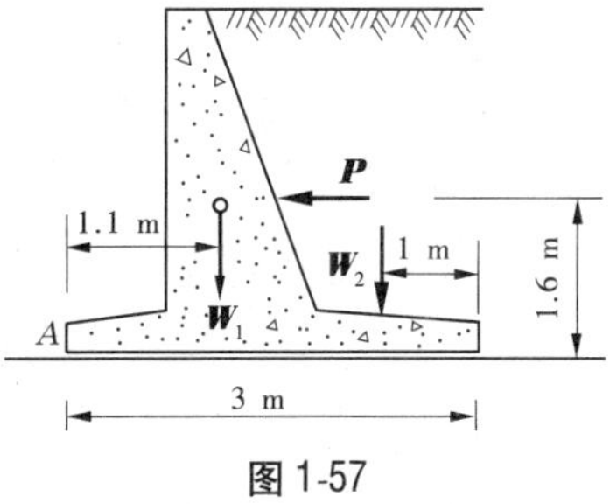

图1-57

4. 试画图1-58所示物体的受力图。未画重力的物体的重量均不计，所有接触处均为光滑接触。

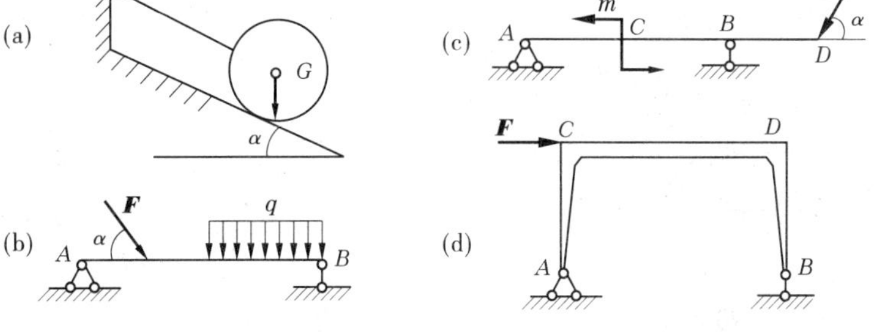

图1-58

5. 试画出图 1-59 所示指定物体的受力图。未画重力的物体的重量均不计,所有接触处均为光滑接触。

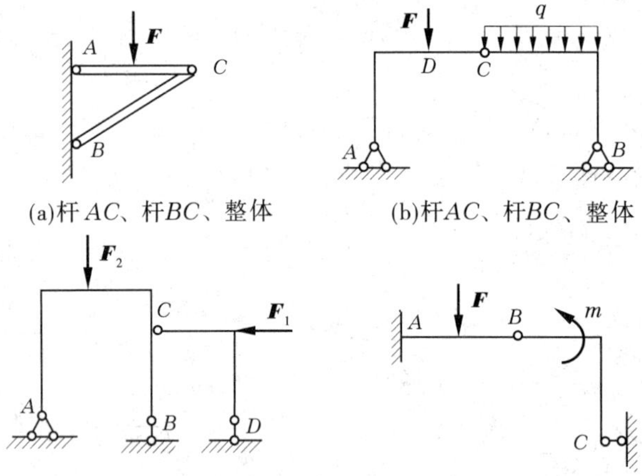

(a)杆 AC、杆 BC、整体　(b)杆 AC、杆 BC、整体

(c) AB 部分、CD 部分、整体　(d) CB 部分、AB 部分、整体

图 1-59

6. 试画出图 1-60 所示物体系统的受力图。未画重力的物体的重量均不计,所有接触处均为光滑接触。

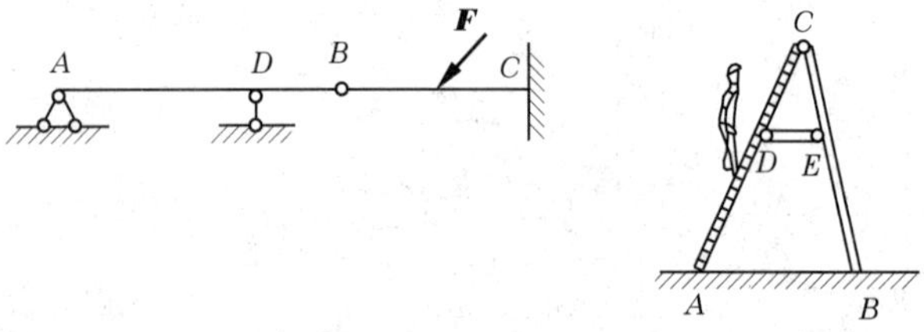

(a)　(b)

图 1-60

7. 梁 AB 如图 1-61 所示。在梁的中间作用一力,求梁的支座反力。

8. 梁 AB 如图 1-62 所示。在梁上作用一力 $F=60$ N,求梁的支座反力。

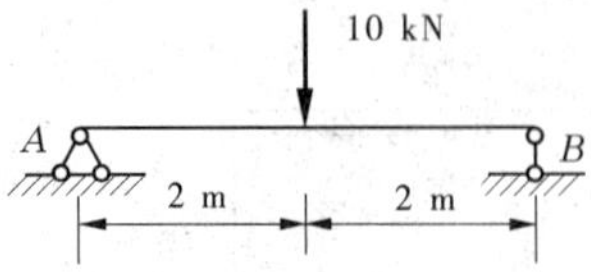

图 1-61

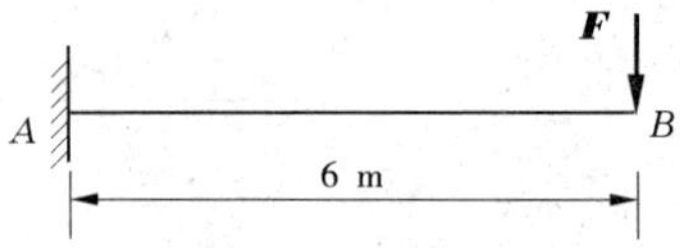

图 1-62

9. 梁 AB 如图 1-63 所示。在梁上作用一均匀荷载 $q=3$ kN/m,求梁的支座反力。

10. 梁 AB 如图 1-64 所示。在梁上作用一均匀荷载 $q=4$ kN/m，求梁的支座反力。

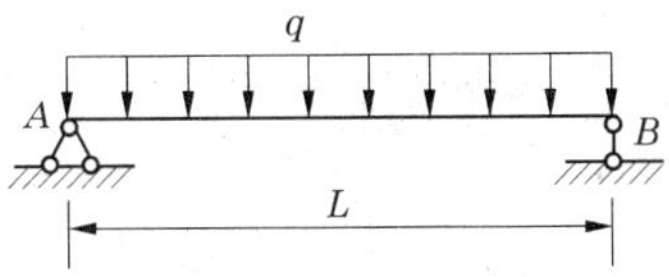

图 1-63

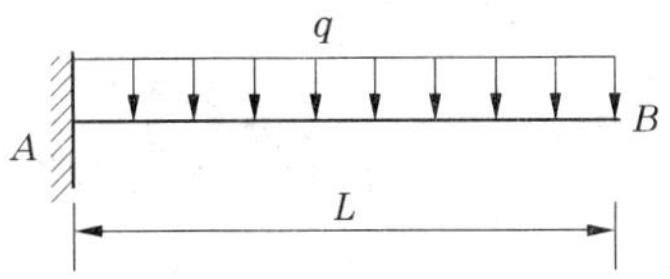

图 1-64

11. 梁 AB 如图 1-65 所示。在梁上作用一均匀荷载，求梁的支座反力。

12. 梁 AB 受力如图 1-66 所示，求梁的支座反力。

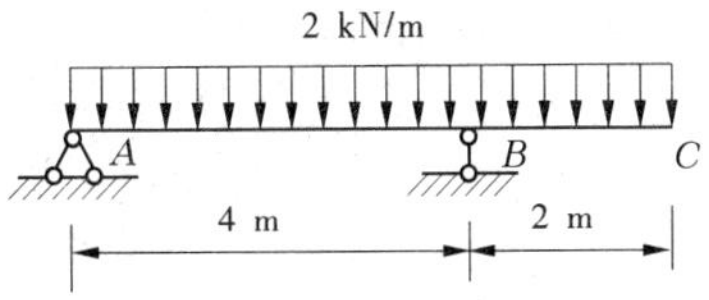

图 1-65

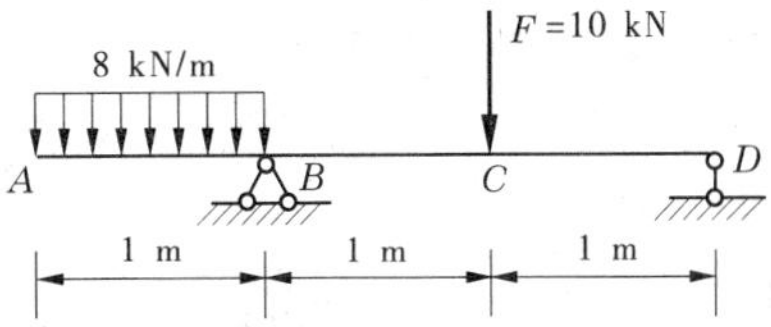

图 1-66

13. 如图 1-67 所示三角托架，已知 $F=20$ kN，夹角 $\angle ACB=30°$，不计杆自重，求系统平衡时，杆 AC、BC 所受力。

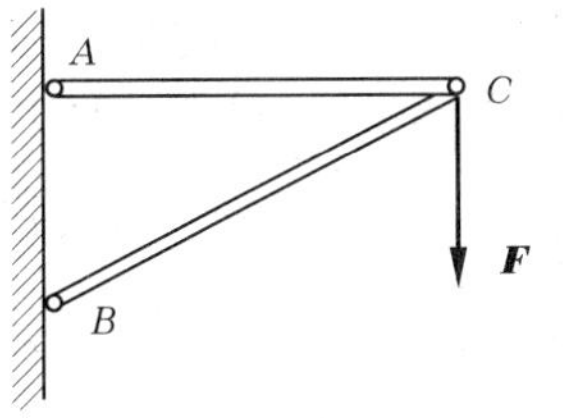

图 1-67

项目2 杆件内力分析

知识目标

(1)了解拉(压)杆、扭转轴及平面弯曲梁的受力特点和变形特征;
(2)掌握四种内力(轴力、扭矩、剪力和弯矩)的概念、正负号规定;
(3)掌握计算轴向拉(压)杆的轴力的计算方法,并能准确绘制轴力图;
(4)掌握计算圆轴的扭矩的计算方法,并能准确绘制扭矩图;
(5)掌握计算静定梁剪力和弯矩的计算方法,能准确绘制剪力图、弯矩图。

能力目标

(1)能深刻理解四种基本变形的概念和内力的内涵;
(2)会进行轴心拉(压)杆的内力分析;
(3)会进行圆轴的扭转内力分析;
(4)会进行静定梁的内力分析。

任务1 轴向拉(压)杆内力

1 概述

受力特点:杆件受到与杆件轴线重合的外力的作用。

变形特点:杆沿轴线方向的伸长或缩短。

产生轴向拉伸与压缩变形的杆件称为拉(压)杆。如图2-1所示屋架中的弦杆、牵引桥的拉索和桥塔、阀门启闭机的螺杆等均为拉压杆。

2 内力及其截面法

2.1 内力的概念

构件的材料是由许多质点组成的。构件不受外力作用时,材料内部质点之间保持一定的相互作用力,使构件具有固体形状。当构件受外力作用产生变形时,其内部质点之间相互位置改变,原有内力也发生变化。这种由外力作用而引起的受力构件内部质点之间相互作用力的改变量称为附加内力,简称内力。工程力学所研究的内力是由外力引起的,内力随外力的变化而变化,外力增大,内力也增大,外力撤销后,内力也随着消失。

显然,构件中的内力是与构件的变形相联系的,内力总是与变形同时产生的。构件中的内力随着变形的增加而增大,但对于确定的材料,内力的增加有一定的限度,超过这一限度,构件将发生破坏。因此,内力与构件的强度和刚度都有密切的联系。在研究构件的

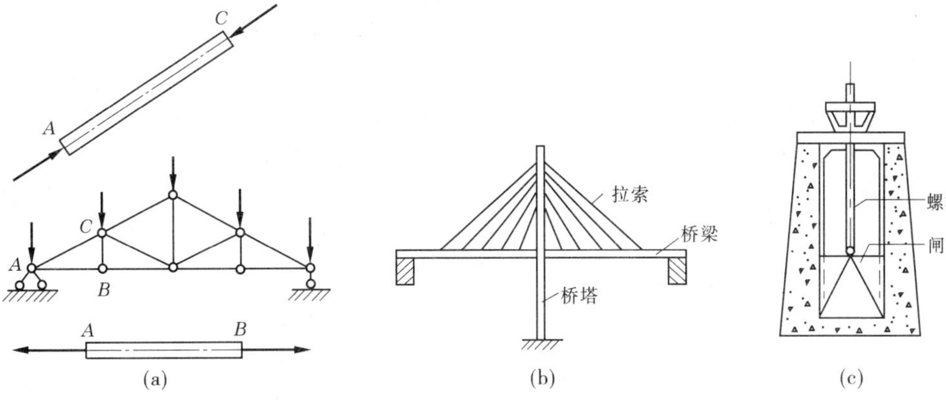

图 2-1　拉(压)杆的工程实例

强度、刚度等问题时,必须知道构件在外力作用下某截面上的内力值。

2.2　截面法

确定构件任意截面上内力值的基本方法是截面法。图 2-2(a)所示为任意受平衡力系作用的构件。为了显示并计算某一截面上的内力,可在该截面处用一假想截面将构件一分为二并弃去其中一部分。将弃去部分对保留部分的作用以力的形式表示,此力即为该截面上的内力。

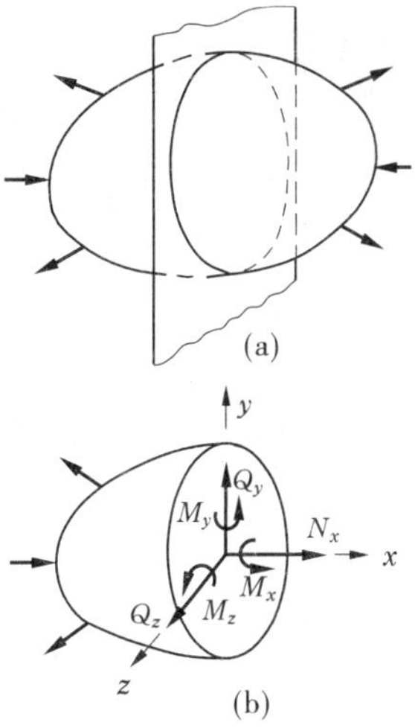

图 2-2　截面法

根据变形固体均匀、连续的基本假设,截面上的内力是连续分布的。通常将截面上的分布内力用位于该截面形心处的合力(简化为主矢和主矩)来代替。尽管内力的合力是未知的,但总可以用其六个内力分量(空间任意力系)N_x、Q_y、Q_z 和 M_x、M_y、M_z 来表示,如图 2-2(b)所示。因为构件在外力作用下处于平衡状态,所以截开后的保留部分也应保持平衡。由此,根据空间力系的六个平衡方程:

$$\sum N_x = 0 \quad \sum Q_y = 0 \quad \sum Q_z = 0$$

$$\sum M_x = 0 \quad \sum M_y = 0 \quad \sum M_z = 0$$

即可求出 N_x、Q_y、Q_z和 M_x等各内力分量。用截面法研究保留部分的平衡时,各内力分量相当于平衡体上的外力。

截面上的内力并不一定都同时存在上述六个内力分量,一般可能仅存在其中的一个或几个。随着外力与变形形式的不同,截面上存在的内力分量也不同,如拉(压)杆截面上的内力,只有与外力平衡的轴向内力 N_x。

截面法求内力的步骤可归纳为:

(1)截开。在欲求内力截面处,用一假想截面将构件一分为二。

(2)代替。弃去任一部分,并将弃去部分对保留部分的作用以相应内力代替(显示内力)。

(3)平衡。根据保留部分的平衡条件,确定截面内力值。

3 轴向拉(压)杆的内力分析

3.1 轴向拉伸与压缩的概念

轴向拉伸或压缩:由一对大小相等、方向相反、作用线与杆件轴线重合的外力作用下引起的,沿杆件长度发生的伸长或缩短(见图2-3)。

图2-3

受力特点:受一对沿杆轴线的平衡力作用。

变形特点:杆件产生轴向伸长或缩短。

3.2 轴力和轴力图

轴向拉伸或压缩杆件横截面上的内力可用截面法求得。

如图2-4所示,用截面法从 m—m 截面切开,分为左段和右段。左段:由平衡条件可知,横截面上只有与横截面垂直,且其合力与杆件轴线重合的内力,称为轴力,用 F_N 表示,有

$$\sum F_x = 0, F_N = P$$

右段:同样有

$$\sum F_x = 0, F_N = P$$

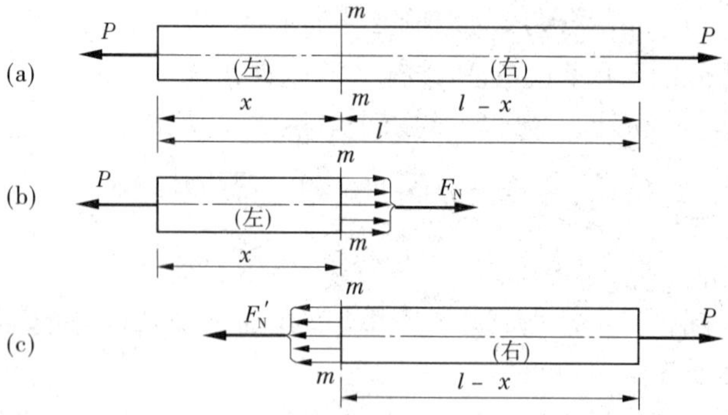

图2-4

轴力符号规定:轴力的方向,使杆件拉伸为正、压缩为负。

注意:此处正负号只表明轴力是拉力还是压力,并无数学上大小的含义。

【例2-1】 一等直杆受4个轴向力作用(见图2-5(a)),试求指定截面的轴力。

解:假设各截面轴力均为正,如图2-5(b)所示。

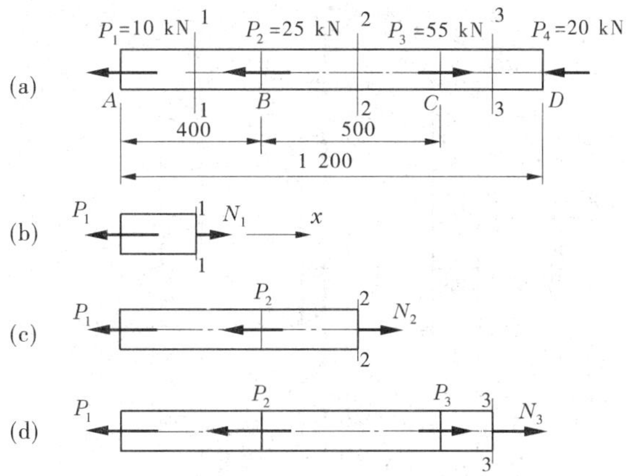

图 2-5

由 $\sum F_x = 0, N_1 - P_1 = 0$, 解得

$$N_1 = P_1 = 10 \text{ kN}$$

如图 2-5(c)所示,由 $\sum F_x = 0, N_2 - P_1 - P_2 = 0$,解得

$$N_2 = P_1 + P_2 = 35(\text{kN})$$

如图 2-5(d)所示,由 $\sum F_x = 0, N_3 - P_1 - P_2 + P_3 = 0$,解得

$$N_3 = P_1 + P_2 - P_3 = -20(\text{kN})$$

结果为负值,说明 N_3 为压力。

轴力图:轴力与横截面位置关系绘制成的图。

正对杆的下方,以杆的左端为坐标原点,取平行于杆轴线的直线为 x 轴,并称为基线,垂直于 x 轴的为 F_N 轴,横坐标表示各横截面的位置,F_N 坐标表示横截面上的轴力值。正 F_N 值绘在基线的上方,负 F_N 值绘在基线的下方,最后在图上标上各截面轴力的大小。

注意:轴力图与基线形成一闭合曲线。轴力图必须与杆件对齐。

在轴向集中力作用的截面上,轴力图将发生突变,其突变的绝对值等于轴向集中力的大小,而突变方向:集中力箭头向左时向上突变,集中力箭头向右时向下突变(图是从左向右画的)。

【例 2-2】 如图 2-6 所示,直杆在 B、C 两处作用有集中载荷 F_1 和 F_2,其中 $F_1 = 5$ kN,$F_2 = 10$ kN。试画出杆件的轴力图。

解:(1)确定约束力。

$$\sum F_x = 0, \quad F_A = -F_1 + F_2 = 5 \text{ kN}$$

(2)用截面法。

$$F_{N1} = F_A = 5 \text{ kN} \quad F_{N2} = F_2 = 10 \text{ kN}$$

(3)建立坐标系,画轴力图。

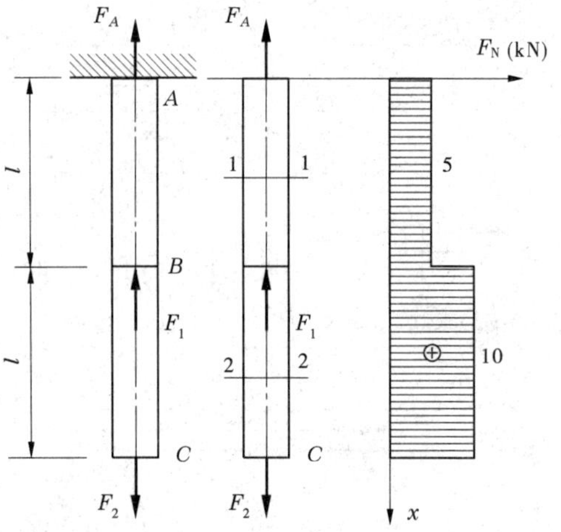

图 2-6

任务 2　圆轴扭转内力

1　概述

受力特点:杆件受到作用面垂直于杆轴线的力偶的作用。

变形特点:相邻横截面绕杆轴产生相对旋转变形。

产生扭转变形的杆件多为传动轴,房屋的雨篷梁也有扭转变形,如图 2-7 所示。

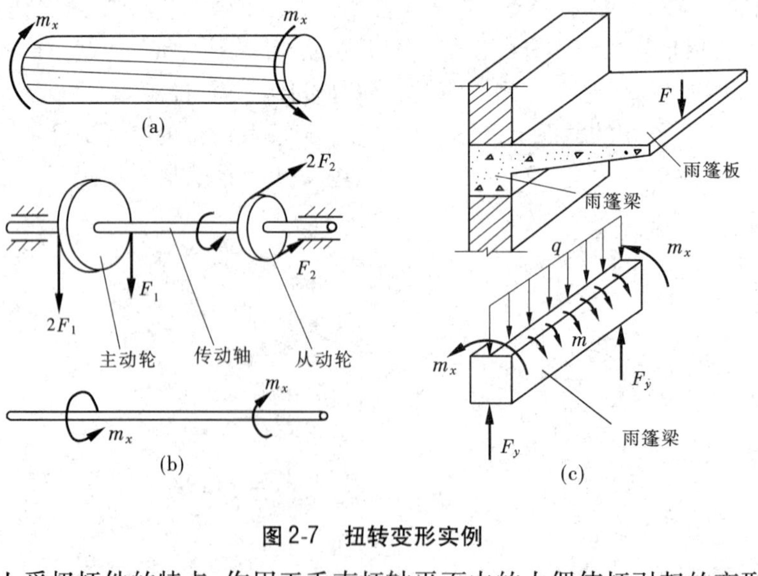

图 2-7　扭转变形实例

分析以上受扭杆件的特点,作用于垂直杆轴平面内的力偶使杆引起的变形,称为扭转变形。以扭转变形为主要变形的直杆称为轴。

2 功率、转速与外力偶矩之间的关系

研究扭转轴的内力,首先必须确定作用在轴上的外力偶矩,而工程中,传递转矩的动力机械往往仅标明轴的转速和传递的功率。根据轴每分钟传递的功与外力偶矩所做功相等,可换算出功率、转速与外力偶矩之间的关系为

$$M_e = 9\ 550\frac{N}{n}$$

式中 M_e——作用在轴上的外力偶矩,N·m;

N——轴传递的功率,kW;

n——轴的转速,r/min。

3 扭矩

已知受扭圆轴外力偶矩,可以利用截面法求任意横截面的内力。图2-8(a)为受扭圆轴,设外力偶矩为 M_e,求距 A 端为 x 的任意截面 m—n 上的内力。假设在 m—n 截面将圆轴截开,取左部分为研究对象(见图2-8(b)),由平衡条件 $\sum M_x = 0$,得内力偶矩 T 和外力偶矩 M_e 的关系为

$$T = M_e$$

内力偶矩 T 称为扭矩。

扭矩的正负号规定为:自截面的外法线向截面看,逆时针转向为正,顺时针转向为负。

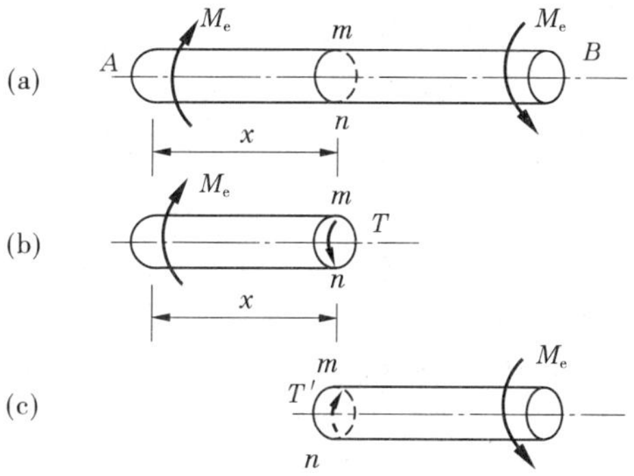

图2-8

如图2-8(b)、(c)所示,从同一截面截出的扭矩均为正号。扭矩的单位是N·m或kN·m。

4 扭矩图

为了清楚地表示扭矩沿轴线变化的规律,以便确定危险截面,常用与轴线平行的 x 坐标表示横截面的位置,以与之垂直的坐标表示相应横截面的扭矩,把计算结果按比例绘在图上,正值扭矩画在 x 轴上方,负值扭矩画在 x 轴下方。这种图形称为扭矩图。

【例2-3】 如图2-9所示传动轴,转速 $n = 300$ r/min,A 轮为主动轮,输入功率 $N_A = 10$ kW,B、C、D 为从动轮,输出功率分别为 $N_B = 4.5$ kW,$N_C = 3.5$ kW,$N_D = 2.0$ kW,试求各

段扭矩。

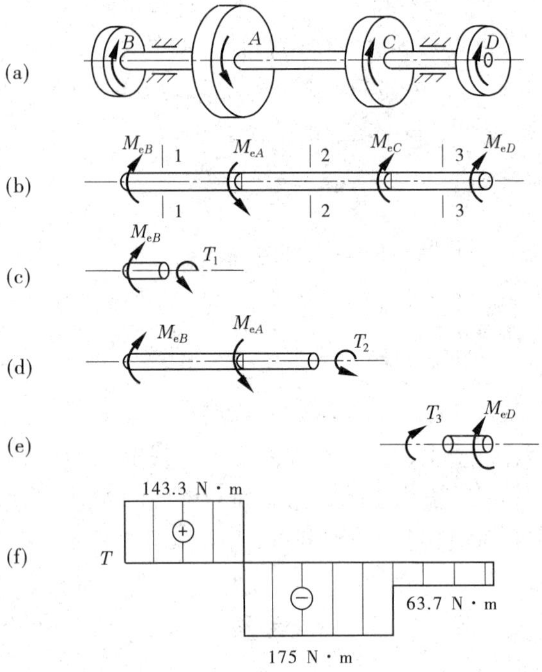

图2-9

解:(1)计算外力偶矩。

$$M_{eA} = 9\ 550\frac{N_A}{n} = 9\ 550 \times \frac{10}{300} = 318.3(\mathrm{N \cdot m})$$

$$M_{eB} = 9\ 550\frac{N_B}{n} = 9\ 550 \times \frac{4.5}{300} = 143.3(\mathrm{N \cdot m})$$

$$M_{eC} = 9\ 550\frac{N_C}{n} = 9\ 550 \times \frac{3.5}{300} = 111.4(\mathrm{N \cdot m})$$

$$M_{eD} = 9\ 550\frac{N_D}{n} = 9\ 550 \times \frac{2.0}{300} = 63.7(\mathrm{N \cdot m})$$

(2)分段计算扭矩,设各段扭矩为正,用矢量表示,分别为

$$T_1 = M_{eB} = 143.3\ \mathrm{N \cdot m}\quad(见图2\text{-}9(c))$$

$$T_2 = M_{eB} - M_{eA} = 143.3 - 318.3 = -175(\mathrm{N \cdot m})\quad(见图2\text{-}9(d))$$

$$T_3 = -M_{eD} = -63.7\ \mathrm{N \cdot m}(见图2\text{-}9(e))$$

T_2、T_3 为负值说明实际方向与假设的相反。

(3)作扭矩图(见图2-9(f))。

$$|T|_{max} = 175\ \mathrm{N \cdot m}$$

任务 3　静定梁内力

1　概述

受力特点:杆件受到垂直于杆件轴线方向的外力或在杆轴线所在平面内作用的外力偶的作用。

变形特点:杆轴线由直变弯。

各种以弯曲为主要变形的杆件称为梁。工程中常见梁的横截面多有一根对称轴(见图 2-10),各截面对称轴形成一个纵向对称面,梁的轴线也在该平面内弯成一条曲线,这样的弯曲称为平面弯曲。平面弯曲是最简单的弯曲变形,是一种基本变形。本任务重点介绍单跨静定梁的平面弯曲内力。

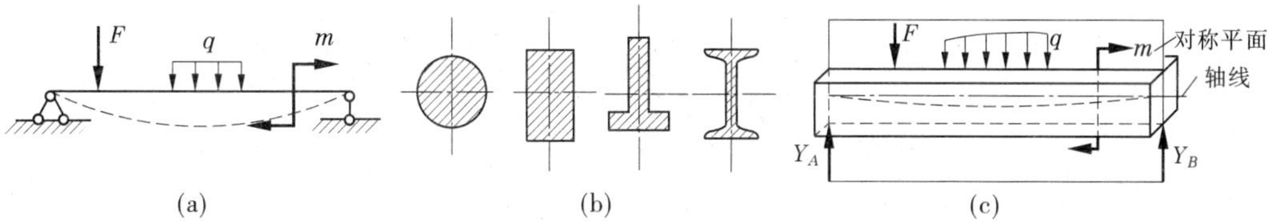

图 2-10

单跨静定梁有三种基本形式:悬臂梁、简支梁和外伸梁,如图 2-11 所示。

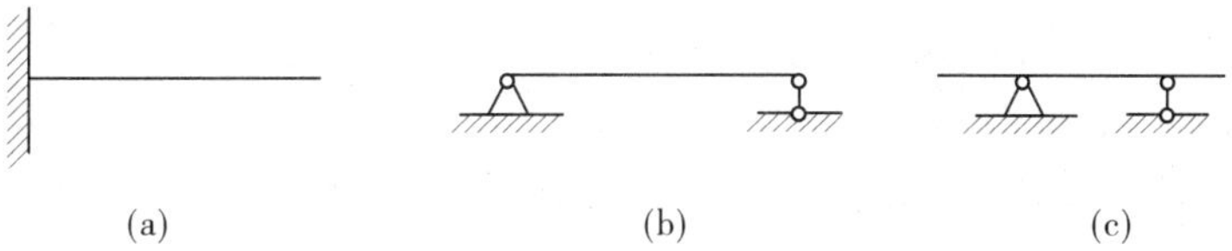

图 2-11

2　剪力和弯矩

揭示梁内力的方法仍然是截面法。

一简支梁,在荷载及支座反力 F_{Ay}、F_{NB}作用下处于静力平衡状态(见图 2-12),用截面 $m—m$ 假想地将梁截成两段。由于整个梁处于平衡状态,所以梁的一段也处于平衡状态。取左段为研究对象(见图 2-12(b)),作用在左段上的外力有 F_{Ay},为使左段满足 $\sum F_y=0$,截面 $m—m$ 上必然存在与外力 F_{Ay}方向相反的内力 F_S,此时 F_S 与 F_{Ay}形成了一个力偶,为了维持平衡,截面 $m—m$ 上必然存在一个力偶,这个力偶的转向必定与上述力偶相反而力偶矩相等,如图 2-12(b)所示的 M。所以,梁弯曲时,横截面上有两种内力,即与横截面相切的内力 F_S,称为剪力;外力作用平面(纵向对称平面)内的力偶,其力偶矩 M 称为弯矩。

剪力的单位是 N 或 kN;弯矩的单位是 N · m 或 kN · m。

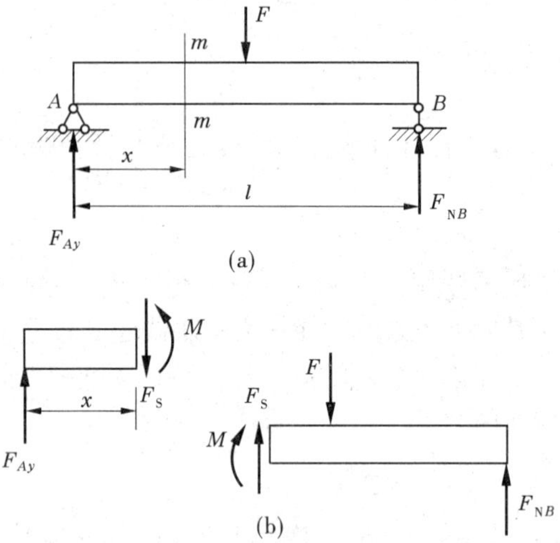

图 2-12

2.1　**剪力和弯矩的正、负符号**

为了使由左段或右段梁作为研究对象求得的同一个 $m—m$ 截面上的内力具有相同的正负号,对剪力 F_S 与弯矩 M 的正负号做如下规定。

2.1.1　剪力符号

当截面上的剪力使所考虑的脱离体有顺时针方向转动趋势时为正(见图 2-13(a)),反之为负(见图 2-13(b))。按此规定,当考虑左段脱离体时,F_S 向下为正、向上为负;当考虑右段脱离体时,F_S 向上为正、向下为负。

2.1.2　弯矩符号

当截面上的弯矩使所考虑的脱离体向下凸弯曲(下边受拉、上边受压)时为正(见图 2-13(c)),向上凸弯曲(上边受拉、下边受压)时为负(见图 2-13(d))。按此规定,当考虑左段为脱离体时,M 逆时针为正、顺时针为负;当考虑右段为脱离体时,M 顺时针为正、逆时针为负。

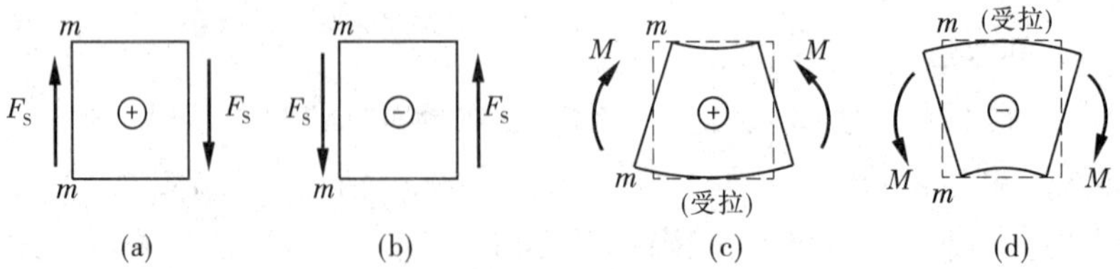

图 2-13

下面举例说明,如何按截面法计算梁在所指定横截面上的剪力和弯矩。

2.2 用截面法求梁的内力

要计算梁的应力和应变，首先要确定梁在外力作用下任意横截面的内力。为此，应根据平衡条件求得梁在荷载作用下的全部外力。当作用在梁上的全部外力（包括荷载和支座反力）均为已知时，用截面法就可以求出任意截面上的内力。

用截面法计算梁的内力的步骤如下：

(1)计算支座反力。

(2)用假想的截面将梁截成两段，任取某一段为研究对象。

(3)画出研究对象的受力图。

(4)建立平衡方程，计算内力。

【例2-4】 简支梁如图2-14(a)所示。已知 $F_1=40\ \text{kN}$，$F_2=26\ \text{kN}$，试计算截面1—1上的剪力和弯矩。

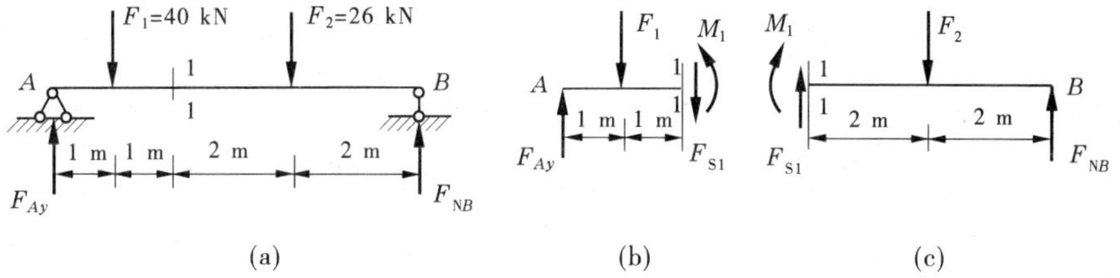

图2-14

解：(1)求支座反力。假设支座反力 F_{Ay}、F_{NB} 方向向上，以梁整体为研究对象，列平衡方程。

由 $\sum M_B=0$，$F_1\times5+F_2\times2-F_{Ay}\times6=0$，得

$$F_{Ay}=\frac{F_1\times5+F_2\times2}{6}=\frac{40\times5+26\times2}{6}=42(\text{kN})(\uparrow)$$

由 $\sum M_A=0$，$F_{NB}\times6-F_1\times1-F_2\times4=0$，得

$$F_{NB}=\frac{F_1\times1+F_2\times4}{6}=\frac{40\times1+26\times4}{6}=24(\text{kN})(\uparrow)$$

校核：$\sum F_y=F_{Ay}+F_{NB}-F_1-F_2=42+24-40-26=0$

(2)计算截面1—1的内力。用截面1—1假设将梁截成两段，截面上的剪力 F_{S1}、弯矩 M_1 均按正向假设（见图2-14(b)），取左段为研究对象，列平衡方程。

由 $\sum F_y=0$，$F_{Ay}-F_1-F_{S1}=0$，得

$$F_{S1}=F_{Ay}-F_1=42-40=2(\text{kN})$$

由 $\sum M_1=0$（矩心选在截面1—1的形心），$-F_{Ay}\times2+F_1\times1+M_1=0$，得

$$M_1=F_{Ay}\times2-F_1\times1=42\times2-40\times1=44(\text{kN}\cdot\text{m})$$

计算结果 F_{S1}、M_1 均为正值，说明两者的实际方向与假设方向相同。

取右段梁为研究对象（见图2-14(c)），列平衡方程。

由 $\sum F_y=0$，$F_{S1}-F_2+F_{NB}=0$，得

$$F_{S1}=F_2-F_{NB}=26-24=2(\text{kN})$$

由 $\sum M_1=0$，$F_{NB}\times4-F_2\times2-M_1=0$，得

$$M_1 = F_{NB} \times 4 - F_2 \times 2 = 24 \times 4 - 26 \times 2 = 44(\text{kN} \cdot \text{m})$$

选取左段梁或右段梁为研究对象,截面 1—1 上的内力有相同的数值和正负号。

【例 2-5】 一悬臂梁,其尺寸及梁上荷载如图 2-15(a)所示,求截面 1—1 上的剪力和弯矩。

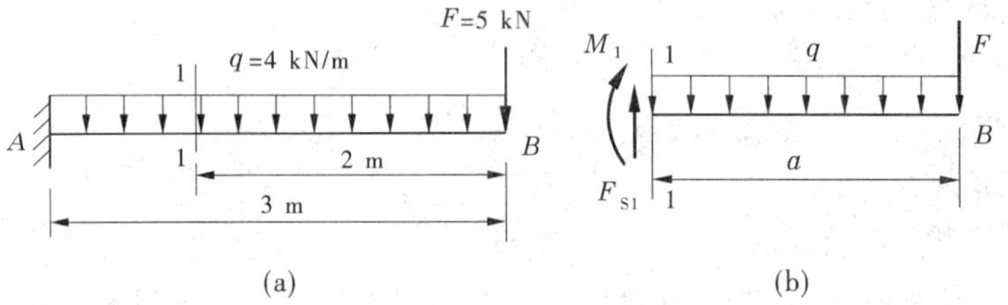

图 2-15

解:对于悬臂梁不需求支座反力,可取右段梁为研究对象,其受力图如图 2-15(b)所示。

由 $\sum F_y = 0, F_{S1} - qa - F = 0$,得

$$F_{S1} = qa + F = 4 \times 2 + 5 = 13(\text{kN})$$

由 $\sum M_1 = 0, -M_1 - qa\dfrac{a}{2} - Fa = 0$,得

$$M_1 = -\frac{qa^2}{2} - Fa = -\frac{4 \times 2^2}{2} - 5 \times 2 = -18(\text{kN} \cdot \text{m})$$

求得 F_{S1} 为正值,表示 F_{S1} 的实际方向与假定的方向相同;M_1 为负值,表示 M_1 的实际方向与假定的方向相反。所以,按梁内力的符号规定,1—1 截面上的剪力为正、弯矩为负。

2.3　用截面法求梁内力的基本规律

(1)任一横截面的剪力 F_S,在数值上等于该截面左侧(或右侧)梁上所有竖向外力(包括斜向外力的竖向分力)的代数和。

(2)任一横截面的弯矩 M,在数值上等于该截面左侧(或右侧)梁上所有外力对该截面形心的力矩的代数和。

用上述规律来计算梁内力的方法,称为外力简化法。它的优点在于,无须画出脱离体的受力图,也无须列平衡方程。而是直接根据截面左侧(或右侧)梁上的外力或外力矩的代数和来计算梁的剪力和弯矩。但在计算时,应注意外力的符号规定。在计算剪力时,作用于截面左侧梁向上的外力,以及作用于截面右侧梁向下的外力,均在该截面引起正剪力,故规定“左上右下”的外力为正,反之则取负值。在计算弯矩时,截面左侧梁上的外力对截面形心的顺时针力矩,以及截面右侧梁上的外力对截面形心的逆时针力矩,必在该截面引起正弯矩,故规定“左顺右逆”的外力矩为正,反之则取负值。总结起来,即左上剪力正,左下剪力负;右下剪力正,右上剪力负。左顺弯矩正,左逆弯矩负;右逆弯矩正,右顺弯矩负。

【例 2-6】 应用梁的内力计算规律直接算出图 2-16 所示的梁上指定截面 1—1 和 2—2 的剪力和弯矩。图中 $a = 1$ m。

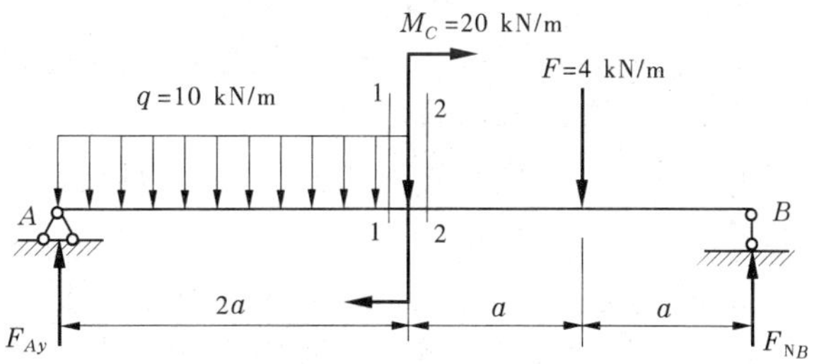

图 2-16

解:(1)求支座反力。

$$F_{NB}=\frac{1}{4a}(q\times 2a\times a+F\times 3a+M_C)=13(\text{kN})$$

$$F_{Ay}=\frac{1}{4a}(F\times a-M_C+q\times 2a\times 3a)=11(\text{kN})$$

(2)分别计算1—1、2—2截面上的内力。1—1截面,截面以左的外力有F_{Ay}和q。F_{Ay}向上,在截面上引起正剪力和正弯矩;q向下,在截面上引起负剪力和负弯矩。因此有

$$F_{S1}=F_{Ay}-q\times 2a=11-10\times 2=-9(\text{kN})$$

$$M_1=F_{Ay}\times 2a-q\times 2a\times a=11\times 2-10\times 2\times 1=2(\text{kN}\cdot\text{m})$$

计算结果表明1—1截面上的剪力为负值、弯矩为正值。

2—2截面,截面以左的外力有F_{Ay}、q和M_C。F_{Ay}在截面上引起正剪力和正弯矩,q在截面上引起负剪力和负弯矩,M_C只在截面上引起正弯矩。因此有

$$F_{S2}=F_{Ay}-q\times 2a=11-10\times 2=-9(\text{kN})$$

$$M_2=F_{Ay}\times 2a-q\times 2a\times a+M_C=11\times 2-10\times 2\times 1+20=22(\text{kN}\cdot\text{m})$$

计算结果表明2—2截面上的剪力为负值、弯矩为正值。

3 剪力图和弯矩图

为了计算梁的强度和刚度问题,除要计算指定截面的剪力和弯矩外,还必须知道剪力和弯矩沿梁轴线的变化规律,从而找到梁内剪力和弯矩的最大值以及它们所在的截面位置。

3.1 剪力方程和弯矩方程

一般情况下,梁横截面上的剪力和弯矩都随截面位置的不同而变化。若以x表示横截面沿梁轴线的位置,则梁内各横截面上的剪力和弯矩均可以表示成坐标x的函数,即

$$F_S=F_S(x)\qquad M=M(x)$$

上面的函数表达式可以反映出梁各横截面上的剪力和弯矩沿梁轴线的变化规律,分别称为梁的剪力方程和弯矩方程。

3.2 绘制剪力图和弯矩图

绘制梁的内力图时,通常正对梁的结构图,在梁结构图下方作平行于梁轴线的x轴,取向右方向为正。然后以集中荷载和集中力偶的作用点、分布荷载作用的起终点以及梁的支承点为分界点(这些点通常也称为控制点),将梁分成几段。再分别列出各段的剪力方程和弯矩方程,并分别求出各分界点处截面上的剪力值和弯矩值。最后把算得的各分

界点截面的 F_S、M 值作为纵坐标,按正负号和选定比例画在与截面位置相对应之处,再把各个纵坐标的端点连接起来,由此而得到的图形,称为梁的剪力图和弯矩图。

剪力图和弯矩图表示梁的各横截面上剪力 F_S 和弯矩 M 沿梁轴线变化的情况。剪力图上任一点的纵坐标表示与此点相对应的梁横截面上的剪力值,弯矩图上任一点的纵坐标表示与此点相对应的梁横截面上的弯矩值。

土建工程中,习惯上把正剪力画在 x 轴上方、负剪力画在 x 轴下方,而弯矩规定画在梁受拉的一侧。联系对弯距正负号所作的规定,正弯矩使梁的下部受拉、负弯矩使梁的上部受拉,所以画梁的弯矩图时,正弯矩画在 x 轴下方、负弯矩画在 x 轴上方。

通过以下例题来说明剪力图和弯矩图的绘制方法。

【例 2-7】 如图 2-17(a)所示的简支梁在 C 处受集中荷载 F 作用。试作梁的剪力图和弯矩图。

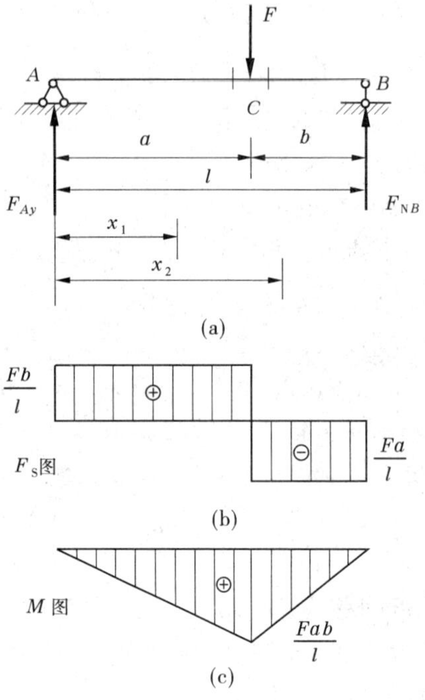

图 2-17

解:(1)求支座反力。

由 $\sum M_B=0$,得

$$F_{Ay}=\frac{Fb}{l}(\uparrow)$$

由 $\sum M_A=0$,得

$$F_{NB}=\frac{Fa}{l}(\uparrow)$$

校核:

$$\sum F_y=F_{Ay}+F_{NB}-F=\frac{Fb}{l}+\frac{Fa}{l}-F=0$$

计算无误。

(2)列剪力方程和弯矩方程。

梁在 C 处有集中力作用,故 AC 段和 CB 段的剪力方程和弯矩方程不相同,要分段列出。

AC 段:在距 A 端为 x_1 的任意截面处将梁假想截开,并考虑左段梁平衡,列出剪力方程和弯矩方程:

$$F_S(x_1) = F_{Ay} = \frac{Fb}{l} \quad (0 < x_1 < a)$$

$$M(x_1) = F_{Ay}x_1 = \frac{Fa}{l}x_1 \quad (0 \leqslant x_1 \leqslant a)$$

CB 段:在距 A 端为 x_2 的任意截面处将梁假想截开,并考虑左段梁平衡,列出剪力方程和弯矩方程:

$$F_S(x_2) = F_{Ay} - F = \frac{Fb}{l} - F = -\frac{Fa}{l} \quad (a < x_2 < l)$$

$$M(x_2) = F_{Ay}x_2 - F(x_2 - a) = \frac{Fa}{l}(l - x_2) \quad (a \leqslant x_2 \leqslant l)$$

(3)画剪力图和弯矩图。

根据剪力方程和弯矩方程画剪力图和弯矩图。

F_S 图:AC 段剪力方程 $F_S(x_1)$ 为常数,其剪力值为$\frac{Fb}{l}$,剪力图是一条平行于 x 轴的直线,且在 x 轴上方。CB 段剪力方程 $F_S(x_2)$ 也为常数,其剪力值为 $-\frac{Fa}{l}$,剪力图也是一条平行于 x 轴的直线,但在 x 轴下方。画出全梁的剪力图,如图 2-17(b)所示。

M 图:AC 段弯矩 $M(x_1)$ 是 x_1 的一次函数,弯矩图是一条斜直线,只要计算两个截面的弯矩值,就可以画出弯矩图。

当 $x_1 = 0$ 时,$M_A = 0$;

当 $x_1 = a$ 时,$M_C = \frac{Fab}{l}$。

根据计算结果,可画出 AC 段弯矩图。

CB 段弯矩 $M(x_2)$ 也是 x_2 的一次函数,弯矩图仍是一条斜直线。

当 $x_2 = a$ 时,$M_C = \frac{Fab}{l}$;

当 $x_2 = l$ 时,$M_B = 0$。

由上面两个弯矩值,画出 CB 段弯矩图。整个梁的弯矩图如图 2-17(c)所示。

从例 2-7 的剪力图和弯矩图中可得结论:在无荷载梁段剪力图为平行线,弯矩图为斜直线。在集中力作用处,左右截面上的剪力图发生突变,其突变值等于该集中力的大小,突变方向与该集中力的方向一致;而弯矩图出现转折,即出现尖点,尖点方向与该集中力方向一致。

【例 2-8】　如图 2-18(a)所示简支梁受集中力偶作用,试画出梁的剪力图和弯矩图。

解:(1)求支座反力。

由 $\sum M_B = 0$,得

$$F_{Ay} = \frac{M}{l}(\uparrow)$$

由$\sum M_A = 0$,得

$$F_{NB} = -\frac{M}{l}(\downarrow)$$

校核:$\sum F_y = F_{Ay} + F_{NB} = \frac{M}{l} - \frac{M}{l} = 0$

计算无误。

(2)列剪力方程和弯矩方程。

梁在C处有集中力偶作用,应分段列出剪力方程和弯矩方程。

AC段:在距A端为x_1的任意截面处将梁假想截开,并考虑左段梁平衡,列出剪力方程和弯矩方程:

$$F_S(x_1) = F_{Ay} = \frac{M}{l} \quad (0 \leqslant x_1 < a) \quad \text{(a)}$$

$$M(x_1) = F_{Ay}x_1 = \frac{M}{l}x_1 \quad (0 \leqslant x_1 < a) \quad \text{(b)}$$

CB段:在距A端为x_2的任意截面处将梁假想截开,并考虑左段梁平衡,列出剪力方程和弯矩方程:

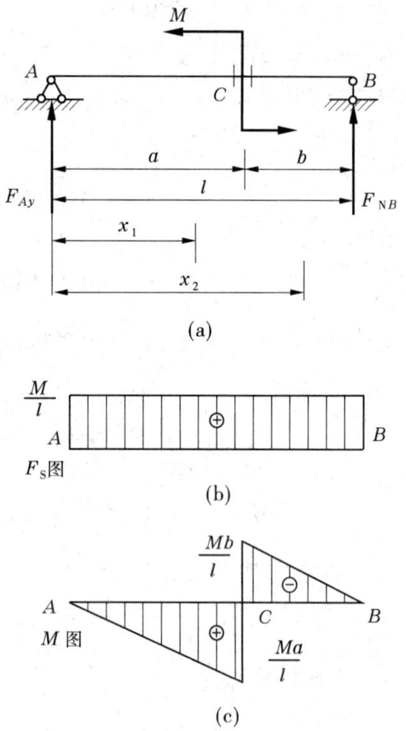

图 2-18

$$F_S(x_2) = F_{Ay} = \frac{M}{l} \quad (a \leqslant x_2 < l) \quad \text{(c)}$$

$$M(x_2) = F_{Ay}x_2 - M = \frac{M}{l}x_2 - M \quad (a < x_2 \leqslant l) \quad \text{(d)}$$

(3)画剪力图和弯矩图。

根据剪力方程和弯矩方程画剪力图和弯矩图。

F_S图:由式(a)、(c)可知,梁在AC段和CB段剪力都是常数,其值为$\frac{M}{l}$,故剪力是一条在x轴上方且平行于x轴的直线。面出剪力图如图2-18(b)所示。

M图:由式(b)、(d)可知,梁在AC段和CB段弯矩都是x的一次函数,故弯矩图是两段斜直线。

AC段:

当$x_1 = 0$时　　$M_A = 0$

当$x_1 = a$时　　$M_{C左} = \frac{Ma}{l}$

CB段:

当$x_2 = a$时　　$M_{C右} = -\frac{Mb}{l}$

当$x_2 = l$时　　$M_B = 0$

画出弯矩图如图2-18(c)所示。

由内力图可得结论:梁在集中力偶作用处,左右截面上的剪力无变化,而弯矩出现突变,其突变值等于该集中力偶矩。

【例2-9】 简支梁受均布荷载作用如图2-19(a)所示,试画出梁的剪力图和弯矩图。

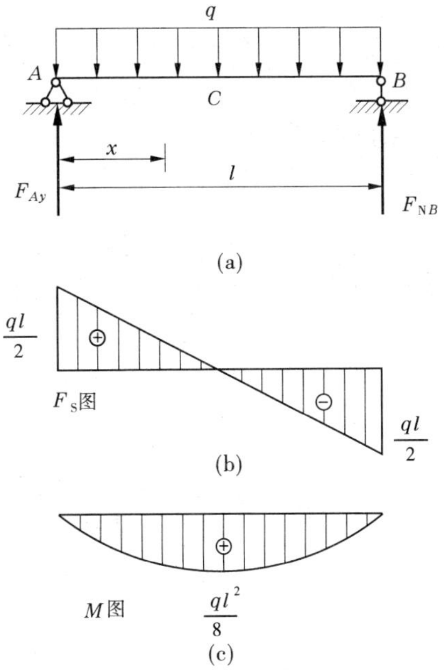

图2-19

解:(1)求支座反力。

因对称关系,可得

$$F_{Ay} = F_{NB} = \frac{ql}{2}(\uparrow)$$

(2)列剪力方程和弯矩方程。

取距A点(坐标原点)为x处的任意截面,则梁的剪力方程和弯矩方程为

$$F_S(x) = F_{Ay} - qx = \frac{1}{2}ql - qx \qquad (0 < x < l) \qquad \text{(a)}$$

$$M(x) = F_{Ay}x - \frac{1}{2}qx^2 = \frac{1}{2}qlx - \frac{1}{2}qx^2 \qquad (0 \leq x \leq l) \qquad \text{(b)}$$

(3)画剪力图和弯矩图。

由式(a)可见,$F_S(x)$是x的一次函数,即剪力方程为一直线方程,剪力图是一条斜直线。

当$x=0$时 $F_{Ay} = \frac{ql}{2}$

当$x=l$时 $F_{NB} = -\frac{ql}{2}$

根据这两个截面的剪力值,画出剪力图,如图2-19(b)所示。

由式(b)知,$M(x)$是x的二次函数,说明弯矩图是一条二次抛物线,应至少计算三个截面的弯矩值,才可描绘出曲线的大致形状。

当$x=0$时　　　　$M_A=0$

当$x=\frac{l}{2}$时　　　　$M_C=\frac{ql^2}{8}$

当$x=l$时　　　　$M_B=0$

根据以上计算结果,画出弯矩图,如图2-19(c)所示。

【例2-10】 悬臂梁AB,受均布荷载q作用(见图2-20(a)),试画出其剪力图和弯矩图。

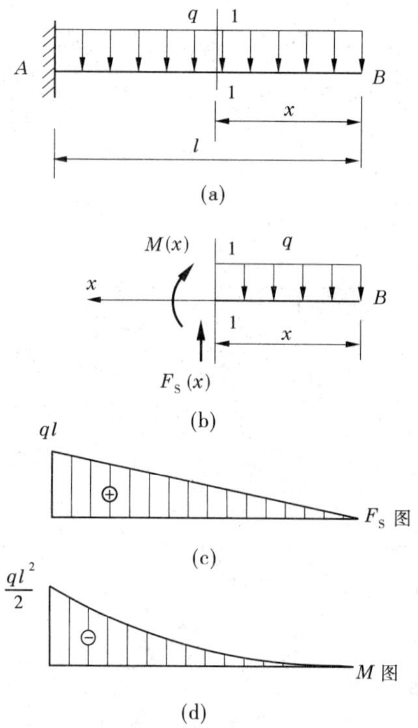

图2-20

解:梁的B端为自由端,当取梁的右段为脱离体时,可不必求支座反力。

(1)列剪力方程和弯矩方程。设坐标原点为自由端B点,在距B端为x的任意截面处假想地将梁截成两段,并取右段梁为研究对象,画出其受力图(见图2-20(b))。考虑右段梁的平衡,可建立剪力方程和弯矩方程:

$$F_S(x)=qx \quad (0\leqslant x<l) \tag{a}$$

$$M(x)=-qx\frac{x}{2}=-\frac{1}{2}qx^2 \quad (0\leqslant x\leqslant l) \tag{b}$$

(2)画剪力图和弯矩图。由剪力方程可知,剪力图是一条斜直线:

当$x=0$时　　　　$F_{SB}=0$

当$x=l$时　　　　$F_{SA}=ql$

画出剪力图如图2-20(c)所示。

由弯矩方程可知，$M(x)$是x的二次函数，弯矩图是一条二次抛物线，至少需要计算三个截面的弯矩，才能大体画出弯矩图的形状。

当$x=0$时， $M_B=0$

当$x=\frac{l}{2}$时 $M_{中}=-\frac{ql^2}{8}$

当$x=l$时 $M_A=-\frac{ql^2}{2}$

根据计算结果，画出弯矩图如图2-20(d)所示。

从例2-10剪力图和弯矩图中可得结论：在均布荷载作用的梁段，剪力图为斜直线，弯矩图为二次抛物线。在剪力等于零的截面上弯矩有极值。

3.3 **内力图的规律及其应用**

在分别讨论了梁在集中力、力偶、均布荷载作用下的内力图后，发现内力图存在着一定的规律，现简要归纳如下：

(1)在无荷载作用区，当剪力图平行于x轴时，弯矩图为斜直线。当剪力图为正时，弯矩图斜向右下方；当剪力图为负时，弯矩图斜向右上方。

(2)在均布荷载作用下的规律是：剪力图为斜直线。弯矩图为抛物线，且抛物线的凸向与均布荷载的作用方向一致。荷载朝下方，剪力图往右降，弯矩图往上凹。

(3)有集中力作用的截面处，剪力图发生突变，突变值等于该集中力的大小，突变方向与集中力方向一致；弯矩图在该截面处发生转向(两侧图形的斜率不同)。

(4)有集中力偶作用的截面处，剪力图不受影响，弯矩图发生突变，突变值等于该集中力偶矩。若力偶为顺时针转向，弯矩图向下突变；若力偶为逆时针转向，弯矩图向上突变(从左到右)。

(5)在剪力为零的截面有弯矩的极值。

现将梁在简单荷载作用下剪力图和弯矩图的规律归纳于图2-21中。

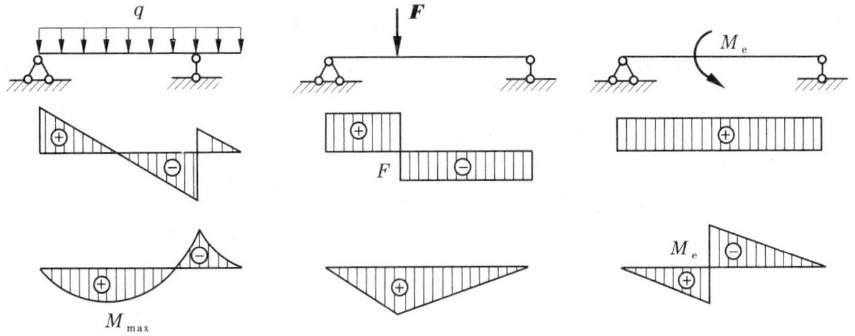

图2-21

利用上述规律，可更简捷地绘制梁的剪力图和弯矩图，其步骤如下：

(1)分段，即根据梁上外力及支承情况将梁分成若干段。

(2)根据各段梁上的荷载情况，判断其剪力图和弯矩图的大致形状。

(3)利用计算内力的简便方法，直接求出若干控制截面上的F_S值和M值。

(4)逐段直接给出梁的剪力图和弯矩图。

【例2-11】 如图2-22(a)所示的外伸梁,试画出其剪力图和弯矩图。

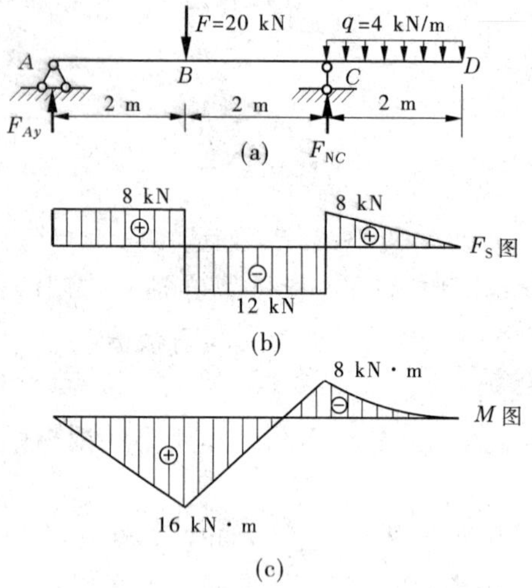

图2-22

解:利用平衡方程可求得A、C处的支座反力为

$$F_{Ay}=8\ \mathrm{kN}(\uparrow),F_{NC}=20\ \mathrm{kN}(\uparrow)$$

在画剪力图和弯矩图时,需根据梁上的外力情况将梁分段,再分段画出。本题将梁分为AB、BC和CD三段。

(1)剪力图。

AB段梁为无外力区段,该段梁的剪力图为水平线,只需求出一个截面的剪力即可。

$$F_{SA}=F_{Ay}=8\ \mathrm{kN}$$

BC段梁也为无外力区段,该段梁的剪力图为水平线,也只需求出一个截面的剪力即可。

$$F_{SB右}=F_{Ay}-F=8-20=-12(\mathrm{kN})$$

CD段有均布荷载作用,该段梁的剪力为斜直线,只需求出两个截面的剪力值即可。

$$F_{SC右}=q\times2=4\times2=8(\mathrm{kN})$$

$$F_{SD}=0$$

分段画出各段的剪力图,如图2-22(b)所示。

(2)弯矩图。

AB段梁为无外力区段,该段梁的弯矩图为斜直线,只需计算两个截面的弯矩值即可:

$$M_A=0$$

$$M_B=F_{Ay}\times2=8\times2=16(\mathrm{kN\cdot m})$$

BC段也为无外力区段,弯矩图为斜直线,也只需计算两个截面的弯矩值即可:

$$M_B=16\ \mathrm{kN\cdot m}$$

$$M_C=-\frac{q}{2}\times2^2=-\frac{4}{2}\times2^2=-8(\mathrm{kN\cdot m})$$

CD段有均布荷载,弯矩图为向下凸的二次抛物线,可根据$M_C=-8\ \mathrm{kN\cdot m}$,

$M_D=0$ 画出该抛物线。全梁的弯矩图如图2-22(c)所示。

【例2-12】 一简支梁,尺寸及梁上荷载如图2-23(a)所示,试画出其剪力图和弯矩图。

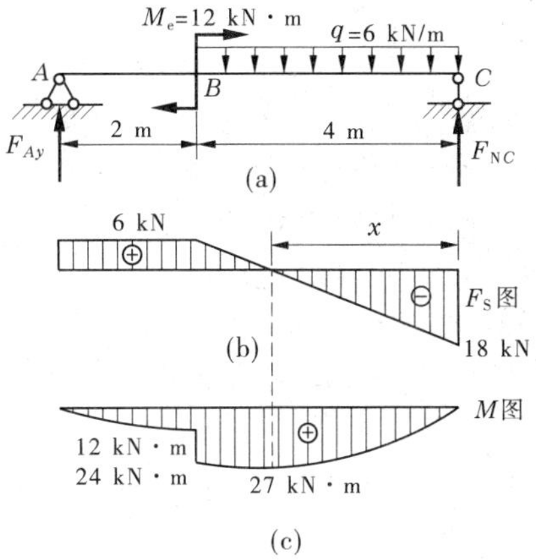

图2-23

解:(1)求支座反力:

$$F_{Ay}=6\ \text{kN}(\uparrow)$$
$$F_{NC}=18\ \text{kN}(\uparrow)$$

(2)根据梁上的荷载情况,将梁分为 AB 和 BC 两段,逐段画出内力图。

(3)计算控制截面剪力,画剪力图。

AB 段为无荷载区段,剪力图为水平线,其控制截面剪力为

$$F_{SA}=F_{Ay}=6\ \text{kN}$$

BC 段为均布荷载段,剪力图为斜直线,其控制截面剪力为

$$F_{SB}=F_{Ay}=6\ \text{kN}$$
$$F_{SC}=-F_{NC}=-18\ \text{kN}$$

画出剪力图,如图2-23(b)所示。

(4)计算控制截面弯矩,画弯矩图。

AB 段为无荷载区段,弯矩图为斜直线,其控制截面弯矩为

$$M_A=0$$
$$M_{B左}=F_{Ay}\times2=6\times2=12(\text{kN}\cdot\text{m})$$

BC 段为均布荷载段,由于 q 向下,弯矩图为下凸的二次抛物线,其控制截面弯矩为

$$M_{B右}=F_{Ay}\times2+M_e=6\times2+12=24(\text{kN}\cdot\text{m})$$
$$M_C=0$$

由剪力图可知,此段弯矩图中存在着极值,应该求出极值所在的截面位置及其大小。

设弯矩具有极值的截面距右端的距离为 x,由该截面上剪力等于零的条件可求得 x 值,即

$$F_S(x)=-F_{NC}+qx=0$$

得

$$x=\frac{F_{NC}}{q}=\frac{18}{6}=3(\text{m})$$

弯矩的极值为

$$M_{\max} = F_{NC}x - \frac{1}{2}qx^2 = 18 \times 3 - \frac{6 \times 3^2}{2} = 27(\text{kN} \cdot \text{m})$$

画出弯矩图,如图2-23(c)所示。

3.4 叠加法画内力图

由于在小变形条件下,梁的内力、支座反力、应力和变形等参数均与荷载呈线性关系,每一荷载单独作用时引起的某一参数不受其他荷载的影响。所以,梁在 n 个荷载共同作用时引起的某一参数(内力、支座反力、应力和变形等),等于梁在各个荷载单独作用时所引起同一参数的代数和,这种关系称为叠加原理。

根据叠加原理来绘制梁的内力图的方法称为叠加法。其方法为:先分别作出梁在每一个荷载单独作用下的内力图,然后将各内力图中同一截面上的弯矩代数相加,即可得到梁在所有荷载共同作用下的内力图。

【例2-13】 图2-24(a)所示的悬臂梁,受集中力 F 和分布荷载 q 作用。用叠加法画梁的内力图。

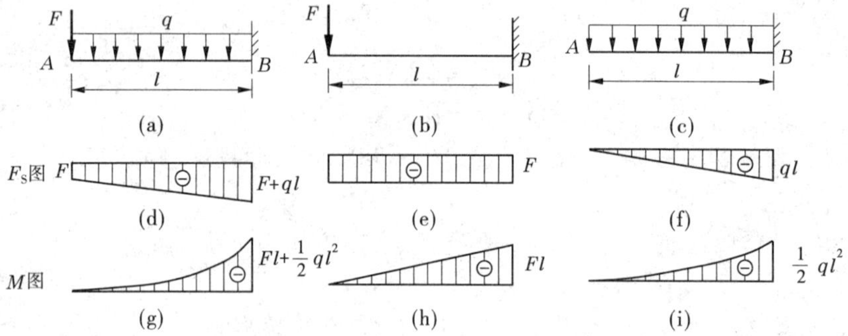

图2-24

解:作用在梁上有两个荷载,即集中力 F 和均布荷载 q(见图2-24(a)),将力 F 和 q 分别加到梁上,如图2-24(b)、(c)所示。分别画出它们单独作用下的剪力图(见图2-24(e)、(f))和弯矩图(见图2-24 (h)、(i)),这四个图的内力符号相同,所以易于叠加。叠加时,将相应的纵坐标代数相加,便可得到由图2-24 (d)及图2-24(g)所示的剪力图及弯矩图。

【例2-14】 如图2-25(a)所示的简支梁,受集中力 F 和分布荷载 q 作用。用叠加法画梁的内力图。

解:梁上作用有集中力 F 和均布荷载 q,将它们分别加到简支梁上,如图2-25(b)、(c)所示,画出力 F 和 q 单独作用时的剪力图(见图2-25(e)、(f))和弯矩图(见图2-25(h)、(i)),将相应的纵坐标代数相加,便可得到由图2-25(d)及图2-25 (g)所示的剪力图及弯矩图。

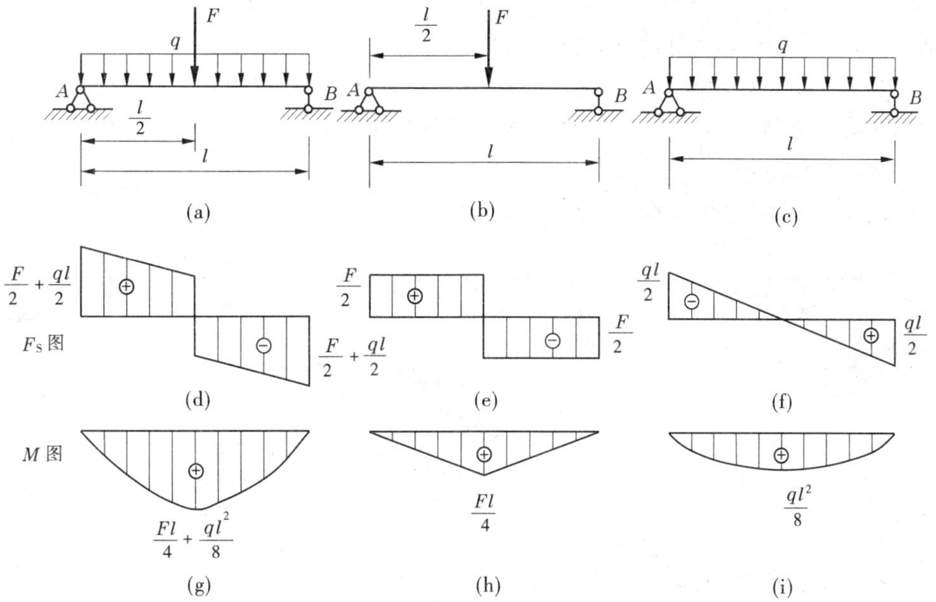

图 2-25

项目小结

本项目主要研究了杆件产生轴向拉伸与压缩、扭转和弯曲的内力计算。深刻理解内力的概念，熟练掌握用截面法求解轴向拉(压)杆件的轴力、扭转轴的扭矩和静定梁的剪力和弯矩。

重点掌握轴向拉(压)杆件的轴力图、扭转轴的扭矩图和静定梁的剪力图和弯矩图的绘制。

难点是静定梁的剪力、弯矩与分布荷载之间的关系以及剪力图和弯矩图的绘制。

知识技能训练

一、填空题

1. 等直杆受力如图 2-26 所示，求杆内最大轴力和最小轴力分别为________。

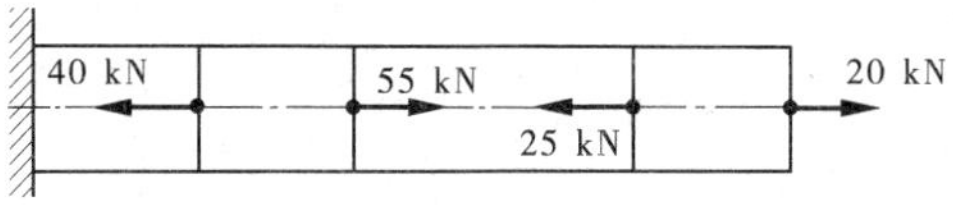

图 2-26

2. 当轴传递的功率一定时,轴的转速越小,轴受到的外力偶矩越__________;当外力偶矩一定时,传递的功率越大,轴的转速越__________。

3. 若简支梁上的均布载荷用静力等效的集中力来代替,则梁的支座反力值将与原受载梁的支座反力值__________,而梁的最大弯矩值将__________原受载梁的最大弯矩值。

二、作图计算题

1. 试作如图2-27所示各受力杆的轴力图。

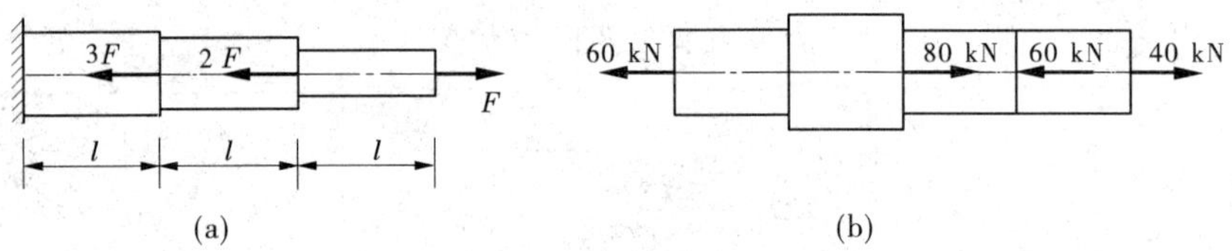

图2-27

2. 某传动轴(见图2-28),转速 $n=300$ r/min,轮1为主动轮,输入功率 $P_1=50$ kW,轮2、轮3和轮4为从动轮,输出功率分别为 $P_2=10$ kW、$P_3=P_4=20$ kW。试求:

(1)绘该轴的扭矩图。

(2)若将轮1与轮3的位置对调,试分析对轴的受力是否有利。

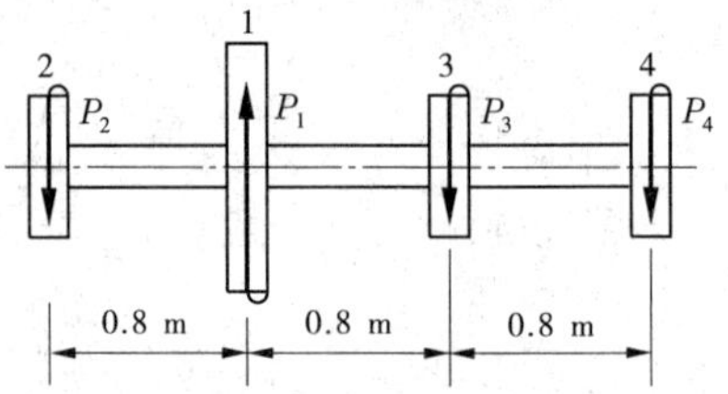

图2-28

3. 试求下列各梁中1—1,2—2,3—3横截面上的剪力与弯矩(见图2-29)。

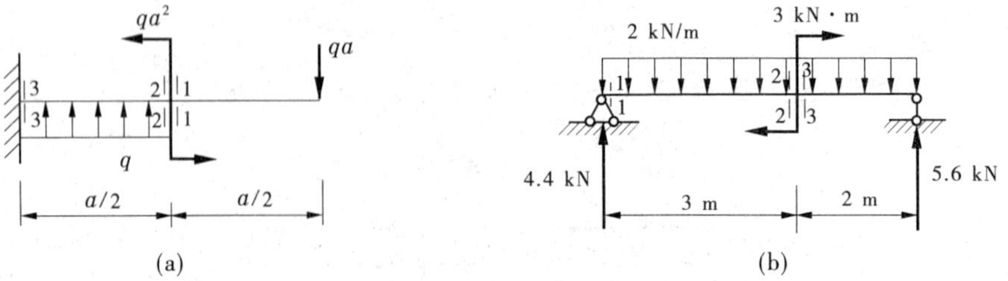

图2-29

4. 画出如图2-30所示梁的剪力图和弯矩图。

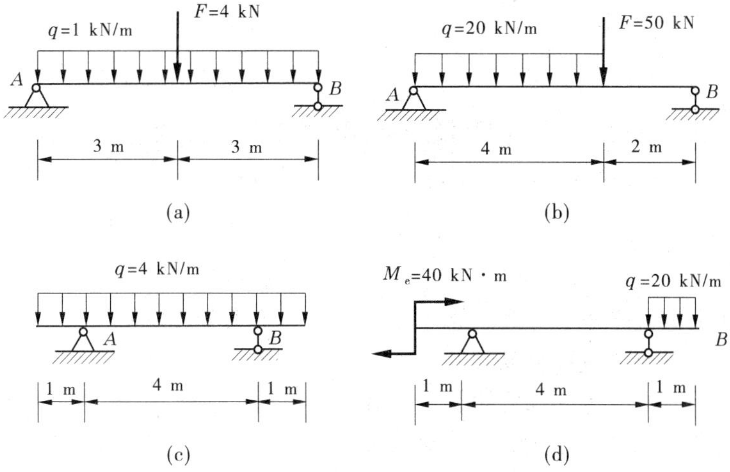

图 2-30

5. 应用内力图的规律,绘出如图 2-31 所示各梁的剪力图和弯矩图。

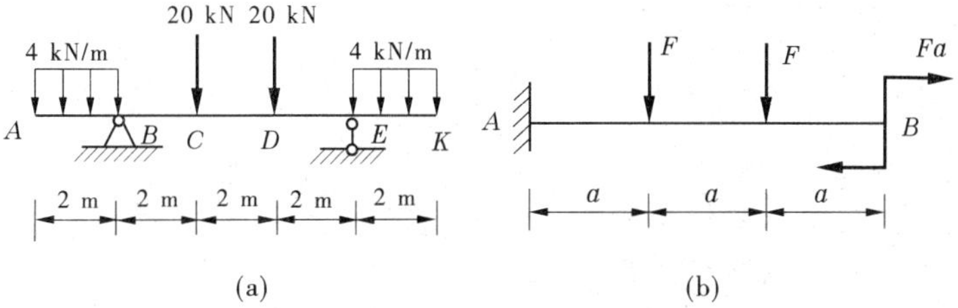

图 2-31

6. 用叠加法绘出如图 2-32 所示各梁的弯矩图。

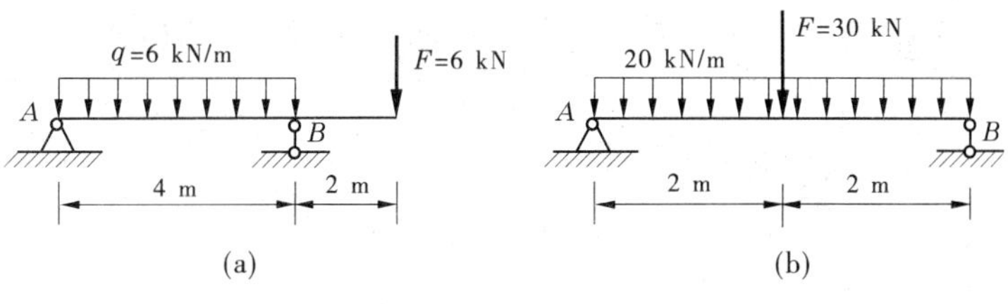

图 2-32

项目3　工程构件承载力分析计算

知识目标

(1)熟悉工程构件承载力分析的基本知识;
(2)掌握轴向杆件强度条件及应用;
(3)掌握轴向杆件变形和胡克定律的应用;
(4)了解材料在拉伸和压缩时的力学性能;
(5)了解扭转杆件强度条件及应用;
(6)掌握梁弯曲的强度和刚度条件及应用;
(7)熟悉欧拉公式及其适用范围;
(8)掌握压杆稳定性计算。

能力目标

(1)会进行轴向杆件的强度计算;
(2)能运用胡克定律计算轴向杆件变形;
(3)会进行扭转杆件的强度计算;
(4)会进行梁弯曲的强度、刚度计算;
(5)会进行压杆的稳定性计算。

任务 1　工程构件承载力分析知识

1　平面图形的几何性质

1.1　重心与形心

1.1.1　重心的概念

地球上的任何物体都受到地球引力的作用,这个力称为物体的重力。如果把一个物体分成许多微小部分,则这些微小部分所受的重力形成汇交于地球中心的空间汇交力系。但是,由于地球半径很大,这些微小部分所受的重力可看成空间平行力系,该力系合力的大小就是该物体的重力。

由试验可知,不论物体在空间的方位如何,物体重力的作用线始终通过一个确定的点,这个点就是物体重力的作用点,称为物体的重心。物体的重心不一定在物体上,如一个圆环的重心。

对重心的研究,在实际工程中具有重要意义。例如,水坝、挡土墙、起重机等的倾覆稳定性问题就与这些物体的重心位置直接有关;混凝土振捣器,其转动部分的重心必须偏离转轴才能发挥预期的作用;在建筑设计中,重心的位置影响着建筑物的平衡与稳定;在建筑施工过程中采用两个吊点起吊柱子就是要保证柱子重心在两吊点之间。

1.1.2 重心与形心的判定

均质物体重心完全取决于物体的几何形状,而与物体的重量无关。

由物体的几何形状及尺寸所决定的物体的几何中心,称为形心。

对于均质物体来说,形心与重心重合。重心是物理概念,形心是几何概念。

在工程实践中遇到具有对称面或对称轴或对称中心的物体或图形,形状比较规则,其重心及形心可根据对称性直接判断(见图3-1):

(1)具有一根对称轴的简单物体及图形,其形心必在对称轴上,如T形、半圆、槽形等截面,见图3-1(a)。

(2)具有两根或两根以上对称轴的物体及图形,其形心在对称轴的交点上,如矩形、翼形等宽的工字形、正方形、圆等截面,见图3-1(b)。

(3)中心对称的简单物体及图形,其对称中心即是重心或形心,如球形、立方体等,见图3-1(c)。

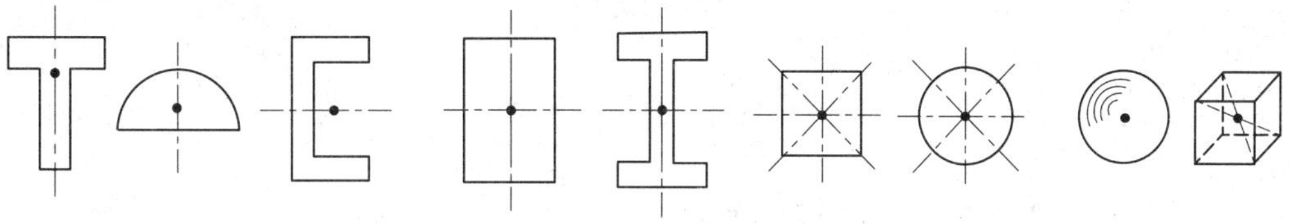

(a) (b) (c)

图3-1

1.2 面积矩

1.2.1 面积矩的定义

在任意平面图形内任取一面积 dA,其坐标为(y,z)。将乘积 ydA 和 zdA 分别称为微面积 dA 对 z 轴和 y 轴的面积矩(或称为静矩),把积分$\int_A ydA$ 和$\int_A zdA$ 分别定义为平面图形对 z 轴和 y 轴的面积矩(静矩)。用符号 S_z 和 S_y 来表示:

$$\left.\begin{aligned} S_z &= \int_A y\mathrm{d}A \\ S_y &= \int_A z\mathrm{d}A \end{aligned}\right\} \tag{3-1}$$

式(3-1)也称作平面图形对 z 轴和 y 轴的一次矩,或面积矩。

从式(3-1)可知,平面图形的面积矩是对某一轴而言的,同一平面图形对不同的坐标轴,其面积矩不相同。面积矩的数值可正、可负,也可为零。面积矩的单位是长度的三次方,常采用 m^3 或 mm^3。

1.2.2 形心与面积矩的关系

$$\left.\begin{aligned} S_z &= Ay_c \\ S_y &= Az_c \end{aligned}\right\} \tag{3-2}$$

当已知截面面积 A 及其形心在 yOz 坐标系中的坐标时,即可按式(3-2)计算该截面对

z 轴和 y 轴的面积矩。

由式(3-2)可知:①已知图形对 y、z 轴的静矩,可求图形形心坐标。②已知图形形心坐标,可计算图形对 y、z 轴的面积矩。③若截面对于某轴的面积矩为零,则该轴一定通过截面的形心;反之,若某轴通过截面的形心,则截面对该轴的面积矩一定为零。平面图形的对称轴一定通过形心,所以平面图形对于对称轴的面积矩恒等于零。

面积矩的几何意义:图形的形心相对于指定的坐标轴之间距离的远近程度。图形形心相对于某一坐标距离愈远,对该轴的面积矩绝对值愈大。

1.3 极惯性矩与惯性矩、惯性半径

1.3.1 极惯性矩

图3-2为任一平面图形,其面积为 A。在图形内坐标为 (y,z) 处,取微面积 dA,dA 到坐标原点 O 的距离为 ρ,则将乘积 $\rho^2 dA$ 称为微面积 dA 对于 O 点的微小极惯性矩,用符号 I_ρ 表示,即

$$I_\rho = \int_A \rho^2 dA \tag{3-3}$$

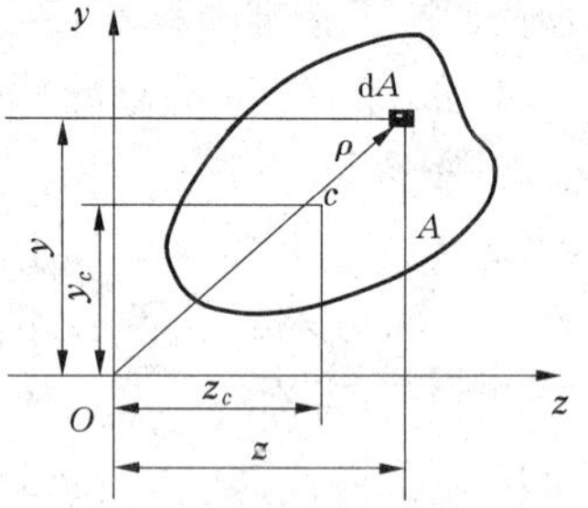

图3-2

由以上定义可知:

(1)极惯性矩是相对于一定的点而言的,同一平面图形对不同点一般有不同的极惯性矩。

(2)极惯性矩恒为正,其单位是米的四次方(m^4)或毫米的四次方(mm^4)。

1.3.2 惯性矩

在图3-2中,将乘积 y^2dA 和 z^2dA 分别定义为微面积 dA 对 z 轴和 y 轴的微小惯性矩。而把 $\int_A y^2 dA$ 和 $\int_A z^2 dA$ 分别定义为图形面积 A 对 z 轴和 y 轴的惯性矩,分别用符号 I_z 和 I_y 表示。

$$\left.\begin{aligned} I_z &= \int_A y^2 dA \\ I_y &= \int_A z^2 dA \end{aligned}\right\} \tag{3-4}$$

注意:

(1)惯性矩是对一定的轴而言的,同一图形对不同的轴的惯性矩一般不同。

(2)惯性矩恒为正值,其单位与极惯性矩相同,即 m^4 或 mm^4。

(3)图形对任一点的极惯性矩,等于图形对通过此点且在其平面内的任一对正交轴惯性矩之和。

从图3-2中看出,微面积 dA 到坐标原点 O 的距离为 ρ 和它到两个坐标轴的距离 y、z 有如下关系:

$$\rho^2 = y^2 + z^2$$

则

$$I_\rho = \int_A \rho^2 dA = \int_A (y^2 + z^2) dA = \int_A y^2 dA + \int_A z^2 dA$$

得

$$I_\rho = I_z + I_y \tag{3-5}$$

式(3-5)表明,平面图形对坐标原点的极惯性矩等于平面图形对两正交坐标轴的惯性

矩之和。

1.3.3　惯性半径

工程中为满足一些计算需要，将一个图形对某轴（如 z 轴）的惯性矩用图形面积 A 与某一长度的平方的乘积来表示，即

$$I_z = i_z^2 A \text{ 或 } i_z = \sqrt{\frac{I_z}{A}}$$

式中　i_z——平面图形对 z 轴的惯性半径，m 或 mm，惯性半径的数值恒取正值。

对于圆形，其惯性矩半径为

$$i_z = \sqrt{\frac{I_z}{A}} = \sqrt{\frac{\pi d^4}{64} / \frac{\pi d^2}{4}} = \frac{d}{4}$$

对于矩形，其惯性矩半径为

$$i_z = \sqrt{\frac{I_z}{A}} = \sqrt{\frac{bh^3}{12} / bh} = \frac{h}{\sqrt{12}}$$

现将几种常见简单平面图形的形心位置和惯性矩列入表 3-1，以供查用。

表 3-1　几种常见简单平面图形的形心位置和惯性矩

序号	图形	面积	形心位置	惯性矩（形心轴）
1	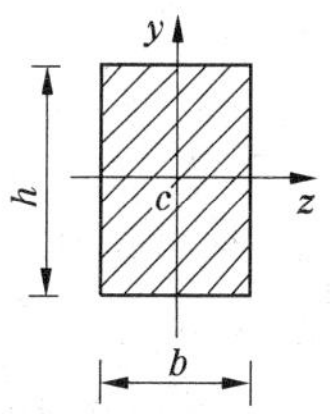	$A = bh$	$z_c = \frac{b}{2}$ $y_c = \frac{h}{2}$	$I_z = \frac{bh^3}{12}$ $I_y = \frac{hb^3}{12}$
2	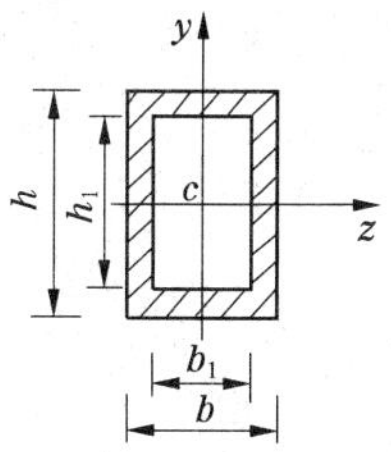	$A = bh - b_1 h_1$	$z_c = \frac{b}{2}$ $y_c = \frac{h}{2}$	$I_z = \frac{1}{12}(bh^3 - b_1 h_1^3)$ $I_y = \frac{1}{12}(hb^3 - h_1 b_1^3)$
3	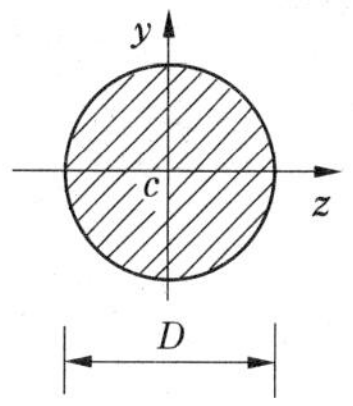	$A = \frac{\pi D^2}{4}$	$z_c = y_c = \frac{D}{2}$	$I_z = I_y = \frac{\pi D^4}{64}$ $I_\rho = \frac{\pi D^4}{32}$（极惯性矩）

续表 3-1

序号	图形	面积	形心位置	惯性矩(形心轴)
4	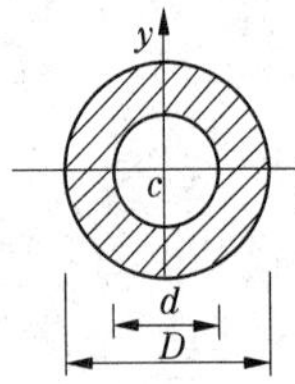	$A=\frac{\pi}{4}(D^2-d^2)$	$z_c=y_c=\frac{D}{2}$	$I_z=I_y=\frac{\pi D^4}{64}(1-\alpha^4)$ $\alpha=\frac{d}{D}$ $I_\rho=\frac{\pi D^4}{32}(1-\alpha^4)$
5	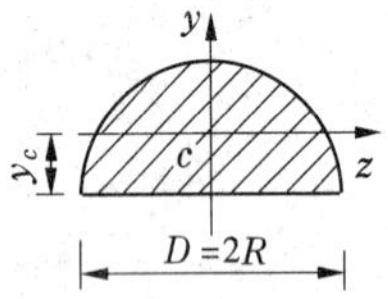	$A=\frac{\pi R^2}{2}$	$z_c=\frac{D}{2}$ $y_c=\frac{4R}{3\pi}$	$I_z=(\frac{1}{8}-\frac{8}{9\pi^2})\pi R^4$ $\approx 0.11R^4$ $I_y=\frac{\pi D^4}{128}=\frac{\pi R^4}{8}$
6	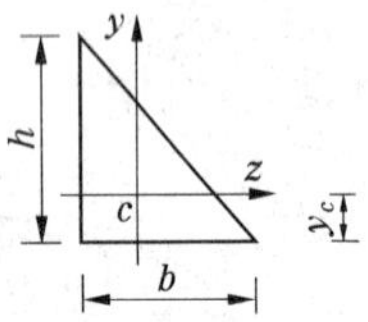	$A=\frac{1}{2}bh$	$z_c=\frac{b}{3}$ $y_c=\frac{h}{3}$	$I_z=\frac{bh^3}{36}$ $I_y=\frac{hb^3}{12}$

2　应力的概念

内力是构件横截面上分布内力系的合力,只求出内力,还不能解决构件的强度问题。例如,两根材料相同、粗细不同的直杆,在相同的拉力作用下,随着拉力的增加,细杆首先被拉断,这说明杆件的强度不仅与内力有关,而且与截面的尺寸有关。为了研究构件的强度问题,必须研究内力在截面上的分布规律,为此引入应力的概念。内力在截面上的某点处分布集度,称为该点的应力。

设在某一受力构件的 m—m 截面上,围绕 K 点取为面积 ΔA(见图 3-3),ΔA 上的内力的合力为 ΔF,这样在 ΔA 上内力的平均集度定义为

$$P_{平均}=\frac{\Delta F}{\Delta A}$$

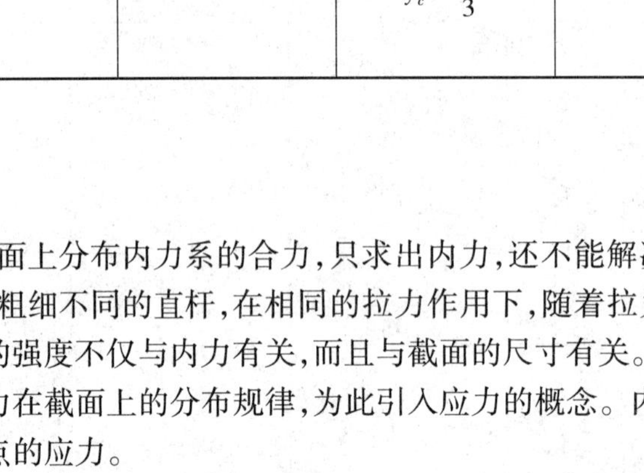

(a)　　(b)

图 3-3

一般情况下,m—m 截面上的内力并不是均匀分布的,因此平均应力 $P_{平均}$ 随所取 ΔA 的大小而不同,当 $\Delta A\to 0$ 时,$P_{平均}$ 的极限值为

$$P_{平均} = \lim_{\Delta A \to 0} \frac{\Delta F}{\Delta A} = \frac{dF}{dA}$$

即为 K 点的分布内力集度,称为 K 点处的总应力。P 是一矢量,通常把应力 P 分解成垂直于截面的分量 σ 和相切与截面的分量 τ。由图 3-3 中的关系可知:

$$\sigma = P\sin\alpha, \qquad \tau = P\cos\alpha$$

σ 称为正应力,τ 称为剪应力。在国际单位制中,应力的单位是帕斯卡,以 Pa(帕)表示,1 Pa = 1 N/m^2。由于帕斯卡这一单位甚小,工程常采用 kPa(千帕)、MPa(兆帕)、GPa(吉帕)。1 kPa = 10^3 Pa,1 MPa = 10^6 Pa,1 GPa = 10^9 Pa。

任务 2 轴向拉(压)杆件强度与刚度

1 轴向拉(压)杆件强度计算

1.1 杆件拉(压)时的正应力

1.1.1 横截面上的正应力

用图 3-4(a)所示的等直杆,在杆件的外表面画上一系列与轴线平行的纵向线和与轴线垂直的横向线。施加轴向拉力 F 后,杆发生变形,所有的纵向线均产生同样的伸长,所有的横向线均仍保持为直线,且仍与轴线正交(见图 3-4(b))。

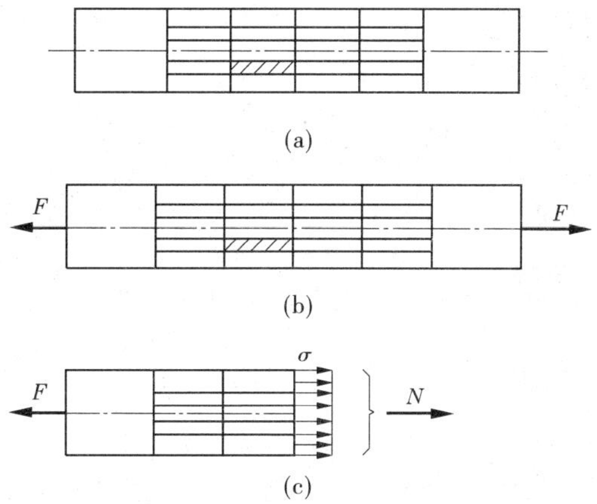

图 3-4

根据上述试验现象,对杆件的内部变形可做出如下假设:

(1)平面假设。若将各条横线看作一个横截面,则杆件横截面在变形以后仍为平面且与杆轴线垂直,任意两个横截面只是做相对平移。

(2)若将各纵向线看作杆件由许多纤维组成,根据平面假设,任意两横截面之间的所有纤维的伸长都相同,即杆件横截面上各点处的变形都相同,因此推断它们受的力也相等。

因此,横截面上各点处的正应力大小相等(见图 3-4(c))。若杆的轴力为 N、横截面面积为 A,则正应力为

$$\sigma = N/A \tag{3-6}$$

当杆件受轴向压缩时,式(3-6)同样适用。由于前面已规定了轴力的正负号,由式(3-6)可知,正应力也随轴力 N 而有正负之分,即拉应力为正、压应力为负。

【例 3-1】 一阶梯形直杆受力如图 3-5(a)所示。已知横截面面积 $A_1=400\ \text{mm}^2$, $A_2=300\ \text{mm}^2$, $A_3=200\ \text{mm}^2$,试求各横截面上的应力。

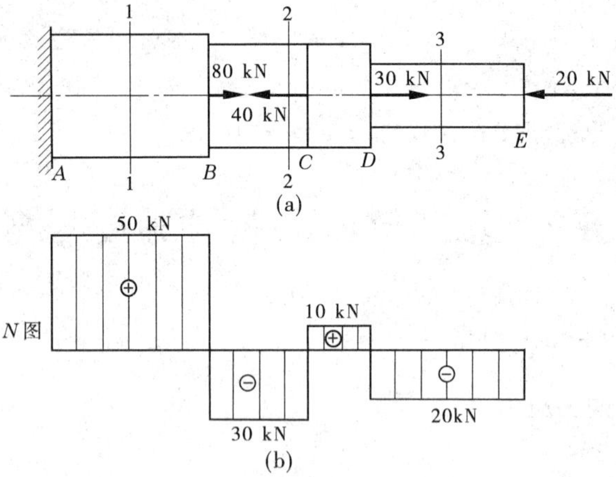

图 3-5

解:(1) 计算轴力,画轴力图。

$N_{AB}=50\ \text{kN}, N_{BC}=-30\ \text{kN}, N_{CD}=10\ \text{kN}, N_{DE}=-20\ \text{kN}$

轴力图如图 3-5(b)所示。

(2) 计算各段的正应力。

由 $\sigma=N/A$,得

$$AB\text{ 段}:\sigma_{AB}=\frac{N_{AB}}{A_1}=\frac{50\times10^3}{400}=125(\text{MPa})\quad(\text{拉应力})$$

$$BC\text{ 段}:\sigma_{BC}=\frac{N_{BC}}{A_2}=\frac{-30\times10^3}{300}=-100(\text{MPa})\quad(\text{压应力})$$

$$CD\text{ 段}:\sigma_{CD}=\frac{N_{CD}}{A_2}=\frac{10\times10^3}{300}=33.3(\text{MPa})\quad(\text{拉应力})$$

$$DE\text{ 段}:\sigma_{DE}=\frac{N_{DE}}{A_3}=\frac{-20\times10^3}{200}=-100(\text{MPa})\quad(\text{压应力})$$

1.1.2 斜截面上的正应力

如图 3-6(a)所示为一轴向拉杆,取左段(见图 3-6(b)),斜截面上的应力 P_α 也是均布的(见图 3-6(c)),由平衡条件知斜截面上内力的合力 $N=F$。设与横截面成 α 角的斜截面的面积为 A_α,横截面面积为 A,则 $A_\alpha=A/\cos\alpha$,于是

$$P_\alpha=N/A_\alpha=N/(A/\cos\alpha)=\sigma\cos\alpha$$

令 $P_\alpha=\tau_\alpha+\sigma_\alpha$(见图 3-6(d)),于是

$$\sigma_\alpha=P_\alpha\cos\alpha=\sigma\cos^2\alpha \tag{3-7}$$

$$\tau_\alpha=P_\alpha\sin\alpha=\sigma\cos\alpha\sin\alpha=\frac{1}{2}\sigma\sin2\alpha \tag{3-8}$$

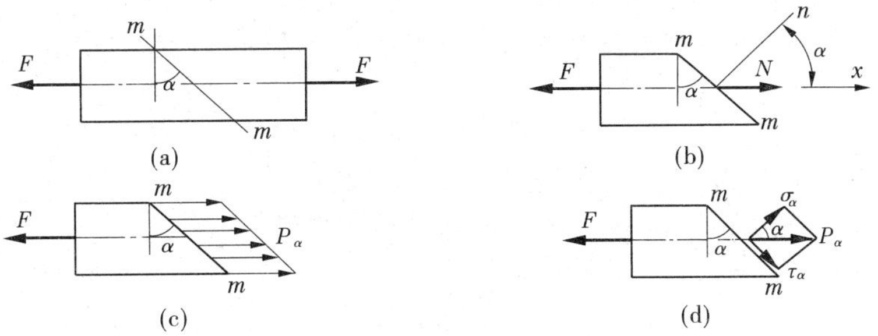

图3-6

其中角 α 及剪应力 τ_α 符号规定如下：自轴 x 转向斜截面外法线 n 为逆时针方向时 α 角为正，反之为负。剪应力 τ_α 对所取杆段上任一点的矩顺时针转向时，剪应力为正，反之为负。σ_α 以拉应力为正，压应力为负。

由式(3-7)、式(3-8)可知，σ_α 及 τ_α 均是 α 角的函数，当 $\alpha=0$ 时，即为横截面，$\sigma_{\max}=\sigma$，$\tau_\alpha=0$，由此可见，拉(压)杆的最大正应力发生在横截面上；

当 $\alpha=45°$时，$\sigma_\alpha=\sigma/2$，$\tau_{\max}=\sigma/2$，即拉(压)杆的最大剪应力发生在与杆轴成45°的斜截面上；

当 $\alpha=90°$时，$\sigma_\alpha=\tau_\alpha=0$，即在平行与杆轴的纵向截面上无任何应力。

【例3-2】 杆件受到轴向拉力作用，已知拉力 $F=20$ kN，横截面面积 $A=200\ \text{mm}^2$。试求 $\alpha=30°$、$60°$、$120°$时各截面上的正应力。

解：由横截面上的正应力公式得横截面上的正应力为

$$\sigma = N/A = F/A = 20\times10^3/200 = 100(\text{MPa})$$

由斜截面上的应力公式计算各截面上的应力：

$$\sigma_{30°} = \sigma\cos^2\alpha = 100\times\cos^2 30° = 75(\text{MPa})$$

$$\tau_{30°} = \frac{1}{2}\sigma\sin2\alpha = \frac{1}{2}\times100\times\sin(2\times30°) = 43.3(\text{MPa})$$

$$\sigma_{60°} = \sigma\cos^2\alpha = 100\times\cos^2 60° = 25(\text{MPa})$$

$$\tau_{60°} = \frac{1}{2}\sigma\sin2\alpha = \frac{1}{2}\times100\times\sin(2\times60°) = 43.3(\text{MPa})$$

$$\sigma_{120°} = \sigma\cos^2\alpha = 100\times\cos^2 120° = 25(\text{MPa})$$

$$\tau_{120°} = \frac{1}{2}\sigma\sin2\alpha = \frac{1}{2}\times100\times\sin(2\times120°) = -43.3(\text{MPa})$$

1.2 轴向拉(压)杆的强度条件

1.2.1 许用应力

对于塑性材料构件，工作应力达到屈服点应力时，就会因产生较大的塑性变形而丧失工作能力；对于脆性材料构件，工作应力达到其抗拉(压)强度极限时，就会因断裂而破坏。

材料因过大的塑性变形或断裂而丧失工作能力时的应力，称为极限应力，用 σ_u表示。因此，屈服点和抗拉(压)强度分别是塑性材料和脆性材料的极限应力。

从安全方面考虑，设计构件时，我们将材料的极限应力打一个折扣，即除以一个大于

1 的系数 n,作为构件允许达到的最大应力值,这个值称为许用应力。

许用应力是构件工作时允许达到的最大工作应力,以符号$[\sigma]$表示。

$$[\sigma]=\frac{\sigma_u}{n}$$

系数 n 叫作安全因数,它表示材料安全储备程度。

对于塑性材料,$\sigma_s(\sigma_{0.2})$ 是极限应力,因此许用应力为

$$[\sigma]=\frac{\sigma_s}{n_s}$$

对于脆性材料,$\sigma_b(\sigma_{bc})$是极限应力,因此许用应力为

$$[\sigma]=\frac{\sigma_b}{n_b}$$

式中　n_s、n_b——对应于塑性材料和脆性材料的安全因数。

常用工程材料在常温和一般工作条件下一般取 $n_s=1.4\sim1.8$、$n_b=2.0\sim3.5$,对于特殊情况,可以查阅有关设计规范和材料手册。

安全因数的确定是个很复杂的问题,要考虑的因素很多,如荷载分析和计算的精确程度、力学模型与实际情况的近似程度、材料性质的不均匀程度以及构件的工作条件等。

选用较大的安全因数,许用应力 $[\sigma]$ 就较小,设计出的构件尺寸较大,安全性好,但材料用量多;选用较小的安全因数,许用应力$[\sigma]$ 就较大,设计出的构件尺寸较小,节省材料用量,但安全储备小。因此,要不断总结经验,力争做到安全性与经济性的统一。

1.2.2　轴向杆件强度计算

为了保证受拉(压)杆件在工作中具有足够的强度,必须使杆件横截面上的工作应力不超过材料的许用应力 $[\sigma]$,即

$$\sigma_{max}=\frac{N_{max}}{A}\leqslant[\sigma] \tag{3-9}$$

式中　N_{max}——危险截面上的轴力;

A——危险截面的面积。

式(3-9)称为杆件在轴向拉(压)时的强度条件。

所谓危险截面,指的是产生最大工作应力的截面。在进行强度计算时,要准确找出危险截面,若危险截面满足了强度条件,则整个杆件就具备了足够的强度。

利用强度条件式(3-9)可解决以下三类问题:

(1)强度校核。就是检验已知的杆件是否具有足够的强度。此时,杆件的截面面积 A、杆件的许用应力 $[\sigma]$ 以及荷载均为已知,根据荷载和危险截面的面积,计算出危险截面上的工作应力 σ_{max},比较是否满足 $\sigma_{max}\leqslant[\sigma]$ 。

$$\sigma_{max}=\frac{N_{max}}{A}\leqslant[\sigma]$$

(2)设计截面尺寸。就是根据已知的荷载和许用应力,根据式(3-9)确定截面面积。然后根据其他工程要求确定截面形状,最后确定截面的具体几何尺寸。

$$A\geqslant\frac{N_{max}}{[\sigma]}$$

(3)计算许可荷载。若杆件的截面面积 A 与材料的许用应力 $[\sigma]$ 是已知的,则按式(3-9)可计算出杆件所能承受的最大轴力,根据 N 可计算出许可荷载。

$$N_{max} \leqslant A[\sigma]$$

【例3-3】 钢制阶梯形直杆(见图3-7),各段截面面积分别为 $A_1 = A_3 = 300\ mm^2$,$A_2 = 200\ mm^2$,$[\sigma] = 230$ MPa。试校核杆的强度。

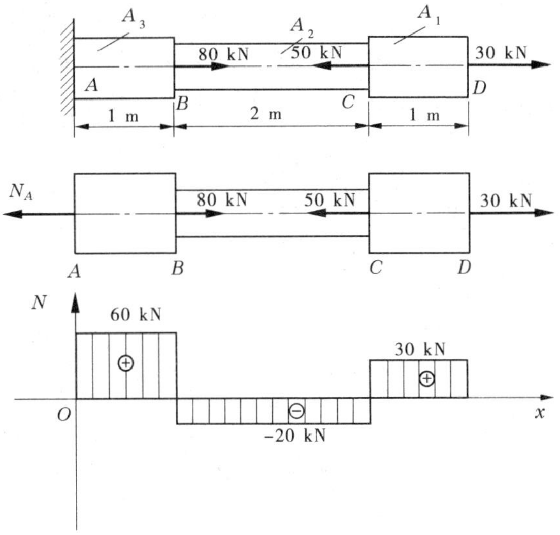

图3-7

解:(1)求约束力(若以截面右侧外力计算轴力,则可省去此步)。

由 $\sum X = 0$,得

$$-N_A + 80 + 30 - 50 = 0$$

$$N_A = 60\ kN$$

(2)分段计算轴力,画轴力图,如图3-7所示。

$$N_{AB} = 60\ kN, N_{BC} = -20\ kN, N_{CD} = 30\ kN$$

(3)确定危险截面,最大正应力可能位于 AB 或 BC 段各截面。

(4)校核强度。分别计算 AB 与 BC 段的最大正应力,并与$[\sigma]$比较。

AB 段各截面:

$$\sigma_{AB} = \frac{N_{AB}}{A_1} = \frac{60 \times 10^3}{300} = 200(MPa) \quad (拉应力)$$

BC 段各截面:

$$\sigma_{BC} = \frac{N_{BC}}{A_2} = \frac{-20 \times 10^3}{200} = -100(MPa) \quad (压应力)$$

$$\sigma_{max} = \sigma_{AB} = 200\ MPa < [\sigma] = 230(MPa)$$

所以,该杆的强度能满足要求。

【例3-4】 起重吊钩的上端借螺母固定,若吊钩螺栓内径 $d = 55$ mm,拉力 $F = 170$ kN,材料许用应力$[\sigma] = 160$ MPa,试校核螺栓部分的强度。

解:(1)计算螺栓内径处的面积。

$$A = \frac{\pi d^2}{4} = \frac{\pi \times 55^2}{4} = 2\ 375(\text{mm}^2)$$

(2)校核强度。

$$\sigma = \frac{F}{A} = \frac{170 \times 10^3}{2\ 375} = 71.6\ \text{MPa} < [\sigma] = 160\ \text{MPa}$$

吊钩螺栓部分安全。

【例3-5】 三角架由AB和BC两根材料相同的圆截面杆构成(见图3-8(a))。材料的许用应力$[\sigma]=100$ MPa,荷载$F=10$ kN。试设计两杆的直径。

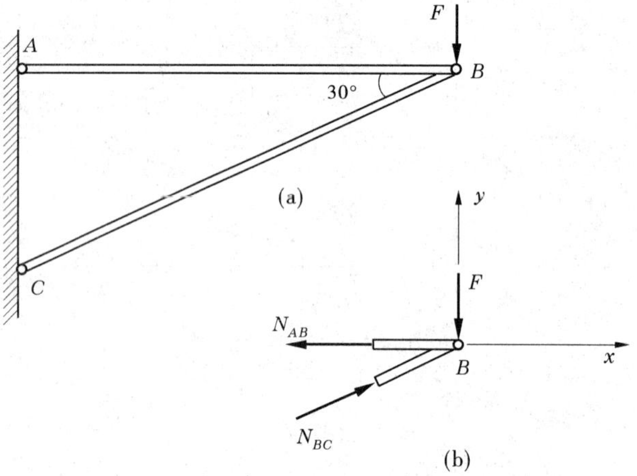

图3-8

解:(1)计算两杆的轴力。

用截面法截取结点B为研究对象,受力图见图3-8(b)。由平衡方程$\sum F_y = 0$,得

$$N_{BC}\sin 30° - F = 0$$

$$N_{BC} = F/\sin 30° = 20(\text{kN})$$

由$\sum F_x = 0$,得

$$N_{BC}\cos 30° - N_{AB} = 0$$

有

$$N_{AB} = N_{BC}\cos 30° = 17.32(\text{kN})$$

(2) 确定两杆直径。

由强度条件有

$$A = \frac{\pi d^2}{4} \geqslant \frac{N}{[\sigma]}$$

则

$$d \geqslant \sqrt{\frac{4N}{\pi[\sigma]}}$$

$$d_{AB} = \sqrt{\frac{4N_{AB}}{\pi[\sigma]}} = \sqrt{\frac{4 \times 17.32 \times 10^3}{3.14 \times 100}} = 14.85(\text{mm})$$

取 AB 杆的直径 $d_{AB}=15$ mm。

$$d_{BC}=\sqrt{\frac{4N_{BC}}{\pi[\sigma]}}=\sqrt{\frac{4\times 20\times 10^3}{3.14\times 100}}=15.96(\mathrm{mm})$$

取 BC 杆的直径 $d_{BC}=16$ mm。

【例3-6】 一钢木结构如图3-9(a)所示,AB 为木杆,其横截面面积 $A_{AB}=10\times 10^3$ mm^2,许用应力 $[\sigma]_{AB}=7$ MPa;BC 为钢杆,其横截面面积 $A_{BC}=600$ mm^2,许用应力 $[\sigma]_{BC}=160$ MPa。试求 B 处可吊起的最大许可荷载 F。

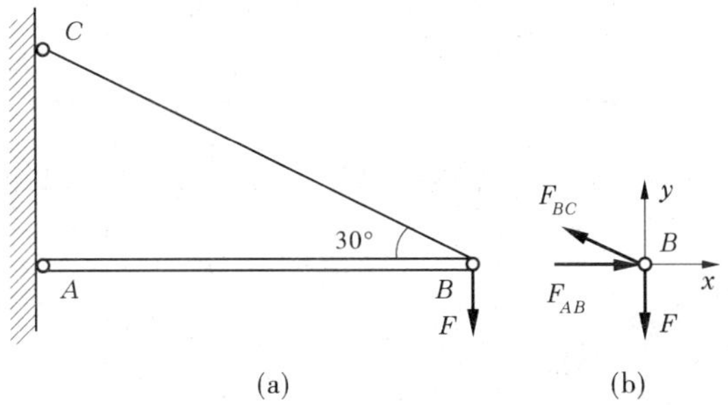

图3-9

解:(1)受力分析。

A、B、C 均为铰接,AB、BC 杆重不计,故 AB、BC 都为二力构件。以 B 点(销钉)为研究对象画受力图(见图3-9(b)),由 $\sum F_y=0$,得

$$F_{BC}\sin 30^\circ - F = 0$$

有
$$F_{BC}=\frac{F}{\sin 30^\circ}=2F$$

由 $\sum F_x=0$,得

$$F_{AB}-F_{BC}\cos 30^\circ=0$$

有
$$F_{AB}=F_{BC}\cos 30^\circ=\sqrt{3}F$$

(2)求最大许可荷载。

BC 杆内力等于 F_{BC},AB 杆内力等于 F_{AB}。

由 $N\leqslant A[\sigma]$,可得木杆 AB 的许可轴力为

$$F_{AB}\leqslant A_{AB}[\sigma]_{AB}$$
$$\sqrt{3}F\leqslant 10\times 10^3\times 7$$
$$F\leqslant 40.4\ \mathrm{kN}$$

即保证木杆 AB 强度所得的许可荷载 $F\leqslant 40.4$ kN。

钢杆 BC 的许可轴力为

$$F_{BC}\leqslant A_{BC}[\sigma]_{BC}$$
$$2F\leqslant 600\times 160$$
$$F\leqslant 48\ \mathrm{kN}$$

即保证钢杆 BC 强度所得的许可荷载 $F\leqslant 48$ kN。

因此,保证整个结构的安全,B点处可吊起的最大许可荷载 $F = 40.4$ kN。

2 轴向拉(压)杆的变形·胡克定律

2.1 轴向拉(压)杆的变形

2.1.1 轴向拉(压)杆的变形和应变

等直杆在轴向外力作用下,其主要变形为轴向拉伸(见图3-10(a))和轴向压缩(见图3-10(b))。若规定伸长变形为正、缩短变形为负,在轴向外力作用下,等直杆轴向变形和横向变形恒为异号。

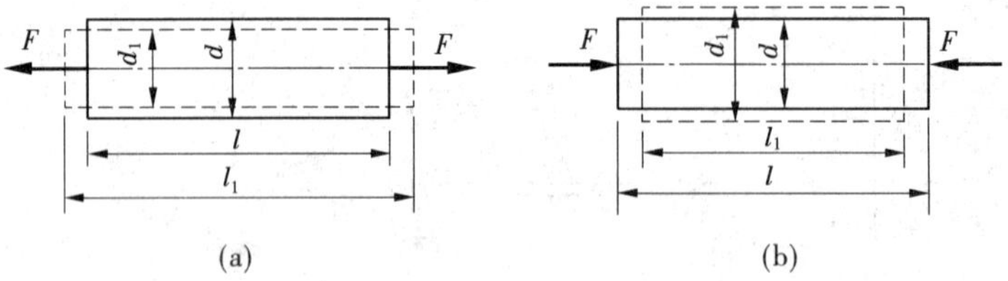

图3-10

2.1.1.1 轴向变形与应变

杆件在轴向拉(压)变形时长度的改变量称为轴向变形,用 Δl 表示。若杆件原来长度为 l,变形后长度为 l_1,则轴向变形为

$$\Delta l = l_1 - l \tag{3-10}$$

拉伸时轴向变形 Δl 为正值,压缩时轴向变形 Δl 为负值。轴向变形单位是米(m)或毫米(mm)。轴向变形只反映杆件的总变形量,不能确切表明杆件的局部变形程度。用单位长度内的轴向变形来反映杆件各处的变形程度,称为轴向线应变

$$\varepsilon = \frac{\Delta l}{l} \tag{3-11}$$

应变 ε 是无量纲的量。

2.1.1.2 横向变形与应变

杆件在轴向拉(压)变形时横向尺寸的改变量称为横向变形,用 Δd 表示。若杆件原来长度为 d,变形后长度为 d_1,则轴向变形为:

$$\Delta d = d_1 - d \tag{3-12}$$

拉伸时横向变形 Δd 为负值,压缩时横向变形 Δd 为正值。横向变形单位是米(m)或毫米(mm)。而相应的横向线应变为

$$\varepsilon' = \frac{\Delta d}{d} \tag{3-13}$$

横向线应变 ε' 也是无量纲的量。

轴向线应变 ε 和横向线应变 ε' 的正负号分别与 Δl 和 Δd 一致,即拉应变为正、压应变为负,轴向线应变 ε 和横向线应变 ε' 恒为异号。

2.1.1.3 泊松比

试验结果表明,当杆件应力不超过一定限度时,横向线应变 ε' 与轴向线应变 ε 之比

的绝对值是一个常数，用μ表示，即

$$\mu = \left|\frac{\varepsilon'}{\varepsilon}\right|$$

μ称为横向变形因数或泊松比，是法国科学家泊松于1829年从理论上推演得出的结果，后又经试验验证。由于ε'与ε的符号相反，常表达为

$$\varepsilon' = -\mu\varepsilon \tag{3-14}$$

2.2　胡克定律

英国科学家胡克在1678年首先通过试验发现，当杆件的应力不超过某一限度时，杆件的轴向变形Δl与轴力N和杆长l成正比，与杆件横截面面积A成反比，即

$$\Delta l \propto \frac{Nl}{A}$$

由于Δl还与材料的性能有关，引入与材料有关的比例常数E，则有

$$\Delta l = \frac{Nl}{EA} \tag{3-15}$$

式(3-15)称为胡克定律，式中比例常数E称为弹性模量，它反映了材料抵抗拉(压)变形的能力。E的单位与σ的单位相同，其常用单位为GPa($1\ \text{GPa} = 10^9\ \text{Pa}$)，$E$值由试验测定，随材料而异，各种材料的弹性模量在设计手册中均可以查到。EA反映杆件抵抗拉(压)变形的能力，称为杆件的抗拉(压)刚度。对于长度相同、受力相同的杆件，EA值愈大，则杆的轴向变形Δl值愈小；EA值愈小，则杆的轴向变形Δl值愈大。因此，抗拉(压)刚度EA反映了杆件抵抗拉(压)变形的能力。

将式(3-6)、式(3-11)代入式(3-15)，则可得出胡克定律的另一表达式：

$$\sigma = E\varepsilon \tag{3-16}$$

式(3-15)和式(3-16)是胡克定律的两种表达形式，表明了材料在弹性范围内，当杆件应力不超过某一极限时，应力与应变成正比。

E与μ都是材料弹性性质的常数，几种常用工程材料的E与μ值见表3-2。

表3-2　常用工程材料的E与μ值

材料名称	牌号	E(GPa)	μ
低碳钢	Q235	200 ~ 210	0.24 ~ 0.28
中碳钢	45	205	0.24 ~ 0.28
低合金钢	16Mn	200	0.25 ~ 0.30
合金钢	40CrNiMoA	210	0.25 ~ 0.30
灰口铸铁		60 ~ 162	0.23 ~ 0.27
球墨铸铁		150 ~ 180	
铝合金	LY12	71	0.33
硬铝合金		380	
混凝土		15.2 ~ 36	0.16 ~ 0.18
木材(顺纹)		9.8 ~ 11.8	0.053 9
木材(横纹)		0.49 ~ 0.98	

【例3-7】 阶梯形直杆AD受力如图3-11(a)所示。已知其横截面面积分别为$A_{CD}=300\ mm^2$,$A_{AB}=A_{BC}=500\ mm^2$,弹性模量$E=200$ GPa,试画出AD杆的轴力图,并求整个杆的总变形量。

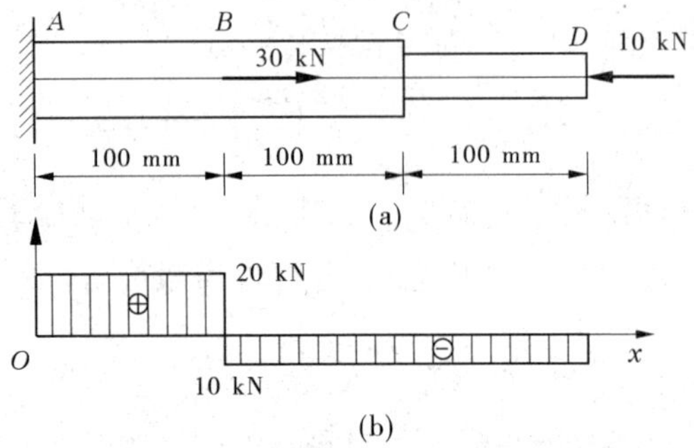

图3-11

解:(1)作轴力图。由于B和D处作用有外力,故将杆分为BD和AB两段。用截面法截取截面后,由平衡方程分别求得

$$N_{CD}=N_{BC}=-10\ \text{kN}$$
$$N_{AB}=20\ \text{kN}$$

画出杆的轴力图,见图3-11(b)。

(2)计算各段杆的变形量。应用胡克定律分别求出各段杆的变形量为

$$\Delta l_{AB}=\frac{N_{AB}l_{AB}}{EA_{AB}}=\frac{20\times10^3\times0.1}{200\times10^9\times500\times10^{-6}}=2\times10^{-5}(\text{m})$$

$$\Delta l_{BC}=\frac{N_{BC}l_{BC}}{EA_{BC}}=\frac{-10\times10^3\times0.1}{200\times10^9\times500\times10^{-6}}=-1\times10^{-5}(\text{m})$$

$$\Delta l_{CD}=\frac{N_{CD}l_{CD}}{EA_{CD}}=\frac{-10\times10^3\times0.1}{200\times10^9\times300\times10^{-6}}=-1.67\times10^{-5}(\text{m})$$

(3)计算杆的总变形量。杆的总变形量等于各段变形量之和,即

$$\Delta l=\Delta l_{AB}+\Delta l_{BC}+\Delta l_{CD}=(2-1-1.67)\times10^{-5}=-0.67\times10^{-5}(\text{m})$$

计算结果为负值,说明杆的总变形为压缩变形。

3 材料拉(压)时的力学性能

在解决构件的强度、刚度及稳定性问题时,必须研究材料的力学性能。所谓力学性能,是指材料在受力和变形过程中所表现出的性能特征,它们都是通过材料试验来测定的。试验证明,材料的力学性能不仅与材料自身的性质有关,还与荷载的类别(静荷载、动荷载)、温度条件(高温、常温、低温)等因素有关。

工程中使用的材料种类很多,习惯上根据试件在拉伸时塑性变形的大小区分为塑性材料和脆性材料两类。例如,低碳钢、低合金钢、铜等为塑性材料;砖、混凝土、铸铁等为脆性材料。这两类材料的力学性能有明显的差别。

由于低碳钢在塑性材料中具有代表性,而铸铁在脆性材料中具有代表性,下面将主要介绍这两种材料的拉(压)试验。

3.1　材料在拉伸时的力学性能

3.1.1　试件要求

试件的尺寸和形状对试验结果有很大的影响,为了便于比较不同材料的试验结果,在做试验时,应将材料做成国家金属试验标准中统一规定的标准试件,如图3-12所示。试件的中间部分较细,两端加粗,便于将试件安装在试验机的夹具中。在中间等直部分上标出一段作为工作段,用来测量变形,其长度称为标距 l。为了便于比较不同粗细试件工作段的变形程度,试件分为圆形截面和矩形截面,前者为长试件,后者为短试件。

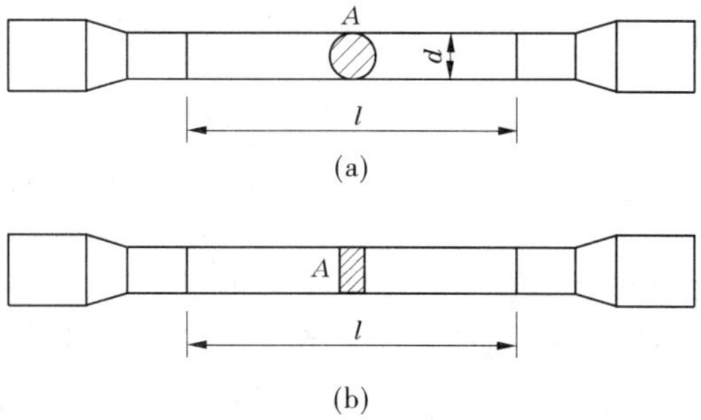

图3-12

对于圆形截面的标准试件,标距 l 与截面直径 d 的关系为

$$l = 10d \text{ 或 } l = 5d$$

对于矩形截面的标准试件,标距 l 与截面面积 A 之间的关系为

$$l = 11/3\sqrt{A} \text{ 或 } l = 5.65\sqrt{A}$$

3.1.2　低碳钢的拉伸试验

低碳钢是一种典型的塑性材料,它不仅在工程实际中广泛使用,而且在拉伸试验中所表现出的力学性能比较全面。

将低碳钢的标准试件夹在拉力试验机上,开动试验机后,试件受到由零缓慢增加的拉力 F,同时发生变形。在试验机上可以读出试件所受拉力 F 的大小,以及相应的纵向伸长 Δl,并间隔性地记录下 F 和 Δl 值,直至试件拉断。以拉力 F 为纵坐标、Δl 为横坐标,将 F 和 Δl 的关系按一定比例绘制成的曲线,称为拉伸图,如图3-13(a)所示。

由于荷载 F 与 Δl 的对应关系与试件尺寸有关,为了消除这一影响,反映材料本身的力学性质,将纵坐标 F 改为正应力 $\sigma = F/A$,横坐标 Δl 改为线应变 $\varepsilon = \Delta l/l$。于是,拉伸图就变成如图3-13(b)所示的应力—应变图。

低碳钢的拉伸过程可分为四个阶段,现根据应力—应变图来说明各阶段中出现的力学性能。

(1)弹性阶段(见图3-13(b)中 Ob 段)。在此阶段内如果把荷载逐渐卸除至零,则试件的变形完全消失,可见这一阶段,变形是完全弹性的,因此称为弹性阶段。这一阶段的 a' 点对应的应力称为弹性极限,用 σ_e 表示。

图中的 Oa 为直线,表明 σ 和 ε 成正比,a 点对应的应力值称为比例极限,用 σ_p 表示。常用的Q235钢,其比例极限 $\sigma_p \approx 200$ MPa,由于大部分材料的 $\sigma_p \approx \sigma_e$,所以将 σ_p 和 σ_e

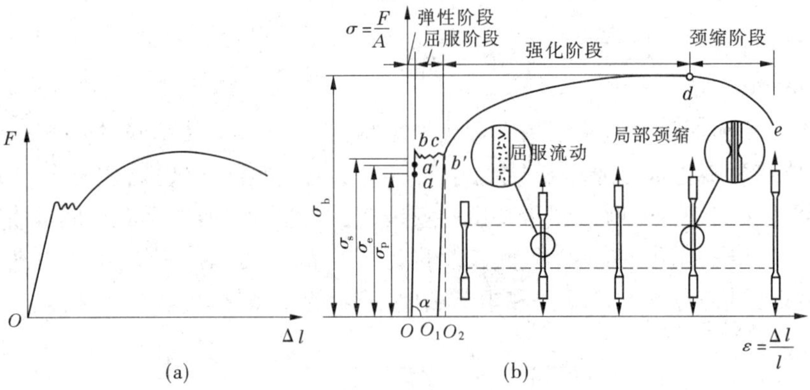

图 3-13

统称为弹性极限。

(2)屈服阶段(见图 3-13(b)中 *bc* 段)。当应力超过 *b* 点对应值以后,应变迅速增加,而应力在很小的范围内波动,其图形上出现了接近水平的锯齿形阶段 *bc*,这一阶段称为屈服阶段。屈服阶段的最低点 *c* 所对应的应力称为屈服极限,用 σ_s 表示。它是衡量材料强度的重要指标。在此阶段材料失去了抵抗变形的能力,产生显著的塑性变形。应力和应变不再呈线性关系,胡克定律不再适用。如果试件表面光滑,这时可看到试件表面出现与试件轴线大约呈 45°的斜线,称为滑移线,如图 3-14 所示。这是由于在 45°斜面上存在最大剪应力,造成材料内部晶粒之间相互滑移所致。

(3)强化阶段(见图 3-13(b)中 *cd* 段)。经过屈服阶段后,应力又随应变增大而增加,材料又恢复了抵抗变形的能力,此时增加荷载才会继续变形,这个阶段称为强化阶段。强化阶段最高点 *d* 对应的应力称为强度极限,用 σ_b 表示。它是材料所能承受的最大应力,是衡量材料强度的又一重要指标。Q_{235}钢的 $\sigma_b = 380 \sim 470$ MPa。

(4)颈缩阶段(见图 3-13(b)中 *de* 段)。在应力达到强度极限后,试件在某一薄弱处横截面尺寸急剧减小,出现颈缩现象,如图 3-15 所示。此时,试件继续变形所需的拉力相应减小,达到 *e* 点,试件被拉断。

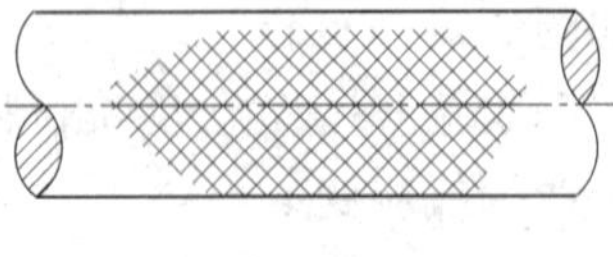

图 3-14

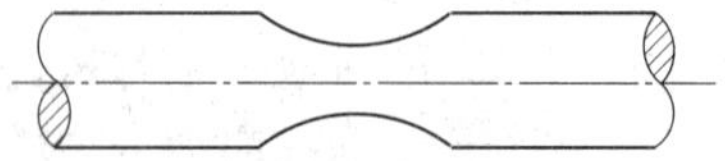

图 3-15

对于低碳钢,屈服极限 σ_s 和强度极限 σ_b 是衡量材料强度的两个重要指标。

(1)当材料的应力达到屈服极限 σ_s时,杆件虽未断裂,但产生了显著的变形,影响到构件的正常使用,所以屈服极限 σ_s是衡量材料强度的一个重要指标。

(2)材料的应力达到强度极限 σ_b时,出现颈缩现象并很快断裂,所以强度极限 σ_b也是衡量材料强度的一个重要指标。

3.1.3　塑性指标

试件断裂后，弹性变形消失了，塑性变形保留了下来。试件断裂后所遗留下来的塑性变形的大小，常用来衡量材料的塑性性能。塑性指标有延伸率(δ)和截面收缩率(Ψ)。

3.1.3.1　延伸率 δ

图3-16所示试件的工作段在拉断后的长度 l_1 与原长 l 之差(在试件拉断后其工作段总的塑性变形)与 l 的比值，称为材料的延伸率，即

$$\delta = \frac{l_1 - l}{l} \times 100\% \tag{3-17}$$

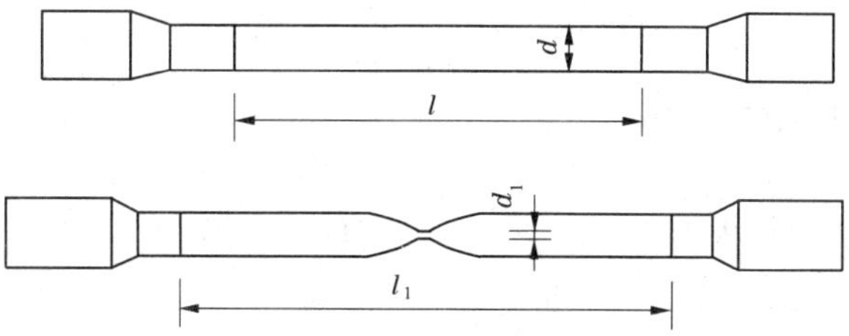

图3-16

3.1.3.2　截面收缩率 Ψ

试件断裂处的最小横截面面积用 A_1 表示，原截面面积为 A，则比值 Ψ 称为截面收缩率，即

$$\Psi = \frac{A - A_1}{A} \times 100\% \tag{3-18}$$

δ 和 Ψ 的数值越高，材料的塑性越大。一般可按延伸率的大小将材料分为两类，$\delta > 5\%$ 的材料称为塑性材料，如合金钢、铝合金、碳素钢和45钢等；$\delta < 5\%$ 的材料称为脆性材料，如灰铸铁、玻璃、陶瓷、混凝土和石料等。低碳钢的延伸率为20%～30%，低碳钢的截面收缩率约为60%。

3.1.4　其他材料拉伸时的力学性能

图3-17是在相同条件下得到的锰钢、硬铝、退火球墨铸铁和45钢4种材料的 $\sigma \sim \varepsilon$ 曲线。由这种曲线可知，这种材料与低碳钢相同点为断裂后都具有较大的塑性变形；不同点为这些材料都没有明显的屈服阶段，所以测不到 σ_s。为此，对于这类材料，国家标准规定，取对应于试件产生0.2%的塑性应变时的应力值($\sigma_{0.2}$)作为名义屈服强度。取试件产生0.2%的塑性应变对应应力值作为屈服极限称为名义屈服极限。

3.1.5　铸铁拉伸时的力学性能

铸铁是一种典型的脆性材料，它受拉时从开始到断裂，变形都不显著，没有屈服阶段和颈缩现象，图3-18是铸铁拉伸时的 $\sigma \sim \varepsilon$ 曲线。脆性材料只有一个强度指标，即拉断时的最大应力——强度极限 σ_b。

在土木建筑工程中，常用的混凝土和砖石等材料也是脆性材料，它们的 $\sigma \sim \varepsilon$ 曲线与铸铁相似，但是各具有不同的强度极限 σ_b 值。

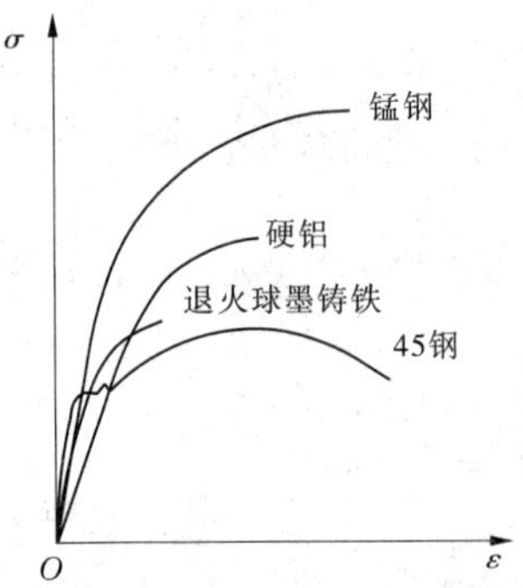

图 3-17

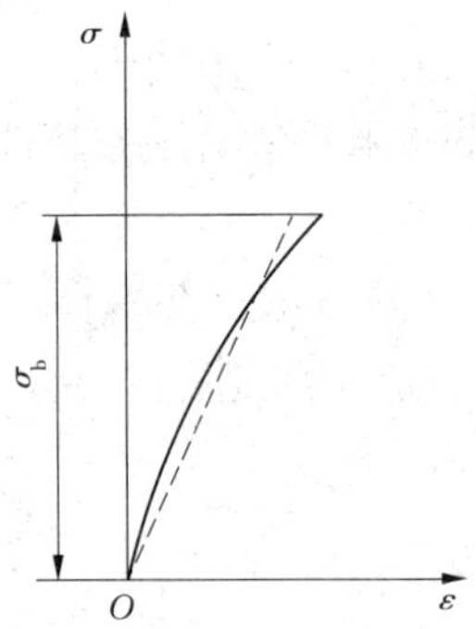

图 3-18

3.2 材料在压缩时的力学性能

3.2.1 试件要求

金属材料(如低碳钢、铸铁等)压缩试验的试件为圆柱形,高为直径的1.5~3倍,高度不能太大,否则受压后容易发生弯曲变形。

3.2.2 低碳钢压缩试验

图3-19中的虚线和实线分别为低碳钢拉伸和压缩时的$\sigma \sim \varepsilon$曲线,由图可知,比较两者可以看出,在屈服阶段以前,低碳钢拉伸与压缩的应力—应变曲线基本重合,两者的比例极限、屈服极限、弹性模量均相同。但在屈服极限以后,图形与拉伸时则大不相同,受压时$\sigma \sim \varepsilon$曲线不断上升,原因是试件的横截面在压缩过程中不断增大,试件由圆柱形变成鼓形,又渐变成饼形,愈压愈扁,但并不破坏,无法测出强度极限。因此,低碳钢压缩时的一些力学性能指标可通过拉伸试验测定,一般无须做压缩试验。

一般塑性材料都存在上述情况,但有些塑性材料压缩与拉伸时的屈服点的应力不同,如铬钢、硅合金钢,因此对这些材料还要测定其压缩时的屈服应力。

3.2.3 铸铁压缩试验

图3-20所示为铸铁压缩时的$\sigma \sim \varepsilon$曲线,整个曲线与拉伸时相似,没有明显的屈服阶段。但压缩时塑性变形比较明显。铸铁压缩时的强度极限为拉伸时的4~5倍。破坏时不同于拉伸时沿横截面,而是沿与轴线大致成45°~50°的斜截面破坏,如图3-20所示。

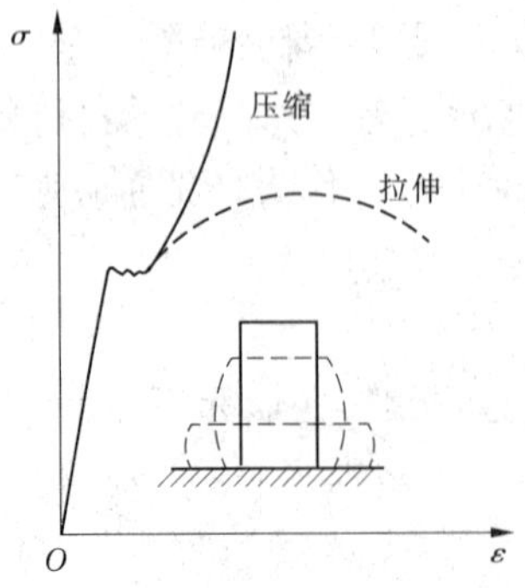

图 3-19

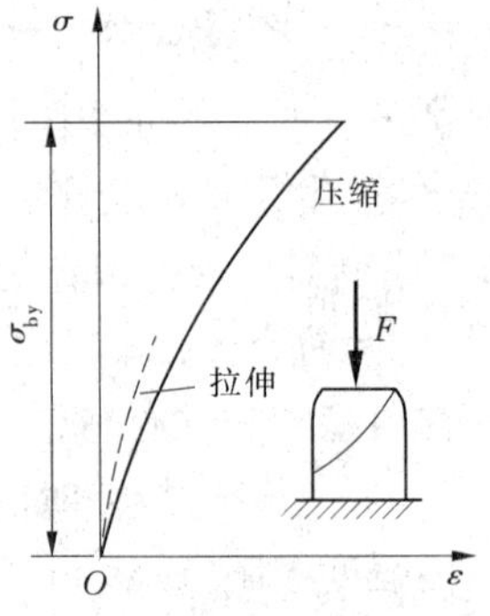

图 3-20

这说明铸铁的压缩破坏是由于抗剪强度低而造成的。由于脆性材料的抗压能力比抗拉能力强，通常用作受压构件，如基础、墩台、柱、墙体等。

表3-3列出了几种常用材料在常温与静载下的力学性能，以供参考。

表3-3 几种常用材料在常温与静载下的力学性能

材料	屈服极限 σ_s(MPa)	强度极限 σ_b		延伸率 δ(%)
		拉伸(MPa)	压缩(MPa)	
35钢	216～314	432～530	—	15～20
45钢	256～353	530～598	—	13～16
Q235A钢	216～235	373～461	—	25～27
QT600－2	412	538	—	2
HT150	—	98～275	637	—
16Mn钢	290～340	470～510	—	16～21
灰口铸铁	—	98～390	640～1 300	0.5～0.6
C20混凝土	—	1.6	14.2	—
C30混凝土	—	2.1	21.0	—

3.3 工程材料的选用原则

3.3.1 两类材料力学性能的比较

(1)塑性材料破坏时有显著的塑性变形，断裂前有的出现明显的屈服现象；而脆性材料在变形很小时突然断裂，无屈服现象。

(2)塑性材料拉伸时的比例极限、屈服极限和弹性模量与压缩时相同，说明拉伸和压缩时，具有相同的强度和刚度。而脆性材料则不同，其压缩时的强度和刚度都大于拉伸时的强度和刚度，且抗压强度远远大于抗拉强度。

3.3.2 工程材料的选用

(1)塑性材料适用于制作须进行锻压、冷拉或受冲击荷载，动力荷载的构件，而脆性材料则不能。

(2)脆性材料主要用于制作受压杆件，而受拉构件一般采用塑性材料。

任务3 连接件实用计算

1 剪切与挤压的概念

在工程中，常用铆钉、螺栓、键或销钉等将构件相互连接起来，这些起连接作用的连接机械和结构的零件或构件称为连接件，如图3-21所示。连接形式有铆钉连接(见图3-21(a)、螺栓连接(见图3-21(b))、销钉连接(见图3-21(c))、键块连接(见图3-21(d))、焊接连接等。

当机械工作时，连接件两侧面受到一对大小相等、方向相反且作用线相距很近的力作

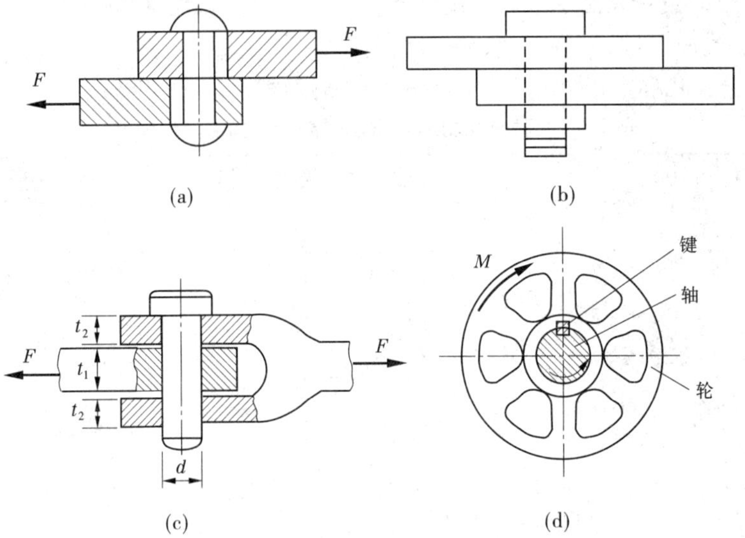

图 3-21

用。在这样的力作用下,连接件的主要失效形式之一,就是沿平行于这两个外力且位于该两外力作用线之间的截面发生相对错动而产生剪切破坏。与此同时,连接件与所连接的构件因相互接触而产生挤压。当这种挤压力过大时,在接触面的局部范围内将产生塑性变形,甚至被压溃,从而导致连接件与所连接的构件共同失效。

1.1 剪切的概念

剪切变形是杆件的基本变形之一。它是指杆件受到一对垂直于杆轴方向的大小相等、方向相反、作用线相距很近的外力作用所引起的变形,如图 3-22 所示。此时,介于作用力中间部分的截面将发生相对错动,即剪切变形。若变形过大,杆件将在两个外力作用面之间的某一截面 $m—m$ 处被剪断,被剪断的截面称为剪切面。

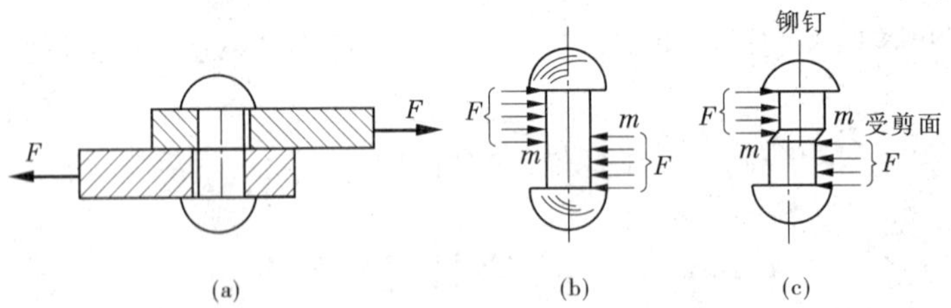

图 3-22

工程中有一些连接件,如铆钉连接中的铆钉(见图 3-21(a))及销钉连接中的销钉(见图 3-21(c))等都是以剪切变形为主的构件。

如果连接件的应力超过材料的强度极限,接头就要破坏而造成工程事故。因此,连接件设计一定要考虑剪切强度要求。

1.2 挤压的概念

构件在受剪切的同时,在两构件的接触面上,因互相压紧会产生局部受压,称为挤压。

如图 3-23 所示的铆钉连接中,作用在钢板上的拉力 F,通过钢板与铆钉的接触面传递给铆钉,接触面上就产生了挤压。两构件的接触面称为挤压面,作用于挤压面的压力称为挤压力,单位挤压面积上的压应力称为挤压应力,当挤压力过大时,孔壁边缘将受压起皱,铆钉局部压扁,使圆孔变成椭圆,连接松动(见图 3-23(b)),这就是挤压破坏。因此,连接件除剪切强度需计算外,还要进行挤压强度计算。

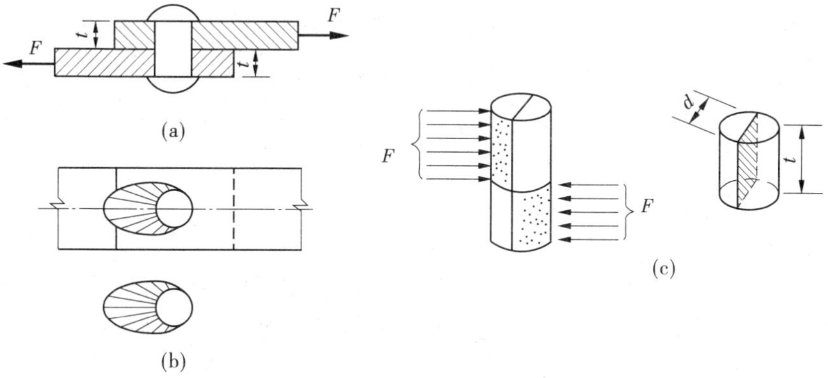

图 3-23

连接件与所连接的构件在连接处的应力,都属于"加力点附近的局部应力"。由于应力的局部性质,且连接件与所连接的构件在连接处的应力和变形都很复杂,要进行精确的理论分析也相当困难,因而在工程上通常对这些连接件采用实用计算。一是假定应力是均匀分布的,由此计算出各部分的名义应力;二是在与实际构件受力极其类似的情况下进行试验,并用假定应力均匀分布的公式计算,得到连接件材料失效的极限应力;三是由以上两个假定建立设计准则,作为连接件强度计算的依据。

2 剪切和挤压的实用计算

2.1 剪切的实用计算

剪切面上的内力可用截面法求得,现以图 3-22 所示的铆钉连接为例,假想将铆钉沿剪切面截开分为上下两部分,任取其中一部分为研究对象,由平衡条件可知,剪切面上的内力 Q 必然与外力方向相反,大小由 $\sum X = 0$,得

$$F - Q = 0$$

有

$$Q = F$$

这种平行于截面的内力 Q 称为剪力。与剪力 Q 相应,在剪切面上有剪应力 τ 存在。剪应力在剪切面上的分布情况十分复杂,工程上通常采用一种以试验及经验为基础的实用计算方法来计算,假定剪切面上的剪应力 τ 是均匀分布的。因此,

$$\tau = \frac{Q}{A} \tag{3-19}$$

式中 A——剪切面面积;

Q——剪切面上的剪力。

为保证构件不发生剪切破坏,就要求剪切面上的平均剪应力不超过材料的许用剪应

力,即剪切时的强度条件为

$$\tau = \frac{Q}{A} \leqslant [\tau] \tag{3-20}$$

式中　$[\tau]$——许用剪应力。

许用剪应力由剪切试验测定。各种材料的许用剪应力可在有关手册中查得,也可按下面的经验公式确定:

塑性材料　　$[\tau] = (0.6 \sim 0.8)[\sigma]$

脆性材料　　$[\tau] = (0.8 \sim 1.0)[\sigma]$

式(3-20)与轴向拉伸或压缩强度条件一样,应用抗剪强度条件也可解决工程中剪切变形的三类强度计算问题,即校核强度、设计截面和确定许用荷载。

2.2　挤压的实用计算

作用于挤压面上的压力,称为挤压力,用符号 F_c 表示。单位挤压面积上的压应力称为挤压应力,用符号 σ_c 表示。挤压应力的分布情况也比较复杂(见图 3-23),因此也采用实用计算法计算。假定挤压应力均匀地分布在计算挤压面上,这样平均挤压应力为

$$\sigma_c = \frac{F_c}{A_c} \tag{3-21}$$

为了保证构件局部不产生挤压破坏,必须满足工作挤压应力不超过材料的许用挤压应力的要求,即挤压时的强度条件为

$$\sigma_c = \frac{F_c}{A_c} \leqslant [\sigma_c] \tag{3-22}$$

式中　$[\sigma_c]$——材料的许用挤压应力,由试验测得。

各种材料的许用挤压应力可在有关手册中查得,也可按下面的经验公式确定:

塑性材料　　$[\sigma_c] = (1.5 \sim 2.5)[\sigma]$

脆性材料　　$[\sigma_c] = (0.9 \sim 1.5)[\sigma]$

应用挤压强度条件式(3-22)也可解决工程上剪切变形的三类强度计算问题,即校核强度、设计截面和确定许可荷载。

式(3-21)和式(3-22)中 A_c 为挤压面的计算面积。当接触面为平面时,接触面的面积就是计算挤压面面积;当接触面为半圆柱面时,取圆柱体的直径平面面积作为计算挤压面面积(见图 3-23(c))。这样计算所得的挤压应力和实际最大挤压应力值十分接近。

【例 3-8】　已知钢板的厚度 $t = 10$ mm,其许用剪应力 $[\tau] = 300$ MPa,若将钢板冲出直径 $d = 25$ mm 的孔,问需要多大的冲剪力 Q?

解:剪切面就是钢板被冲出的圆柱体侧面,其面积为

$$A = \pi dt = 3.14 \times 25 \times 10 = 785(\text{mm}^2)$$

冲孔所需要的冲剪力为

$$Q \leqslant A[\tau] = 785 \times 300 = 236 \times 10^3(\text{N}) = 236\ \text{kN}$$

【例 3-9】　两钢板由一个铆钉连接,如图 3-24 所示,已知 $F = 28$ kN,钢板的厚度 $t = 10$ mm,铆钉的许用剪应力 $[\tau] = 100$ MPa,许用挤压应力 $[\sigma_c] = 200$ MPa,试确定铆钉的直径 d。

解:(1)求剪力和挤压力。

$$Q = F_c = F = 28\ \text{kN}$$

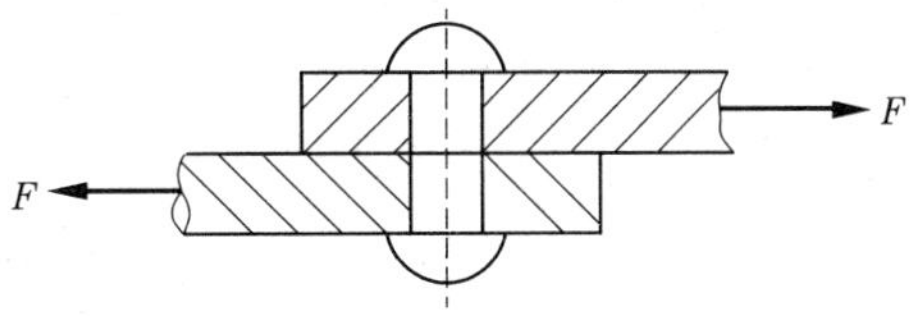

图 3-24

(2)按剪切强度条件设计螺栓的直径。

由 $A \geqslant \frac{Q}{[\tau]} = \frac{28 \times 10^3}{100} = 280(\text{mm}^2)$

得 $$\frac{\pi d^2}{4} \geqslant 280$$

所以 $$d \geqslant 18.88\ \text{mm}$$

(3)按挤压强度条件设计螺栓直径。

$$d \geqslant \frac{F_c}{t[\sigma_c]} = \frac{28 \times 10^3}{10 \times 200} = 14(\text{mm})$$

若要螺栓同时满足剪切和挤压强度的要求,则其最小直径取 $d = 19$ mm。

【例3-10】 如图3-25(a)所示一铆钉连接件,受轴向拉力 F 作用。已知:$F = 100$ kN,钢板厚 $\delta = 8$ mm,宽 $b = 100$ mm,铆钉直径 $d = 16$ mm,许用剪应力 $[\tau] = 140$ MPa,许用挤压应力 $[\sigma_c] = 340$ MPa,钢板许用拉应力 $[\sigma] = 170$ MPa。试校核该连接件的强度。

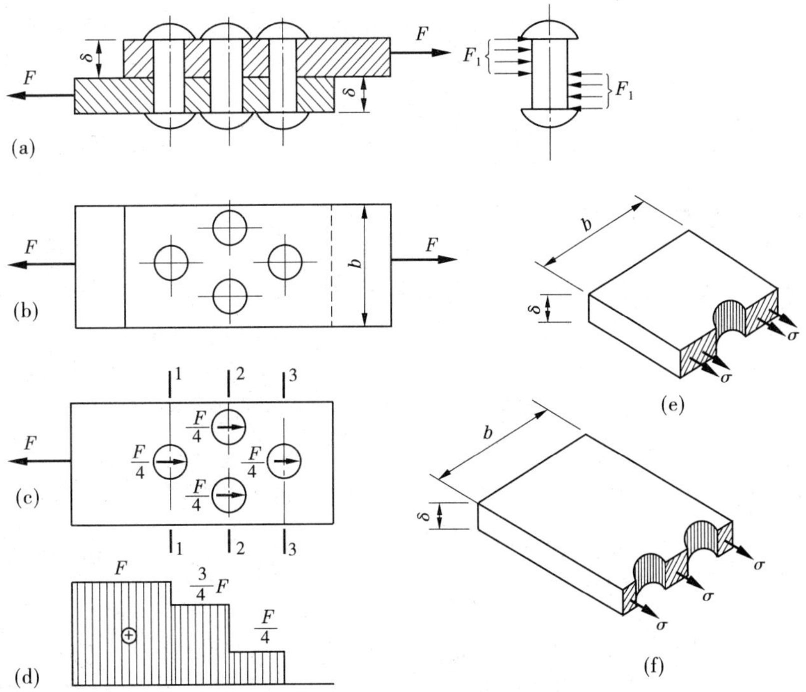

图 3-25

解:连接件存在三种破坏的可能:①铆钉被剪断;②铆钉或钢板发生挤压破坏;③钢板由于钻孔,断面受到削弱,在削弱截面处被拉断。要使连接件安全可靠,必须同时满足以上三方面的强度条件。

(1)铆钉的剪切强度条件。

连接件有 n 个直径相同的铆钉时,且对称于外力作用线布置,则可设各铆钉所受的力相等:

$$F_i = \frac{F}{n}$$

现取一个铆钉作为计算对象,画出其受力图(见图3-25(b)),每个铆钉所受的作用力为

$$F_1 = \frac{F}{n} = \frac{F}{4}$$

剪切面上的剪力　　$Q = F_1$

根据式(3-20),得

$$\tau = \frac{Q}{A} = \frac{F_1}{A} = \frac{F/4}{\pi d^2/4} = \frac{100\times10^3}{\pi\times16^2} = 124(\text{MPa}) < [\tau] = 140\ \text{MPa}$$

所以铆钉满足剪切强度条件。

(2)挤压强度校核。

每个铆钉所受的挤压力为

$$F_c = F_1 = \frac{F}{4}$$

根据式(3-22),得

$$\sigma_c = \frac{F_c}{A_c} = \frac{F/4}{d\delta} = \frac{100\times10^3}{4\times16\times8} = 195(\text{MPa}) < [\sigma_c] = 340\ \text{MPa}$$

所以连接件满足挤压强度条件。

(3)板的抗拉强度校核。

两块钢板的受力情况及开孔情况相同,只要校核其中一块即可。现取下面一块钢板为研究对象,画出其受力图(见图3-25(c))和轴力图(见图3-25(d))。

截面1—1和3—3的净面积相同(见图3-25(e)),而截面3—3的轴力较小,故截面3—3不是危险截面。截面2—2的轴力虽比截面1—1小,但净面积也小(见图3-25(f)),故需对截面1—1和2—2进行强度校核。

截面1—1:

$$\sigma_1 = \frac{N_1}{A_1} = \frac{F}{(b-d)\delta} = \frac{100\times10^3}{(100-16)\times8} = 149(\text{MPa}) < [\sigma] = 170\ \text{MPa}$$

截面2—2:

$$\sigma_2 = \frac{N_2}{A_2} = \frac{3F/4}{(b-2d)\delta} = \frac{3\times100\times10^3}{4\times(100-2\times16)\times8} = 138(\text{MPa}) < [\sigma] = 170\ \text{MPa}$$

所以钢板满足抗拉强度条件。

经以上三方面的校核,该连接件满足强度要求。

任务4　圆轴扭转时的强度与刚度

1　圆轴扭转时横截面上的应力

为解决圆轴扭转的强度问题，在求得横截面上的扭矩之后，还要进一步研究横截面上的应力。为此，需从几何变形、物理关系和静力平衡关系三个方面综合研究，以便建立横截面上的应力计算公式。

1.1　几何方面

从图3-26(a)所示的圆轴中取一微段 dx，并从中切取一楔形体 O_1O_2ABCD(见图3-26(b))，则其变形如图3-26(c)所示。圆轴表层的矩形 $ABCD$ 变为平行四边形 $ABC'D'$；与轴线相距为 ρ 的矩形 $abcd$ 变为平行四边形 $abc'd'$，即产生剪切变形。

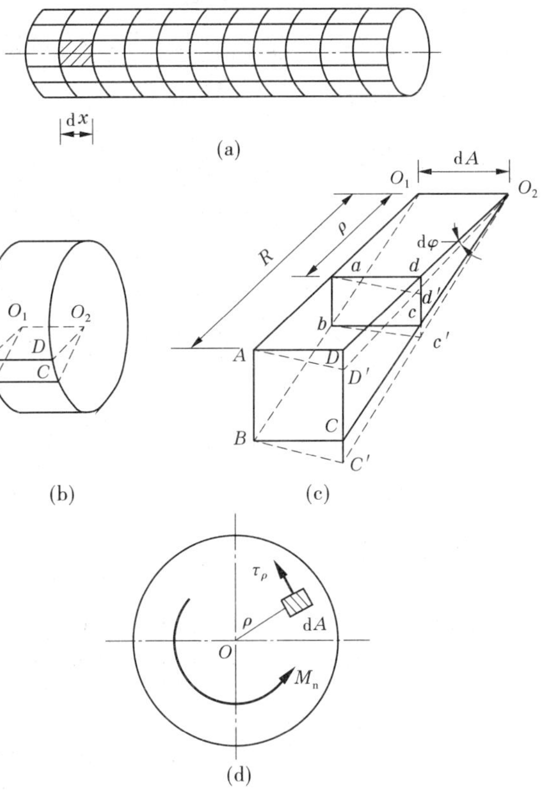

图3-26

此楔形体左、右两端面间的相对扭转角为 dφ，矩形 $abcd$ 的剪应变用 γ_ρ 表示，则由图3-26可以看出：

$$\gamma_\rho \approx \tan\gamma_\rho = \frac{dd'}{ad} = \frac{\rho \mathrm{d}\varphi}{\mathrm{d}x}$$

$$\gamma_\rho = \rho \frac{\mathrm{d}\varphi}{\mathrm{d}x} \tag{3-23}$$

$\mathrm{d}\varphi/\mathrm{d}x$ 是扭转角 φ 沿杆长的变化率,即单位长度的扭转角,通常用 θ 表示,即 $\theta = \mathrm{d}\varphi/\mathrm{d}x$。于是

$$\gamma_\rho = \theta\rho$$

对于同一横截面,θ 为一常数,可见剪应变 γ_ρ 与 ρ 成正比,沿圆轴的半径按直线规律变化。

1.2 物理方面

由剪切胡克定律可知,在弹性范围内剪应力有

$$\tau = G\gamma$$

将式(3-23)代入 $\tau = G\gamma$,得到横截面上与轴线相距 ρ 处的剪应力为

$$\tau_\rho = G\rho\theta \tag{3-24}$$

式(3-24)表明,在横截面上任一点处的剪应力的大小,与该点到圆心的距离成正比。在圆心处剪应力为零,距圆心越远,剪应力越大,距圆心等距离的圆周上各点的剪应力相等,在周边上各点的剪应力最大。

1.3 静力学方面

上面已解决了横截面上剪应力的变化规律,但还不能直接按式(3-23)来确定剪应力的大小,原因是式(3-23)中的 $\mathrm{d}\varphi/\mathrm{d}x$ 与扭矩 M_n 间的关系尚不清楚。这可从静力学方面来解决。

如图 3-26 (d)所示,在与圆心相距 ρ 的微面积 $\mathrm{d}A$ 上,作用有微剪力 $\tau\rho\mathrm{d}A$,它对圆心 O 的微力矩为 $\rho\tau_\rho\mathrm{d}A$。在整个横截面上,所有这些微力矩之和应等于该截面的扭矩 M_n,因此

$$\int_A \rho\tau_\rho \mathrm{d}A = M_n$$

将式(3-24)代入得

$$\int_A G\theta\rho^2 \mathrm{d}A = G\theta\int_A \rho^2 \mathrm{d}A = M_n \tag{3-25}$$

式(3-25) 中的积分 $\int_A \rho^2 \mathrm{d}A$ 是只与圆截面形状、尺寸有关的一个几何量,称为横截面的极惯性矩,用 I_ρ 表示,即

$$I_\rho = \int_A \rho^2 \mathrm{d}A \tag{3-26}$$

于是式(3-25)可写为

$$\theta = \frac{M_n}{GI_\rho} \tag{3-27}$$

将式(3-27)代入式(3-24)式得

$$\tau = \frac{M_n}{I_\rho}\rho \tag{3-28}$$

式中 M_n——横截面上的扭矩;

I_ρ——圆截面对圆心的极惯性矩，mm^4；

ρ——所求应力点至圆心的距离。

这就是圆轴扭转时横截面上的剪应力计算公式。

由式(3-28)可知，τ 与 ρ 成正比，离圆心越远，τ 值越大，圆心处 $\tau=0$。实践证明，以上就实心圆轴扭转得到的应力计算公式对空心圆轴也适用，只是空心圆轴的极惯性矩 I_ρ 与实心圆轴的不同。

实心圆轴和空心圆轴的极惯性矩分别为

实心圆轴 $I_\rho=\pi d^4/32$

空心圆轴 $I_\rho=\pi D^4/32-\pi d^4/32=\pi(D^4-d^4)/32$

D 和 d 分别为圆形空心截面的外直径和内直径。

计算 τ 时，扭矩 M_n 以绝对值代入。因这里的剪应力正、负无实用意义，一般只计算其绝对值。另外，应注意单位：M_n 的单位用 N·m，d 和 ρ 的单位用 m，算得的 τ 为 MPa。

2 圆轴扭转时的强度条件与强度计算

2.1 圆轴扭转时的强度条件

圆轴扭转时，产生最大切应力的横截面，称为危险截面。考虑到轴横截面上切应力的分布，可知危险截面上的应力大小和该点到圆心的距离成正比。所以，在横截面上存在危险点，即应力值最大的点。为保证轴的正常工作，轴内最大剪应力不应超过材料的许用剪应力[τ]，所以圆轴扭转时的强度条件为

$$\tau_{max}=M_{max}/W_\rho\leqslant[\tau] \tag{3-29}$$

式中 [τ]——材料的许用剪应力，各种材料的许用剪应力可查阅有关手册；

W_ρ——抗扭截面模量，mm^3。

实心圆截面和空心圆截面的 W_ρ 值分别为

实心圆截面：

$$W_\rho=\frac{I_\rho}{\rho_{max}}=\frac{\pi d^4}{32}\Big/\frac{d}{2}=\frac{\pi d^3}{16}$$

空心圆截面：

$$W_\rho=\frac{I_\rho}{\rho_{max}}=\left(\frac{\pi D^4}{32}-\frac{\pi d^4}{32}\right)\Big/\frac{D}{2}=\frac{\pi D^3}{16}(1-\alpha^4)$$

式中 α——空心圆轴内外径之比，$\alpha=d/D$；

d——内直径；

D——外直径。

2.2 圆轴扭转时的强度计算

应用式(3-29)的强度条件解决问题的基本思路是先由扭矩图、截面尺寸确定危险点，然后考虑材料的力学性质应用强度条件进行计算。扭转强度条件可以解决工程中常见的三类问题：强度校核、截面设计和确定许用荷载。

【例3-11】 如图3-27所示一钢制圆轴，受一对外力偶的作用，其力偶矩 $M_e=2.5$ kN·m，已知轴的直径 $d=60$ mm，许用剪应力[τ]$=60$ MPa。试对该轴进行强度校核。

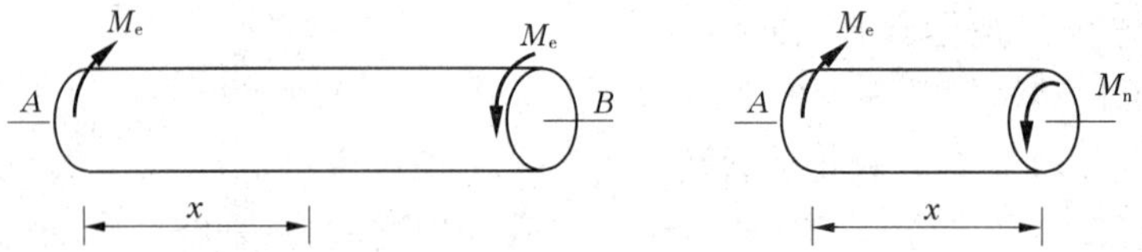

图3-27

解:(1)计算扭矩 M_n:

$$M_n = M_e$$

(2)校核强度。

圆轴受扭时最大切应力发生在横截面的边缘上,按式(3-29)计算,得

$$\tau_{max} = \frac{M_{max}}{W_\rho} = \frac{M_n}{\frac{\pi d^3}{16}} = \frac{2.5 \times 10^6 \times 16}{3.14 \times 60^3} = 59(\text{MPa}) < [\tau] = 60 \text{ MPa}$$

因此,轴满足强度要求。

3　圆轴扭转时的变形和刚度条件

3.1　圆轴扭转时的变形计算

由式(3-27)知道,单位长度的扭转角为

$$\theta = \mathrm{d}\varphi/\mathrm{d}x = M_n/GI_\rho$$

则

$$\mathrm{d}\varphi = M_n \mathrm{d}x/GI_\rho$$

式中 GI_ρ 为常量,若在杆长 l 范围内 M_n 不变,将两边取积分

$$\int_0^x \mathrm{d}\varphi = \frac{M_n}{GI_\rho}\int_0^x \mathrm{d}x$$

得

$$\varphi = \frac{M_n l}{GI_\rho} \tag{3-30}$$

式(3-30)即为圆轴扭转时扭转角的计算公式(φ 的单位为弧度)。由式(3-30)看到,φ 与 M_n 和 l 成正比,φ 与 GI_ρ 成反比。GI_ρ 称为杆件的抗扭刚度,它反映杆件抵抗扭转变形的能力。

3.2　圆轴扭转时的刚度条件

工程中的受扭杆件,除需满足强度要求外,还要限制其变形。通常是规定单位长度杆的扭转角($\theta_{max} = \varphi/l(\text{rad/m})$)不能超过规定的容许值,若用$[\theta]$表示单位长度杆的容许扭转角,则有

$$\theta_{max} = \frac{M_{max}}{GI_\rho} \leqslant [\theta] \tag{3-31}$$

式(3-31)即为圆杆扭转时的刚度条件。

若$[\theta]$引入给定的单位为度/米((°)/m),式(3-31)应改写为

$$\theta_{max} = \frac{M_{max}}{GI_\rho} \times \frac{180}{\pi} \leqslant [\theta] \tag{3-32}$$

即将弧度换算成度。利用刚度条件可解决三类问题:刚度校核、设计截面尺寸、计算许可外力偶矩。

【例3-12】 如图3-28(a)所示轴的直径 $d=50$ mm,剪切弹性模量 $G=80$ GPa,试计算该轴两端面之间的扭转角。

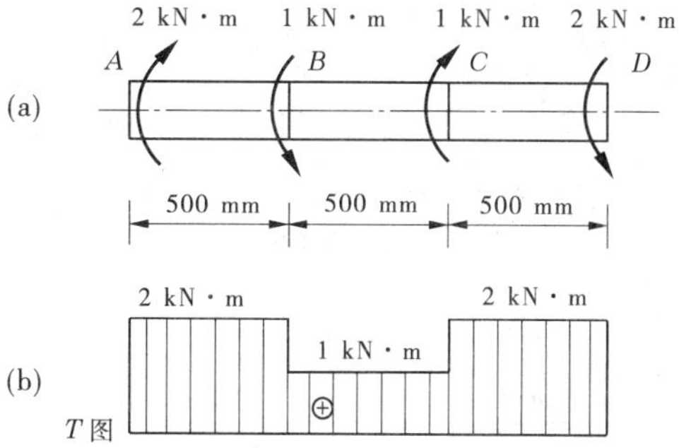

图3-28

解:(1)计算各段截面的扭矩,并画出扭矩图,如图3-28(b)所示。

(2)计算该轴两端面之间的扭转角。

两端面之间扭转角为

$$I_\rho = \frac{\pi d^4}{32} = \frac{3.14\times 50^4}{32} = 61.33\times 10^4(\text{mm}^4)$$

$$\varphi_{AD} = \frac{T_{AB}l}{GI_\rho} + \frac{T_{BC}l}{GI_\rho} + \frac{T_{CD}l}{GI_\rho} = \frac{l}{GI_\rho}(2T_{AB}+T_{BC})$$

$$\varphi_{AD} = \frac{500}{80\times 10^3\times 61.33\times 10^4}\times(2\times 2\times 10^6 + 1\times 10^6) = 0.051(\text{rad})$$

任务5 梁的强度与刚度

1 梁弯曲时的强度

1.1 梁的强度条件

当梁弯曲时,其横截面上同时存在着剪力和弯矩,如图3-29所示。剪力是横截面切向内力元素 τdA 的合力,弯矩是横截面法向内力元素 σdA 的合力偶矩,所以梁横截面上同时存在着正应力 σ 和剪应力 τ。

图3-30所示为一矩形截面简支梁。在给定荷载作用下,在梁的 CD 段上,各截面的弯矩为一常数,剪力为零。此段梁只发生弯曲变形而没有剪切变形,这种变形形式称为纯弯曲。在梁的 AC、DB 段上,各截面不仅有弯矩,还有剪力的作用,产生弯曲变形的同时,伴随有剪切变形,这种变形形式称为横力弯曲。

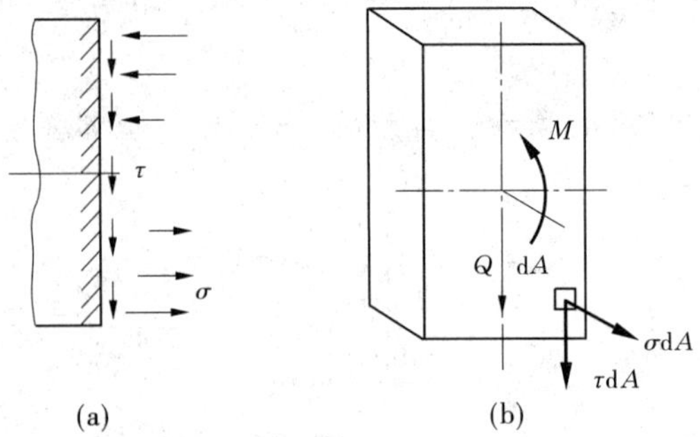

图 3-29

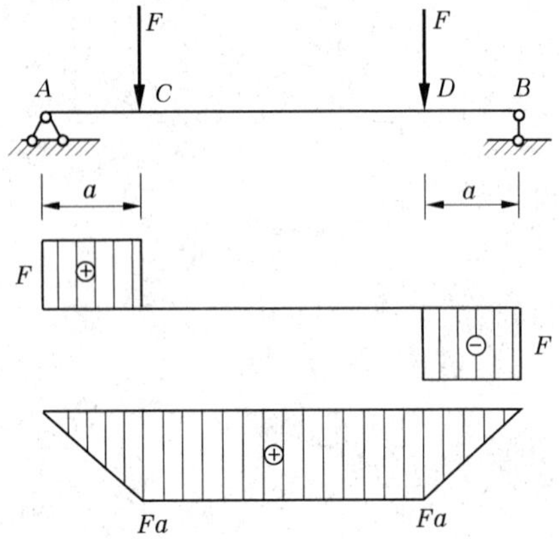

图 3-30

1.1.1　梁的正应力及强度计算

1.1.1.1　正应力分布规律

为了解正应力在横截面上的分布情况,可先观察梁的变形,取一弹性较好的矩形截面梁,在其表面上画上一系列与轴线平行的纵向线及与轴线垂直的横向线,构成许多均等的小矩形,然后在梁的两端施加一对力偶矩为 M 的外力偶,使梁发生纯弯曲变形,如图 3-31 所示,这时可观察到下列现象:

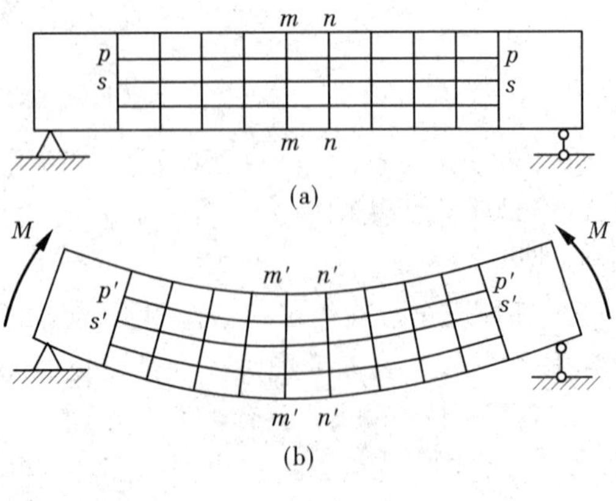

图 3-31

(1)横向线仍为直线,各横向线只是做相对转动,但仍与纵向线正交。

(2)纵向线变为曲线,靠近顶面的纵向线缩短,靠近底面的纵向线伸长。

(3)在纵向线伸长区,梁的宽度减小,在纵向线缩短区,梁的宽度增大。

根据以上变形现象,可对梁的变形和受力做如下分析和假设:

(1)平面假设。梁的横截面在变形后,仍保持为平面,且仍与梁的轴线正交,只是转了一个角度。横截面上各点均无剪应变,故纯弯曲时,横截面上无剪应力。

(2)单向受力假设。各纵向纤维之间无积压或拉伸作用。上部各层纵向纤维缩短,下部各层纵向纤维伸长。由于变形的连续性,中间必有一层既不缩短也不伸长,这一过渡层称为中性层。中性层与横截面的交线称为中性轴。梁弯曲时横截面就是绕中性轴转动的。

1.1.1.2 正应力计算

梁弯曲时横截面上任一点正应力的计算公式为

$$\sigma = My/I_z \tag{3-33}$$

式中 M——横截面上的弯矩;

I_z——截面对中性轴的惯性矩;

y——所求应力点至中性轴的距离。

当弯矩为正时,梁下部纤维伸长,故产生拉应力;上部纤维缩短而产生压应力。弯矩为负时,则相反。在用式(3-33)计算正应力时,可不考虑式中 M 和 y 的正负号,均以绝对值代入;正应力是拉应力还是压应力可由观察梁的变形来判断。

这里需要说明的是:

(1)式(3-33)除适用于矩形截面梁外,也适用于所有横截面形状对称于 y 轴的梁,如工字形、T 字形、圆形截面梁等。

(2)式(3-33)是根据纯弯曲的情况导出的,而实际工程中的梁,大多受横向力作用,截面上剪力、弯矩均存在。进一步地研究表明,剪力的存在对正应力分布规律的影响很小。因此,对横力弯曲的情况,式(3-33)也是适用的。

1.1.1.3 正应力强度条件

(1)最大正应力。

在强度计算时必须算出梁的最大正应力,梁的最大正应力发生在横截面上离中性轴最远的各点处,而该处的剪应力或为零或很小。产生最大正应力的截面称为危险截面。对于等直梁,最大弯矩所在的截面就是危险截面。危险截面上的最大应力点称为危险点,它发生在距中性轴最远的上、下边缘处。

对于中性轴是截面对称轴的梁,最大正应力的值为

$$\sigma_{\max} = \frac{M_{\max} y_{\max}}{I_z} \tag{3-34}$$

令

$$W_z = \frac{I_z}{y_{\max}} \tag{3-35}$$

则

$$\sigma_{\max} = \frac{M_{\max}}{W_z} \tag{3-36}$$

式中　W_z——抗弯截面系数(或模量),它是一个与截面形状和尺寸有关的几何量,m^3或mm^3。

对于高为h、宽为b的矩形截面,其抗弯截面系数为

$$W_z=\frac{I_z}{y_{max}}=\frac{bh^3/12}{h/2}=\frac{bh^2}{6}$$

对于直径为D的圆形截面,其抗弯截面系数为

$$W_z=\frac{I_z}{y_{max}}=\frac{\pi D^4/64}{D/2}=\frac{\pi D^3}{32}$$

对于I型钢、槽钢、角钢等型钢截面的抗弯截面系数W_z可从附录A中查得。

对于中性轴不是截面对称轴的梁,如倒T形截面,铸铁等脆性材料,由于它们的抗拉与抗压的性能不同,为了充分利用材料的特性,把梁设计成中性不对称的截面形状,且使受拉一侧边缘上各点到中性轴的距离小于受压一侧边缘上点到中性轴的距离。在考虑其强度问题时,应分别考虑其拉伸强度和压缩强度,即

$$\sigma_{max}^{+}=\frac{M_{max}y_{max}^{+}}{I_z}$$

$$\sigma_{max}^{-}=\frac{M_{max}y_{max}^{-}}{I_z}$$

式中　y^+——受拉一侧的截面边缘点到中性轴的距离;

y^-——受压一侧的截面边缘点到中性轴的距离。

(2)正应力强度条件。

为了保证梁具有足够的强度,必须使梁危险截面上的最大正应力不超过材料的许用应力,即得梁的正应力强度条件:

$$\sigma_{max}=\frac{M_{max}}{W_z}\leqslant[\sigma] \tag{3-37}$$

对于脆性材料,其抗压与抗拉许用应力是不同的。为了充分利用材料,通常将梁的横截面做成与中性轴不对称的截面。因此,梁的拉应力和压应力都不能超过材料相应的许用应力,即

$$\left.\begin{aligned}\sigma_{max}^{+}\leqslant[\sigma^{+}]\\ \sigma_{max}^{-}\leqslant[\sigma^{-}]\end{aligned}\right\} \tag{3-38}$$

式中　σ_{max}^{+}、σ_{max}^{-}——梁的最大拉应力和最大压应力;

$[\sigma^+]$、$[\sigma^-]$——材料的许用拉应力和许用最大压应力。

根据强度条件可解决工程中有关强度方面的三类问题。

①强度校核。

在已知梁的横截面形状和尺寸、材料及所受荷载的情况下,可校核梁是否满足正应力强度条件,即校核是否满足:

$$\sigma_{max}=\frac{M_{max}}{W_z}\leqslant[\sigma]$$

②设计截面。

当已知梁的荷载和所用的材料时，可根据强度条件先计算出所需的最小抗弯截面系数：

$$W_z \geqslant \frac{M_{max}}{[\sigma]}$$

然后根据梁的截面形状，再由 W_z 值确定截面的具体尺寸或型钢号。

③确定许用荷载。

已知梁的材料、横截面形状和尺寸，根据强度条件先算出梁所能承受的最大弯矩，即

$$M_{max} \leqslant W_z[\sigma]$$

然后由 M_{max} 与荷载的关系，算出梁所能承受的最大荷载。

【例3-13】 如图3-32所示，一悬臂梁长 $l=1.5$ m，自由端受集中力 $F=32$ kN 作用，梁由22a Ⅰ型钢制成，自重按 $q=0.33$ kN/m 计算，$[\sigma]=160$ MPa。试校核梁的正应力强度。

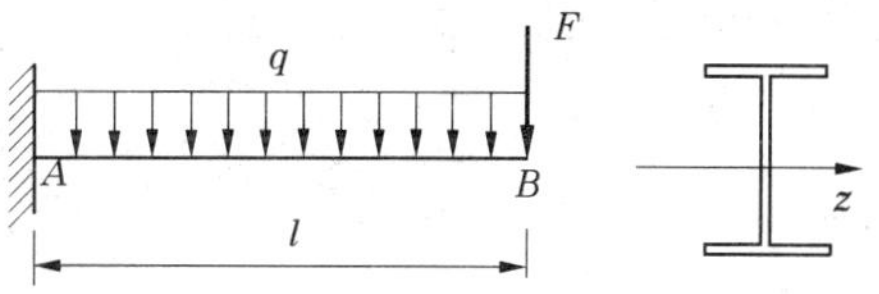

图3-32

解：(1)画弯矩图，求最大弯矩的绝对值。

$$|M_{max}| = Fl + \frac{ql^2}{2} = 32 \times 1.5 + \frac{1}{2} \times 0.33 \times 1.5^2 = 48.4(\text{kN}\cdot\text{m})$$

(2)查附录A，22a Ⅰ型钢的抗弯截面系数为 $W_z=309\ \text{cm}^3$。

(3)校核正应力强度。

$$\sigma_{max} = \frac{M_{max}}{W_z} = \frac{48.4\times10^6}{309\times10^3} = 157(\text{MPa}) < [\sigma] = 160\ \text{MPa}$$

满足正应力强度条件。

【例3-14】 热轧普通¢æ型钢截面简支梁如图3-33所示，已知 $l=6$ m，$F_1=15$ kN，$F_2=21$ kN，钢材的许用应力 $[\sigma]=170$ MPa，试选择Ⅰ型钢的型号。

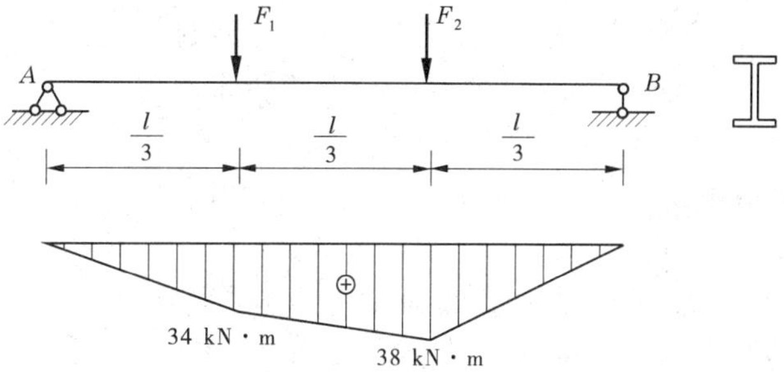

图3-33

解:(1)画弯矩图,确定M_{max}。

求支座反力:$F_A=17$ kN(↑)　$F_B=19$ kN(↑)

绘M图,最大弯矩发生在F_2作用的截面上,其值为$M_{max}=38$ kN·m。

(2)计算Ⅰ型钢梁所需的抗弯截面系数为

$$W_z \geqslant \frac{M_{max}}{[\sigma]}=\frac{38\times10^6}{170}=223.5\times10^3(mm^3)=223.5\ cm^3$$

(3)选择Ⅰ型钢。

由附录A附表A-3查得20aⅠ型钢的W_z值为237 cm^3,故采用20aⅠ型钢。

【例3-15】 如图3-34所示,40aⅠ型钢简支梁,自重$q=676$ N/m,跨度$l=8$ m,跨中点受集中力F作用。已知$[\sigma]=140$ MPa,考虑自重,求许用荷载$[F]$。

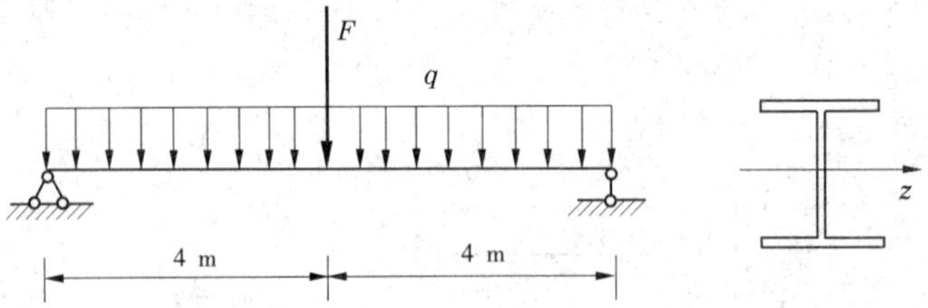

图3-34

解:(1)由附录A附表A-3查得40aⅠ型钢的抗弯截面系数为$W_z=1\ 090$ cm^3。

(2)按强度条件求许用荷载$[F]$。

$$M_{max}=\frac{ql^2}{8}+\frac{Fl}{4}=\frac{1}{8}\times676\times8^2+\frac{1}{4}\times F\times8=5\ 408+2F$$

根据强度条件$M_{max}\leqslant W_z[\sigma]$,有

$$5\ 408+2F\leqslant1\ 090\times10^{-6}\times140\times10^6$$

解得

$$[F]=73\ 600\ N=73.6\ kN$$

1.1.2　梁的剪应力及强度计算

1.1.2.1　剪应力计算

在工程中,大多数梁是在横向力作用下发生弯曲的,横截面上的内力不仅有弯矩,而且有剪力。因此,横截面上除具有正应力外,还具有剪应力。

一般情况下,梁的弯曲正应力是梁强度计算的主要依据,但在某些特殊情况下,如梁的跨度较小(短粗梁)或截面高而窄(薄壁梁),弯矩较小而剪力较大的梁,其剪应力可能达到相当大的数值,就要求进行剪应力的强度计算。

下面研究等直截面梁上的剪应力。

(1)矩形截面梁的剪应力。

对于高度h大于宽度b的矩形截面梁,其横截面上的剪力Q沿y轴方向,如图3-35(a)所示,现假设剪应力的分布规律如下:

①横截面上各点处的剪应力τ都与剪力Q方向一致;

②横截面上距中性轴等距离各点处剪应力大小相等,即沿截面宽度为均匀分布。根据以上假设,可以推导出矩形截面梁横截面上任意一点处剪应力的计算公式为

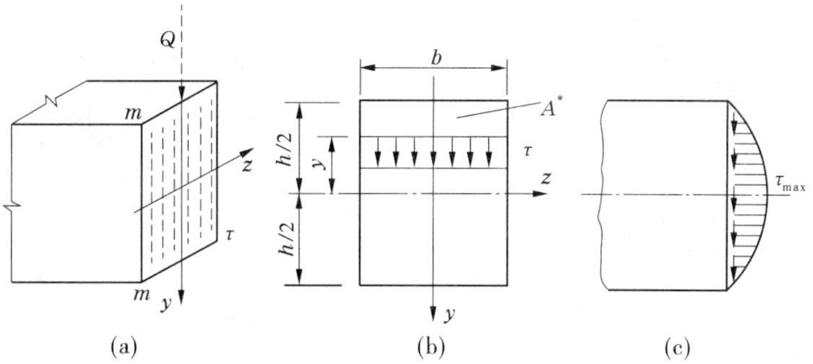

图 3-35

$$\tau = \frac{QS_z^*}{I_z b} \tag{3-39}$$

式中 Q——对中性轴的惯性矩；

b——横截面的宽度；

$S_z{}^*$——所求应力点的水平线到截面下(或上)边缘间的面积 A^* 对 z 轴的静矩。

静矩也是与截面形状和尺寸有关的一个几何量。如图 3-35(b)所示截面，y 是面积为 A^* 的材料的形心纵坐标，则面积为 A^* 的材料对 z 轴的静矩为

$$S_z^* = A^* y = b\left(\frac{h}{2} - y\right)\left[y + \left(\frac{h}{2} - y\right)/2\right] = \frac{b}{2}\left(\frac{h^2}{4} - y^2\right)$$

将其及 $I_z = bh^3/12$ 代入式(3-39)，得

$$\tau = \frac{6Q}{bh^3}\left(\frac{h^2}{4} - y^2\right) \tag{3-40}$$

式(3-40)表明，剪应力沿截面高度按二次抛物线规律变化(见图 3-35 (c))。在截面的上、下边缘处($y = \pm 0.5h$)的剪应力为零；在中性轴处($y = 0$)的剪应力最大，其值为

$$\tau_{\max} = \frac{3Q}{2bh} = \frac{3Q}{2A} \tag{3-41}$$

即矩形截面上的最大剪应力为截面上平均剪应力(Q/A)的 1.5 倍。

(2)圆形和圆环形截面梁的剪应力。

圆形和圆环形截面的最大剪应力均发生在中性轴上，并沿中性轴均匀分布，如图 3-36 所示。其值分别为

圆形截面：

$$\tau_{\max} = \frac{4Q}{3A} \tag{3-42}$$

薄壁圆环形截面：

$$\tau_{\max} = \frac{2Q}{A} \tag{3-43}$$

此外，对箱形截面梁和 T 形截面梁都可采用式(3-39)计算其腹板上的剪应力，最大剪应力仍发生在截面的中性轴上。

更多的计算表明：一般细长非薄壁截面梁，最大正应力与最大剪应力的数量级约等于

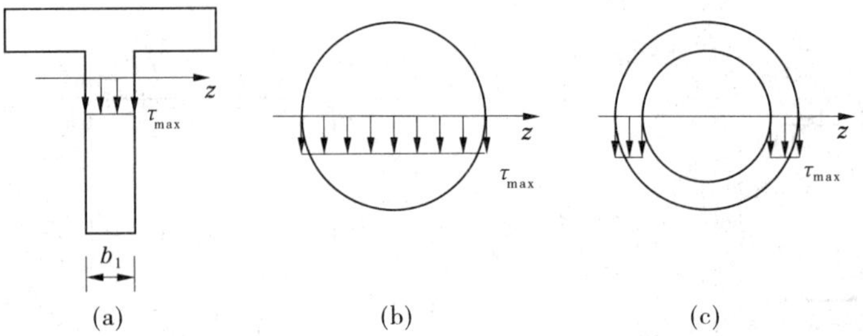

图 3-36

梁的跨高比。故一般细长梁的主要应力是弯曲正应力。

(3)工字形及 T 字形截面梁的剪应力。

工字形截面梁由上、下翼缘和腹板组成,如图 3-37(a)所示。由于腹板为狭长矩形,仍可采用与矩形截面梁相同的假设。经过与矩形截面梁类似的推导,可得腹板上距中性轴 y 处点的剪应力为

$$\tau = \frac{QS_z^*}{I_z d} \tag{3-44}$$

式中　I_z——整个工字形截面对中性轴的惯性矩;

S_z^*——y 处横线一侧的部分截面对中性轴的静矩;

d——腹板的厚度。

剪应力沿腹板高度的分布,仍按抛物线分布,如图 3-37(a)所示,最大剪应力 τ_{max} 仍在截面的中性轴上。至于翼缘上的剪应力,其值则远小于腹板上的剪应力,在计算时可以不考虑,如图 3-37(b)、图 3-37(c)所示。

T 形截面也是工程中常用的截面形式,它由两个矩形截面组成(见图 3-38(a))。下面的狭长矩形与工字形截面的腹板类似,这部分的剪应力仍用式(3-44)计算。剪应力的分布仍按抛物线规律变化,最大剪应力仍发生在中性轴上,如图 3-38(b)所示。

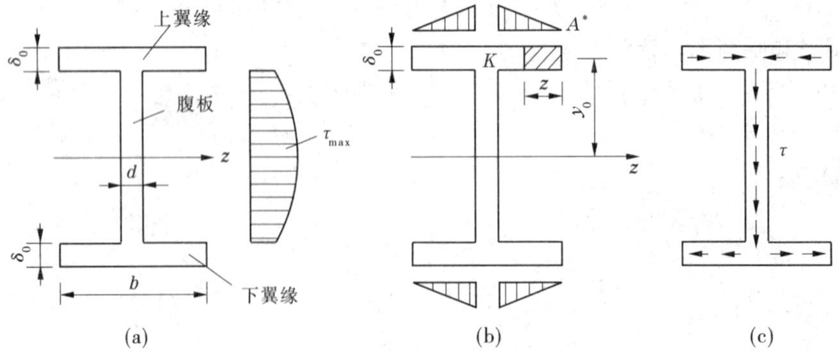

图 3-37

1.1.2.2　剪应力强度条件

为保证梁的剪应力强度,梁的最大剪应力不应超过材料的许用剪应力$[\tau]$,即

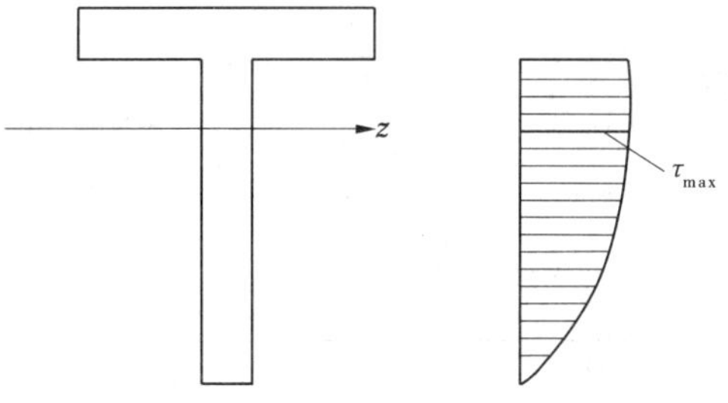

图 3-38

$$\tau = \frac{Q_{\max} S_{z\max}^*}{I_z b} \leqslant [\tau] \tag{3-45}$$

式(3-45)称为梁的剪应力强度条件。

在梁的强度计算中,必须同时满足正应力和剪应力两个强度条件。但在一般情况下,正应力强度条件往往是起主导作用的。在选择梁的截面时,通常是先按正应力强度条件选择截面尺寸,然后进行剪应力强度校核。对于细长梁,按正应力强度条件设计的梁一般都能满足剪应力强度要求,就不必做剪应力校核。

对于某些特殊情况,梁的剪应力强度条件也可能起到控制作用。例如,梁的跨度很小,或在支座附近有较大的集中力作用,这时梁可能出现弯矩较小,而剪力却很大的情况,这就必须注意剪应力强度条件是否满足。又如,对组合Ⅰ型钢梁,其腹板上的剪应力可能较大;对于木梁,在木材顺纹方向的抗剪能力很差。这些情况都应注意,在进行正应力强度校核的同时,还要进行剪应力的强度校核。

1.2　强度条件的应用

我们常常应用强度条件来解决三类强度问题:强度校核、设计截面、确定许可荷载。在进行这类强度计算时,一般应遵循下列步骤:

分析梁的受力,依据平衡条件确定约束力;分析梁的内力(画出弯矩图)。

依据弯矩图及截面沿梁轴线变化的情况,确定可能的危险面:对于等截面梁,弯矩最大截面即为危险面。对于变截面梁,则需依据弯矩及截面变化情况,才能确定危险面。

确定危险点:对于拉(压)力学性能相同的材料(如钢材),其最大拉应力点和最大压应力点具有同样的危险程度,因此危险点显然位于危险面上离中性轴最远处。而对于拉(压)力学性能不同的材料(如铸铁),则需分别计算梁内绝对值最大的拉应力与压应力,因为最大拉应力点与最大压应力点均可能是危险点。

依据强度条件,进行强度计算。

【例3-16】 22a 外伸Ⅰ型钢梁,梁上荷载如图3-39所示。已知 $l=6$ m, $F=30$ kN, $q=6$ kN/m, $[\sigma]=170$ MPa, $[\tau]=100$ MPa,检查此梁是否安全。

解:(1)绘剪力图、弯矩图,如图3-39所示,得

$$M_{\max}=39\ \text{kN}\cdot\text{m} \quad Q_{\max}=17\ \text{kN}$$

(2)由附录A附表A-3查得有关数据:

$$d=7.5\ \text{mm} \qquad \frac{I_z}{S_{\max}^*}=18.9\ \text{cm} \qquad W_z=309\ \text{cm}^3$$

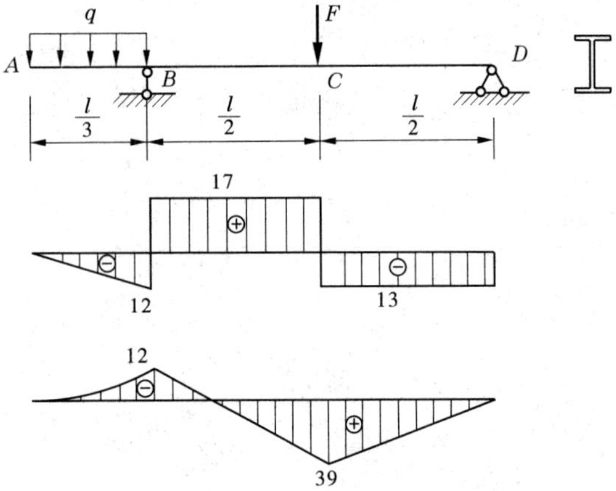

图 3-39

(3)校核正应力强度及剪应力强度：

$$\sigma_{\max} = \frac{M_{\max}}{W_z} = \frac{39 \times 10^6}{309 \times 10^3} = 126(\text{MPa}) < [\sigma] = 170\ \text{MPa}$$

$$\tau_{\max} = \frac{Q_{\max} S_{\max}^*}{I_z d} = \frac{17 \times 10^3}{18.9 \times 10 \times 7.5} = 12(\text{MPa}) < [\tau] = 100\ \text{MPa}$$

所以，该梁是安全的。

1.3 提高梁弯曲强度的措施

一般情况下，梁的设计是以正应力强度条件为依据的。由等直梁的正应力强度条件 $\sigma_{\max} = M_{\max}/W_z \leqslant [\sigma]$ 可以看出，梁横截面上最大正应力与最大弯矩成正比，与抗弯截面系数成反比。所以，提高梁的弯曲强度主要从降低最大弯矩值和增大抗弯截面系数这两方面进行。

1.3.1 降低最大弯矩值

1.3.1.1 合理布置梁的支座

以简支梁受均布荷载作用为例(见图 3-40(a))，跨中最大弯矩 $M_{\max} = ql^2/8$，若将两端的支座各向中间移动 $0.2l$(见图 3-40(b))，最大弯矩将减小为 $M_{\max} = ql^2/40$，仅为前者的 1/5。因而在同样荷载作用下，梁的截面可减小，这样就大大节省了材料，并减轻了自重。

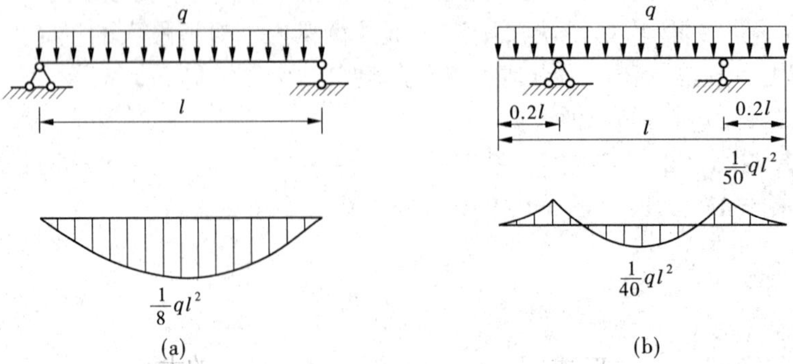

图 3-40

1.3.1.2　合理布置梁的荷载

将荷载布置在靠近支座处比布置在跨中时，最大弯矩值要小得多。例如，承受集中力 F 作用的简支梁，荷载作用在梁中点时（见图3-41（a）），最大弯矩 $M_{max}=Fl/4$，若荷载靠近支座作用（见图3-41（b）），则最大弯矩 $M_{max}=5Fl/36$，减小近一半，且随着荷载离支座距离的缩小而继续减小。

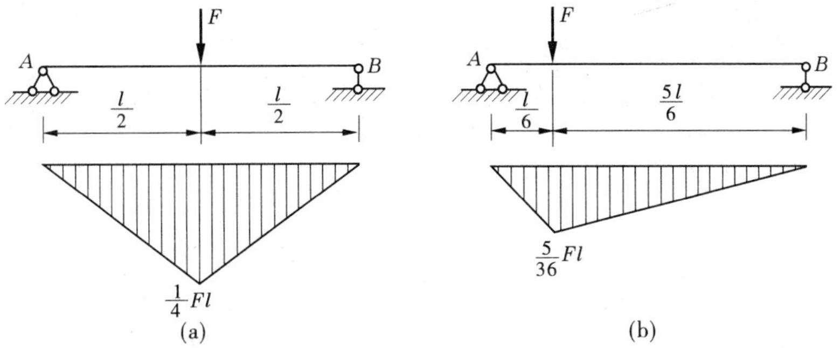

图3-41

1.3.1.3　适当增加梁的支座

梁的最大弯矩与梁的跨度有关，增加支座可以减小梁的跨度，从而降低最大弯矩值。

例如，均布荷载作用的简支梁，在梁中间增加一个支座（见图3-42），则 $|M_{max}|=ql^2/32$，只是原梁的1/4。

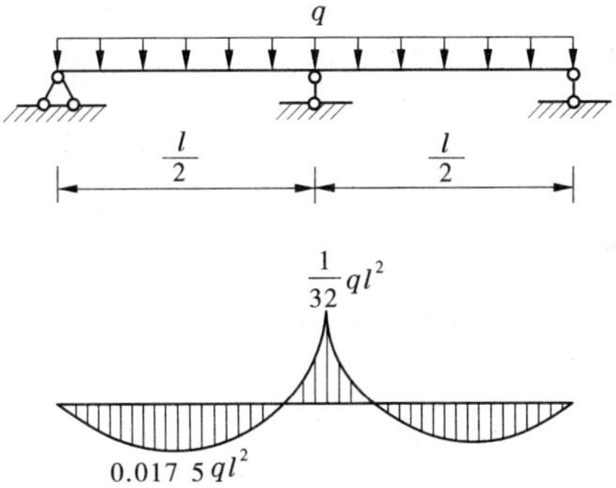

图3-42

1.3.2　采用合理的截面形状

设计梁时，一方面要保证梁具有足够的强度，使梁在荷载作用下能安全的工作；另一方面应使设计的梁能充分发挥材料的潜力，以节省材料，这就需要选择合理的截面形状和尺寸。

梁的强度一般是由横截面上的最大正应力控制的。当弯矩一定时，横截面上的最大正应力 σ_{max} 与抗弯截面系数 W_z 成反比，W_z 愈大就愈有利。W_z 的大小与截面的面积及形状有关，合理的截面形状是在截面面积 A 相同的条件下，有较大的抗弯截面系数 W_z，也就是

说比值 W_z/A 大的截面形状合理。由于在一般截面中，W_z 与其高度的平方成正比，所以尽可能地使横截面面积分布在距中性轴较远的地方，这样在截面面积一定的情况下可以得到尽可能大的抗弯截面系数 W_z，而使最大正应力 σ_{max} 减小，或者在抗弯截面系数 W_z 一定的情况下，减小截面面积以节省材料和减轻自重。所以，工字形、槽形截面比矩形截面合理，矩形截面立放比平放合理，正方形截面比圆形截面合理。

梁的截面形状的合理性，也可从正应力分布的角度来说明。梁弯曲时，正应力沿截面高度呈直线分布，在中性轴附近正应力很小，这部分材料没有充分发挥作用。如果将中性轴附近的材料尽可能减少，而把大部分材料布置在距中性轴较远的位置处，则材料就能充分发挥作用，截面形状就显得合理。工程中常用的空心板(见图 3-43(a))、薄腹梁(见图 3-43(b))等就是根据这个道理设计的。

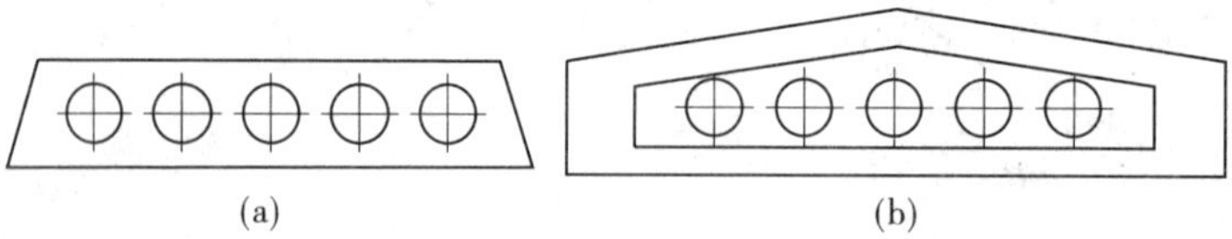

图 3-43

所以，工程上常采用工字形、圆环形、箱形等截面形式，工程中梁常用的截面形式如图 3-44 所示。

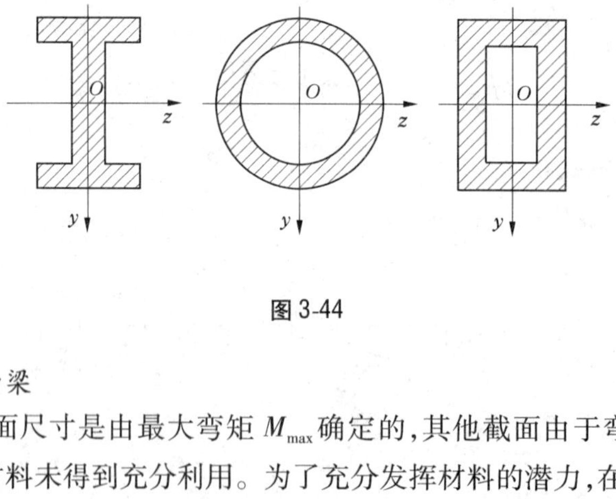

图 3-44

1.3.3　采用变截面梁

等截面梁的截面尺寸是由最大弯矩 M_{max} 确定的，其他截面由于弯矩小，最大应力都未达到许用应力，材料未得到充分利用。为了充分发挥材料的潜力，在弯矩较大处采用较大截面，而在弯矩较小处采用较小截面。这种横截面沿梁轴线变化的梁称为变截面梁。若变截面梁各横截面上的最大正应力都恰好等于材料的许用应力，称为等强度梁。

从强度观点看，等强度梁是最理想的，但因截面变化，这种梁的施工较困难。因此，在工程上常采用形状简单的变截面梁，来代替理论上的等强度梁。

例如，在房屋建筑中的阳台及雨篷挑梁，梁的截面高度是变化的，自由端较小，固定端较大。

2 梁弯曲时的刚度

2.1 梁弯曲时的变形和刚度计算

为了保证梁在荷载作用下的正常工作,除满足强度要求外,还需满足刚度要求。刚度要求就是要求控制梁在荷载作用下产生的变形在一定限度内,否则会影响结构的正常使用。例如,楼面梁变形过大时,会使下面的抹灰层开裂、脱落;起重机梁的变形过大时,将影响起重机的正常运行等。

2.1.1 梁弯曲时的挠度和转角

在外荷载作用下,梁的横截面将发生位移,轴线由直线变为曲线,这就是弯曲变形。以图3-45所示的简支梁为例,说明平面弯曲时变形的一些概念。取梁在变形前的轴线为 x 轴,与 x 轴垂直向下的轴为 y 轴。

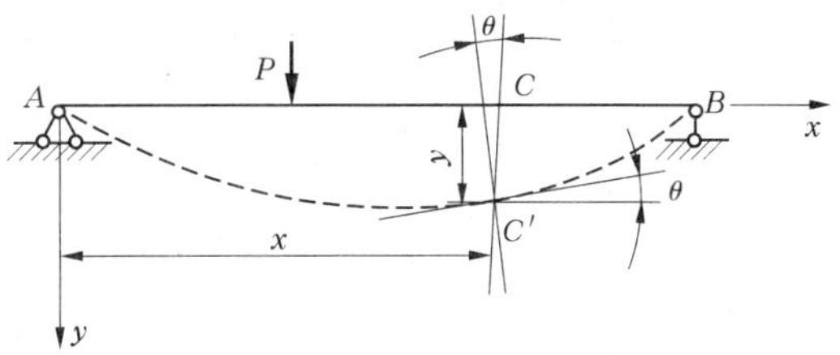

图3-45

xAy 平面就是梁的纵向对称面,荷载作用在这个平面上,梁变形后的轴线将成为此平面内的一条曲线,这条连续而光滑的曲线称为梁的挠曲线。

设梁在外力作用下发生平面弯曲。在小变形条件下,其上任意横截面将发生以下两种位移。

2.1.1.1 挠度

梁任一横截面的形心 C,沿 y 轴方向的线位移 CC',称为该截面的挠度,通常用 y 来表示,单位为mm,以向下的挠度为正、向上的挠度为负。

2.1.1.2 转角

梁任一横截面 C,在梁变形后绕中性轴转动的角度,称为该截面的转角,用 θ 表示,单位为rad(弧度),以顺时针转向的转角为正、逆时针转向的转角为负。

2.1.2 叠加法求梁的挠度和转角

2.1.2.1 叠加法原理

梁的转角和挠度都与梁上的荷载呈线性关系。于是,可以用叠加法来计算梁的变形,即梁在几个荷载同时作用时,其任一截面处的转角或挠度等于各个荷载分别单独作用时梁在该截面处的转角或挠度的代数和。

2.1.2.2 叠加法步骤

将梁上所受复杂荷载分解为表3-4所示的简单荷载,计算每种简单荷载作用下的挠度和转角,再将这些位移代数相加,可求得梁的位移。

梁在简单荷载作用下的挠度和转角可从表3-4中查得。

表 3-4　梁在简单荷载作用下的挠度和转角

支承和荷载情况	梁端转角	最大挠度	挠曲线方程式
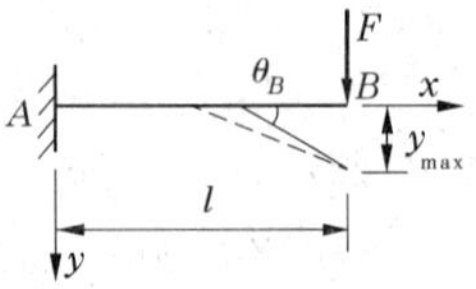	$\theta_B=\dfrac{Fl^2}{2EI_z}$	$y_{\max}=\dfrac{Fl^3}{3EI_z}$	$y=\dfrac{Fx^2}{6EI_z}(3l-x)$
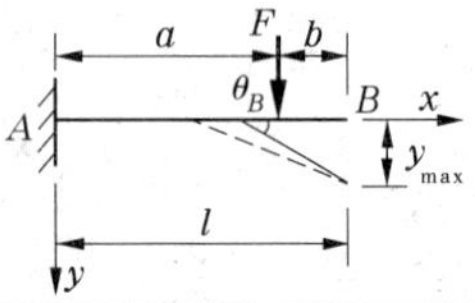	$\theta_B=\dfrac{Fa^2}{2EI_z}$	$y_{\max}=\dfrac{Fa^3}{6EI_z}(3l-a)$	$y=\dfrac{Fx^2}{6EI_z}(3a-x)\quad(0\leqslant x\leqslant a)$ $y=\dfrac{Fa^2}{6EI_z}(3x-a)\quad(a\leqslant x\leqslant l)$
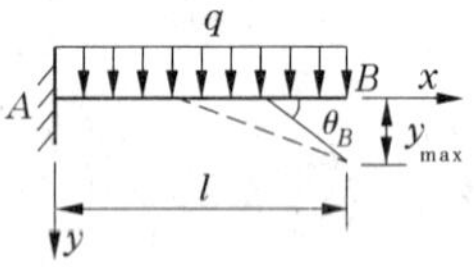	$\theta_B=\dfrac{ql^3}{6EI_z}$	$y_{\max}=\dfrac{ql^4}{8EI_z}$	$y=\dfrac{qx^2}{24EI_z}(x^2+6l^2-4lx)$
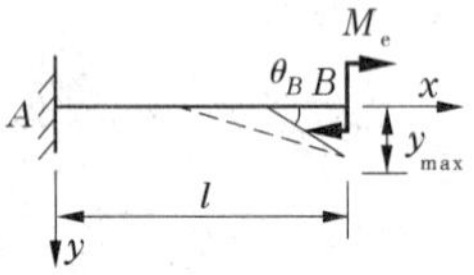	$\theta_B=\dfrac{M_e l}{EI_z}$	$y_{\max}=\dfrac{M_e x^2}{2EI_z}$	$y=\dfrac{M_e x^2}{2EI_z}$
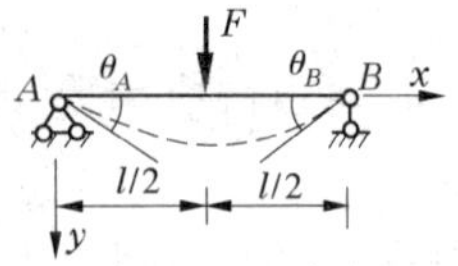	$\theta_A=-\theta_B=\dfrac{Fl^2}{16EI_z}$	$y_{\max}=\dfrac{Fl^3}{48EI_z}$	$y=\dfrac{Fx}{48EI_z}(3l^2-4x^2)(0\leqslant x\leqslant\dfrac{l}{2})$
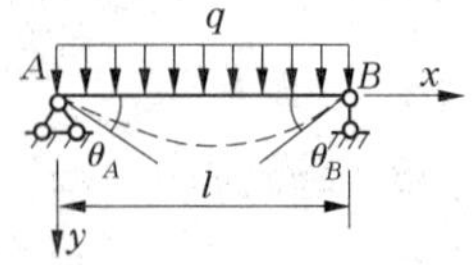	$\theta_A=-\theta_B=\dfrac{ql^3}{24EI_z}$	$y_{\max}=\dfrac{5ql^4}{384EI_z}$	$y=\dfrac{qx}{24EI_z}(l^2-2lx^2+x^3)$
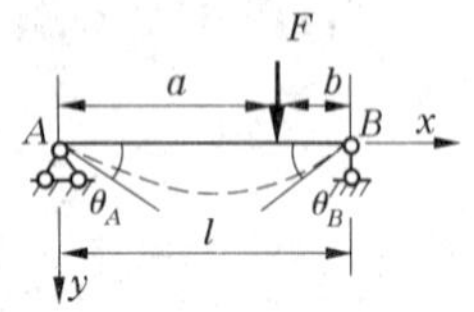	$\theta_A=\dfrac{Fab(l+b)}{6lEI_z}$ $\theta_B=\dfrac{-Fab(l+a)}{6lEI_z}$	$y_{\max}=\dfrac{Fb}{9\sqrt{3}lEI}(l^2-b^2)^{3/2}$ 在 $x=\dfrac{\sqrt{l^2-b^2}}{3}$处	$y=\dfrac{Fbx}{6lEI_z}(l^2-b^2-x^2)x$ $(0\leqslant x\leqslant a)$ $y=\dfrac{F}{EI_z}\left[\dfrac{b}{6l}(l^2-b^2-x^2)x+\dfrac{1}{6}(x-a)^3\right]$ $(a\leqslant x\leqslant l)$
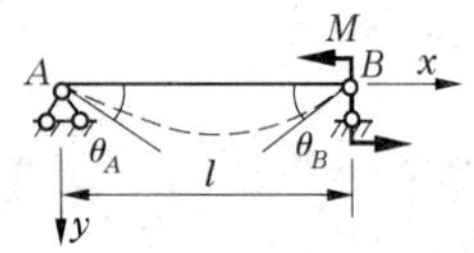	$\theta_A=\dfrac{M_e l}{6EI_z}$ $\theta_B=\dfrac{M_e l}{3EI_z}$	$y_{\max}=\dfrac{M_e l^2}{9\sqrt{3}EI_z}$ 在 $x=\dfrac{l}{\sqrt{3}}$处	$y=\dfrac{M_e x}{6lEI_z}(l^2-x^2)$

2.1.3　梁的刚度条件

为了保证梁能正常工作，梁除满足强度条件外，还应满足刚度条件，即控制梁的变形，使梁的挠度和转角不超过许用值，即满足

$$y_{\max}/l = f/l \leqslant [f/l] \tag{3-46}$$

式(3-46)称为梁的刚度条件，其中$[f/l]$为梁单位长度允许的最大挠度。

$[f/l]$值随梁的工程用途而不同，在有关规范中均有具体规定：一般钢筋混凝土梁$[f/l]=1/300\sim1/200$，钢筋混凝土起重机梁$[f/l]=1/600\sim1/500$。

梁必须同时满足强度和刚度条件，通常是先按强度条件设计，确定截面形状和尺寸，然后用刚度条件校核。

【例3-17】　一简支梁由18c Ⅰ型钢制成，受均布荷载q的作用，如图3-46所示。已知材料的$E=210$ GPa，$[f/l]=1/400$。试校核梁的刚度。

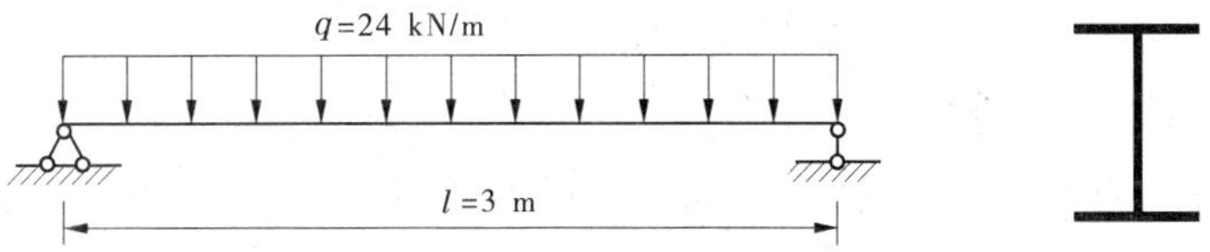

图3-46

解：(1)由附录A附表A-3查得有关数据：

$$I_z = 1\,660\ \text{cm}^4 = 1\,660\times10^4\ \text{mm}^4$$

(2)刚度校核。

由表3-4查得梁的最大挠度为

$$f=\frac{5ql^4}{384EI_z}$$

所以

$$f/l=\frac{5ql^4}{384EI_z}=\frac{5\times24\times(3\times10^3)^4}{384\times210\times10^3\times1\,660\times10^4}=0.002\,42<[f/l]$$

此梁满足刚度要求。

2.2　提高梁刚度的措施

从表3-4可知，梁的最大挠度与梁的荷载、跨度l、抗弯刚度EI等有关，因此要提高梁的刚度，需从以下几方面考虑。

2.2.1　提高梁的抗弯刚度EI

梁的变形与EI成反比，增大梁的EI将使梁的变形减小。由于同类材料的E值不变，因而只能设法增大梁横截面的惯性矩I。在面积不变的情况下，采用合理的截面形状，如采用工字形、箱形及圆环形等截面，可提高惯性矩，从而也就提高了EI。

2.2.2　减小梁的跨度

梁的变形与梁的跨度l的n次幂成正比。设法减小梁的跨度，将会有效地减小梁的变形。例如，将简支梁的支座向中间适当移动变成外伸梁，或在梁的中间增加支座等，都是减小梁的变形的有效措施。

2.2.3　改善荷载的分布情况

在结构允许的条件下,合理地调整荷载的作用位置及分布情况,以降低最大弯矩,从而减小梁的变形。例如,将集中力分散作用或改为分布荷载,都可起到降低弯矩、减小变形的作用。

任务6　组合变形

1　组合变形的概念

1.1　组合变形的定义

杆件在荷载作用下产生的变形,可分为轴向拉伸(压缩)、剪切、扭转和弯曲四种基本形式。在实际工程中,构件在荷载作用下往往不止产生一种基本变形,把同时产生两种或两种以上基本变形的变形形式,称为组合变形。

如图3-47(a)所示的屋架檩条,将产生相互垂直的两个平面弯曲的组合变形;如图3-47(b)所示的钻床立柱,将产生轴向拉伸与平面弯曲的组合变形;如图3-47(c)所示的机床传动轴,将产生扭转与两相互垂直平面内平面弯曲的组合变形。其他如卷扬机的机轴,同时承受扭转和弯曲的作用,楼梯的斜梁、烟囱、挡土墙等构件都同时承受压缩和平面弯曲的共同作用。

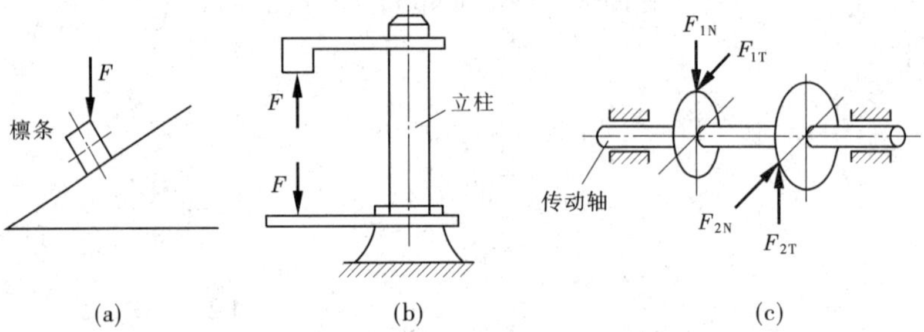

图3-47

1.2　组合变形的形式

工程中最常见的组合变形主要有以下几种:

(1)斜弯曲;

(2)拉伸(压缩)与弯曲组合;

(3)偏心压缩(拉伸);

(4)弯曲与扭转组合。

2　组合变形的分析方法

组合变形的分析方法是叠加法。对发生组合变形的杆件计算应力和变形时,可先将荷载进行简化或分解,使简化或分解后的静力等效荷载各自只引起一种简单变形,分别计算,再进行叠加,就得到原来的荷载引起的组合变形时应力和变形。当然,必须满足小变形假设以及力与位移之间呈线性关系的这两个条件才能应用叠加原理。

对组合变形问题进行应力和强度计算可按如下步骤。

2.1 外力分析

将杆件所受到的荷载进行分解或简化，使分解或简化的每一种结果只产生一种基本变形，从而确定杆件组合变形的类型。

2.2 内力分析

画出组合变形中每一种基本变形的内力图，根据内力图综合确定危险截面。

2.3 应力分析

根据各种基本变形横截面上的应力分布规律，确定危险截面上的危险点。

2.4 强度计算

分析危险点的应力状态和杆件的材料特性，选择合适的强度理论进行强度计算。

3 组合变形杆件的强度计算

3.1 斜弯曲变形的应力和强度计算

对于横截面具有对称轴的梁，当外力作用在纵向对称平面内时，梁的轴线在变形后将变成一条位于纵向对称面内的平面曲线。这种变形形式称为平面弯曲。

试验及理论研究表明，当外力不作用在纵向对称平面内时，如图3-48所示，梁的挠曲线并不在梁的纵向对称平面内，即不属于平面弯曲，这种弯曲称为斜弯曲。

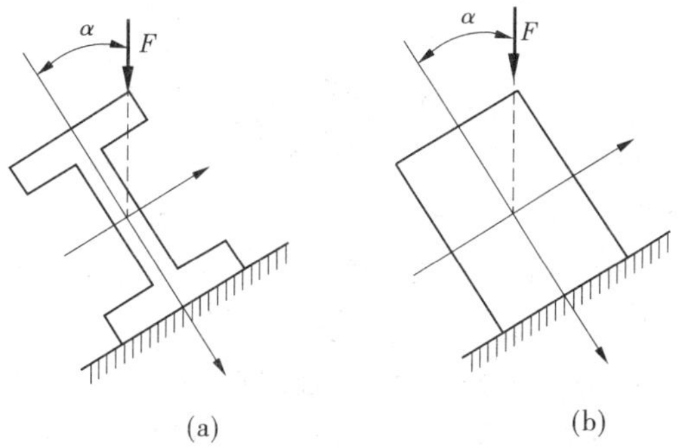

图3-48

斜弯曲是两个平面弯曲的组合变形，这里将讨论斜弯曲时的正应力和正应力强度计算。

3.1.1 正应力计算

斜弯曲时，梁的横截面上一般是同时存在正应力和剪应力，因剪应力很小，一般不予考虑。下面结合图3-49(a)所示的矩形截面梁说明正应力的计算方法。

计算某点的正应力时，将外力 F 沿横截面的两个对称轴方向分解为 F_y 和 F_z，分别计算 F_y 和 F_z 单独作用下该点的正应力，再代数相加。

F_y 和 F_z 单独作用下梁的变形分别为在 xy 平面内和在 xz 平面内发生的平面弯曲，也就是说，计算弯曲时的正应力，是将斜弯曲分解为两个平面弯曲，分别计算每个平面弯曲下的正应力，再进行叠加。

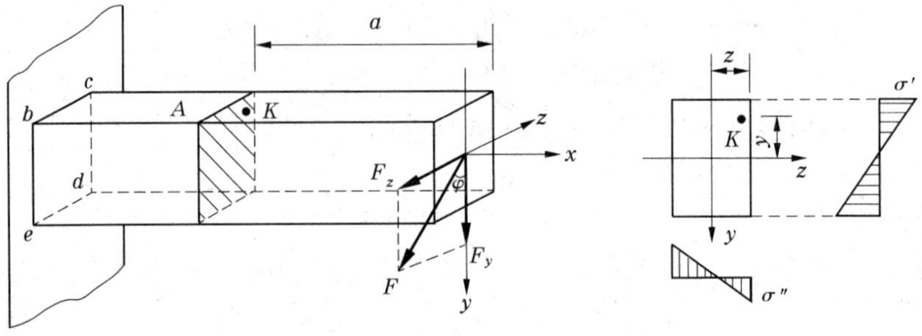

(a)　　(b)

图 3-49

由图 3-49(a)可知,F_y、F_z分别为

$$F_y = F\cos\varphi,\quad F_z = F\sin\varphi$$

距右端为 a 的任一横截面上由 F_y 和 F_z 引起的弯矩分别为

$$M_z = F_y a = Fa\cos\varphi = M\cos\varphi$$

$$M_y = F_z a = Fa\sin\varphi = M\sin\varphi$$

式中,$M = Fa$ 是外力 F 引起的该截面上的弯矩。由 M_z 和 M_y(F_y 和 F_z)引起的该截面上一点 K 的正应力分别为

$$\sigma' = M_z y/I_z,\sigma'' = M_y z/I_y$$

F_z和 F_y共同作用下 K 点的正应力为

$$\sigma = \sigma' + \sigma'' = M_z y/I_z + M_y z/I_y \tag{3-47a}$$

或

$$\sigma = \sigma' + \sigma'' = M(y\cos\varphi/I_z + z\sin\varphi/I_y) \tag{3-47b}$$

式中　I_z、I_y——截面对 z 轴、y 轴的惯性矩;

y、z——所求应力点到 z 轴、y 轴的距离(见图 3-49(b))。

式(3-47a)或式(3-47b)就是梁斜弯曲时横截面任一点的正应力计算公式。

用式(3-47a)计算正应力时,应将式中的 M_z、M_y、y、z 等均以绝对值代入,σ'和 σ''的正、负可根据梁的变形和求应力点的位置来判定(拉为正、压为负)。例如,图 3-49(a)中 A 点的应力,F_y单独作用下梁向下弯曲,此时 A 点位于受拉区,F_y引起的该点的正应力 σ'为正值。同理,F_z单独作用下 A 点位于受压区,F_z引起的该点的正应力 σ''为负值。

3.1.2　正应力强度条件

梁的正应力强度条件是荷载作用下梁中的最大正应力不能超过材料的许用应力,即

$$\sigma_{\max} \leqslant [\sigma]$$

在进行强度计算时,需先确定危险截面,然后在危险截面上确定危险点。对斜弯曲来说,与平面弯曲一样,通常也是由最大正应力控制。当将斜弯曲分解为两个平面弯曲后,很容易找到最大正应力的所在位置。例如,图 3-49(a)所示的矩形截面梁,其左侧固端截面的弯矩最大,该截面为危险截面,危险截面上应力最大的点称为危险点。M_z引起的最大拉应力($\sigma_{\max}$)位于该截面上边缘 bc 线上各点,M_y引起的最大拉应力($\sigma_{\max}$)位于 cd 线上各点。叠加后,bc 与 cd 交点 c 处的拉应力最大。同理,最大压应力发生在 e 点。此时,

依式(3-47a)或式(3-47b),最大正应力为

$$\sigma_{\max} = \sigma'_{\max} + \sigma''_{\max} = y_{\max}M_{z,\max}/I_z + z_{\max}M_{y,\max}/I_y$$
$$= M_{z,\max}/W_z + M_{y,\max}/W_y$$

或

$$\sigma_{\max} = \sigma'_{\max} + \sigma''_{\max} = M_{\max}(y_{\max}\cos\varphi/I_z + z_{\max}\sin\varphi/I_y)$$
$$= M_{\max}(\cos\varphi/W_z + \sin\varphi/W_y)$$
$$= (\cos\varphi + W_z\sin\varphi/W_y)M_{\max}/W_z$$

式中 $M_{\max}$——由 F 引起的最大弯矩。

所以,斜弯曲时的强度条件为

$$\sigma_{\max} = \frac{M_{z,\max}}{W_z} + \frac{M_{y,\max}}{W_y} \leqslant [\sigma] \tag{3-48a}$$

或

$$\sigma_{\max} = \frac{M_{\max}}{W_z}\left(\cos\varphi + \frac{W_z}{W_y}\sin\varphi\right) \leqslant [\sigma] \tag{3-48b}$$

与平面弯曲类似,利用式(3-48a)或式(3-48b)所示的强度条件,可解决工程中常见的三类典型问题,即校核强度、选择截面和确定许用荷载。在选择截面(设计截面)时应注意:因式中存在两个未知的抗弯截面系数 W_z 和 W_y,所以在选择截面时,需先确定一个 W_z/W_y 的比值(对于矩形截面,$W_z/W_y = (bh^2/6)/(hb^2/6) = h/b$),然后由式(3-48b)算出 W_z 值,再确定截面的具体尺寸。

3.2 轴向拉(压)与弯曲组合变形的计算

杆件上同时作用有轴向力和横向力时,轴向力使杆件拉(压),横向力使杆件弯曲,此时杆件的变形为拉(压)与弯曲的组合变形。如图3-50所示的烟囱在自重作用下引起轴向压缩,在风力作用下引起弯曲,所以是轴向压缩与弯曲的组合变形。

下面结合图3-51(a)所示的受力杆件说明拉(压)与弯曲组合变形时的正应力及其强度计算。计算杆件在拉(压)与弯曲组合变形下的正应力时,与斜弯曲类似,仍采用叠加的方法,即分别计算杆件在轴向拉(压)和弯曲变形下的应力,再代数相加。轴向外力 F 单独作用时,横截面上的正应力均匀分布(见图3-51(b)),其值为

$$\sigma' = N/A$$

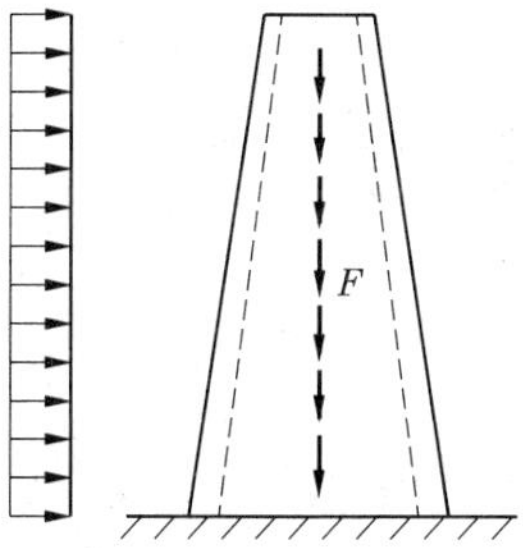

图3-50

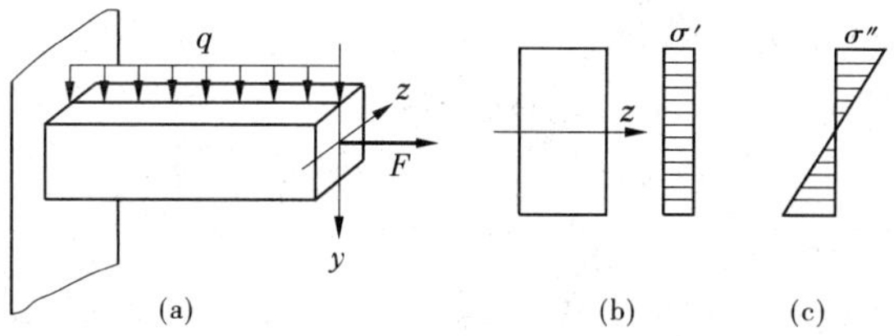

图3-51

在横向力 q 作用下梁发生平面弯曲,正应力沿截面高度成直线规律分布(见图3-51(c)),横截面上任一点的正应力为

$$\sigma'' = yM_z/I_z$$

F、q 共同作用下，横截面上任一点的正应力为

$$\sigma = \sigma' + \sigma'' = N/A + yM_z/I_z \tag{3-49}$$

式（3-49）就是杆件在拉（压）与弯曲组合变形时横截面上任一点的正应力计算公式。

用式（3-49）计算正应力时，应注意正负号：轴向拉伸时，σ'为正，压缩时，σ'为负；σ''的正负随点的位置不同而不同，仍根据梁的变形来判定（拉为正、压为负）。

有了正应力计算公式，很容易建立正应力强度条件。对图 3-51（a）所示的拉弯组合变形杆，最大正应力发生在弯矩最大截面的边缘处，其值为

$$\sigma = \frac{N}{A} + \frac{M_{\max}}{W_z}$$

正应力强度条件则为

$$\sigma = \frac{N}{A} + \frac{M_{\max}}{W_z} \leqslant [\sigma] \tag{3-50}$$

3.3 偏心拉（压）组合变形的计算

偏心拉（压）是相对于轴向拉（压）而言的。轴向拉（压）时外力 F 的作用线与杆件轴线重合，当外力 F 的作用线只平行于杆件轴线而不与轴线重合时，则称为偏心拉（压）。偏心拉（压）可分解为轴向拉（压）和弯曲两种基本变形，也是一种组合变形。

偏心拉（压）分为单向偏心拉（压）和双向偏心拉（压），本节将分别讨论这两种情况下的应力计算。

3.3.1 单向偏心拉（压）

如图 3-52（a）所示的矩形截面偏心受拉杆件，外力 F 的作用点位于截面的一个形心主轴（对称轴 y）上，这类偏心拉伸称为单向偏心拉伸，当 F 为压力时，称为单向偏心压缩。

计算单向偏心拉（压）杆件的正应力时，是将外力 F 平移到截面形心处，使其作用线与杆件轴线重合，同时附加一个 $M_z = Fe$ 的力偶（见图 3-52（b））。

此时，外力 F 使杆件发生轴向拉伸，而 M_z 使杆件发生平面弯曲，即单向偏心拉（压）为轴向拉（压）与平面弯曲的组合变形。与前一节类似，此时横截面上任一点的正应力计算式为

$$\sigma = \sigma' + \sigma'' = F/A + yM_z/I_z \tag{3-51}$$

式中，$M_z = Fe$ 为偏心距（正应力仍是以拉为正、压为负）。

单向偏心拉（压）时，杆件横截面上最大正应力的位置很容易判断。例如，图 3-52（b）所示的情况，最大拉应力显然位于截面的右边缘处，其值为

$$\sigma_{\max} = F/A + M_z/W_z \tag{3-52}$$

3.3.2 双向偏心拉（压）

图 3-53（a）所示的偏心受拉杆，平行于杆件轴线的拉力 F 的作用点不在截面的任何一个对称轴上，与 z、y 轴的距离分别为 e_y 和 e_z，此类偏心拉伸称为双向偏心拉伸，当 F 为压力时，称为双向偏心压缩。

计算此类杆件任一点正应力的方法与单向偏心拉（压）类似。仍是将外力 F 平移到截面的形心处，使其作用线与杆件的轴线重合。

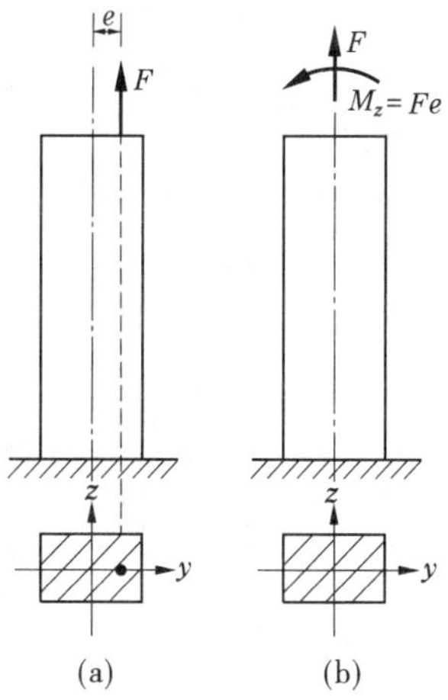

图 3-52

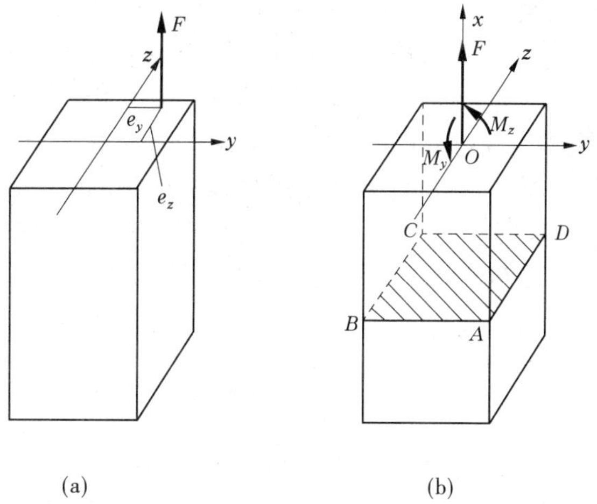

图 3-53

但平移后附加的力偶不是一个,而是两个。两个力偶的力偶矩分别是 F 对 z 轴的力矩 $M_z = Fe_y$ 和 F 对 y 轴的力矩 $M_y = Fe_z$(见图 3-53(b))。此时,外力 F 使杆件发生轴向拉伸,M_z 使杆件在 xOy 平面内发生平面弯曲,M_y 使杆件在 xOz 平面内发生平面弯曲。所以,双向偏心拉(压)实际上是轴向拉(压)与两个平面弯曲的组合变形。

轴向外力 F 作用下,横截面上任一点的正应力为

$$\sigma' = N/A = F/A$$

M_z 和 M_y 单独作用下,同一点的正应力分别为

$$\sigma'' = yM_z/I_z = yFe_y/I_z \tag{3-53}$$

和

$$\sigma''' = zM_y/I_y = zFe_z/I_y \tag{3-54}$$

三者共同作用下,该点的压应力则为

$$\sigma = \sigma' + \sigma'' + \sigma''' = \frac{F}{A} + \frac{M_z}{I_z}y + \frac{M_y}{I_y}z \tag{3-55a}$$

或

$$\sigma = \sigma' + \sigma'' + \sigma''' = \frac{F}{A} + \frac{Fe_y}{I_z}y + \frac{Fe_z}{I_y}z \tag{3-55b}$$

式(3-55a)和式(3-55b)既适用于双向偏心拉伸,又适用于双向偏心压缩。式中第一项拉伸时为正,压缩时为负。式中第二项和第三项的正负,则是依照求应力点的位置,由变形来确定的。例如,确定图 3-53(b)中 $ABCD$ 面上 A 点正应力的正负时,M_z 作用下 A 点处于受拉区,所以第二项为正,M_y 作用下 A 点处于受压区,则第三项为负。

对矩形、工字形等具有两个对称轴的截面,最大拉应力或最大压应力都是发生在截面的角点处,其位置均不难判定。

3.4 弯曲与扭转组合变形的计算

弯曲与扭转组合变形的强度计算与前面讨论过的几类组合变形不同。在斜弯曲、拉

(压)弯曲组合及偏心拉(压)时,杆中最容易破坏的危险点均位于截面的角点(或边缘)处,该处只存在正应力 σ 而无剪应力 τ,因而在进行强度计算时,按 $\sigma_{max} \leqslant [\sigma]$ 建立强度条件。而在弯曲与扭转组合变形时,杆中最容易破坏的危险点处,既存在正应力 σ,又存在剪应力 τ,该点能否破坏与 σ 和 τ 同时有关,此时的强度问题远比前面讨论过的一些组合变形复杂,在进行强度计算时,必须运用有关的强度理论。强度理论也比较复杂,这里不详细讨论,下面直接给出按强度理论建立起的强度条件。

弯曲与扭转组合变形的强度条件为

$$\sqrt{\sigma^2 + 4\tau^2} \leqslant [\sigma] \tag{3-56a}$$

或

$$\sqrt{\sigma^2 + 3\tau^2} \leqslant [\sigma] \tag{3-56b}$$

式中 σ——杆件危险点处横截面上的正应力;

τ——杆件危险点处横截面上的剪应力;

$[\sigma]$——材料的许用应力。

对于圆形截面杆,式(3-56a)和式(3-56b)还可改写为另外的形式。将

$$\sigma = M/W_z, \tau = M_n/W_P, W_P = 2W_z$$

圆形截面:

$$W_P = \pi d^3/16, W_z = \pi d^3/32$$

代入式(3-56a)和式(3-56b),则得

$$\sqrt{(M/W_z)^2 + 4(M_n/2W_z)^2} \leqslant [\sigma] \tag{3-57a}$$

$$\sqrt{(M/W_z)^2 + 3(M_n/2W_z)^2} \leqslant [\sigma] \tag{3-57b}$$

即

$$\sqrt{M^2 + M_n^2}/W_z \leqslant [\sigma] \tag{3-58a}$$

$$\sqrt{M^2 + 0.75M_n^2}/W_z \leqslant [\sigma] \tag{3-58b}$$

使用式(3-57)和式(3-58)时应注意:该两式是从圆形截面条件导出的,故它只适用于圆形截面的弯曲与扭转组合变形杆件。

最后,对式(3-56a)和式(3-56b)表达的强度条件做下列两点说明:

(1)式(3-56a)和式(3-56b)只适用于塑性材料(如低碳钢等),即弯、扭组合杆是由塑性材料制成时,才能按该两式进行强度计算,否则不适用(脆性材料不能用)。

(2)式(3-56a)和式(3-56b)是分别按不同的强度理论建立的强度条件,对弯曲与扭转组合变形杆进行强度计算时,可任选其一。

任务7 压杆稳定

1 压杆稳定的概念

1.1 工程中的压杆稳定问题

工程中把承受轴向压力的直杆称为压杆,在前面讨论压杆的强度问题时,认为只要满

足直杆受压时的强度条件，就能保证压杆的正常工作。这个结论只适用于短粗压杆。而细长压杆在轴向压力作用下，其破坏形式与强度问题截然不同，有可能发生突然弯曲而破坏。

例如，一根长 300 mm 的钢制直杆，其横截面的宽度 20 mm、厚度 1 mm，材料的抗压许用应力为 140 MPa，如果按照抗压强度计算，其抗压承载力应为 2 800 N。但是实际上，约承受 40 N 的轴向压力时，直杆就发生了明显的弯曲变形，丧失了其在直线形状下保持平衡的能力从而导致破坏。它明确反映了压杆失稳与强度失效不同。

工程实践中，1907 年 8 月 9 日，在加拿大离魁北克城 14.4 km 横跨圣劳伦斯河的大铁桥在施工中倒塌。灾难发生在当日收工前 15 min，桥上 74 人坠河遇难。原因是在施工中悬臂桁架西侧的下弦杆有两节失稳所致。

杭州某研发生产中心的厂房屋顶为圆弧形大面积结构，屋面采用预应力密肋网架结构，密肋大梁横截面（600 mm × 1 400 mm），屋面采用现浇板，板厚 120 mm 。2003 年 2 月 18 日晚 19 时，当施工到 26 ~ 28 轴时，支模架失稳坍塌，造成重大伤亡事故。

近年来，随着高强材料的普遍应用，杆件的截面面积越来越小，稳定性问题越发显得重要了。压杆稳定的研究已成为工程中日益受到重视的课题，稳定条件与强度条件、刚度条件一样成为结构设计与检验的必要条件。

1.2 压杆稳定的概念

为了说明压杆稳定的概念，取如图 3-54（a）所示的等直细长杆，在其两端施加轴向压力 F，使杆在直线形状下处于平衡，此时，如果给杆以微小的侧向干扰力，使杆发生微小的弯曲，然后撤去干扰力，则当杆承受的轴向压力数值不同时，其结果也截然不同。

（1）当杆承受的轴向压力数值 F 小于某一数值 F_{cr} 时，在撤去干扰力以后，杆能自动恢复到原有的直线平衡状态而保持平衡，如图 3-54（a）、（b）所示，这种能保持原有的直线平衡状态的平衡称为稳定的平衡。

（2）当杆承受的轴向压力数值 F 逐渐增大到（甚至超过）某一数值 F_{cr} 时，即使撤去干扰力，杆仍然处于微弯形状，不能自动恢复到原有的直线平衡状态，如图 3-54（c）、（d）所示，则不能保持原有的直线平衡状态的平衡称为不稳定的平衡。如果力 F 继续增大，则杆继续弯曲，产生显著的变形，发生突然破坏。

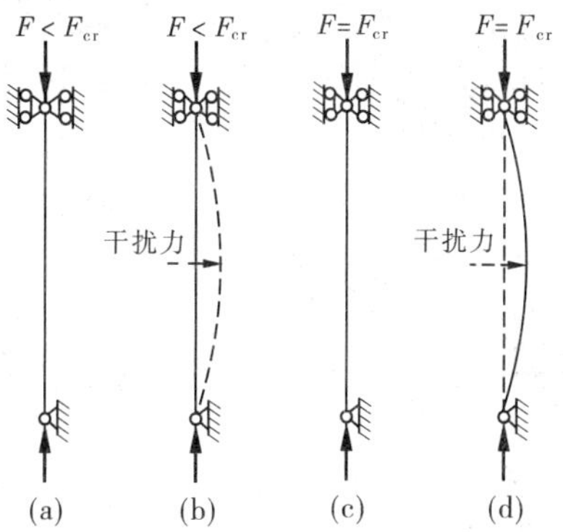

图 3-54

上述现象表明,在轴向压力 F 由小逐渐增大的过程中,压杆由稳定的平衡转变为不稳定的平衡,这种现象称为压杆丧失稳定性或者压杆失稳。显然压杆是否失稳取决于轴向压力的数值,压杆由直线形状的稳定的平衡过渡到不稳定的平衡时所对应的轴向压力,称为压杆的临界压力或临界力,用 F_{cr} 表示。当压杆所受的轴向压力 F 小于临界力 F_{cr} 时,杆件就能够保持稳定的平衡,这种性能称为压杆具有稳定性;而当压杆所受的轴向压力 F 大于或者等于 F_{cr} 时,杆件就不能保持稳定的平衡而失稳。

1.3　压杆的失稳破坏

压杆经常被应用于各种工程中,图 3-55 所示内燃机的连杆和图 3-56 所示液压装置的活塞杆,当处于图示的位置时,均承受压力,此时必须考虑其稳定性,以免引起压杆失稳破坏。

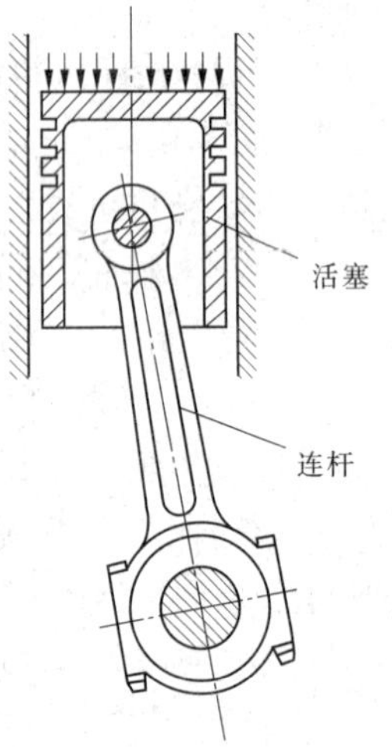

图 3-55

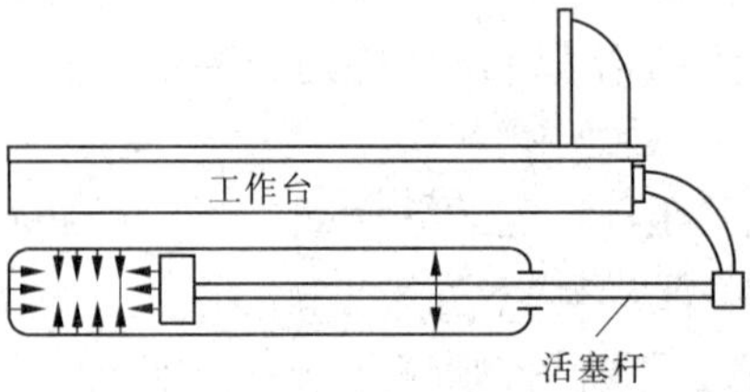

图 3-56

所以,研究压杆稳定问题的关键是确定临界力,确保压杆上的轴向压力小于临界力。

2　压杆的临界力和临界应力

2.1　细长压杆临界力计算公式——欧拉公式

从上面的讨论可知,压杆在临界力作用下,其直线形状的平衡将由稳定的平衡转变为不稳定的平衡,此时,即使撤去侧向干扰力,压杆仍然将保持在微弯状态下的平衡。当然,如果压力超过这个临界力,弯曲变形将明显增大。所以,上面使压杆在微弯状态下保持平衡的最小的轴向压力,即为压杆的临界力。

经验表明,不同约束条件下细长压杆临界力计算公式——欧拉公式为

$$F_{cr} = \frac{\pi^2 EI}{(\mu l)^2} \tag{3-59}$$

式中　μl——折算长度,表示将杆端约束条件不同的压杆计算长度 l 折算成两端铰支压杆的长度;

μ——长度系数。

几种不同杆端约束情况下的长度系数 μ 值列于表 3-5 中。从表 3-5 可以看出,两端铰支时,压杆在临界力作用下的挠曲线为半波正弦曲线;而一端固定、一端铰支时,计算长

度为 l 的压杆的挠曲线，其部分挠曲线(0.7l)与长为 l 的两端铰支的压杆的挠曲线的形状相同，因此在这种约束条件下，折算长度为 0.7l。其他约束条件下的长度系数和折算长度可依此类推。

表 3-5　压杆长度系数

支承情况	两端铰支	一端固定、一端铰支	两端固定	一端固定、一端自由
μ 值	1.0	0.7	0.5	2
挠曲线形状	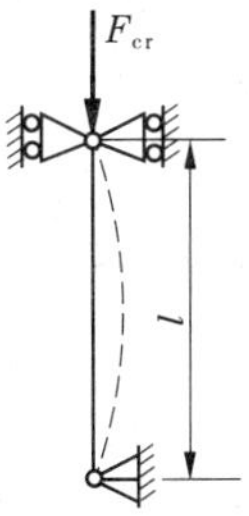	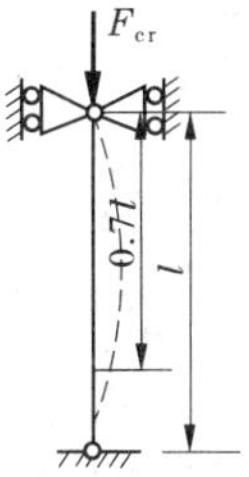	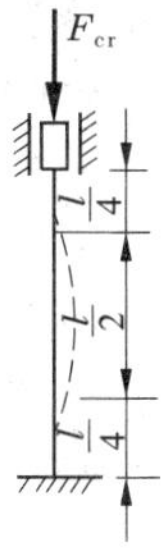	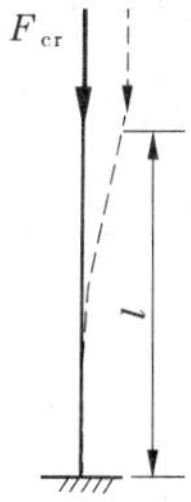

2.2　临界应力和柔度

前面导出了计算细长压杆临界力的欧拉公式，在进行压杆稳定计算时，需要知道临界应力，当压杆在临界力 F_{cr} 作用下处于直线临界状态的平衡时，其横截面上的压应力等于临界力 F_{cr} 除以横截面面积 A，称为临界应力，用 σ_{cr} 表示，即

$$\sigma_{cr} = \frac{F_{cr}}{A}$$

将式(3-59)代入 $\sigma_{cr} = \frac{F_{cr}}{A}$，得

$$\sigma_{cr} = \frac{\pi^2 EI}{(\mu l)^2 A}$$

若将压杆的惯性矩 I 写成

$$I = i^2 A \text{ 或 } i = \sqrt{\frac{I}{A}}$$

式中　i——压杆横截面的惯性半径。

则临界应力可写为

$$\sigma_{cr} = \frac{\pi^2 E i^2}{(\mu l)^2} = \frac{\pi^2 E}{\left(\frac{\mu l}{i}\right)^2}$$

令 $\lambda = \frac{\mu l}{i}$则

$$\sigma_{cr} = \frac{\pi^2 E}{\lambda^2} \tag{3-60}$$

式中　λ——压杆的柔度(或长细比)。

式(3-60)为计算压杆临界应力的欧拉公式。

$$\lambda = \frac{\mu l}{i} \tag{3-61}$$

柔度 λ 是一个无量纲的量,其大小与压杆的长度系数 μ、杆长 l 及惯性半径 i 有关。由于压杆的长度系数 μ 取决于压杆的支承情况,惯性半径 i 取决于截面的形状与尺寸,所以从物理意义上看,柔度 λ 综合地反映了压杆的长度、截面的形状与尺寸以及支承情况对临界力的影响。从式(3-60)还可以看出,压杆的柔度值越大,则其临界应力越小,压杆就越容易失稳。

2.3　大柔度杆的临界应力——欧拉公式

欧拉公式是根据挠曲线近似微分方程导出的,而应用此微分方程时,材料必须服从胡克定律。因此,欧拉公式的适用范围应当是压杆的临界应力 σ_{cr} 不超过材料的比例极限 σ_p,即

$$\sigma_{cr}=\frac{\pi^2 E}{\lambda^2}\leqslant\sigma_p$$

有

$$\lambda\geqslant\sqrt{\frac{\pi^2 E}{\sigma_p}}$$

若设 λ_p 为压杆的临界应力达到材料的比例极限时的柔度值,即

$$\lambda_p = \pi\sqrt{\frac{E}{\sigma_p}} \tag{3-62}$$

则欧拉公式的适用范围为

$$\lambda \geqslant \lambda_p \tag{3-63}$$

式(3-63)表明,当压杆的柔度不小于 λ_p 时,才可以应用欧拉公式计算临界力或临界应力。这类压杆称为大柔度杆或细长杆,欧拉公式只适用于较细长的大柔度杆。从式(3-62)可知,λ_p 值取决于材料性质,不同的材料都有自己的 E 值和 σ_p 值,所以,不同材料制成的压杆,其 λ_p 也不同。例如 Q235 钢,σ_p = 200 MPa,E = 200 GPa,由式(3-62)即可求得,$\lambda_p=100$。

2.4　中柔度杆的临界应力——经验公式

上面指出,欧拉公式只适用于大柔度杆,即临界应力不超过材料的比例极限(处于弹性稳定状态)。当临界应力超过比例极限时,材料处于弹塑性阶段,此类压杆的稳定属于弹塑性稳定(非弹性稳定)问题,此时,欧拉公式不再适用。对这类压杆各国大都采用经验公式计算临界力或者临界应力,经验公式是在试验和实践资料的基础上,经过分析、归纳而得到的。各国采用的经验公式多以本国的试验为依据,因此计算不尽相同。我国比较常用的经验公式有直线公式和抛物线公式等,现只介绍直线公式,其表达式为

$$\sigma_{cr} = a - b\lambda \tag{3-64}$$

式中　a、b——与材料有关的常数,MPa。

一些常用材料的 a、b 值见表 3-6。

应当指出,经验公式(3-64)也有其适用范围,它要求临界应力不超过材料的受压极限应力。这是因为当临界应力达到材料的受压极限应力时,压杆已由于强度不足而破坏。因此,对于由塑性材料制成的压杆,其临界应力不允许超过材料的屈服应力 σ_s,即

$$\sigma_{cr} = a - b\lambda \leqslant \sigma_s$$

$$\lambda \geqslant (a - \sigma_s)/b$$

或 $$\lambda_s = (a - \sigma_s)/b \tag{3-65}$$

得 $$\lambda \geqslant \lambda_s$$

式中 λ_s——临界应力等于材料的屈服点应力时压杆的柔度值。

表 3-6 几种常用材料的 a、b 值

材料	a(MPa)	b(MPa)	λ_p	λ_s
Q235 钢 $\sigma_s = 235$ MPa	304	1.12	100	62
硅钢 $\sigma_s = 353$ MPa $\sigma_b \geqslant 510$ MPa	577	3.74	100	60
铬钼钢	980	5.29	55	0
硬铝	372	2.14	50	0
铸铁	331.9	1.453		
松木	39.2	0.199	59	0

与 λ_p 一样，它也是一个与材料的性质有关的常数。因此，直线经验公式的适用范围为

$$\lambda_s < \lambda < \lambda_p \tag{3-66}$$

计算时，一般把柔度值介于 λ_s 与 λ_p 之间的压杆称为中长杆或中柔度杆，而把柔度小于 λ_p 的压杆称为短粗杆或小柔度杆。对于柔度小于 λ_P 的短粗杆或小柔度杆，其破坏则是由于材料的抗压强度不足而造成的，如果将这类压杆也按照稳定问题进行处理，则对由塑性材料制成的压杆来说，可取临界应力 $\sigma_{cr} = \sigma_s$。

2.5 临界应力总图

综上所述，压杆按照其柔度的不同，可以分为三类，并分别由不同的计算公式计算其临界应力。当 $\lambda \geqslant \lambda_p$ 时，压杆为细长杆（大柔度杆），其临界应力用欧拉公式(3-60)来计算；当 $\lambda_s < \lambda < \lambda_p$ 时，压杆为中长杆（中柔度杆），其临界应力用经验公式(3-64)来计算；$\lambda \leqslant \lambda_s$ 时，压杆为短粗杆（小柔度杆），其临界应力等于杆受压时的极限应力。如果把压杆的临界应力根据其柔度不同而分别计算的情况用一个简图来表示，该图形就称为压杆的临界应力总图，如图 3-57 所示。

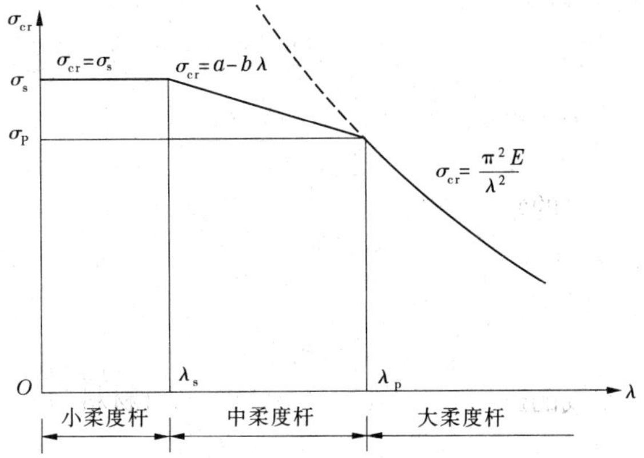

图 3-57

【例3-18】 如图3-58所示,一端固定、一端自由的细长压杆,其杆长 $l=2$ m,截面形状为矩形,$b=20$ mm、$h=45$ mm,材料的弹性模量 $E=200$ GPa。试计算:

(1)该压杆的临界力。

(2)若把截面尺寸改为 $b=h=30$ mm,而保持长度不变,则该压杆的临界力又为多大?

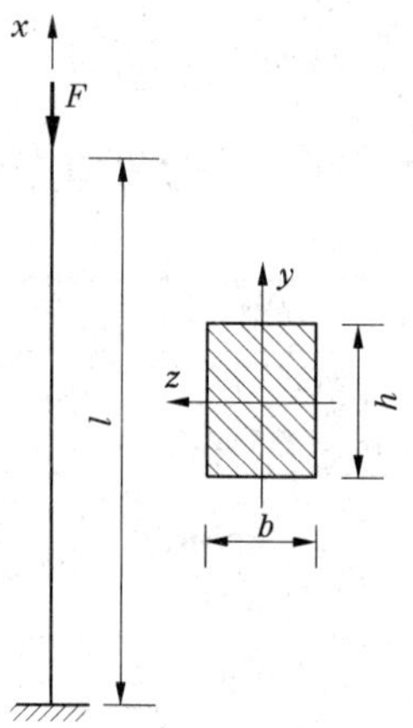

图3-58

解:(1)计算该压杆的临界力。

①计算截面的惯性矩。

由前述可知,该压杆必在 xy 平面内失稳,故计算惯性矩:

$$I_y=\frac{hb^3}{12}=\frac{45\times20^3}{12}=3.0\times10^4(\text{mm}^4)$$

②计算临界力。

查表3-5得 $\mu=2$,因此临界力为

$$F_{\text{cr}}=\frac{\pi^2EI_y}{(\mu l)^2}=\frac{\pi^2\times200\times10^9\times3.0\times10^{-8}}{(2\times2)^2}=3\ 701(\text{N})$$
$$=3.70\ \text{kN}$$

(2)计算当截面尺寸改为 $b=h=30$ mm 时该压杆的临界力。

①计算截面的惯性矩。

$$I_y=I_z=\frac{bh^3}{12}=\frac{30^4}{12}=6.75\times10^4(\text{mm}^4)$$

②代入欧拉公式,计算临界力可得:

$$F_{\text{cr}}=\frac{\pi^2EI}{(\mu l)^2}=\frac{\pi^2\times200\times10^9\times6.75\times10^{-8}}{(2\times2)^2}=8\ 327(\text{N})$$

由以上两种情况分析,其横截面面积相等,支承条件也相同,但是计算得到的临界力后者大于前者。可见在材料用量相同的条件下,选择恰当的截面形式可以提高细长压杆的临界力。

【例3-19】 如图3-59所示为两端铰支的圆形截面受压杆,用Q235钢制成,材料的弹性模量 $E=200$ GPa,屈服点应力 $\sigma_s=235$ MPa,直径 $d=40$ mm,试分别计算下面两种情况下压杆的临界应力和临界力:①杆长 $l=1.5$ m;②杆长 $l=0.8$ m。

解:(1)计算杆长 $l=1.5$ m 时的临界力。两端铰支,查表3-5知 $\mu=1.0$。

惯性半径:$i=\dfrac{d}{4}=\dfrac{40}{4}=10(\text{mm})$

柔度:$\lambda=\dfrac{\mu l}{i}=\dfrac{1.0\times1\ 500}{10}=150>\lambda_p=100$

所以压杆为大柔度杆,可应用欧拉公式计算:

$$\sigma_{\text{cr}}=\frac{\pi^2E}{\lambda^2}=\frac{3.14^2\times200\times10^3}{150^2}=87.64(\text{MPa})$$

$$F_{\text{cr}}=\sigma_{\text{cr}}A=\sigma_{\text{cr}}\frac{\pi d^2}{4}=87.64\times\frac{3.14\times40^2}{4}=110.08\times10^3(\text{N})=110.08\ \text{kN}$$

(2) 计算杆长 $l=0.8$ m 时的临界力。两端铰支，查表3-5知 $\mu=1.0$。

惯性半径：$i=10$ mm

柔度：$\lambda=\dfrac{\mu l}{i}=\dfrac{1.0\times800}{10}=80$　　$\lambda_s=62<\lambda=80<\lambda_P=100$

所以压杆为中长杆（中柔度杆），可应用经验公式计算：

$$\sigma_{cr}=a-b\lambda=304-1.12\times80=214.4(\text{MPa})$$

$$F_{cr}=\sigma_{cr}A=\sigma_{cr}\frac{\pi d^2}{4}=214.4\times\frac{\pi\times40^2}{4}=269.4\times10^3(\text{N})$$

$$=269.4\ \text{kN}$$

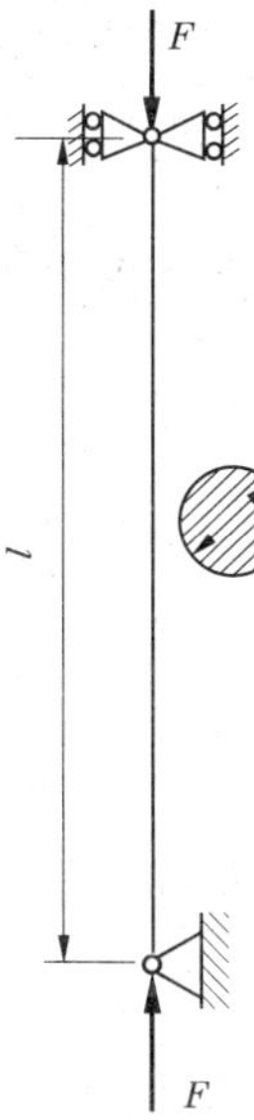

图 3-59

3　压杆的稳定条件与稳定计算

3.1　压杆的稳定条件

当压杆中的应力达到（或超过）其临界应力时，压杆会丧失稳定。所以，在工程中为确保压杆的正常工作，并具有足够的稳定性，其横截面上的应力应小于临界应力。同时必须考虑一定的安全储备，这就要求横截面上的应力不能超过压杆的临界应力的许用值$[\sigma_{cr}]$，即

$$\sigma=\frac{F}{A}\leqslant[\sigma_{cr}] \tag{3-67a}$$

$[\sigma_{cr}]$为临界应力的许用值，其值为

$$[\sigma_{cr}]=\frac{\sigma_{cr}}{n_{st}} \tag{3-67b}$$

式中　n_{st}——稳定安全因数。

稳定安全因数一般都大于强度计算时的安全因数，这是因为在确定稳定安全因数时，除应遵循确定安全系数的一般原则外，还必须考虑实际压杆并非理想的轴向压杆这一情况。例如，在制造过程中，杆件不可避免地存在微小的弯曲（存在初曲率）；同时，外力的作用线也不可能绝对准确地与杆件的轴线相重合（存在初偏心）。另外，必须考虑杆件的细长程度，杆件越细长，稳定安全性矛盾越重要，稳定安全因数应越大等，这些因素都应在稳定安全因数中加以考虑。

为了计算上的方便，将临界应力的允许值写成如下形式：

$$[\sigma_{cr}]=\frac{\sigma_{cr}}{n_{st}}=\varphi[\sigma] \tag{3-67c}$$

从式(3-67c)可知，φ 值为

$$\varphi=\frac{\sigma_{cr}}{n_{st}[\sigma]} \tag{3-67d}$$

式中　$[\sigma]$——强度计算时的许用应力；

　　φ——折减系数，其值小于1。

由式(3-67d)可知,当[σ]一定时,φ 取决于 σ_{cr} 与 n_{st}。由于临界应力 σ_{cr} 值随压杆的柔度而改变,而不同柔度的压杆一般又规定不同的稳定安全因数,所以折减系数 φ 是柔度 λ 的函数。当材料一定时,φ 值取决于柔度 λ 的值。表 3-7 给出了几种材料的折减系数 φ 值与柔度 λ 值。

表 3-7　折减系数 φ 值与柔度 λ 值

λ	φ			λ	φ		
	Q235 钢	16 锰钢	木材		Q235 钢	16 锰钢	木材
0	1.000	1.000	1.000	110	0.536	0.384	0.248
10	0.995	0.993	0.971	120	0.466	0.325	0.208
20	0.981	0.973	0.932	130	0.401	0.279	0.178
30	0.958	0.940	0.883	140	0.349	0.242	0.153
40	0.927	0.895	0.822	150	0.306	0.213	0.133
50	0.888	0.840	0.751	160	0.272	0.188	0.117
60	0.842	0.776	0.668	170	0.243	0.168	0.104
70	0.789	0.705	0.575	180	0.218	0.151	0.093
80	0.731	0.627	0.470	190	0.197	0.136	0.083
90	0.669	0.546	0.370	200	0.180	0.124	0.075
100	0.604	0.462	0.300				

[σ_{cr}]与[σ]虽然都是许用应力,但两者却有很大的不同。[σ]只与材料有关,当材料一定时,其值为定值;而[σ_{cr}]除与材料有关外,还与压杆的长细比有关,所以相同材料制成的不同(柔度)的压杆,其[σ_{cr}]值是不同的。

将式(3-67c)代入式(3-67a),可得

$$\sigma = \frac{F}{A} \leqslant \varphi[\sigma] \text{ 或 } \sigma = \frac{F}{A\varphi} \leqslant [\sigma] \qquad (3\text{-}68)$$

式(3-68)即为压杆需要满足的稳定条件。由于折减系数 φ 值可按 λ 的值直接从表 3-7 中查到,因此按式(3-68)的稳定条件进行压杆的稳定计算,十分方便。因此,该方法也称为实用计算方法。

应当指出,在稳定计算中,压杆的横截面面积 A 均采用毛截面面积计算,即当压杆在局部有横截面削弱(如钻孔、开口等)时,可不予考虑。因为压杆的稳定性取决于整个杆件的弯曲刚度,而局部的截面削弱对整个杆件的整体刚度来说,影响甚微。但是,对截面的削弱处,则应当进行强度验算。

3.2　压杆的稳定计算

应用压杆的稳定条件,可以进行以下三个方面的问题计算。

3.2.1 稳定校核

稳定校核是已知压杆的几何尺寸、所用材料、支承条件以及承受的压力，验算是否满足公式(3-68)的稳定条件。

这类问题，一般应先计算出压杆的柔度 λ，根据 λ 值查出相应的折减系数 φ 值，然后按照式(3-68)进行校核。

3.2.2 计算稳定时的许用荷载

计算稳定时的许用荷载是已知压杆的几何尺寸、所用材料及支承条件，按稳定条件计算其能够承受的许用荷载 F 值。

这类问题，一般也要先计算出压杆的柔度 λ，根据 λ 值查出相应的折减系数 φ 值，然后按照 $F \leqslant A\varphi[\sigma]$ 进行计算。

3.2.3 进行截面设计

进行截面设计是已知压杆的长度、所用材料、支承条件以及承受的压力 F，按照稳定条件计算压杆所需的截面尺寸。

这类问题，一般采用试算法。这是因为在稳定条件式(3-68)中，折减系数 φ 值是根据压杆的柔度 λ 值查表得到的，而在压杆的截面尺寸尚未确定之前，压杆的柔度 λ 值不能确定，所以也就不能确定折减系数 φ。因此，只能采用试算法，首先假定一折减系数 φ 值(0 与 1 之间一般采用 0.45)，由稳定条件计算所需要的截面面积 A，然后计算出压杆的柔度 λ 值，根据压杆的柔度 λ 值查表 3-7 得到折减系数 φ 值，再按照式(3-68)验算是否满足稳定条件。如果不满足稳定条件，则应重新假定折减系数 φ 值，重复上述过程，直到满足稳定条件。

【例 3-20】 如图 3-60 所示，构架由两根直径相同的圆杆构成，杆的材料为 Q235 钢，直径 $d = 20$ mm，材料的许用应力 $[\sigma] = 170$ MPa，已知 $h = 0.4$ m，作用力 $F = 15$ kN。试在计算平面内校核二杆的稳定性。

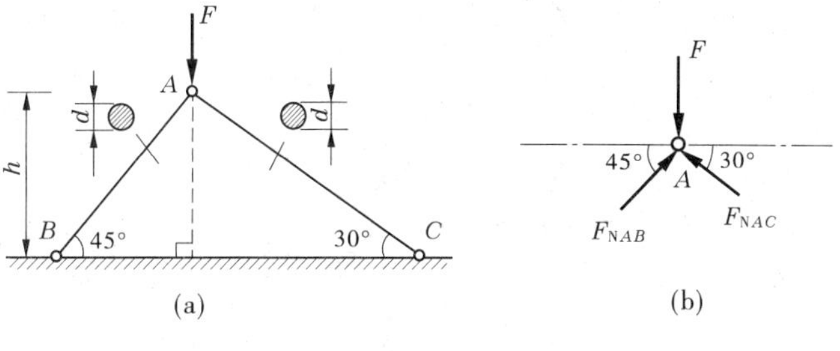

图 3-60

解：(1)计算各杆承受的压力。

取结点 A 为研究对象，根据平衡条件列方程：

$$\sum F_x = 0 \quad F_{NAB}\cos45° - F_{NAC}\cos30° = 0 \tag{a}$$

$$\sum F_y = 0 \quad F_{NAB}\sin45° + F_{NAC}\sin30° - F = 0 \tag{b}$$

联立式(a)、式(b)解得二杆承受的压力分别为

AB 杆 $\qquad F_{AB} = F_{NAB} = 0.896F = 13.44$(kN)

AC 杆　　$F_{AC}=F_{NAC}=0.732F=10.98(\text{kN})$

(2)计算二杆的柔度。

各杆的长度分别为

AB 杆　　$l_{AB}=\sqrt{2}h=\sqrt{2}\times 0.4=0.566(\text{m})$

AC 杆　　$l_{AC}=2h=2\times 0.4=0.8(\text{m})$

则二杆的长细比分别为

AB 杆
$$\lambda_{AB}=\frac{\mu l_{AB}}{i}=\frac{\mu l_{AB}}{\frac{d}{4}}=\frac{4\times 1\times 0.566}{0.02}=113$$

AC 杆
$$\lambda_{AC}=\frac{\mu l_{AC}}{i}=\frac{\mu l_{AC}}{\frac{d}{4}}=\frac{4\times 1\times 0.8}{0.02}=160$$

(3)根据柔度 λ 值查折减系数得:

AB 杆
$$\varphi_{AB}=\varphi_{113}=\varphi_{110}-\frac{\varphi_{110}-\varphi_{120}}{10}\times 3$$
$$=0.536-\frac{0.536-0.466}{10}\times 3=0.515$$

AC 杆
$$\varphi_{AC}=0.272$$

(4)按照稳定条件进行验算。

AB 杆
$$\sigma_{AB}=\frac{F_{AB}}{A\varphi_{AB}}=\frac{13.44\times 10^3}{\pi\times\left(\frac{0.02}{2}\right)^2\times 0.515}$$
$$=83\times 10^6(\text{Pa})=83\ \text{MPa}<[\sigma]=170\ \text{MPa}$$

AC 杆
$$\sigma_{AC}=\frac{F_{AC}}{A\varphi_{AC}}=\frac{10.98\times 10^3}{\pi\times\left(\frac{0.02}{2}\right)^2\times 0.272}$$
$$=128\times 10^6(\text{Pa})=128\ \text{MPa}<[\sigma]=170\ \text{MPa}$$

因此,二杆都满足稳定条件,结构稳定。

【例 3-21】 如图 3-61 所示支架,BD 杆为正方形截面的木杆,截面边长 $a=0.1$ m,木材的许用应力$[\sigma]=10$ MPa,$l=2$ m,试从满足 BD 杆的稳定条件考虑,计算该支架能承受的最大荷载 F_{max}。

解:(1)计算 BD 杆的柔度。

$$l_{BD}=\frac{l}{\cos 30^\circ}=\frac{2}{\frac{\sqrt{3}}{2}}=2.31(\text{m})$$

$$\lambda_{BD}=\frac{\mu l_{BD}}{i}=\frac{\mu l_{BD}}{\sqrt{\frac{I}{A}}}=\frac{\mu l_{BD}}{a\sqrt{\frac{1}{12}}}=\frac{1\times 2.31}{0.1\times\sqrt{\frac{1}{12}}}=80$$

(2)求 BD 杆能承受的最大压力。

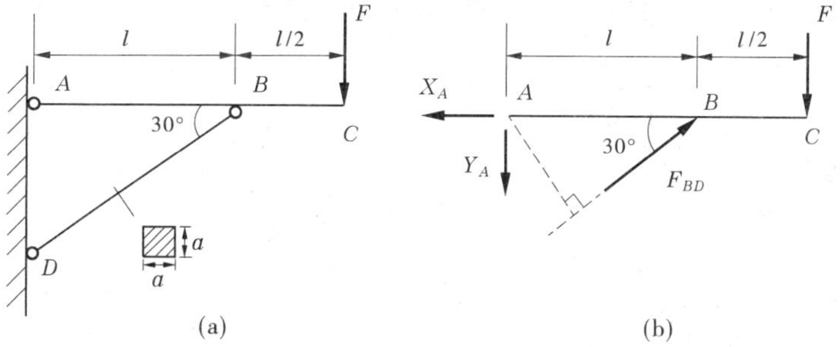

图 3-61

根据柔度 λ_{BD} 值查表 3-7，得 $\varphi_{BD}=0.470$，则 BD 杆能承受的最大压力为

$$F_{BD\max}=A\varphi[\sigma]=0.1^2\times0.470\times10\times10^6=47\times10^3(\mathrm{N})$$

(3)根据外力 F 与 BD 杆所承受压力之间的关系，求出该支架能承受的最大荷载 $F_{\max}$。

考虑 AC 的平衡，可得

$$\sum M_A=0\quad F_{BD}\frac{l}{2}-F\frac{3}{2}l=0$$

从而可求得
$$F=\frac{1}{3}F_{BD}$$

因此，该支架能承受的最大荷载 $F_{\max}$ 为

$$F_{\max}=\frac{1}{3}F_{BD\max}=\frac{1}{3}\times47\times10^3=15.7\times10^3(\mathrm{N})=15.7\ \mathrm{kN}$$

3.3 提高压杆稳定的措施

要提高压杆的稳定性，关键在于提高压杆的临界力或临界应力。而压杆的临界力和临界应力与压杆的长度、横截面形状及大小、支承条件以及压杆所用材料等有关，因此可以从以下几个方面考虑。

3.3.1 合理选择材料

由欧拉公式可知，大柔度杆的临界应力与材料的弹性模量成正比。所以，选择弹性模量较高的材料，就可以提高大柔度杆的临界应力，也就提高了其稳定性。但是，对于钢材而言，各种钢的弹性模量大致相同，所以选用高强度钢并不能明显提高大柔度杆的稳定性。而中粗杆的临界应力则与材料的强度有关，采用高强度钢材，可以提高这类压杆抵抗失稳的能力。

3.3.2 选择合理的截面形状

增大截面的惯性矩，可以增大截面的惯性半径，降低压杆的柔度，从而可以提高压杆的稳定性。在压杆的横截面面积相同的条件下，应尽可能使材料远离截面形心轴，以取得较大的轴惯性矩，从这个角度出发，空心截面要比实心截面合理，如图 3-62 所示。在工程实际中，若压杆的截面是用两根槽钢组成的，则应采用如图 3-63 所示的布置方式，可以取得较大的惯性矩或惯性半径。

另外，由于压杆总是在柔度较大(临界力较小)的纵向平面内首先失稳，所以应注意

尽可能使压杆在各个纵向平面内的柔度都相同,以充分发挥压杆的稳定承载力。

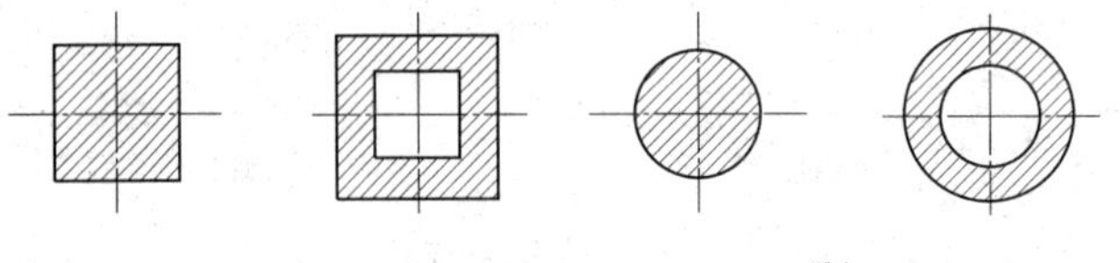

(a) (b)

图 3-62

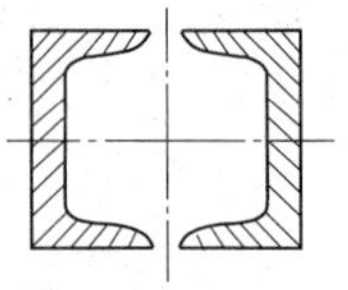

图 3-63

3.3.3 改善约束条件,减小压杆长度

根据欧拉公式可知,压杆的临界力与其计算长度的平方成反比,而压杆的计算长度又与其约束条件有关。因此,改善约束条件,可以减小压杆的长度系数和计算长度,从而增大临界力。在相同条件下,由表 3-5 可知,自由支座最不利,铰支座次之,固定支座最有利。

减小压杆长度的另一个方法是在压杆的中间增加支承,把一根变为两根甚至几根。

项目小结

本项目主要涵盖平面图形的几何性质;轴向拉伸和压缩杆件、连接件、圆轴、梁的应力计算、强度条件及承载力分析;组合变形的基本概念;压杆稳定性条件及应用;提高压杆稳定的措施等知识点。

重点掌握应力的概念及其单位;轴向杆件、连接件、圆轴、梁的强度计算;压杆稳定计算。

难点是熟练应用各类杆件的强度条件进行工程构件的承载力分析。

知识技能训练

一、简答题

1. 何谓重心、形心? 在什么情况下物体的重心与形心重合?

2. 面积矩的定义是什么? 面积矩和形心之间有何关系?

3. 惯性矩、极惯性矩、惯性半径的定义是什么? 它们的量纲是什么?

4. 惯性矩和极惯性矩之间有何关系? 惯性矩和惯性半径之间有何关系?

5. 什么是应力? 应力的单位有哪些? 如何换算?

6. 应力与内力有何关系? 内力越大,应力越大吗?

7. 胡克定律有几种表达形式,其应用条件是什么?

8. 两根不同材料的拉杆,其杆长 l,横截面面积 A 均相同,并受相同的轴向拉力 F。试问它们横截面上的正应力 σ 及杆件的伸长量 Δl 是否相同?

9. 两根圆截面拉杆,一根为铜杆、一根为钢杆,两杆的拉压刚度 EA 相同,并受相同的轴向拉力 F。试问它们的伸长量 Δl 和横截面上的正应力 σ 是否相同?

10. 如何判断塑性材料和脆性材料？试比较塑性材料和脆性材料的力学性能特点。

11. 利用强度条件可以解决工程中的什么问题？

12. 什么是剪切？试述剪切变形的特征。

13. 压缩与挤压有什么不同？为什么挤压许用应力大于压缩许用应力？

14. 铆钉所受的剪切是纯剪切吗？为什么？

15. 剪切变形的受力特点和变形特点是什么？

16. 挤压变形与轴向压缩变形有什么区别？

17. 挤压面与计算挤压面有何不同？

18. 外力偶矩与扭矩有什么不同？它们是如何计算的？

19. 等直圆杆的剪应力公式是如何建立的？其基本假设是什么？

20. 圆轴扭转时，空心圆截面和实心圆截面哪一个更合理？为什么？

21. 直径和长度相同但材料不同的两根轴，在相同的扭矩作用下，它们的最大剪应力是否相同？扭转角是否相同？

22. 在什么条件下梁只发生平面弯曲？

23. 什么是中性层和中性轴？中性轴的位置是如何确定的？

24. 梁弯曲时横截面上的正应力如何分布？

25. 矩形截面梁的剪应力在横截面上如何分布？

26. 在何种情况下需要做梁的剪应力强度校核？

27. 提高梁的弯曲强度有哪些措施？

28. 什么是挠度？什么是转角？

29. 提高梁的刚度有哪些措施？

30. 什么是组合变形？常见的组合变形有哪几种？

31. 对组合变形问题进行应力和强度计算的步骤是什么？

32. 如何进行斜弯曲变形的应力和强度计算？

33. 如何进行轴向拉(压)与弯曲组合变形的计算？

34. 如何进行偏心拉(压)组合变形的计算？

35. 如何进行弯曲与扭转组合变形的计算？

36. 如何区别压杆的稳定平衡与不稳定平衡？

37. 什么叫临界力？计算临界力的欧拉公式的应用条件是什么？

38. 什么是柔度？它与哪些因素有关？

39. 提高压杆的稳定性可以采取哪些措施？

40. 只要保证压杆的稳定就能够保证其承载能力，这种说法是否正确？

二、计算题

1. 阶梯状直杆受力如图3-64所示。已知 AD 段横截面面积 $A_{AD}=1\ 000\ \text{mm}^2$，$DB$ 段横截面面积 $A_{DB}=500\ \text{mm}^2$，材料的弹性模量 $E=200$ GPa。求该杆的总变形量 Δl_{AB}。

2. 圆截面阶梯状杆件如图3-65所示，受到 $F=150$ kN 的轴向拉力作用。已知中间部分的直径 $d_1=30$ mm，两端部分直径 $d_2=50$ mm，整个杆件长度 $l=250$ mm，中间部分杆件长度 $l_1=150$ mm，$E=200$ GPa。试求：①各部分横截面上的正应力 σ；②整个杆件的总伸

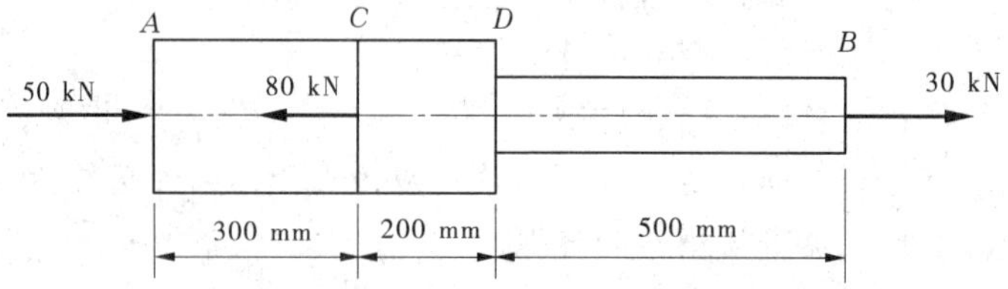

图 3-64

长量。

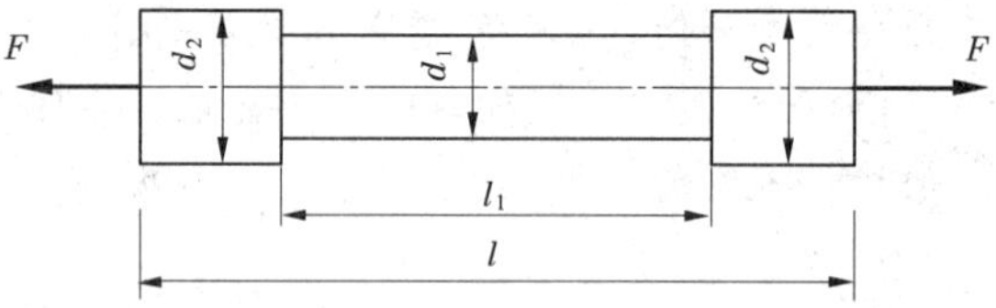

图 3-65

3. 用一根灰口铸铁圆管做受压杆。已知材料的许用应力$[\sigma]=200$ MPa,轴向压力$F=1\ 000$ kN,管的外径$D=130$ mm,内径$d=30$ mm。试校核其强度。

4. 某悬臂吊车如图 3-66 所示。最大起重荷载$G=20$ kN,杆 BC 为 Q235A 圆钢,许用应力$[\sigma]=120$ MPa。试按图示位置设计 BC 杆的直径 d。

5. 三角架结构如图 3-67 所示。已知杆 AB 为钢杆,其横截面面积$A_1=600\ \text{mm}^2$,许用应力$[\sigma_1]=140$ MPa;杆 BC 为木杆,横截面面积$A_2=3\times10^4\ \text{mm}^2$,许用应力$[\sigma_2]=3.5$ MPa。试求许用荷载$[F]$。

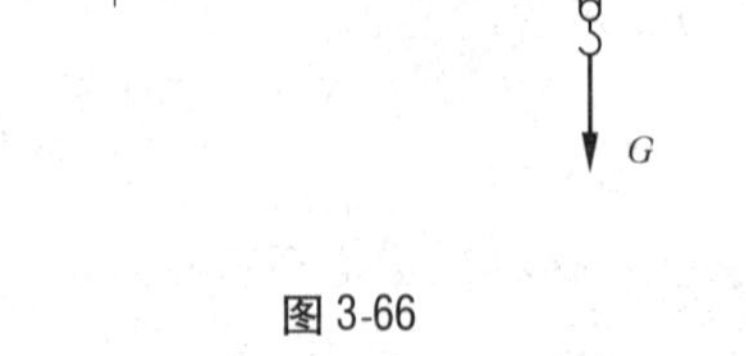

图 3-66

图 3-67

6. 结构受力如图 3-68 所示。已知 AB 杆为圆钢,$d=14$ mm,许用应力$[\sigma]=170$ MPa;BC 杆为木杆,正方形边长$a=60$ mm,许用应力$[\sigma]=10$ MPa。试校核结构的强度条件。

7. 如图 3-69 所示结构,AB 杆为圆钢,直径$d=18$ mm,许用应力$[\sigma]=170$ MPa;BC 杆为铸铁杆,直径$d=25$ mm,许用应力$[\sigma]=160$ MPa。试计算结构的许用荷载$[P]$。

8. 两钢板由一个铆钉连接,如图 3-24 所示,已知$F=10$ kN,钢板的厚度$t=5$ mm,铆

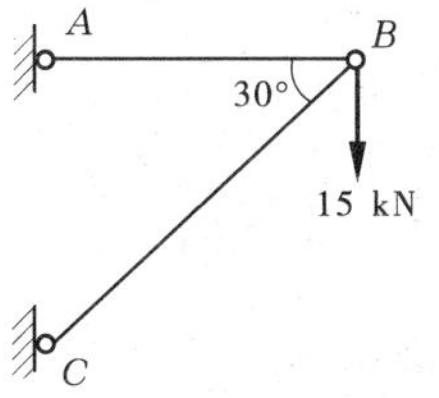

图3-68

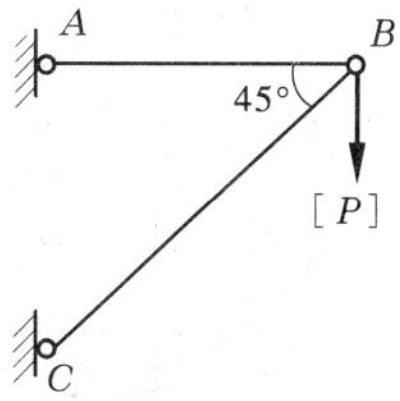

图3-69

钉的许用剪应力[τ]=80 MPa,许用挤压应力[σ_c]=200 MPa,试确定铆钉的直径d。

9. 结构受力如图3-70所示,连接件的钢板厚度$t=7$ mm,宽度$b=90$ mm,用2个铆钉连接(如图3-70所示搭接),铆钉直径$d=20$ mm,钢板与铆钉为同种材料,许用剪应力[τ]=140 MPa,许用挤压应力[σ_c]=320 MPa,拉伸许用应力[σ]=170 MPa,试校核连接件的强度条件。

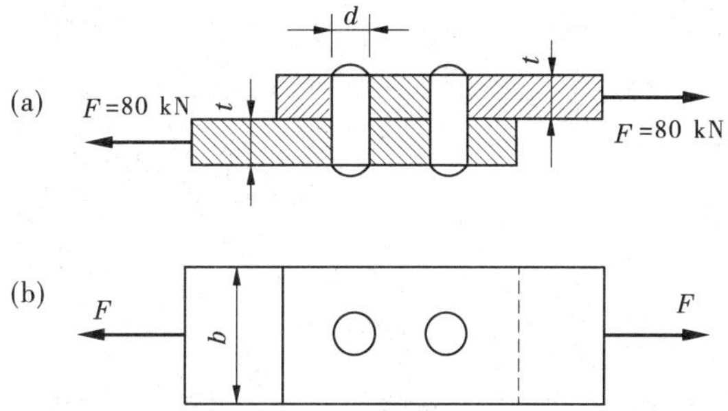

图3-70

10. 一钢制圆轴长$l=1$ m,两端受外力偶的作用,其力偶矩$M_e=18$ kN·m,已知材料的许用剪应力[τ]=40 MPa。试按强度条件确定圆轴的直径d。

11. 某传动轴用优质钢管制成,钢管外径$D=76$ mm,内径$d=71$ mm,轴传递的扭转力偶矩$M_e=1.98$ kN·m,其许可单位长度扭转角[θ]=2(°)/m,材料剪切弹性模量$G=80$ GPa。试校核轴的扭转刚度。

12. 梁受力如练图3-71所示,已知材料的许用应力[σ]=160 MPa,截面对z_c轴的形心惯性矩为$I_{z_c}=2.8\times10^7$ mm^4。试校核结构的正应力强度条件。

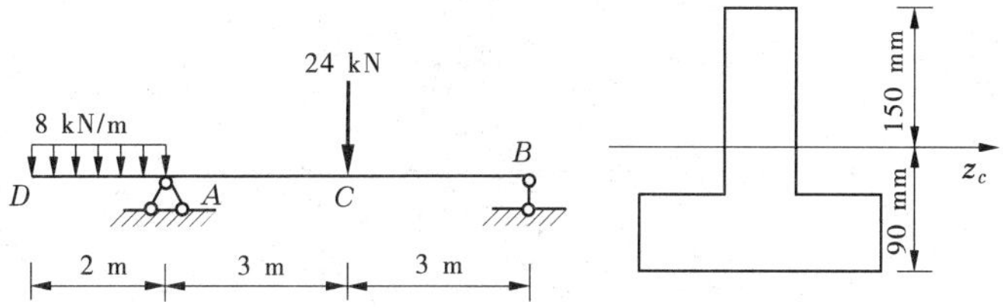

图3-71

13. 梁受力如图3-72所示,已知截面为矩形截面,$b\times h=180$ mm×280 mm。材料许用应力[σ] =10 MPa,[τ] =1 MPa。试校核梁的正应力、剪应力强度条件。

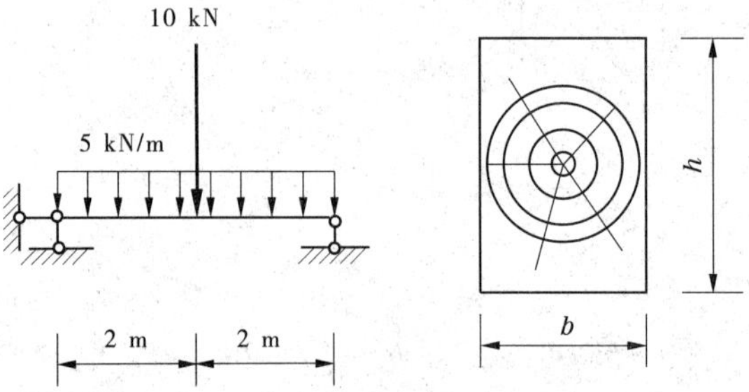

图3-72

14. 梁受力如练图3-73所示,截面为圆形截面,直径d =300 mm,材料许用应力[σ] =10 MPa,[τ] =1 MPa。试校核梁的强度条件。

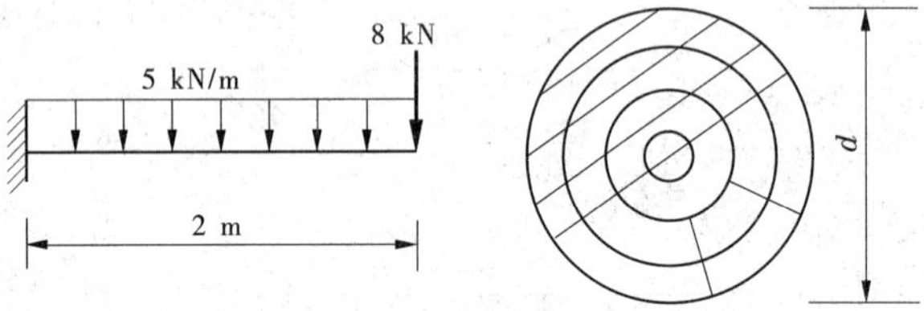

图3-73

15. 梁受力如图3-74所示,为20a Ⅰ型钢梁,I_{z_c} = 2 370 cm^4,W_z = 237 cm^3,I_z/S^* = 17.2 cm,腹板宽度为d = 7 mm。材料许用应力[σ] =170 MPa,许用剪应力[τ] =100 MPa。试校核梁的强度条件。

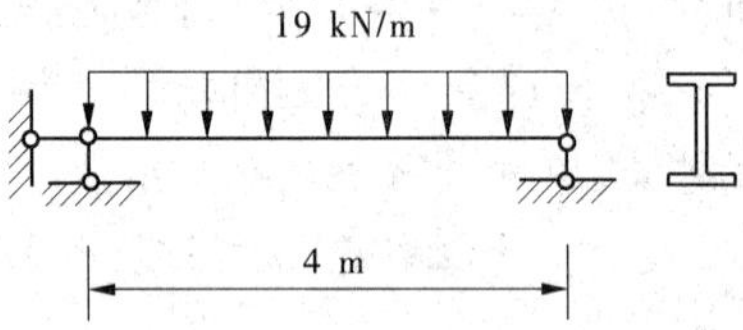

图3-74

16. 由Ⅰ型钢制成的外伸梁,受力如图3-75所示,已知材料许用应力[σ] =160 MPa,许用剪应力[τ] =90 MPa。试选择Ⅰ型钢的型号。

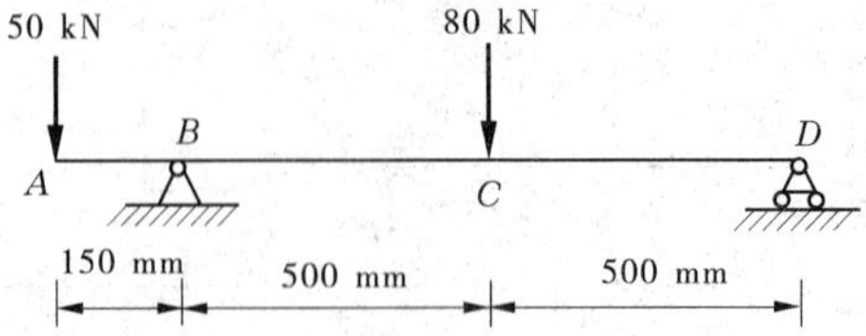

图3-75

17. 由铸铁制成的T形截面梁,荷载和截面尺寸如图3-76所示。已知[σ^+] =15

MPa、$[\sigma^-]=60$ MPa。试校核梁的强度。

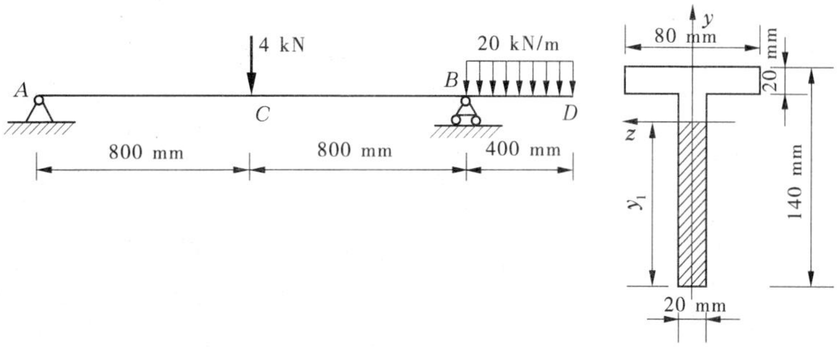

图 3-76

18. 如图 3-77 所示悬臂梁为 I 型钢,已知 $F=45$ kN,$l=4$ m,许用应力$[\sigma]=140$ MPa。若不计梁的自重,由弯曲正应力强度条件确定 I 型钢型号。

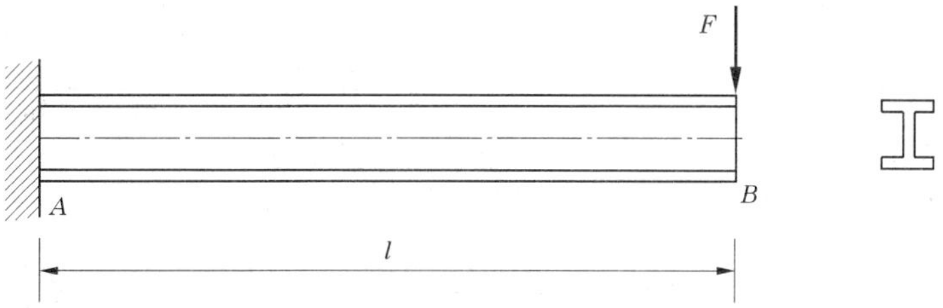

图 3-77

19. 如图 3-78 所示悬臂梁 AB,承受均布荷载 q 的作用。已知 $l=3$ m,$q=3$ kN/m,梁采用 20a I 型钢,其弹性模量 $E=200$ GPa。试校核梁的刚度。

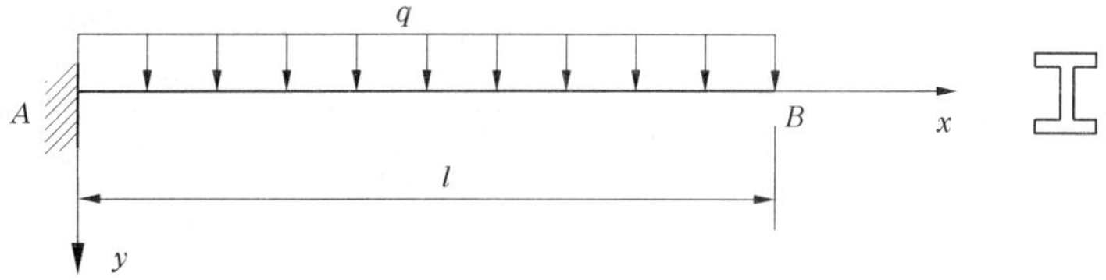

图 3-78

20. 如图 3-79 所示的四根压杆,其材料相同、截面相同,试分别计算它们的临界力,并将它们的承载能力按由大到小的顺序排列出来。

21. 一端固定、一端自由的细长压杆,长度 $l=1$ m,弹性模量 $E=200$ GPa。试计算如图 3-80所示两种截面下的临界力。设杆件失稳而弯曲时,在空间任一方向的支承情况相同。

22. 压杆截面如图 3-81 所示。杆长 $l=1$ m,材料的弹性模量 $E=200$ GPa,$\sigma_p=200$ MPa。若绕 y 轴失稳可视为两端固定,绕 z 轴失稳可视为两端铰支,试求压杆的临界力。

23. 由 Q235 钢制成的圆截面压杆,已知长度 $l=0.8$ m,其下端固定,上端自由,压力 $F=100$ kN,$[\sigma]=170$ MPa。试求压杆的直径 d。

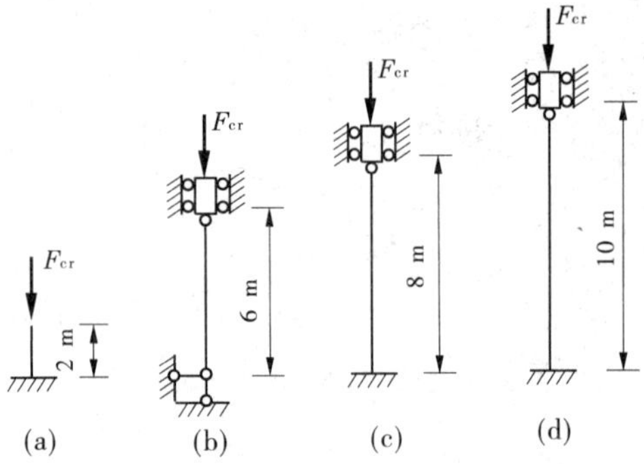

图3-79

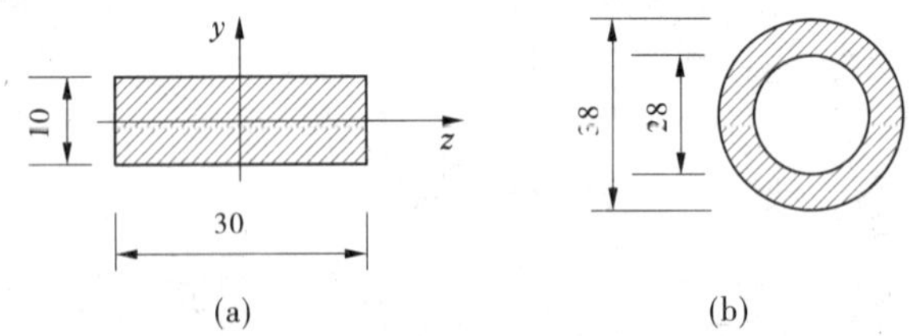

图3-80 (单位:mm)

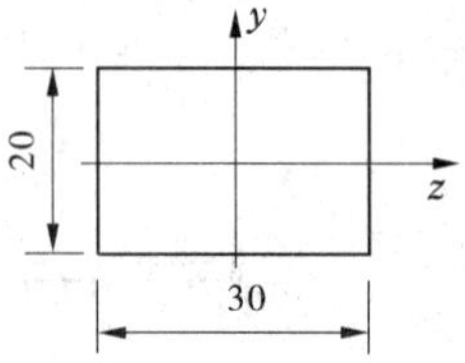

图3-81 (单位:mm)

24. 如图3-82所示三根材料相同的细长压杆,其两端均为铰支,但各杆的长度和直径均不相同。试求三杆的临界应力并进行比较。

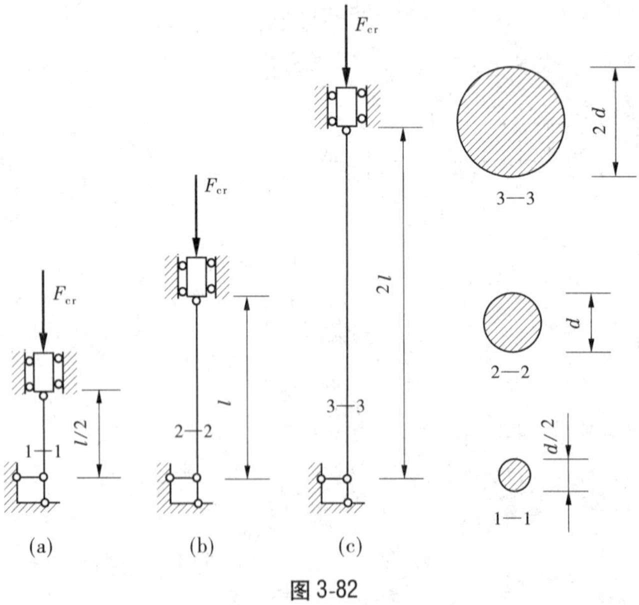

图3-82

25. 如图3-83所示结构,$E=200$ GPa,$\sigma_p=200$ MPa,BC杆的直径$d=40$ mm。求BC杆的临界应力,并根据BC杆的临界荷载的1/5确定起吊重力F的许可值。

26. 如图 3-84 所示链杆结构由两根直径相同的圆杆组成,材料均为 A3 钢,已知 $h=0.4\ \text{m}$,直径 $d=0.02\ \text{m}$,材料的强度许用应力 $[\sigma]=170\ \text{MPa}$,荷载 $F=15\ \text{kN}$,试校核杆 AB 和杆 AC 的稳定性。

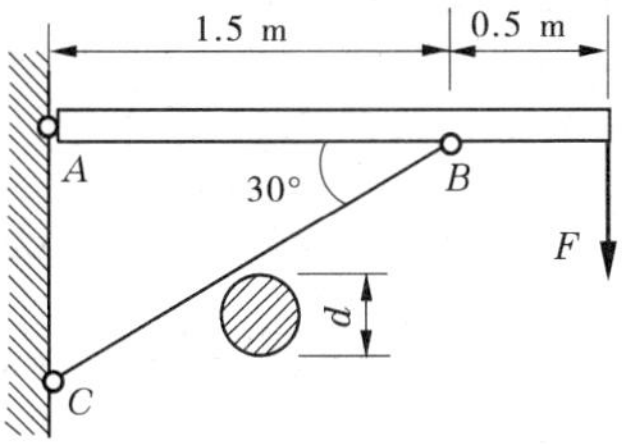

图 3-83

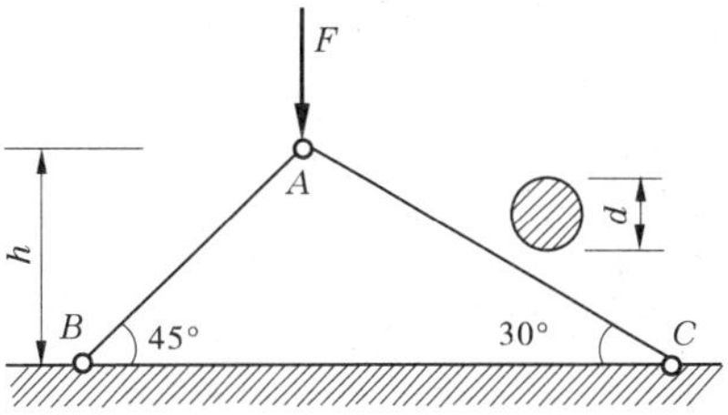

图 3-84

项目4 混凝土结构预备知识

知识目标

(1)掌握钢筋的主要力学性能;

(2)掌握混凝土的强度及变形;

(3)掌握水工混凝土结构极限状态设计表达式;

(4)理解钢筋的分类、钢筋的锚固与连接构造规定;

(5)理解水工钢筋混凝土结构设计的两种极限状态;

(6)理解作用、抗力、荷载、可靠度、可靠指标等概念。

能力目标

(1)能根据钢筋外形识别钢筋的品种;

(2)能合理选用钢筋级别和混凝土等级;

(3)能运用钢筋的锚固与连接构造知识解决实际问题;

(4)能进行水工混凝土结构中荷载的取值;

(5)能计算构件控制截面的荷载效应组合设计值。

任务1 认识钢筋混凝土结构

1 概述

在工程建筑物中,由建筑材料制作的若干构件连接组成的承重骨架称为建筑结构。按所用材料的不同,可分为钢筋混凝土结构、钢结构、砌体结构等类型。本书只讲述钢筋混凝土结构。

在水利水电工程中,钢筋混凝土结构的应用非常广泛,主要用来建造混凝土坝、水电站厂房、水闸(见图4-1)、船闸、渡槽(见图4-2)等。其主要结构形式有肋形结构(见图4-3)、刚架结构等,主要构件为梁、板、柱。这部分内容的学习任务是:拟定结构构件尺寸、荷载计算、内力(弯矩M、剪力V、轴力N等)计算、配筋计算、钢筋用量计算和绘制与识读结构图等。

钢筋混凝土结构是由钢筋和混凝土两种材料组成的共同受力的结构。混凝土具有较高的抗压强度和良好的耐久性能,而钢筋具有较高的抗拉强度和良好的塑性。为了充分利用两种材料的性能,把混凝土和钢筋结合在一起,使混凝土主要承受压力,钢筋主要承受拉力以满足工程结构的使用要求。

图4-1　水闸

图4-2　渡槽

图4-3　肋形结构

钢筋和混凝土这两种不同性能的材料能结合在一起共同工作,主要原因是:

(1)钢筋与混凝土之间存在良好的黏结性,能牢固地黏结成整体。钢筋与混凝土之间能协调变形而共同工作。

(2)相近的温度线膨胀系数:钢筋为 1.2×10^{-5},混凝土为 1.0×10^{-5};温度变化使钢筋和混凝土产生大致相同的变形,相互无附加应力。

(3)混凝土保护钢筋,提高混凝土结构的耐久性和耐火性。

钢筋混凝土结构除合理地利用了钢筋和混凝土两种材料的特性外,与其他材料的结构相比,还具有下列优点:

(1)耐久性好。混凝土耐受自然侵蚀的能力较强,其强度随着时间的增长有所提高,钢筋因混凝土的保护而不易锈蚀,不需要经常维护和保养。

(2)耐火性好。耐热温度约为 300 ℃,混凝土为不燃体,板、梁、柱耐火极限一般为 1 h、1.5 h、2.5 h 以上。

(3)整体性好。现浇的整体式钢筋混凝土结构具有较好的整体刚度,有利于抗震和防爆。

(4)可模性好。可浇筑成任意形状的构件。

(5)地方性与经济性。钢筋混凝土结构中所用水泥、砂、石等材料一般可就地取材,减少运输费用,降低工程造价。

钢筋混凝土结构也同时存在下列主要缺点:

(1)自重大。钢筋混凝土结构的截面尺寸较大,重度也较大,自重远远超过相应的钢结构的重量,不利于建造大跨度结构。

(2)抗裂性差。混凝土抗拉强度低,容易出现裂缝,影响结构的使用性能和耐久性。

(3)现浇费模板。现场浇筑混凝土需要大量的钢模板或木模板。

(4)施工复杂,工序多(支模、绑钢筋、浇筑、养护),工期长,施工受季节、天气的影响较大。

(5)混凝土结构一旦破坏,其修复、加固、补强比较困难。

随着科学技术的发展和施工水平的提高,钢筋混凝土的缺点正在逐步地被克服和改善。如采用轻质高强度混凝土可以减轻结构的自重;采用预应力混凝土结构可以提高构件的抗裂性能;采用预制装配式构件可以节约模板和支撑,加快施工进度,减少季节变化对施工的影响等,从而大大扩宽了钢筋混凝土结构的应用范围。

2 钢筋混凝土结构的发展概况

1824 年英国人发明了波特兰水泥,出现了现代意义上的混凝土。由于混凝土抗拉强度低,应用受到限制。1861 年法国人制成了使混凝土受压、钢筋受拉,充分发挥两种材料各自优点的钢筋混凝土结构。

20 世纪 30 年代出现了预应力混凝土结构,其抗裂性能好,充分利用了高强度材料,可以用来建造大跨度承重结构,应用范围更加广泛。目前,钢筋混凝土结构的跨度和高度都在不断地增大,已成为现代工程建设中应用最为广泛的结构。如世界上最高的重力坝——瑞士大狄克逊坝高 285 m;我国云南省小湾水电站拱坝坝高为 292 m,为目前世界在建的最高拱坝。目前,全球第一高摩天楼迪拜哈利法塔高 828 m,中国台北 101 大厦高 508 m,上海环球金融中心高 492 m。

钢筋混凝土结构在我国水利水电工程中的应用更是令人瞩目,如葛洲坝水利枢纽、乌江渡水电站、龙羊峡水电站等。刚建好的三峡水利枢纽工程,最大坝高 181 m,完成约 2 794万 m^3 的混凝土浇筑、46.3 万 t 钢筋制作安装,是世界水利工程建筑史上的壮举。

任务2 钢筋混凝土结构的材料

1 钢筋

1.1 钢筋的分类

1.1.1 按化学成分分类

钢筋按其化学成分的不同,分为碳素钢和普通低合金钢两类。根据含碳量的多少,碳素钢分为低碳钢(小于 0.25%)、中碳钢和高碳钢(大于 0.6%)。随着含碳量的增加,钢材的强度提高,塑性降低,可焊性变差。普通低合金钢是在碳素钢的基础上加入少量的合金元素,如锰、硅、矾等,使低合金钢钢筋具有强度高、塑性及可焊性好的特点。

1.1.2 按表面形状分类

钢筋按其表面形状分为光圆钢筋和带肋钢筋两类。光圆钢筋表面是光圆的,带肋钢筋表面有两条纵向凸缘(纵肋)和斜向凸缘(斜肋),如图 4-4 所示。

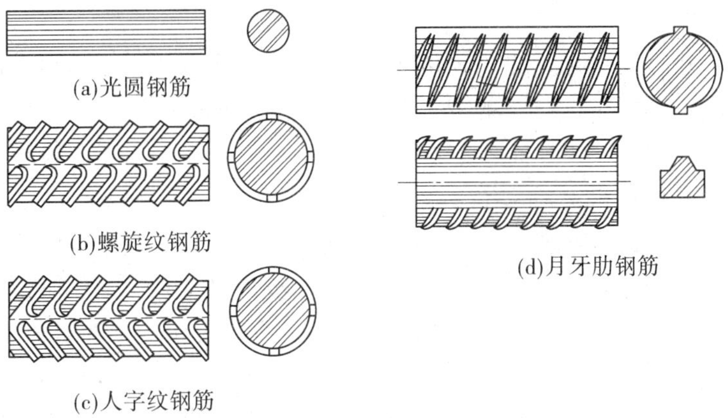

图 4-4 钢筋表面及截面形状

1.1.3 按加工工艺和力学性能分类

钢筋按其加工工艺和力学性能可分为热轧钢筋、预应力混凝土用螺纹钢筋、钢丝、钢绞线和钢棒等。

1.1.3.1 热轧钢筋

(1)HPB235 级热轧钢筋(Φ)。由普通碳素 Q235 钢经热轧而成的光面圆钢筋(HPB 为 Hot rolled plain bars 的英文首位字母)。它是一种低碳钢,质量稳定,塑性及焊接性能很好,但强度低,而且与混凝土的黏结稍差。主要用于受力不大的薄板或用作箍筋、架立钢筋、分布钢筋及吊环等。

(2)HRB335 级热轧钢筋(Φ)。是一种低合金钢变形钢筋(HRB 为 Hot rolled ribbed bars 的英文首位字母)。钢筋表面轧成月牙肋。这种钢筋的强度较高,塑性及可焊性都比较好,易加工成型。主要用于大、中型钢筋混凝土结构构件的受力钢筋。

(3)HRB400 级热轧钢筋(Φ)。它的塑性及可焊性比较好,且强度高,与混凝土的黏结性能较好。在我国房屋建筑工程中,它已成为主导的钢筋品种。

(4)RRB400 级热轧钢筋($Φ^R$)。是一种低合金钢带肋钢筋(RRB 为 Remained heat treatment ribbed steel bars 的简称)。这种钢筋含碳量较高,因此强度较高,但塑性及可焊性较差,应用受到一定的限制。

热轧钢筋的强度取值见附录 B 附表 B-1、附表 B-2。

1.1.3.2　预应力混凝土用螺纹钢筋

预应力混凝土用螺纹钢筋也称精轧螺纹钢筋,采用热轧、轧后余热处理或热处理等工艺生产而成,是一种热轧带有不连续的外螺纹的直条钢筋,该钢筋在任意截面处,均可用带有匹配形状的连接器或锚具进行连接或锚固。预应力混凝土用螺纹钢筋主要用于预应力混凝土结构。

预应力混凝土用螺纹钢筋以屈服强度划分级别,其代号为"PSB"加上规定屈服强度最小值表示,P、S、B 分别为 Prestressing、Screw、Bars 的英文首位字母,例如 PSB830 表示屈服强度最小值为 830 MPa 的钢筋,该种钢筋的直径有 18mm、25 mm、32 mm、40 mm、50 mm 五种。预应力混凝土用螺纹钢筋的强度标准值和设计值见附录 B 附表 B-3、附表 B-4。

1.1.3.3　钢丝

钢丝包括光圆、刻痕和螺旋肋的冷拉或消除应力的高强度钢丝三种。强度在 1 000 MPa 以上,消除应力钢丝的强度标准值和设计值见附录 B 附录 B-3、附表 B-4。钢丝主要用于预应力混凝土结构。

1.1.3.4　钢绞线

钢绞线是由冷拉光圆钢丝及刻痕钢丝捻制的用于预应力混凝土结构的钢绞线。钢绞线直径 d 是指钢绞线外接圆直径,钢绞线分为 2 股、3 股和 7 股三种,钢绞线的公称直径有许多种,详见附录 B 附表 B-3、附表 B-4。钢绞线主要用于预应力混凝土结构。

1.1.3.5　钢棒

按钢棒表面形状分为光圆钢棒、螺旋槽钢棒、螺旋肋钢棒、带肋钢棒四种。是由热轧盘条经冷加工后(或不经冷加工)淬火和回火所得。其中,螺旋槽钢棒的代号为 HG(helical grooved bar),螺旋肋钢棒的代号为 HR(helical ribbed bar)。螺旋槽钢棒、螺旋肋钢棒的强度标准值、设计值见附表 B 附表 B-3、附表 B-4。

普通钢筋宜采用 HRB400 级和 HRB335 级钢筋,也可采用 HPB235 级和 RRB400 级钢筋;预应力钢筋宜采用钢绞线、钢丝,也可采用螺纹钢筋或钢棒。

1.2　钢筋的性能

根据钢筋应力—应变曲线特性的不同,分为有明显屈服点的钢筋和无明显屈服点的钢筋两类。

1.2.1　有明显屈服点的钢筋

工程上习惯上将这种钢筋称为软钢，软钢从加载到拉断分弹性阶段、屈服阶段、强化阶段、破坏阶段四个阶段。图4-5为HPB235级钢筋的受拉应力—应变曲线。

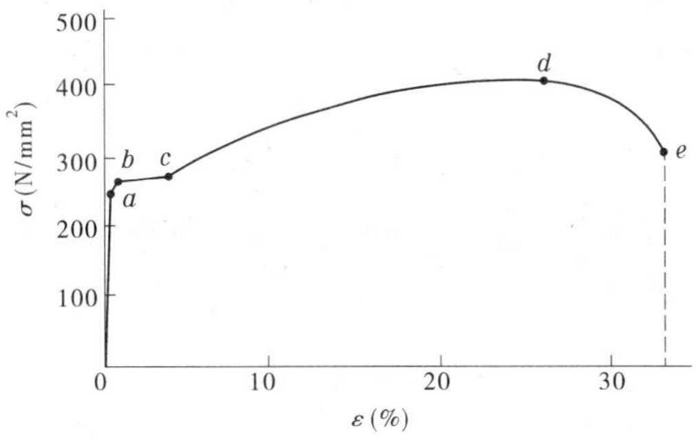

图4-5　HPB235级钢筋的应力—应变曲线

软钢的强度指标有屈服强度和极限抗拉强度，塑性用伸长率和冷弯性能来反映。

钢材中含碳量越高，屈服强度和抗拉强度就越高，伸长率就越小，流幅也相应缩短。图4-6表示了不同强度软钢的应力—应变曲线的差异。

屈服强度是钢筋强度标准值的依据。因为钢筋屈服后产生较大的塑性变形，这将使构件的变形与裂缝宽度大大增加，以至于无法使用，所以在钢筋混凝土结构构件计算中采用屈服强度作为钢筋的受拉强度限值。

1.2.2　无明显屈服点的钢筋

无明显屈服点的钢筋，工程上习惯称为硬钢。硬钢从加载到拉断无明显的屈服点，没有屈服阶段。硬钢的强度高，但塑性差，脆性大。图4-7为硬钢的应力—应变曲线。

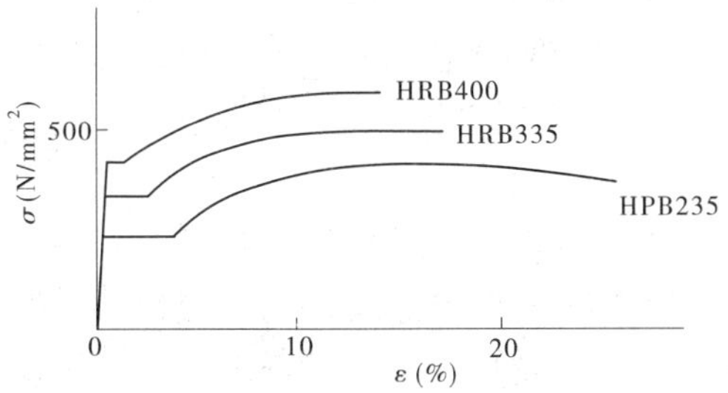

图4-6　不同强度软钢的应力—应变曲线

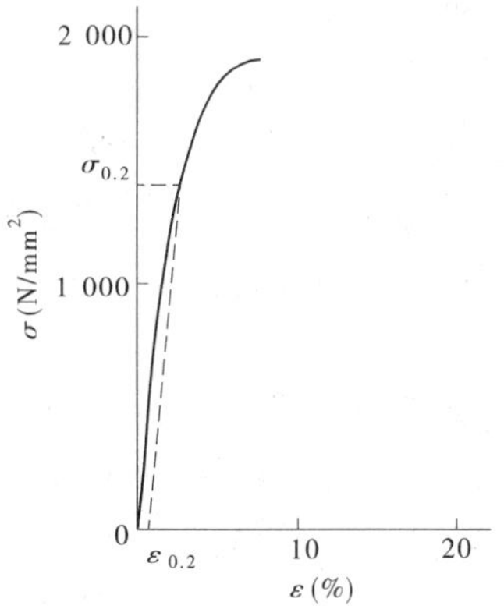

图4-7　硬钢的应力—应变曲线

通常取相应于残余应变为0.2%的应力$\sigma_{0.2}$作为假定屈服点，称为条件屈服强度，其值约为极限抗拉强度的85%。

钢筋的强度标准值、设计值见附录B附表B-1、附表B-2。

1.2.3　钢筋的弹性模量

钢筋弹性阶段的应力与应变的比值称为钢筋的弹性模量，用符号E_s表示。由于钢筋在弹性阶段的受压性能与受拉性能类同,所以同一种钢筋的受拉和受压弹性模量相同,各类钢筋的弹性模量见附录B附表B-5。

1.3 钢筋的冷加工

为了节约钢材,对热轧钢筋进行机械冷加工,可提高钢筋的屈服强度。常用的冷加工方法有冷拉和冷拔。

1.3.1 钢筋的冷拉

冷拉是指在常温下,用张拉设备(如卷扬机)将钢筋拉伸超过它的屈服强度,然后卸载为零,经过一段时间后再拉伸,钢筋就会获得比原来屈服强度更高的新的屈服强度值。冷拉只提高了钢筋的抗拉强度,不能提高其抗压强度。

1.3.2 钢筋的冷拔

冷拔是将直径6~8 mm的HPB235级热轧钢筋,用强力拔过比其直径小的硬质合金拔丝模。冷拔后,钢筋的抗拉强度和抗压强度都得到提高,塑性降低。

1.4 钢筋混凝土结构对钢筋性能的要求

(1)具有较高的强度。钢筋强度较高,用钢量少,节约钢材。

(2)具有较好的塑性。使钢筋在断裂前有足够的变形,不致使构件发生脆性破坏。

(3)具有与混凝土良好的黏结性能。这是保证钢筋与混凝土共同工作的基础。

(4)具有较好的可焊性。要求焊接后钢筋在接头处不产生裂纹和较大变形。

2 混凝土

混凝土是将水泥、水和骨料(细骨料砂子、粗骨料石子)按一定配合比经搅拌后入模振捣,养护硬化形成的人造石材。常用混凝土的强度有立方体抗压强度、轴心抗压强度和轴心抗拉强度。

2.1 混凝土的强度

2.1.1 立方体抗压强度标准值

混凝土在结构中主要承受压力,抗压强度是混凝土的重要力学指标。用边长为150 mm的立方体试件,在标准条件下养护28 d,用标准试验方法测得的抗压强度,称为立方体抗压强度,用符号f_{cu}表示。把具有95%保证率的抗压强度,称为混凝土抗压强度标准值,用符号$f_{cu,k}$表示。

混凝土的强度等级按混凝土立方体抗压强度标准值$f_{cu,k}$确定,用符号C表示,单位为N/mm^2(或MPa)。水利工程中采用的混凝土强度等级分为10级,即C15、C20、C25、C30、C35、C40、C45、C50、C55、C60。一般认为强度等级达到或超过C50的混凝土为高强度混凝土。相对而言,C25以下可称为低强度混凝土,C30~C45为中强度混凝土。

2.1.2 轴心抗压强度标准值

在实际工程中,钢筋混凝土受压构件大多数是棱柱体而不是立方体,采用棱柱体试件比立方体试件更能反映混凝土的实际抗压能力。

根据试验分析可知,轴心抗压强度平均值f_c与立方体抗压强度平均值f_{cu}之间的关系为$f_c=0.76f_{cu}$,考虑到结构中的混凝土强度与试件混凝土强度之间的差异,对试件混凝土强度进行修正,修正系数为0.88,则试件混凝土轴心抗压强度与150 mm立方体抗压强度

的关系为

$$f_{ck} = 0.67\alpha_c f_{cu,k} \tag{4-1}$$

α_c的取值：对于C45以下均取$\alpha_c = 1.0$，对于C45取$\alpha_c = 0.98$，对于C60取$\alpha_c = 0.96$，中间按线性规律变化。

2.1.3　轴心抗拉强度标准值

混凝土的轴心抗拉强度很低，一般只有抗压强度的1/8～1/18，且不与抗压强度成正比。同样，考虑结构中的混凝土与试件混凝土强度的差异后，则结构中混凝土轴心抗拉强度与150 mm立方体抗压强度的关系为

$$f_{tk} = 0.23 f_{cu,k}^{2/3}(1 - 1.645\delta_{f_{cu}})^{1/3} \tag{4-2}$$

式中，$\delta_{f_{cu}}$为混凝土抗压强度变异系数，其取值见《水工混凝土结构设计规范》(SL 191—2008)中有关规定。

混凝土的强度标准值、设计值见附录B附表B-6、附表B-7。

钢筋混凝土结构构件的混凝土强度等级不应低于C15；当采用HRB335级钢筋时，混凝土强度等级不宜低于C20；当采用HRB400级和RRB400级钢筋以及承受重复荷载的构件，混凝土强度等级不得低于C20。预应力混凝土结构构件的混凝土强度等级不应低于C30；当采用钢绞线、钢丝做预应力钢筋时，混凝土强度等级不宜低于C40。

2.2　混凝土的变形

混凝土的变形可以分为两类：一类是由荷载产生的变形，包括一次短期加载时的变形、长期荷载作用下的变形以及重复荷载作用下的变形；另一类是非荷载因素（混凝土的收缩以及温度、湿度等变化）引起的体积变形。

2.2.1　短期荷载作用下的变形

混凝土在一次加载下的应力、应变关系是混凝土最基本的力学性能之一，其应力—应变关系曲线如图4-8所示。

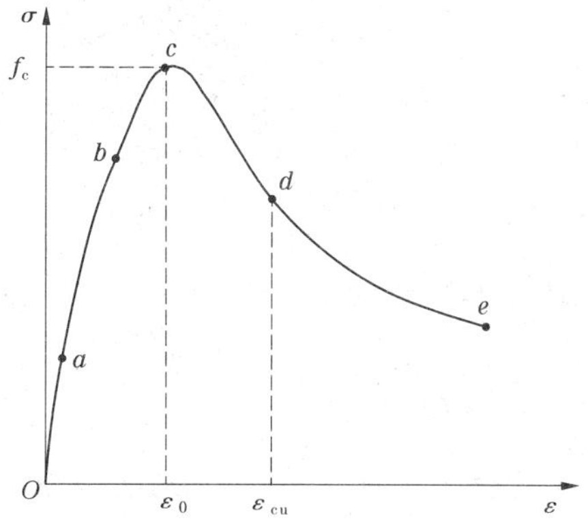

图4-8　混凝土一次短期加载时的应力—应变曲线

(1)上升段*oc*段：

①在*oa*段($\sigma_c \leqslant 0.3f_c$)，当应力较小时，混凝土处于弹性工作阶段，应力—应变曲线接近于直线。

②在 ab 段($0.3f_c<\sigma_c\leqslant0.8f_c$),应力继续增大,应变增长加快,混凝土塑性变形增大,应力—应变曲线越来越偏离直线。

③在 bc 段($0.8f_c<\sigma_c<f_c$),混凝土塑性变形急剧增大,c 点的应力达到峰值应力 f_c,试件开始破坏。c 点应力值为混凝土的轴心抗压强度 f_c,与其相应的压应变为 ε_0,ε_0 一般为0.002左右。

(2)下降段 ce 段:当应力超过 f_c 后,试件承载能力下降,随着应变的增加,应力—应变曲线在 d 点出现反弯,试件在宏观上已破坏,此时,混凝土已达到极限压应变 ε_{cu},ε_{cu} 一般为0.003 3左右。

混凝土的极限压应变 ε_{cu} 越大,表示混凝土的塑性变形能力越大,即延性越好。

混凝土受拉时的应力—应变曲线与受压时相似,但其峰值时的应力、应变都比受压时小得多。混凝土的最大拉应变 ε_{tu} 一般可取 $(1\sim1.5)\times10^{-4}$。

2.2.2 重复荷载作用下的变形

混凝土在多次重复荷载作用下的应力—应变曲线如图4-9所示。从图中可看出,它的变形性质有着显著变化。

当应力超过某一限值时,经过多次循环,应力—应变曲线成直线后,又能很快重新变弯且应变越来越大,试件很快就会破坏。这种破坏就称为混凝土的"疲劳破坏"。这个限值也就是材料的疲劳强度 f_c^f。混凝土的疲劳强度值大约为 $0.5f_c$。

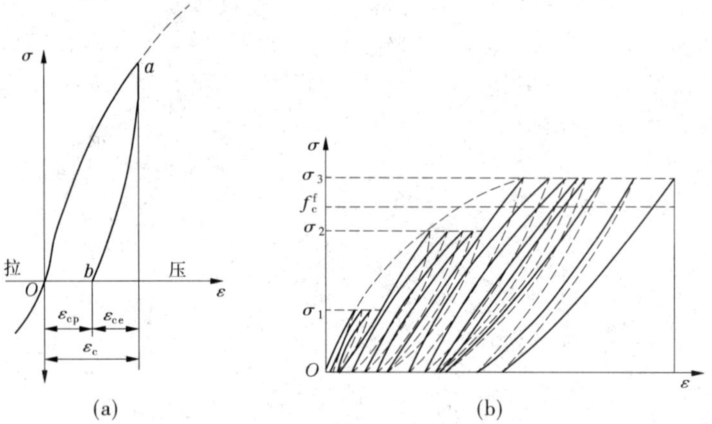

图4-9 混凝土在多次重复荷载作用下的应力—应变曲线

2.2.3 混凝土的弹性模量、变形模量

2.2.3.1 弹性模量

弹性材料的弹性模量为常数。从图4-10可以看出,混凝土的应力与应变的比值随着应力的变化而变化。

混凝土的弹性模量 E_c 见附录B附表B-8。

2.2.3.2 变形模量

当应力较大时,混凝土的塑性变形比较显著,就不能用 E_c 表示混凝土的应力、应变之间的关系,可用变形模量 E_c' 表示。它们之间的关系为 $E_c'=vE_c$。

弹性系数随应力增大而减小。当 $\sigma \leq 0.3f_c$ 时，$v=1.0$；当 $\sigma=0.5f_c$ 时，$v=0.8\sim0.9$；当 $\sigma=0.8f_c$ 时，$v=0.4\sim0.7$。

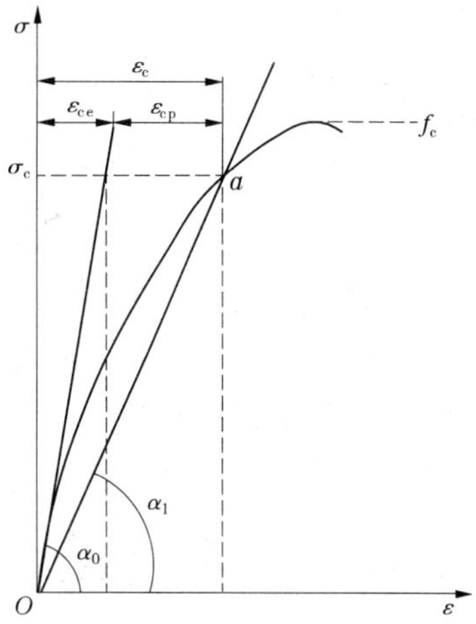

图4-10 混凝土弹性模量、变形模量的表示方法

2.2.4 长期荷载作用下的变形——徐变

2.2.4.1 含义

混凝土在长期荷载作用下，应力不变，应变随时间的增加而增长的现象，称为混凝土的徐变。

2.2.4.2 特点

徐变在前期增长较快，随后逐渐减慢，经过较长时间而趋于稳定。一般6个月可达最终徐变的70%～80%，2年后徐变基本完成。2年后的徐变为加荷时瞬时应变的2～3倍。

2.2.4.3 产生原因

混凝土产生徐变的原因：一方面是混凝土受力后，水泥石中的胶凝体产生的黏性流动；另一方面是骨料和水泥石结合面微裂缝的发展和增加。

2.2.4.4 影响徐变的因素

影响徐变的因素除与时间有关外，还与下列因素有关：

(1)应力条件。应力越大，徐变也越大。

(2)加荷龄期。混凝土的龄期越早，徐变越大。

(3)周围环境。养护温度愈高，湿度愈大，徐变愈小；试件受荷后，使用环境温度愈高，湿度愈小，徐变愈大。

(4)水泥用量愈多，徐变愈大。

(5)水灰比愈小，徐变愈小。

(6)骨料弹性模量愈大，级配愈好，徐变愈小。

2.2.4.5 混凝土徐变对结构或构件的影响

(1)局部应力集中可因徐变得到缓和。

(2)支座沉陷引起的应力及温度、湿度应力也可由于徐变得到松弛。

(3)徐变可使受弯构件的挠度增大1～2倍。

(4)使细长柱附加偏心距增大，承载力下降。

(5)引起预应力混凝土构件预应力损失。

2.2.5 混凝土的收缩和膨胀变形

温度变形对水工建筑物中的大体积混凝土结构来说是很重要的，当变形受到约束时，常因温度应力就可能形成贯穿性裂缝而影响正常使用，使结构承载力和混凝土的耐久性大大降低。混凝土的温度线膨胀系数一般为 1.0×10^{-5}。

混凝土在空气中结硬时体积减小的现象，称为干缩变形或称为收缩。已经干燥的混凝土再置于水中，混凝土就会重新发生膨胀(或湿胀)。

当外界湿度变化时，混凝土就会产生干缩和湿胀。湿胀往往是有利的，一般不予考虑。但干缩对于结构有着不利影响。当构件受到边界的约束时,混凝土因收缩产生拉应力,会导致结构产生干缩裂缝,造成有害的影响。混凝土的干缩应变一般为 $2\times10^{-4}\sim6\times10^{-4}$。

引起混凝土干缩的主要原因:一是因为结硬初期水泥和水的水化作用,形成水泥结晶体,而水泥结晶体化合物比原材料的体积小,这种收缩称为凝缩;二是干燥失水。

减小混凝土收缩的方法有:

(1)加强养护。在养护期内使混凝土保持潮湿环境。

(2)减小水灰比。水灰比小,使混凝土收缩减小。

(3)减少水泥用量。水泥用量少,使混凝土收缩减小。

(4)采用级配好、弹性模量大的骨料。

2.3 水工混凝土结构的耐久性

水工混凝土结构的耐久性与其抗渗、抗冻、抗冲刷、抗碳化和抗腐蚀等性能有密切关系。为了保证混凝土的耐久性,根据建筑物所处环境条件的类别,满足不同的控制要求。环境条件划分为五个类别(见表4-1)。

表4-1 水工混凝土结构所处的环境类别

环境类别	条件
一	室内正常环境
二	室内潮湿环境,露天环境,长期处于水下或地下的环境
三	淡水水位变动区,有轻度侵蚀性地下水的地下环境,海水水下区
四	海上大气区,轻度盐雾作用区,海水水位变动区,中度化学侵蚀性环境
五	使用除冰盐的环境,海水浪溅区,重度盐雾作用区,严重化学侵蚀性环境

注:1. 海上大气区与海水浪溅区的分界线为设计最高水位加1.5 m,海水浪溅区与海水水位变动区的分界线为设计最高水位减1.0 m,淡水水位变动区与海水水下区的分界线为设计最低水位减1.0 m,重度盐雾作用区为离涨潮岸线50 m内的陆上室外环境,轻度盐雾作用区为离涨潮岸线50~500 m内的陆上室外环境。

2. 冻融比较严重的二类、三类环境条件下的建筑物,可将其环境类别分别提高为三类、四类。

3. 化学侵蚀程度的分类见《水工混凝土结构设计规范》(SL 191—2008)表3.3.9。

3 钢筋与混凝土之间的黏结

3.1 黏结力的组成

钢筋与混凝土之间的黏结力,是这两种力学性能不同材料能够共同工作的基础。钢筋与混凝土之间的黏结力主要由以下三部分组成:

(1)化学胶着力。混凝土中水泥浆凝结时产生化学作用,水泥胶体与钢筋之间产生胶着力。

(2)摩阻力。混凝土收缩将钢筋紧紧握固,当二者出现相对滑移时,在接触面上产生摩擦阻力。

(3)机械咬合力。钢筋表面凸凹不平与混凝土之间产生机械咬合作用。其中机械咬合力作用最大，占总黏结力的一半以上，带肋钢筋比光圆钢筋的机械咬合作用更大。

影响黏结力的主要因素有：①混凝土的强度越高，黏结力越大；②混凝土保护层越厚，黏结力越大；③钢筋的表面越粗糙，黏结力越大。

黏结力还与混凝土浇筑、钢筋锚固受力情况有关。

3.2 钢筋的锚固与连接

3.2.1 钢筋的锚固

钢筋的锚固是指通过混凝土中钢筋锚固段的黏结或机械锚固措施，将钢筋所受的力传给混凝土，使钢筋锚固于混凝土而不滑出，锚固段长度称为锚固长度l_a。包括直钢筋的锚固、带弯钩钢筋的锚固。

为了保证钢筋在混凝土中锚固可靠，设计时应使钢筋在混凝土中有足够的锚固长度l_a。它可根据钢筋应力达到屈服强度f_y时，钢筋才被拔动的条件确定。

当计算中充分利用钢筋的抗拉强度时，伸入支座的锚固长度不应小于表4-2中规定的数值。纵向受压钢筋的锚固长度不应小于表4-2所列数值的70%。

表4-2 普通受拉钢筋的最小锚固长度l_a

项次	钢筋类型	混凝土强度等级					
		C15	C20	C25	C30	C35	≥C40
1	HPB235级钢筋	$40d$	$35d$	$30d$	$25d$	$25d$	$20d$
2	HRB335级钢筋		40d	$35d$	$30d$	$30d$	$25d$
3	HRB400级钢筋、RRB400级钢筋		$50d$	$40d$	$35d$	$35d$	$30d$

注：1. d为钢筋直径；

2. HPB235级钢筋的最小锚固长度l_a值不包括弯钩长度。

当符合下列条件时，最小锚固长度应进行修正：

(1)当HRB335级、HRB400级和RRB400级钢筋的直径大于25 mm时，其最小锚固长度应乘以修正系数1.1；

(2)HRB335级、HRB400级和RRB400级的环氧树脂涂层钢筋，其最小锚固长度应乘以修正系数1.25；

(3)当钢筋在混凝土施工过程中易受扰动（如滑模施工）时，其最小锚固长度应乘以修正系数1.1；

(4)当HRB335级、HRB400级和RRB400级钢筋在锚固区的间距大于180 mm，混凝土保护层厚度大于钢筋直径的3倍或大于80 mm且配有箍筋时，其最小锚固长度可乘以修正系数0.8；

(5)构件顶层水平钢筋（其下浇筑的新混凝土厚度大于1 m时）的最小锚固长度宜乘以修正系数1.2。

经上述修正后的最小锚固长度不应小于表4-2中所列数值的70%，且不应小于250 mm。

当HRB335级、HRB400级和RRB400级纵向受拉钢筋锚固长度不能满足上述规定时，可在钢筋末端带弯钩（见图4-11(a)）、加焊锚板（见图4-11(b)），或在末端采用贴焊锚筋(见图 4-11(c))等附加锚固形式。贴焊的锚筋直径取与受力筋的直径 d 相同,锚筋长度可取为 $5d$;弯钩的弯转角可取为 135°,弯钩直段可取为 $5d$。

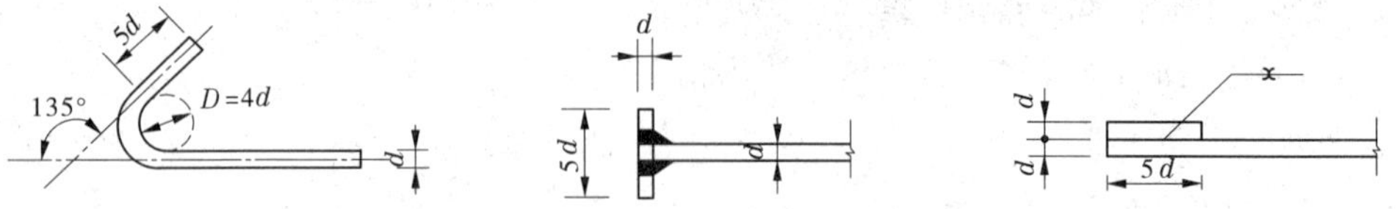

(a)末端带135°弯钩　(b)末端与钢板穿孔塞焊　(c)末端与短钢筋双面贴焊

图 4-11　钢筋附加锚固的形式及构造要求

采用附加锚固后,最小锚固长度可按规定的 l_a 乘以附加锚固的折减系数 0.7 后取用,但需符合下列要求:纵向钢筋的侧向保护层厚度不小于 $3d$;锚固长度范围内,箍筋间距不大于 $5d$ 及 100 mm;箍筋直径不应小于 $0.25d$,箍筋数量不少于 3 个;当纵向钢筋的混凝土保护层不小于钢筋直径的 5 倍时,可不配置上述箍筋;附加锚固端头的搁置方向宜偏向截面内部或平置。贴焊锚筋及做弯钩的锚固形式不用于受压钢筋的锚固。

为了保证光圆钢筋的黏结强度的可靠性,绑扎骨架中的受力光圆钢筋应在末端做成 180°弯钩。弯后平直段长度不应小于 $3d$(d 为钢筋直径),弯钩的形式与尺寸如图 4-12 所示。带肋钢筋和焊接骨架、焊接网以及轴心受压构件中的光圆钢筋可不做弯钩。

当板厚小于 120 mm 时,板的上层钢筋可做成直到板底的直钩。

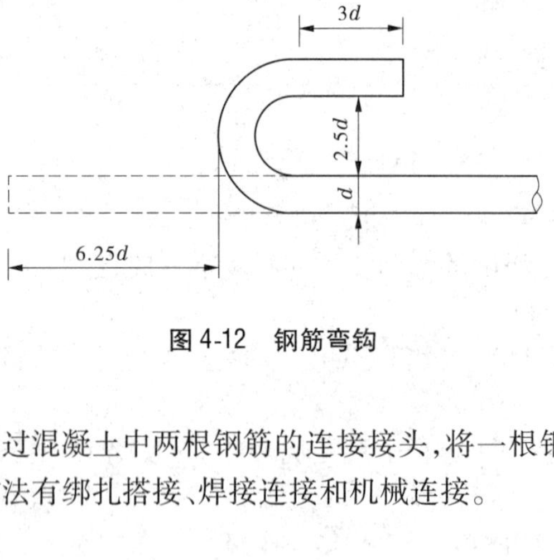

图 4-12　钢筋弯钩

3.2.2　钢筋的连接

钢筋的连接是指通过混凝土中两根钢筋的连接接头,将一根钢筋所受的力传给另一根钢筋。钢筋连接的方法有绑扎搭接、焊接连接和机械连接。

3.2.2.1　绑扎搭接

绑扎搭接是在钢筋搭接处用铁丝绑扎而成,如图 4-13 所示。绑扎搭接接头通过钢筋与混凝土之间的黏结应力来传递钢筋之间的内力,必须有足够的搭接长度。

轴心受拉及小偏心受拉构件以及承受振动荷载的构件的纵向受力钢筋,不应采用绑扎搭接接头。

钢筋采用绑扎搭接接头时要求:

(1)钢筋的接头位置宜设置在构件的受力较小处,同一构件中相邻纵向受力钢筋的绑扎搭接接头宜相互错开。

(2)受拉钢筋直径 $d>28$ mm,或受压钢筋直径 $d>32$ mm 时,不宜采用绑扎搭接接

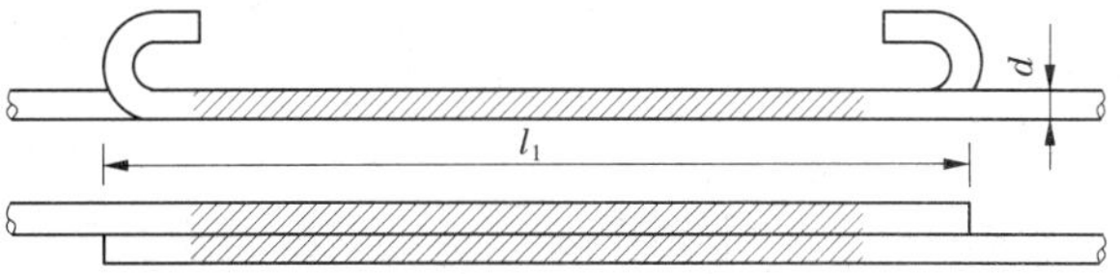

图 4-13　钢筋绑扎搭接接头

头。

(3)纵向受拉钢筋绑扎搭接接头的搭接长度应根据位于同一搭接长度范围内的钢筋搭接接头面积百分数按式(4-3)确定,在任何情况下,纵向受拉钢筋绑扎搭接接头的搭接长度均不应小于 300 mm。

$$l_1 = \zeta l_a \tag{4-3}$$

式中　l_1——纵向受拉钢筋的最小搭接长度;

l_a——纵向受拉钢筋的最小锚固长度,见表 4-2;

ζ——纵向受拉钢筋搭接长度修正系数,按表 4-3 取用。

表 4-3　纵向受拉钢筋搭接长度修正系数 ζ

纵向受拉钢筋搭接接头面积百分率(%)	≤25	50	100
ζ	1.2	1.4	1.6

(4)纵向受压钢筋的搭接长度不应小于按式(4-3)设计值的 70%,且不应小于 200 mm。

(5)钢筋绑扎搭接接头连接区段的长度为 1.3 倍搭接长度(见图 4-14),凡搭接接头中点位于该连接区段长度内的搭接接头均属于同一连接区段。同一连接区段内纵向钢筋搭接接头面积百分率为该区段内有搭接接头的纵向受力钢筋面积与纵向受力钢筋面积的比值。

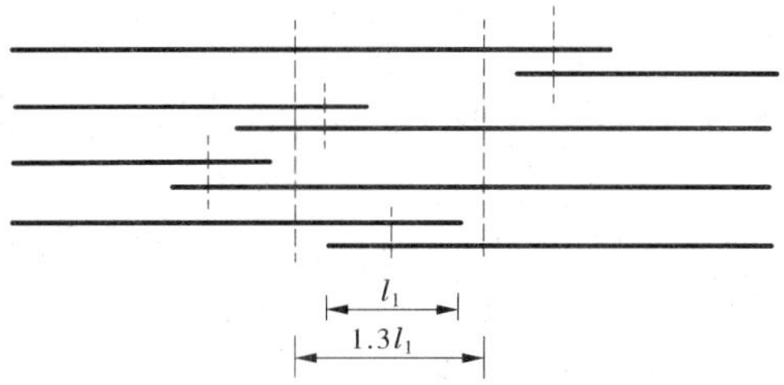

图 4-14　同一连接区段内的纵向受拉钢筋绑扎搭接接头

(6)位于同一连接区段内的纵向受拉钢筋搭接接头面积百分率:梁类、板类及墙类构件,不宜大于 25%;柱类构件,不宜大于 50%。当工程中确有必要增大钢筋搭接接头百分率时,梁类构件,不应大于 50%;板类、墙类及柱类构件,可根据实际情况放宽。

受压钢筋的搭接接头面积百分率不宜大于 50%。

3.2.2.2　焊接连接

焊接有闪光对焊和搭接焊,焊接质量有保证时,此法较可靠。

(1)纵向受力钢筋的焊接接头应相互错开。

(2)钢筋焊接接头连接区段的长度为35d(d为纵向受力钢筋的较大直径),且不小于500 mm,凡接头中点位于该连接区段长度内的焊接接头均属于同一连接区段。

(3)同一连接区段内纵向钢筋焊接接头面积百分率为该区段内有接头的纵向受力钢筋截面面积与全部纵向受力钢筋截面面积的比值。位于同一连接区段内纵向受力钢筋的焊接接头面积百分率,对纵向受拉钢筋接头,不应大于50%。纵向受压钢筋接头、装配式构件连接处及临时缝处的焊接接头钢筋可不受此比值限制。

(4)钢筋直径$d \leqslant 28$ mm的焊接接头,宜采用闪光对头焊或搭接焊;$d > 28$ mm时,宜采用帮条焊,帮条截面面积不应小于受力钢筋截面面积的1.2倍(HPB235级钢筋)或1.5倍(HRB335级、HRB400级和RRB400级钢筋)。不同直径的钢筋不应采用帮条焊。

(5)搭接焊和帮条焊接头宜采用双面焊缝,钢筋的搭接长度不应小于5d。当施焊条件困难而采用单面焊缝时,其搭接长度应不小于10d。当焊接HPB235级钢筋时,则可分别为4d和8d。

3.2.2.3　机械连接

(1)纵向受力钢筋机械连接接头宜相互错开。

(2)钢筋机械连接接头连接区段的长度为35d(d为纵向受力钢筋的较大直径),凡接头中点位于该连接区段长度内的机械连接接头均属于同一连接区段。

(3)在受力较大处设置机械连接接头时,位于同一连接区段内的纵向受拉钢筋接头面积百分率不宜大于50%。纵向受压钢筋的接头面积百分率可不受限制。

(4)直接承受动力荷载的结构构件中的机械连接接头,位于同一连接区段内的纵向受力钢筋接头面积百分率不应大于50%。

(5)机械连接接头连接件的混凝土保护层厚度宜满足纵向受力钢筋最小保护层厚度的要求。连接件之间的横向净间距不宜小于25 mm。

任务3　钢筋混凝土结构设计原理

工程结构设计应贯彻执行国家的技术经济政策,做到安全适用、技术先进、经济合理、确保质量。《水工混凝土结构设计规范》(SL 191—2008)采用极限状态设计法,在规定的材料强度和荷载取值条件下,采用在多系数分析基础上的单一安全系数表达的方式进行设计。

1　结构的功能要求与极限状态

1.1　结构的功能要求

结构设计的目的是在现有的技术基础上,用最经济的手段,使所设计的结构满足以下三个方面的功能要求:

(1)安全性。要求结构在正常施工和正常使用时,能承受可能出现的各种作用而不发生破坏,并且在设计规定的偶然事件发生时及发生后,仍能保持必需的整体稳定性,如遇到地震、爆炸、撞击等,建筑结构虽有局部损伤但不发生倒塌。

(2)适用性。要求结构在正常使用时能满足正常的使用要求,具有良好的工作性能,不发生影响正常使用的过大变形和振幅,不产生过宽的裂缝。

(3)耐久性。在正常使用和正常维护条件下,结构在规定的使用期限内满足安全和使用功能要求,不出现钢筋严重锈蚀和混凝土严重碳化。

安全性、适用性、耐久性统称为结构的可靠性。结构的可靠性与结构的经济性是相互矛盾的。比如,在外荷载不增加的情况下,给结构增加受力钢筋数量或者提高材料强度,可以提高结构的可靠性,但同时增加了结构的造价。科学设计就是在结构的可靠性与经济性之间寻求一种合理方案,使之既经济又可靠。

1.2 结构的极限状态

结构或结构的一部分超过某一特定状态就不能满足设计规定的某一功能要求,此特定状态称为该功能的极限状态。结构的极限状态可分为承载能力极限状态和正常使用极限状态。

1.2.1 承载能力极限状态

结构或构件达到最大承载能力,或达到不适于继续承载的变形的极限状态,称为承载能力极限状态。当结构或构件出现下列状态之一时,即认为超过了承载能力极限状态:

(1)整个结构或结构的一部分失去刚体平衡,如挡土墙的滑移等;

(2)结构构件或连接因超过材料强度而破坏(包括疲劳破坏),或因过度变形而不适于继续承载;

(3)结构或构件丧失稳定,如柱压曲等;

(4)整个结构或结构的一部分转变为机动体系。

承载能力极限状态是判别结构或构件是否满足安全性功能要求的标准,因此所有结构和构件必须按承载能力极限状态进行计算,并保证有足够的可靠度;必要时应进行结构的抗倾、抗滑及抗浮验算;对需要抗震设防的结构,应进行结构的抗震承载能力计算。

1.2.2 正常使用极限状态

结构或构件达到使用功能上允许的某一规定限值的极限状态,称为正常使用极限状态。当结构或构件出现下列状态之一时,即认为超过了正常使用极限状态:

(1)影响结构正常使用或外观的变形;

(2)对运行人员、设备、仪表等有不良影响的振动;

(3)对结构外形、耐久性以及防渗结构抗渗能力有不良影响的局部损坏;

(4)影响正常使用的其他特定状态。

对使用上需控制变形值的结构构件,应进行变形验算;对使用上要求不允许开裂或控制裂缝开展宽度的结构构件,应进行抗裂或裂缝宽度验算。

结构设计通常先按承载能力极限状态设计结构构件,然后按正常使用极限状态进行验算。

2 作用与抗力

2.1 作用及作用效应

结构的作用是指能使结构产生内力、变形、位移、裂缝等各种因素的总称。根据其性质不同,作用可分为以下两类:

(1)直接作用。施加在结构上的集中力或分布力。例如,结构自重、风荷载、水压力、土压力等。

(2)间接作用。引起结构约束变形、外加变形的原因。例如,混凝土收缩、环境温度变化以及由于基础不均匀沉降等使结构产生的变形。

作用引起的结构或构件的反应,如内力、变形和裂缝等,称为作用效应,用符号 S 表示。作用效应 S 是各种作用、结构参数等随机变量的函数。长期以来,工程界习惯将直接作用和间接作用不加区分,统称为"荷载"。以下本书将作用称为荷载,将作用效应称为荷载效应。

荷载按随时间的变异性和出现的可能性分为以下三类:

(1)永久荷载(G 或 g)。在设计使用年限内量值不随时间变化,或其变化与平均值相比可忽略不计的荷载,如结构自重、土压力、固定设备自重等。

(2)可变荷载(Q 或 q)。在设计使用年限内量值随时间变化,且其变化与平均值相比不可忽略不计的荷载,如楼面活荷载、风荷载等。

(3)偶然荷载。在设计使用年限内出现的概率很小,而一旦出现,其量值很大,且持续时间很短的荷载,如校核洪水位时的静水压力、罕遇地震产生的冲击力等。

2.2 抗力

结构构件抵抗荷载效应的能力称抗力,用符号 R 表示。抗力由材料的强度及截面尺寸等因素计算得出。

由于构件制作尺寸偏差和安装误差等,导致结构构件实际尺寸与设计规定的尺寸有差异。由于材料非匀质、生产工艺等因素导致材料强度的变异性。另外,对结构构件的抗力进行分析计算时,采用了近似的基本假设和计算公式不精确,导致按公式计算的抗力值与实际结构构件的抗力值有差异。由此可知,结构的抗力具有不定性。

3 荷载与材料强度取值

3.1 荷载标准值

荷载标准值是指结构或构件设计时,采用的各种荷载的基本代表值。按设计使用年限内荷载最大值的概率分布的某一分位值确定。

由于荷载本身具有随机性,因而最大荷载也是随机变量,用荷载的概率分布来描述。荷载的概率分布曲线如图4-15所示,荷载的标准值为

$$S_k = \mu_s + \alpha_s \sigma_s = \mu_s (1 + \alpha_s \delta_s) \tag{4-4}$$

式中 μ_s——荷载的统计平均值;

σ_s——荷载的统计标准差;

δ_s——荷载的变异系数,$\delta_s = \sigma_s / \mu_s$;

α_s——荷载标准值的保证率系数。

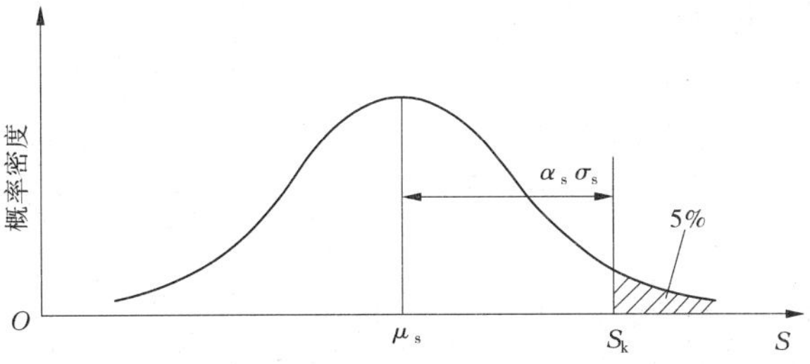

图4-15　荷载的概率分布曲线

(1)永久荷载标准值(G_k 或 g_k)。可按结构构件的设计尺寸与材料重度标准值计算。

(2)可变荷载标准值(Q_k 或 q_k)。根据设计使用年限内最大荷载概率分布的某一分位值确定。

当 $\alpha_s = 1.645$ 时,荷载标准值相当于具有95%保证率的0.95分位值。作用在结构构件上的实际荷载超过荷载标准值的可能性只有5%。此标准值为荷载的代表值。

水工建筑物的荷载标准值可根据《水工建筑物荷载设计规范》(DL 5077—1997)确定。例如,水电站副厂房楼面均布活荷载标准值见表4-4。

表4-4　水电站副厂房楼面均布活荷载标准值　(单位:kN/m^2)

	房间名称	标准值		房间名称	标准值
生产用副厂房	中央控制室、计算机室	5~6	生活用副厂房	值班室	3
	继电保护室	5		会议室	4
	蓄电池室	6		资料室	5
	开关室	5			
	电缆室	4		厕所、盥洗室	3
	空压机室	4		走道、楼梯	4
	水泵室	4			
	实验室	4			
	电工室	5			
	机修室	7~10			
	工具室	5			

3.2　材料强度

3.2.1　材料强度标准值

材料强度标准值是指结构或构件设计时,采用的材料强度的基本代表值。按符合规定质量的材料强度的概率分布的某一分位值确定。

由于材料非匀质、生产工艺等因素导致材料强度的变异性,材料强度也是随机变量。

当材料强度服从正态分布时(见图4-16),材料标准值可按下式计算:

$$f_k = \mu_f - \alpha_f\sigma_f = \mu_f(1 - \alpha_f\delta_f) \tag{4-5}$$

式中　μ_f——材料强度的统计平均值；

σ_f——材料强度的统计标准差；

δ_f——材料强度的变异系数，$\delta_f = \sigma_f/\mu_f$；

α_f——材料强度的保证率系数。

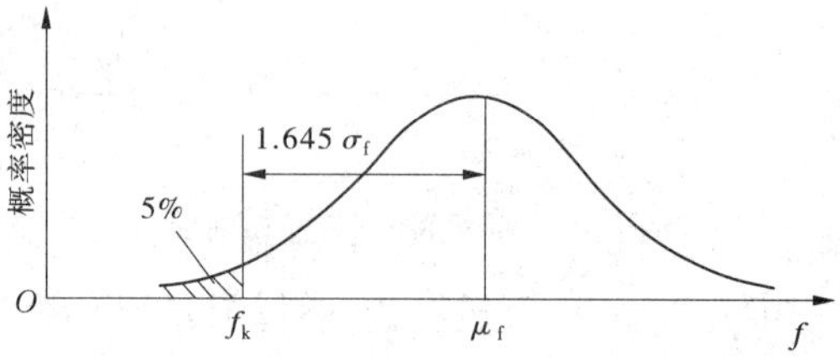

图 4-16　材料强度的概率分布曲线

钢筋和混凝土的强度标准值采用概率分布的 0.05 分位值。钢筋和混凝土实际强度小于强度标准值的可能性只有 5%，即强度标准值具有 95% 的保证率。

混凝土轴心抗压强度标准值、普通钢筋强度标准值、预应力钢筋强度标准值分别见附录 B 附表 B-6、附表 B-1、附表 B-3。

3.2.2　材料强度设计值

材料强度设计值等于材料强度标准值除以相应的材料强度分项系数，即

$$f_c = f_{ck}/\gamma_c \qquad f_y = f_{yk}/\gamma_s \tag{4-6}$$

式中　γ_c、γ_s——混凝土、钢筋材料性能分项系数。

混凝土的强度设计值见附录 B 附表 B-7，普通钢筋的强度设计值见附录 B 附表 B-2，预应力钢筋的强度设计值见附录 B 附表 B-4。

4　结构的可靠度

结构的可靠度是指结构在规定的时间内、规定的条件下，完成预定功能的概率。可靠度是对结构可靠性的定量描述，结构可靠度的评价指标有可靠概率、失效概率、可靠指标。

4.1　可靠概率和失效概率

影响结构可靠性的主要因素是荷载效应 S 和抗力 R。荷载效应 S 和抗力 R 都是随机变量。假定 S 和 R 相互独立，且都服从正态分布，取

$$Z = R - S \tag{4-7}$$

Z 称为结构的功能函数，功能函数 Z 也是随机变量，并且服从正态分布（见图 4-17），功能函数的结果有三种可能：

(1) 当 $Z>0$ 时，结构完成功能要求，处于可靠状态；

(2) 当 $Z<0$ 时，结构没有完成功能要求，处于不可靠状态；

(3) 当 $Z=0$ 时，结构达到功能要求的限值，处于极限状态。

μ_z、σ_z 分别表示结构的功能函数的平均值和标准差，则 $Z\geqslant0$ 的概率为可靠概率 P_s，即结构在规定的时间内、在规定条件下，完成预定功能的概率。

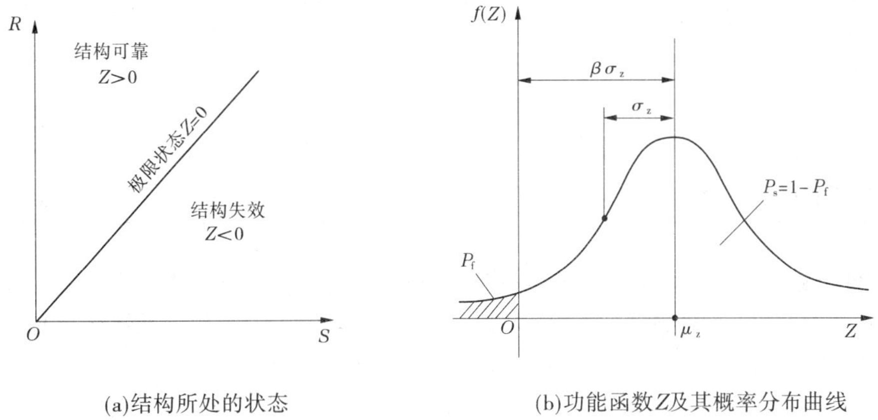

(a)结构所处的状态　(b)功能函数Z及其概率分布曲线

图4-17　功能函数 Z 及其概率分布曲线

$$P_s = \int_0^{\infty} f(Z)\,\mathrm{d}Z \tag{4-8}$$

$Z<0$ 的概率为失效概率 P_f，P_f 等于图中阴影部分的面积。

$$P_f = \int_{-\infty}^{0} f(Z)\,\mathrm{d}Z \tag{4-9}$$

$$P_f + P_s = 1 \tag{4-10}$$

结构的失效概率 P_f 与可靠概率 P_s 都可以度量结构的可靠性，工程界习惯采用结构的失效概率 P_f。失效概率 P_f 愈小，结构的可靠性愈高。

4.2　可靠指标

计算失效概率 P_f 需要进行积分运算，求解过程复杂，而且失效概率 P_f 数值极小，表达不便，因此引入可靠指标 β 替代失效概率 P_f 来度量结构的可靠性。

可靠指标 β 为结构功能函数 Z 的平均值 μ_z 与标准差 σ_z 的比值，即 $\beta=\mu_z/\sigma_z$。

可靠指标 β 与失效概率 P_f 存在对应关系，见表4-5。β 值大，对应的 P_f 值小；反之，β 值小，对应的 P_f 值大，因此 β 与 P_f 一样，可以作为度量结构可靠性的一个指标。

表4-5　可靠指标 β 与失效概率 P_f 的对应关系

β	2.7	3.2	3.7	4.2
P_f	3.5×10^{-3}	6.9×10^{-4}	1.1×10^{-4}	1.3×10^{-5}

结构设计应把失效概率控制在某一个能够接受的限值以下，即把可靠指标控制在某一个能够接受的水平上，则

$$\beta \geqslant \beta_T \tag{4-11}$$

式中　β_T——目标可靠指标。

水工混凝土结构承载能力极限状态设计时的目标可靠指标 β_T 如表4-6所示。

表 4-6 水工混凝土结构承载能力极限状态设计时的目标可靠指标 β_T

破坏类型	水工建筑物级别		
	1	2、3	4、5
延性破坏	3.7	3.2	2.7
脆性破坏	4.2	3.7	3.2

由于计算可靠指标 β 需要大量的统计资料,计算又复杂。SL 191—2008 采用在多系数分析基础上的单一安全系数表达的方式进行设计,只要按规范规定的系数进行计算,结构构件的可靠指标 β 就可以满足不小于目标可靠指标 β_T 的要求。

任务4 水工混凝土结构极限状态设计表达式

1 承载力极限状态设计表达式

承载力极限状态设计时,应采用下列设计表达式:

$$KS \leqslant R \tag{4-12}$$

式中 K——承载力安全系数,按表 4-7 采用;

S——荷载效应组合设计值,即为截面内力设计值(M、V、N 等);

R——结构构件的截面抗力,按有关章节的承载力计算公式,由材料的强度设计值及截面尺寸等因素计算得出。

表 4-7 钢筋混凝土或预应力钢筋混凝土结构构件的承载力安全系数 K

水工建筑物级别		1		2、3		4、5	
荷载效应组合		基本组合	偶然组合	基本组合	偶然组合	基本组合	偶然组合
钢筋混凝土、预应力混凝土		1.35	1.15	1.20	1.00	1.15	1.00
素混凝土	按受压承载力计算的受压、局部受压构件	1.45	1.25	1.30	1.10	1.25	1.05
	按受拉承载力计算的受压、受弯构件	2.20	1.90	2.00	1.70	1.90	1.60

注:1. 水工建筑物级别应根据《水利水电工程等级划分及洪水标准》(SL 252—2000)确定。

2. 结构在使用、施工、检修期的承载力计算,安全系数 K 应按表中基本组合取值;对地震及校核洪水位的承载力计算,安全系数 K 应按表中偶然组合取值。

3. 当荷载效应组合由永久荷载控制时,表列安全系数 K 应增加 0.05。

4. 当结构的受力情况较为复杂、施工特别困难、荷载不能准确计算、缺乏成熟的设计方法或结构有特殊要求时,承载力安全系数 K 宜适当提高。

承载力极限状态计算时,结构构件计算截面上的荷载效应组合设计值 S 应按下列规定计算。

1.1 基本组合

基本组合是按承载力极限状态设计时，使用或施工阶段的永久荷载与可变荷载效应的组合。

当永久荷载对结构起不利作用时：

$$S = 1.05S_{G1k} + 1.20S_{G2k} + 1.20S_{Q1k} + 1.10S_{Q2k} \tag{4-13}$$

当永久荷载对结构起有利作用时：

$$S = 0.95S_{G1k} + 0.95S_{G2k} + 1.20S_{Q1k} + 1.10S_{Q2k} \tag{4-14}$$

式中 S_{G1k}——自重、设备等永久荷载标准值产生的荷载效应；

S_{G2k}——土压力、淤沙压力及围岩压力等永久荷载标准值产生的荷载效应；

S_{Q1k}——一般可变荷载标准值产生的荷载效应；

S_{Q2k}——可控制其不超出规定限值的可变荷载标准值产生的荷载效应。

荷载的标准值按《水工建筑物荷载设计规范》(DL 5077—1997)的规定取用。混凝土和钢筋的强度应取强度设计值。

1.2 偶然组合

偶然组合是按承载力极限状态设计时，永久荷载、可变荷载与一种偶然荷载效应的组合。

$$S = 1.05S_{G1k} + 1.20S_{G2k} + 1.20S_{Q1k} + 1.10S_{Q2k} + 1.0S_{Ak} \tag{4-15}$$

式中 S_{Ak}——偶然荷载标准值产生的荷载效应。

2 正常使用极限状态设计表达式

正常使用极限状态验算的目的是保证结构构件在正常使用条件下，其抗裂能力、裂缝宽度和变形不超过相应的结构功能限值。

正常使用极限状态验算时，应按荷载效应的标准组合进行，并采用下列设计表达式：

$$S_k(G_k, Q_k, f_k, a_k) \leqslant c \tag{4-16}$$

式中 S_k——正常使用极限状态的荷载效应标准组合值函数；

c——结构构件达到正常使用要求所规定的变形、裂缝宽度或应力等的限值。

G_k、Q_k——永久荷载、可变荷载标准值；

f_k——材料强度标准值，按附录 B 相关表格取用；

a_k——结构构件几何参数的标准值。

【例 4-1】 某钢筋混凝土简支梁(4 级建筑物)，其净跨 $l_n = 6.0$ m，计算跨度 $l_0 = 6.37$ m。截面尺寸 $b \times h = 250\ \text{mm} \times 500\ \text{mm}$；梁承受板传来的永久荷载标准值 $g_{1k} = 8.87$ kN/m，可变荷载标准值 $q_k = 15$ kN/m；钢筋混凝土重度取 25 kN/m³。求基本组合下的跨中截面弯矩设计值、支座边缘截面剪力设计值。

解：(1)荷载计算。

永久荷载标准值 $g_{1k} = 8.87(\text{kN/m})$

梁的自重标准值 $g_{2k} = 0.25 \times 0.5 \times 25 = 3.13(\text{kN/m})$

总的永久荷载标准值 $g_k = g_{1k} + g_{2k} = 8.87 + 3.13 = 12(\text{kN/m})$

可变荷载标准值　　$q_k = 15\ \text{kN/m}$

(2)内力计算。

跨中截面弯矩设计值

$$M = 1.05 g_k l_0^2/8 + 1.20 q_k l_0^2/8$$
$$= 1.05 \times 12 \times 6.37^2/8 + 1.20 \times 15 \times 6.37^2/8 = 155.21(\text{kN} \cdot \text{m})$$

支座边缘截面剪力设计值为

$$V = 1.05 g_k l_n/2 + 1.20 q_k l_n/2 = 1.05 \times 12 \times 6.0/2 + 1.20 \times 15 \times 6.0/2 = 91.80(\text{kN})$$

【例4-2】 其他条件同例4-1。求正常使用极限状态下跨中截面弯矩标准组合值。

解:正常使用极限状态下跨中截面弯矩标准组合值为

$$M_k = (g_k + q_k) l_0^2/8 = (12 + 15) \times 6.37^2/8 = 136.95(\text{kN} \cdot \text{m})$$

项目小结

本项目主要掌握水工钢筋混凝土结构对钢筋和混凝土两种材料的性能要求,钢筋混凝土结构设计原理和结构极限状态设计表达式的概念以及应用。

重点是掌握钢筋和混凝土两种材料的强度等力学性能,理解结构极限状态设计表达式,能运用表达式解决实际工程问题。

难点是结构极限状态设计表达式的理解与应用。

知识技能训练

一、简答题

1. 钢筋混凝土结构中常用钢筋有哪些类型?
2. 为什么钢筋混凝土结构设计时把钢筋的屈服强度作为钢筋强度的计算指标?
3. 钢筋的冷加工有哪些作用?冷加工后钢筋力学性能有什么变化?
4. 对用于钢筋混凝土结构中的钢筋有哪些要求?
5. 混凝土的强度指标有哪些?
6. 何谓混凝土的徐变?影响徐变的因素有哪些?
7. 如何减小混凝土构件中的收缩裂缝?
8. 钢筋的接头有哪几种方式?
9. 什么是钢筋的锚固长度?如何取值?
10. 结构的极限状态分为哪两类?
11. 什么是承载能力极限状态?什么是正常使用极限状态?
12. 什么叫结构抗力、作用效应?
13. 什么是荷载标准值?什么是材料强度标准值?
14. 材料强度设计值与材料强度标准值之间的关系如何?

二、选择题

1. 以下哪项不是钢筋和混凝土两种材料能结合在一起共同工作的原因(　　)。

A. 钢筋与混凝土之间存在良好的黏结性

B. 具有相近的温度线膨胀系数

C. 混凝土保护钢筋,提高混凝土结构的耐久性和耐火性

D. 混凝土具有较好的抗压强度

2. 以下哪项不是钢筋混凝土结构的优点(　　)。

A. 耐久性好　　B. 耐火性好　　C. 整体性好　　D. 自重轻

3. 若混凝土的强度等级为 C25,则下列哪项叙述是正确的(　　)。

A. 抗压强度设计值 $f_c = 25$ MPa　　B. 抗压强度标准值 $f_{ck} = 25$ MPa

C. 立方体抗压强度标准值 $f_{cu,k} = 25$ MPa　　D. 抗拉强度标准值 $f_{tk} = 25$ MPa

4. 混凝土的水灰比越小,水泥用量越少,则徐变及收缩值按下列哪种情况变化(　　)。

A. 越大　　B. 越小　　C. 基本不变　　D. 不变

5. HRB400 级钢筋中的 400 代表下列哪项(　　)。

A. 钢筋强度的标准值　　B. 钢筋强度的设计值

C. 钢筋强度的平均值　　D. 钢筋强度的最大值

6. 某钢筋混凝土梁工作中由于产生过大的裂缝而影响正常使用,则可认定此构件不满足下列哪项功能要求(　　)。

A. 安全性　　B. 适用性　　C. 耐久性　　D. 上述三项均不满足

7. 当钢筋采用绑扎搭接接头时,梁内受拉钢筋的搭接接头面积百分率不宜超过下列哪项数值(　　)。

A. 1/4　　B. 1/3　　C. 1/2　　D. 3/4

8. 可变荷载标准值具有的保证率应为下列哪项(　　)。

A. 85%　　B. 90%　　C. 95%　　D. 100%

9. 钢筋绑扎搭接连接接头连接区段的长度为下列哪项(　　)。

A. l_1　　B. $1.1l_1$　　C. $1.2l_1$　　D. $1.3l_1$

10. 钢筋混凝土结构中常用钢筋是下列哪项(　　)。

A. HPB235 级

B. HPB235 级,HRB335 级

C. HPB235 级,HRB335 级, HRB400 级

D. HPB235 级,HRB335 级, HRB400 级, RRB400 级

11. 当热轧钢筋的含碳量越高时,下列哪项叙述是正确的(　　)。

A. 屈服台阶越长,伸长率越大,塑性越好,强度越高

B. 屈服台阶越短,伸长率越小,塑性越差,强度越高

C. 屈服台阶越短,伸长率越小,塑性越差,强度越低

D. 屈服台阶越长,伸长率越大,塑性越好,强度越低

12. 硬钢一般采用协定流限为屈服强度,硬钢的协定流限是指下列哪项(　　)。

A. 钢筋应变为 0.2% 时的应变

B. 由此应力卸载到钢筋应力为零时的残余应变为 0.2%

C. 钢筋弹性应变为0.2%时的应力

D. 钢筋弹性应变为0.02%时的应力

13. 建筑结构应满足的功能要求是下列哪些(　　)。

A. 经济、适用、美观　　B. 安全性、适用性、耐久性

C. 安全、舒适、经济　　D. 可靠性、稳定性、耐久性

14. 在承载力极限状态设计中，材料强度的取值应为下列哪项(　　)

A. 设计值　　B. 均可　　C. 标准值　　D. 与A相反

15. 在正常使用极限状态验算中，材料强度的取值应为下列哪项(　　)。

A. 设计值　　B. 均可　　C. 标准值　　D. 与C相反

16. 为了保证绑扎的黏结强度的可靠性，SL 191—2008 规定下列哪项是正确的(　　)。

A. 所有钢筋末端必须做成半圆弯钩

B. 所用光圆钢筋末端必须做成半圆弯钩

C. 受拉的光圆钢筋末端必须做成半圆弯钩

D. 受拉的带肋钢筋末端必须做成半圆弯钩

17. 当混凝土强度等级由C20变为C30时，受拉钢筋的最小锚固长度 l_a 按下列哪项变化(　　)。

A. 增大　　B. 减小　　C. 不变　　D. 基本不变

18. 在水利水电工程中，当采用HRB335级钢筋时，钢筋混凝土结构的混凝土强度等级一般不宜低于下列哪项(　　)。

A. C10　　B. C15　　C. C20　　D. C25

19. 在水利工程中，对于遭受剧烈温湿度变化作用的混凝土结构表面，常设置一定数量的下列哪种钢筋(　　)。

A. 钢筋束　　B. 钢丝束　　C. 钢筋网　　D. 预应力钢筋

20. 我国现行规范确定混凝土强度等级的标准立方体试块的边长为下列哪项(　　)。

A. 70.7 mm　　B. 100 mm　　C. 150 mm　　D. 200 mm

21. 钢筋混凝土构件的抗力主要与下列哪项有关(　　)。

A. 材料强度和截面尺寸　　B. 材料强度和荷载

C. 材料强度　　D. 荷载

22. 荷载效应 S、结构抗力 R 作为两个独立的随机变量，其功能函数 $Z=R-S$，下列叙述哪项是正确的(　　)。

A. $Z>0$ 结构安全　　B. $Z=0$ 结构失效

C. $Z<0$ 结构安全　　D. $Z>0$ 结构失效

23. 下列关于可靠指标 β 与失效概率 P_f 之间的关系叙述正确的是(　　)。

A. 可靠指标 β 愈小，失效概率 P_f 愈大

B. 可靠指标 β 愈小，失效概率 P_f 愈小

C. 可靠指标 β 愈大，失效概率 P_f 愈大

D. 可靠指标β愈大，失效概率P_f不变

24. 下列哪项不属于永久荷载(　　)。

A. 梁的自重　　B. 风荷载　　C. 固定设备自重　D. 板的自重

25. 承载力极限状态设计不需要考虑下列哪种组合(　　)。

A. 基本组合　　B. 偶然组合　　C. 长期组合　　D. A + B

三、计算题

1. 某钢筋混凝土简支梁(2级水工建筑物)，其净跨$l_n = 5.76$ m，计算跨度$l_0 = 6.0$ m，截面尺寸$b \times h = 250$ mm $\times 500$ mm；梁承受板传来的永久荷载标准值$g_{1k} = 10$ kN/m，可变荷载标准值$q_k = 12$ kN/m，跨中承受集中荷载标准值$G_k = 22$ kN，求基本组合下跨中截面弯矩设计值、支座边缘截面剪力设计值。

2. 其他条件同计算题(1)，求正常使用极限状态下跨中截面弯矩标准组合值。

项目5 钢筋混凝土梁、板设计与构造

知识目标

(1)了解钢筋混凝土梁、板的破坏过程及破坏特征;
(2)掌握钢筋混凝土梁、板的构造要求;
(3)掌握单筋矩形截面梁、板正截面受弯承载力的计算知识;
(4)掌握单筋矩形截面梁斜截面受弯承载力的计算知识;
(5)掌握双筋矩形截面梁正截面受弯承载力的计算知识;
(6)理解钢筋混凝土梁抗裂验算、裂缝宽度验算及变形验算的计算知识;
(7)掌握T形截面梁设计的计算知识。

能力目标

(1)能熟练运用钢筋混凝土梁、板的构造要求;
(2)会进行单筋矩形截面钢筋混凝土梁、板的设计;
(3)会进行双筋矩形截面梁的设计;
(4)会进行T形截面梁的设计;
(5)能进行钢筋混凝土梁、板结构施工图的绘制与识读。

受弯构件是指截面上承受弯矩和剪力作用的构件。梁和板是水工钢筋混凝土结构中典型的受弯构件,是水利工程中应用最广泛的构件。如水闸的底板,挡土墙的立板和底板,水电站厂房的梁、板等。梁和板二者的区别仅在于梁的截面高度一般大于截面宽度,而板的截面高度则远小于截面宽度。

受弯构件的破坏形态有两种:一种是由弯矩作用引起的,破坏面与构件的纵轴线垂直,称为正截面破坏(见图5-1(a));另一种是由弯矩和剪力共同作用引起的,破坏面与构件的纵轴线斜交,称为斜截面破坏(见图5-1(b))。本项目主要讲述钢筋混凝土受弯构件的正截面承载力计算和有关构造规定。

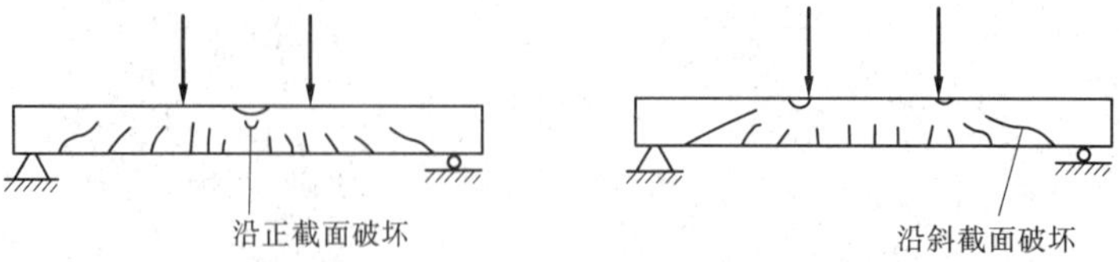

(a)正截面受弯破坏　　(b)斜截面受弯破坏

图5-1 钢筋混凝土梁、板构件的破坏形态

任务 1 矩形截面钢筋混凝土梁设计

1 梁的构造知识

1.1 截面形式与尺寸

梁的截面形式有矩形、T 形、I 字形、Π 形、箱形等。为了施工方便，梁的截面常采用矩形截面和 T 形截面，如图 5-2 所示。

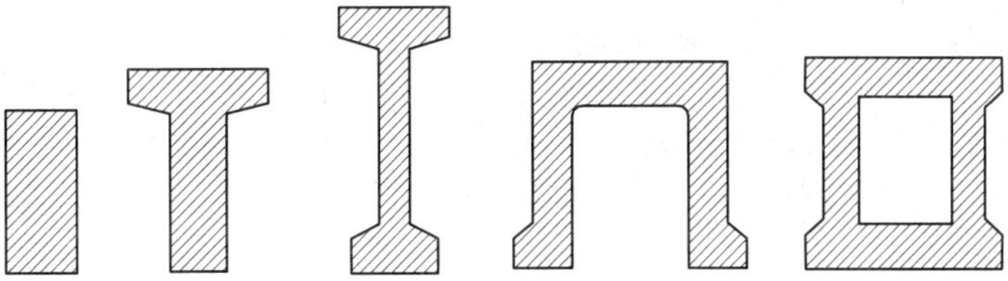

图 5-2 梁的截面形式

梁的截面尺寸除满足承载力要求外，还应满足刚度要求和施工上的便利，尺寸应有统一标准，以便重复利用模板。通常应考虑以下规定：

(1) 梁的高度 h 可根据梁的跨度 l_0 拟定，一般取 $h=(1/8\sim1/12)l_0$。梁的宽度 b 可根据梁的高度 h 拟定。对矩形截面梁，取梁宽 $b=(1/2\sim1/3)h$；对 T 形截面梁，取梁宽 $b=(1/2.5\sim1/4)h$。

(2) 梁的截面尺寸还应满足模数要求。梁宽 b = 120 mm、150 mm、180 mm、200 mm、220 mm、…、250 mm，250 mm 以上按 50 mm 的模数递增；梁高 h = 250 mm、300 mm、350 mm、400 mm、…、800 mm，以 50 mm 的模数递增，800 mm 以上按 100 mm 的模数递增。

1.2 混凝土保护层

纵向受力钢筋外边缘到混凝土近表面的距离，称为混凝土保护层（用符号 c 表示），如图 5-3 所示。其作用是防止钢筋受空气的氧化和其他侵蚀性介质的侵蚀，并保证钢筋

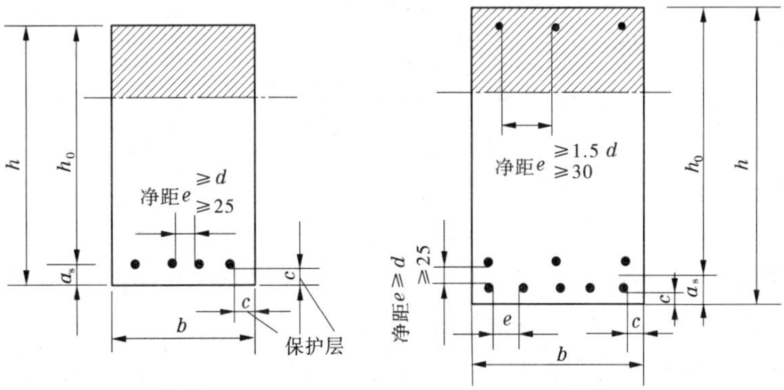

(a)单排 (b)双排

图 5-3 梁内钢筋净距 （单位：mm）

与混凝土间有足够的黏结力。梁的混凝土保护层最小厚度一般不应小于最大钢筋直径,同时不应小于粗骨料最大粒径的1.25倍,并符合表5-1的规定。

表5-1　混凝土保护层最小厚度　　(单位:mm)

项次	构件类别	环境条件类别				
		一	二	三	四	五
1	板、墙	20	25	30	45	50
2	梁、柱、墩	30	35	45	55	60
3	截面厚度≥2.5 m的底板与墩墙		40	50	60	65

注:1. 直接与地基接触的结构底层钢筋或无检修条件的结构,保护层厚度应适当增大。
2. 有抗冲耐磨要求的结构面层钢筋,保护层厚度应适当增大。
3. 混凝土强度等级不低于C30且浇筑质量有保证的预制构件或薄板,保护层厚度可按表中数值减小5 mm。
4. 钢筋表面涂塑或结构外表面敷设永久性涂料或面层时,保护层厚度可适当减小。
5. 严寒和寒冷地区受冰冻的部位,保护层厚度还应符合《水工建筑物抗冰冻设计规范》(SL 211—2006)的规定。

1.3　截面有效高度

在计算受弯构件承载力时,因混凝土开裂后拉力完全由钢筋承担,这时能发挥作用的截面高度应为受拉钢筋合力点到截面受压边缘的距离,称为截面有效高度h_0,纵向受拉钢筋合力点到截面受拉边缘的距离为a_s,即$h_0 = h - a_s$。当钢筋为一层布置时,$a_s = c + d/2$,一般梁可近似取用$a_s = 40 \sim 50$ mm;当钢筋为两层布置时,$a_s = c + d + e/2$,其中e为两层钢筋之间的净距,一般梁可近似取用$a_s = 65 \sim 75$ mm。

1.4　梁的钢筋构造

梁中通常由纵向受力钢筋、弯起钢筋、箍筋、架立钢筋等构成钢筋骨架,箍筋和弯起钢筋通常称为腹筋,根据构造要求还配置纵向构造钢筋及相应的拉筋等,如图5-4所示。

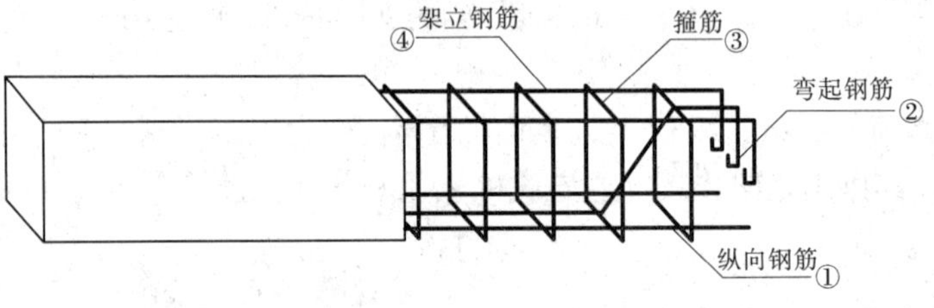

图5-4　梁内的钢筋组成

1.4.1　纵向钢筋

1.4.1.1　纵向受力钢筋

(1)直径与根数。

梁中的纵向受力钢筋宜采用HRB335、HRB400级钢筋。为保证梁的钢筋骨架具有较好刚度并便于施工,纵向受力钢筋的直径不能太小;为防止受拉区混凝土产生过宽裂缝,纵向受力钢筋的直径不宜太大。常用的纵向受力钢筋直径为12 ~ 28 mm。截面一侧(受拉或受压)钢筋的直径最好相同,为节约钢材,也可选用两种不同直径的钢筋,其直径相差宜在2 ~ 6 mm范围内。

梁内纵向受力钢筋至少为2根,以满足形成钢筋骨架的需要,钢筋总数根据承载力计算确定，一排钢筋宜用2～4根，两排钢筋宜用5～8根。纵向受力钢筋的根数也不宜太多，否则会增大钢筋加工的工作量，给混凝土浇捣带来困难。

（2）间距和布置。

为方便混凝土浇捣，保证钢筋在混凝土内得到有效锚固，梁内纵向钢筋之间的水平净距 e 的要求为：

（1）在下部不应小于纵向钢筋的最大直径 d，同时不应小于25 mm；

（2）在上部不应小于 $1.5d$，同时不应小于30 mm和最大骨料粒径的1.5倍；

（3）各层钢筋之间的净距不应小于25 mm和钢筋的最大直径 d。

梁内纵向钢筋应尽可能布置为一层。当纵向钢筋根数较多，若布置一层不能满足钢筋的间距、混凝土保护层厚度的构造规定，则应布置两层甚至三层。其中，靠外侧钢筋的根数宜多一些，直径宜粗一些。当梁下部纵向钢筋配置多于两层时，两层以上纵向钢筋之间的净距应比下面两层的净距增大1倍。上、下两层钢筋应对齐布置，以免影响混凝土浇筑。

1.4.1.2　架立钢筋

为了使纵向受力钢筋和箍筋能绑扎成骨架，在箍筋的四角必须沿梁全长配置纵向钢筋，在没有纵向受力筋的区段，则应补设架立钢筋，如图5-5所示。架立钢筋的直径要求如下：

（1）当梁跨 $l<4$ m时，架立钢筋直径 d 不宜小于8 mm；

（2）当 $l=4\sim6$ m时，d 不宜小于10 mm；

（3）当 $l>6$ m时，d 不宜小于12 mm。

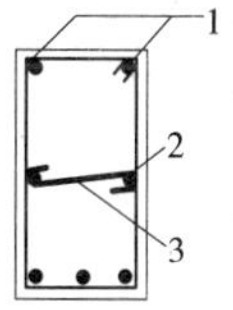

1—架立钢筋；2—腰筋；3—拉筋

图5-5　架立钢筋、腰筋及拉筋

1.4.1.3　腰筋及拉筋

当梁的截面高度较大时，为防止由于温度变形及混凝土收缩等使梁中部产生竖向裂缝，同时为了增强钢筋骨架的刚度，增强梁的抗扭作用，当梁的腹板高度 $h_w \geq 450$ mm时，应在梁的两侧沿高度设置纵向构造钢筋，称为腰筋，并用拉筋连系固定。每侧腰筋的截面面积不应小于腹板截面面积 bh_w 的0.1%，且间距不宜大于200 mm。拉筋直径一般与箍筋相同，拉筋间距常取为箍筋间距的倍数，一般为500～700 mm。

1.4.2　箍筋

1.4.2.1　箍筋的形状和肢数

箍筋除可以提高梁的抗剪能力外，还能固定纵向钢筋的位置。箍筋的形状有封闭式和开口式两种，封闭式箍筋可以提高梁的抗扭能力，故箍筋常采用封闭式。配有受压钢筋的梁，必须采用封闭式箍筋。

箍筋可按需要采用双肢或四肢，如图5-6所示。在绑扎骨架中，双肢箍筋最多能扎结4根排在一排的纵向受压钢筋，否则应采用四肢箍筋（复合箍筋）；或当梁宽大于400 mm，一排纵向受压钢筋多于3根时，也应采用四肢箍筋。

1.4.2.2　箍筋的最小直径

对高度 $h>800$ mm的梁，箍筋直径不宜小于8 mm；对高度 $h \leq 800$ mm的梁，箍筋直

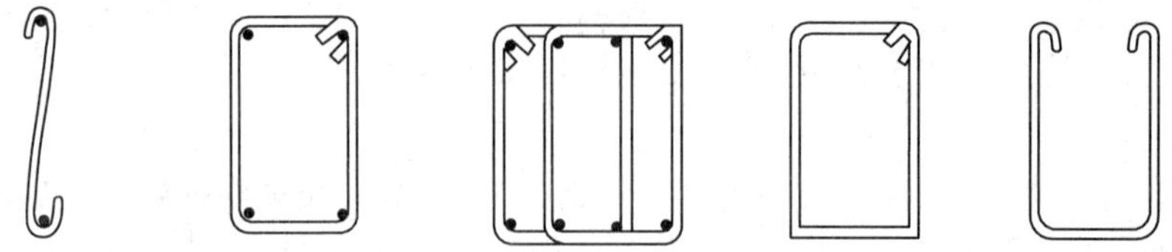

图 5-6 箍筋的形状和肢数

径不宜小于6 mm。当梁内配有计算需要的纵向受压钢筋时,箍筋直径不应小于$d/4$(d为受压钢筋中的最大直径)。为了方便箍筋加工成型,常用直径6 mm、8 mm、10 mm。

1.4.2.3 箍筋的强度

考虑到高强度的钢筋延性较差,施工时成型困难,箍筋一般采用 HPB235 级和 HRB335 级钢筋。

1.4.2.4 箍筋的布置

当按计算需要配置箍筋时,一般可在梁的全长均匀布置箍筋,也可以在梁两端剪力较大的部位布置得密一些。当按计算不需配置箍筋时,对高度$h>300$ mm 的梁,仍应沿全梁布置箍筋;对高度$h\leqslant300$ mm 的梁,可仅在构件端部各1/4跨度范围内配置箍筋,但当在构件中部1/2跨度范围内有集中荷载作用时,箍筋仍应沿梁全长布置。箍筋一般从梁边(或墙边)50 mm 处开始设置。

1.4.2.5 箍筋的最大间距

箍筋的最大间距s_{max}不得大于表5-2所列的数值。

表 5-2 梁中箍筋的最大间距 s_{max} (单位:mm)

项次	梁高 h	$KV>V_c$	$KV\leqslant V_c$
1	$h\leqslant300$	150	200
2	$300<h\leqslant500$	200	300
3	$500<h\leqslant800$	250	350
4	$h>800$	300	400

注:1. 薄腹梁的箍筋间距宜适当减小。
2. 表中K、V、V_c含义见式(5-13)。

当梁中配有计算需要的受压钢筋时,箍筋的间距在绑扎骨架中不应大于$15d$(d为受压钢筋中的最小直径),在焊接骨架中不应大于$20d$,同时在任何情况下均不应大于400 mm;当一排内纵向受压钢筋多于5根且直径大于18 mm 时,箍筋间距不应大于$10d$。在绑扎纵向钢筋的搭接长度范围内,当钢筋受拉时,其箍筋间距不应大于$5d$(d为搭接钢筋中的最小直径),且不大于100 mm;当钢筋受压时,箍筋间距不应大于$10d$,且不大于200 mm。

1.4.3 弯起钢筋

1.4.3.1 最大间距

弯起钢筋的最大间距同箍筋一样,不得大于表5-2所列的数值。

1.4.3.2　弯起角度

梁中承受剪力的钢筋，宜优先采用箍筋。当需要设置弯起钢筋时，弯起钢筋的弯起角一般为45°，当梁高 $h \geq 700$ mm 时也可用60°。当梁宽较大时，为使弯起钢筋在整个宽度范围内受力均匀，宜在同一截面内同时弯起两根钢筋。

1.4.3.3　弯起钢筋的锚固

弯起钢筋的弯折终点应留有足够长的直线锚固长度，如图5-7所示。其长度在受拉区不应小于 $20d$，在受压区不应小于 $10d$。对光圆钢筋，其末端应设置弯钩。位于梁底和梁顶角部的纵向钢筋不应弯起。

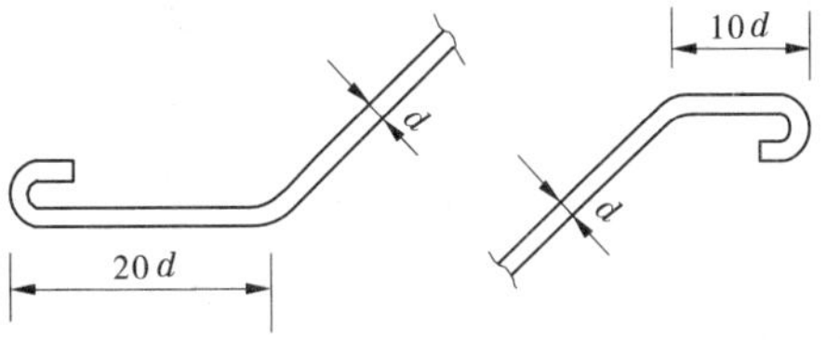

图5-7　弯起钢筋的端部构造

弯起钢筋应采用图5-8所示吊筋的形式，而不能采用仅在受拉区有较少水平段的浮筋，以防止由于弯起钢筋发生较大的滑移使斜裂缝开展过大，甚至导致斜截面受剪承载力的降低。

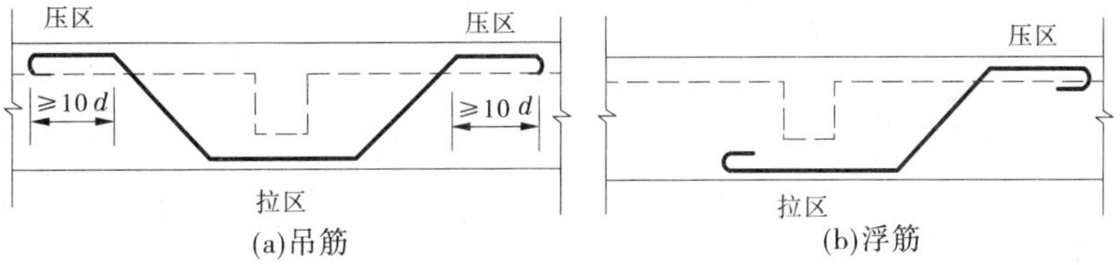

图5-8　吊筋及浮筋

2　梁正截面受弯承载力的试验研究

由于钢筋混凝土材料本身的弹塑性特点，如仍按材料力学的方法进行计算，则结果肯定与实际不符。目前，钢筋混凝土构件的计算公式一般是在大量试验的基础上结合理论分析建立起来的。因此，在学习受弯构件设计时，必须掌握适筋梁的正截面破坏过程及特征。

2.1　适筋梁正截面的受力过程

由于所研究的是梁正截面承载力计算问题，因此在试验中应该避免剪力的影响，通常在简支梁上加两个对称的集中荷载，如图5-9所示，两个荷载之间就形成了不考虑自重的纯弯段。借助仪表的测量，可以充分了解适筋梁在纯弯段从开始加载直到破坏的正截面上应力、应变的变化规律。

根据试验结果分析，钢筋混凝土梁正截面的受力过程可分为以下三个阶段。

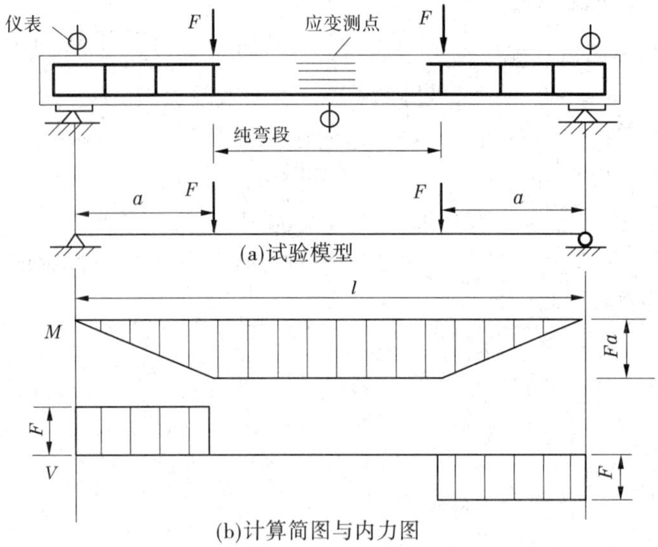

图 5-9 适筋梁正截面试验

2.1.1 第Ⅰ阶段——未裂阶段

从梁开始加荷至梁受拉区即将出现第一条裂缝时的整个受力过程,称为第Ⅰ阶段。当荷载很小时,梁截面上各点的应力及应变均很小,混凝土处于弹性工作阶段,应力与应变成正比,受拉区与受压区混凝土应力图均为三角形,此时,受拉区拉力由钢筋和混凝土共同承担。随着荷载增加,受拉区混凝土表现出塑性性质,应变增长速度比应力增长速度快,受拉区应力图形呈曲线变化。当受拉区最外缘混凝土应变将达到极限拉应变时,相应的混凝土应力接近混凝土抗拉强度 f_t。而受压区混凝土仍处于弹性阶段,应力图形仍呈三角形(见图 5-10(a))。此时,梁处于即将开裂的极限状态,即第Ⅰ阶段末,这一阶段可作为受弯构件抗裂验算的依据。

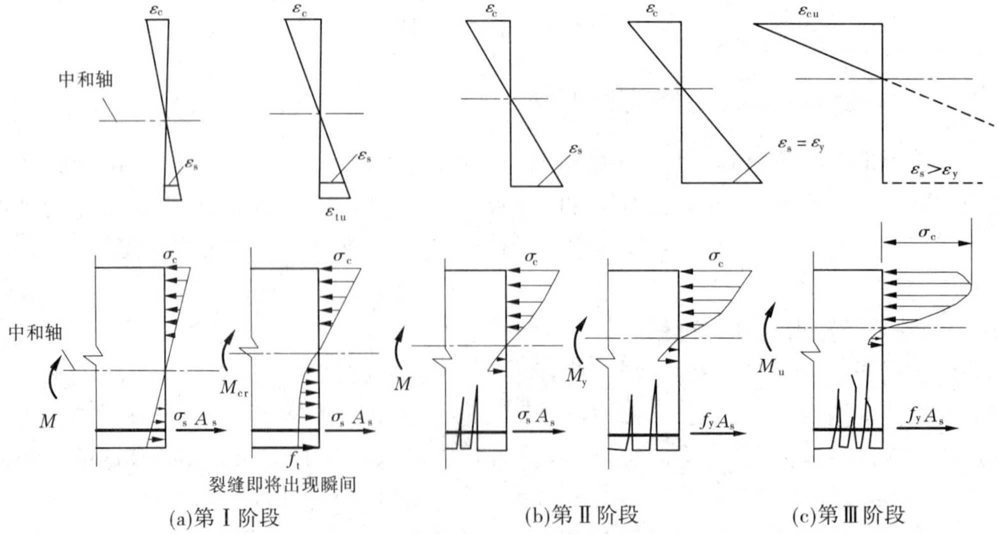

图 5-10 适筋梁在各阶段的应力、应变图

2.1.2 第Ⅱ阶段——裂缝阶段

从梁受拉区混凝土出现第一条裂缝开始，到梁受拉区钢筋屈服时的整个工作阶段，称为第Ⅱ阶段。当第Ⅰ阶段末的荷载继续增加时，受拉区混凝土开裂，拉力几乎全部由钢筋承担，受拉钢筋应力较开裂前突然增大许多。随着荷载增加，裂缝向上发展，中和轴位置逐渐上移，受压区混凝土压应力逐渐增大而表现出塑性性质，应力图形呈曲线变化（见图5-10(b)）。当受拉钢筋应力达屈服强度f_y时，即第Ⅱ阶段末，这一阶段可作为受弯构件正常使用阶段变形验算和裂缝宽度验算的依据。

2.1.3 第Ⅲ阶段——破坏阶段

受拉钢筋应力达到了屈服强度f_y，标志着梁已进入破坏阶段。随着荷载的继续增加，钢筋的应力不断增加，而应变迅速增大，裂缝宽度不断扩展且向上延伸，中和轴上移，混凝土受压区高度继续减小，压应力迅速增大，受压区混凝土的塑性性质更加明显（见图5-10(c)）。当受压区混凝土边缘应变达到极限压应变时，混凝土被压碎而破坏。第Ⅲ阶段末的应力状态可作为受弯构件正截面受弯承载力计算的依据。

表5-3为适筋梁受弯正截面工作三个阶段的主要特征。

表5-3 适筋梁受弯正截面工作三个阶段的主要特征

受力阶段		第Ⅰ阶段 （未裂阶段）	第Ⅱ阶段 （裂缝阶段）	第Ⅲ阶段 （破坏阶段）
外表现象		没裂缝、挠度很小	有裂缝、挠度还不明显	裂缝明显，挠度增大，混凝土压碎
混凝土应力图形	受压区	呈直线分布	呈曲线分布，最大值在受压区边缘处	受压区高度更为减小，曲线丰满，最大值不在受压区边缘
	受拉区	前期为直线，后期呈近似矩形的曲线	大部分混凝土退出工作	混凝土退出工作
纵向受拉钢筋应力σ_s		$\sigma_s \leqslant 20 \sim 30\ \mathrm{N/mm^2}$	$20 \sim 30\ \mathrm{N/mm^2} \leqslant \sigma_s \leqslant f_y$	$\sigma_s = f_y$
计算依据		抗裂	裂缝宽度和变形验算	正截面受弯承载力

2.2 正截面破坏特征

试验表明，钢筋混凝土受弯构件正截面的破坏特征主要与纵向受力钢筋的配筋数量有关。截面尺寸和混凝土强度等级相同的受弯构件，因其正截面上配置纵向受拉钢筋的数量不同可分为三种破坏，如图5-11所示。

2.2.1 适筋破坏

当截面配置受拉钢筋数量适宜时，即发生适筋破坏。适筋破坏的特征是：受拉钢筋应力先达到屈服强度，受压区混凝土达到极限压应变被压碎。破坏前构件上有明显主裂缝和较大挠度，给人以明显的破坏预兆，属于塑性破坏，也称延性破坏。因这种情况既安全可靠又可以充分发挥材料强度，所以是受弯构件正截面计算的依据。

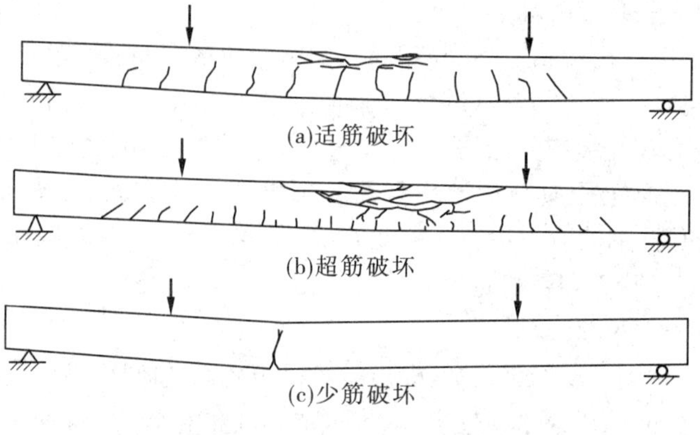

图5-11　钢筋混凝土梁正截面破坏的三种情况

2.2.2　超筋破坏

当截面配置受拉钢筋数量过多时，即发生超筋破坏。超筋破坏的特征是：受拉钢筋达到屈服强度之前，受压区混凝土达到极限压应变被压碎。破坏前构件的裂缝宽度和挠度都很小，破坏无明显的预兆，这种破坏属于脆性破坏。超筋破坏不仅破坏突然，而且钢筋用量大，不经济。因此，设计中不允许采用超筋截面。

2.2.3　少筋破坏

当截面配置受拉钢筋数量过少时，即发生少筋破坏。少筋破坏的特征是：破坏时的极限弯矩等于开裂弯矩，一裂即断。构件一旦开裂，裂缝截面混凝土即退出工作，拉力由钢筋承担而使钢筋应力突增，很快达到并超过屈服强度进入强化阶段，导致较宽裂缝和较大变形而使构件破坏。因少筋破坏是突然发生的，也属于脆性破坏。所以，设计中不允许采用少筋截面。

综上所述，当受弯构件的截面尺寸、混凝土强度等级相同时，正截面破坏的特征随配筋量多少而变化，其规律是：①配筋量太少时，破坏弯矩等于开裂弯矩，其大小取决于混凝土的抗拉强度及截面尺寸；②配筋量过多时，配筋不能充分发挥作用，构件的破坏弯矩取决于混凝土的抗压强度及截面尺寸；③配筋量适中时，构件的破坏弯矩取决于配筋量、钢筋的强度等级及截面尺寸。钢筋混凝土受弯构件设计必须采用适筋截面。因此，以适筋截面的破坏为基础，建立受弯构件正截面受弯承载力的计算公式，再配以公式的适用条件，以限制超筋破坏和少筋破坏的发生。

3　梁正截面受弯承载力计算

3.1　正截面承载力计算的规定

3.1.1　计算方法的基本假定

(1)截面应变保持为平面。构件正截面受力变形后仍为平面，截面上的平均应变均保持为直线分布，截面上任意点的应变与该点到中和轴的距离成正比。

(2)不考虑混凝土的抗拉强度。忽略受拉区混凝土的作用，拉力全部由纵向受力钢筋来承担。

(3)计算中混凝土应力—应变关系曲线如图5-12所示。当压应变 $\varepsilon_c \leqslant 0.002$ 时，应力—应变关系曲线为抛物线；当压应变 $\varepsilon_c > 0.002$ 时，应力—应变关系曲线为水平线，其极限压应变 ε_{cu} 取 0.003 3，相应的最大压应力取混凝土轴心抗压强度设计值 f_c。

(4)计算中软钢钢筋的应力—应变关系曲线如图5-13所示。钢筋应力取等于钢筋应变与其弹性模量的乘积，但不应大于其相应的强度设计值。钢筋屈服前，应力按 $\sigma_s = E_s\varepsilon_s$；钢筋屈服后，其应力一律取强度设计值 f_y。

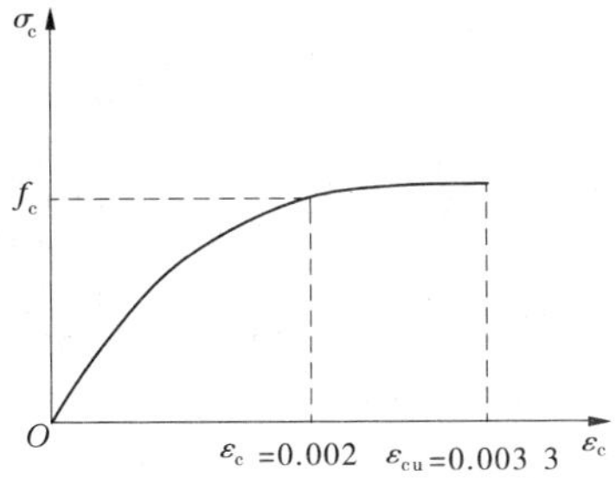

图5-12　混凝土应力—应变关系曲线

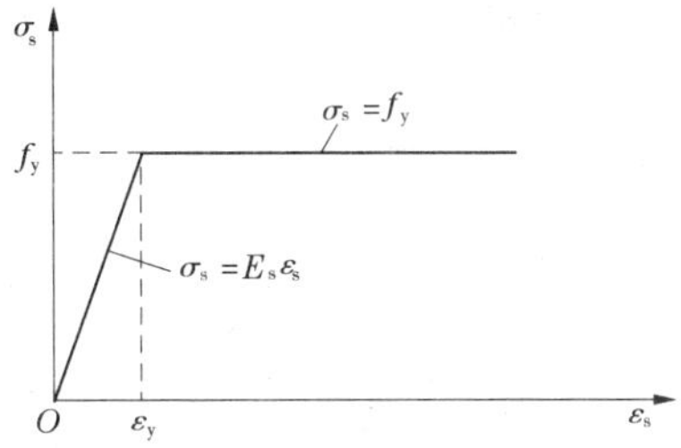

图5-13　钢筋应力—应变关系曲线

3.1.2　受压区混凝土的等效应力图形

根据平截面假定和混凝土应力—应变关系曲线，可绘制出受压区混凝土的应力—应变图形。由于得到的应力图形为二次抛物线，不便于计算，所以采用等效的矩形应力图形代替曲线应力图形，即两者应力图形面积相等，总压力值不变，两者面积的形心重和。根据混凝土压应力的合力相等和合力作用点位置不变的原则，近似取 $x = 0.8x_0$，将其简化为等效矩形应力图形，如图5-14所示。

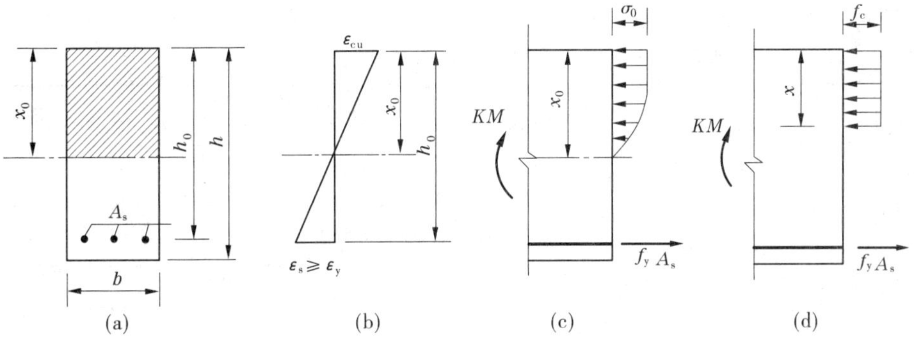

图5-14　等效矩形应力图形的换算

3.1.3　相对受压区计算高度

等效代换后矩形混凝土受压区计算高度 x 与截面有效高度 h_0 的比值，称为相对受压区计算高度，即

$$\xi = x/h_0 \tag{5-1}$$

当截面中的受拉钢筋屈服，受压区混凝土也同时达到其抗压强度(受压区边缘混凝

土的压应变达到其极限压应变 ε_{cu})时,称这种破坏为界限破坏。这种临界破坏状态,就是适筋破坏与超筋破坏的界限。这时混凝土受压区计算高度 x_b 与截面有效高度 h_0 的比值,称为相对界限受压区计算高度,如图 5-15 所示,即

$$\xi_b = x_b/h_0 \tag{5-2}$$

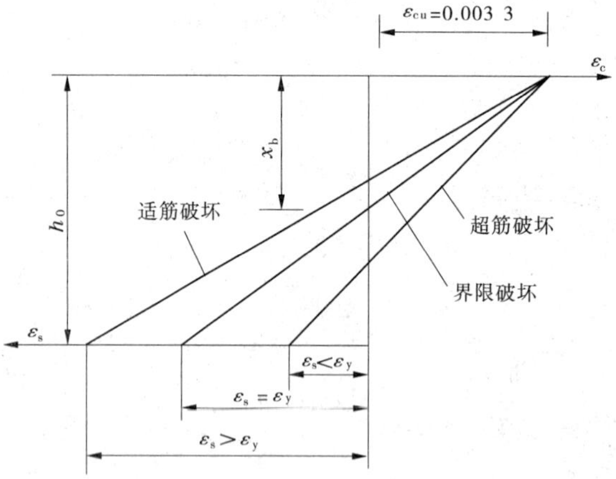

图 5-15　适筋、超筋、界限破坏时的截面应变图

若实际混凝土相对界限受压区计算高度 $\xi<\xi_b$,即 $x<x_b$、$\varepsilon_s>\varepsilon_y$,受拉钢筋可以达到屈服强度,因此为适筋破坏;当 $\xi>\xi_b$,即 $x>x_b$、$\varepsilon_s<\varepsilon_y$,受拉钢筋达不到屈服强度,因此为超筋破坏。

热轧钢筋 ξ_b 值的计算与钢筋种类及其强度等级有关。为了计算方便,将水工结构中常用钢筋 ξ_b 值列于表 5-4。

表 5-4　钢筋混凝土构件常用钢筋的 ξ_b、α_{sb}、α_{smax} 值

钢筋级别	ξ_b	$\alpha_{sb}=\xi_b(1-0.5\xi_b)$	$0.85\xi_b$	$\alpha_{smax}=0.85\xi_b(1-0.5\times0.85\xi_b)$
HPB235	0.614	0.425	0.522	0.386
HRB335	0.550	0.399	0.468	0.358
HRB400 RRB400	0.518	0.384	0.440	0.343

3.1.4　受拉钢筋配筋率

受拉钢筋的配筋率 ρ 是指受拉钢筋截面面积 A_s 与截面有效截面面积 bh_0 的比值,以百分率表示,即

$$\rho = \frac{A_s}{bh_0}\times 100\% \tag{5-3}$$

通常用 ρ_{max} 表示受拉钢筋的最大配筋率,用 ρ_{min} 表示受拉钢筋的最小配筋率。当 $\rho>\rho_{max}$ 时,将发生超筋破坏;当 $\rho<\rho_{min}$ 时,将发生少筋破坏;当 $\rho_{min}\leqslant\rho\leqslant\rho_{max}$ 时,将发生适筋破

坏。为避免发生超筋破坏与少筋破坏，截面设计时，必须控制受拉纵筋的配筋率 ρ 在 $\rho_{min} \sim \rho_{max}$ 范围内。

3.2　单筋矩形截面梁正截面承载力计算

矩形截面通常分为单筋矩形截面和双筋矩形截面两种形式。仅在受拉区配置纵向受力钢筋的截面称为单筋矩形截面，如图 5-16(a)所示；在受拉区与受压区同时配置纵向受力钢筋的截面称为双筋矩形截面，如图 5-16(b)所示。

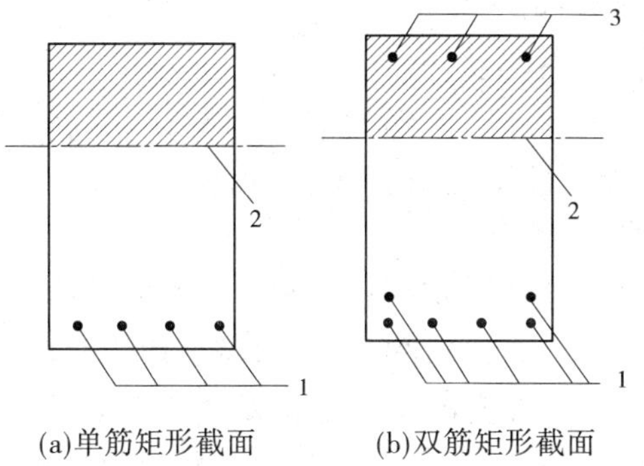

1—受拉钢筋；2—中性轴；3—受压钢筋

图 5-16　截面配筋形式

3.2.1　计算简图

根据受弯构件适筋破坏特征，在进行单筋矩形截面的受弯承载力计算时，忽略受拉区混凝土的作用；受压区混凝土的应力图形采用等效矩形应力图形，应力值取为混凝土的轴心抗压强度设计值 f_c；受拉钢筋应力达到钢筋的强度设计值 f_y。计算简图如图 5-17 所示。

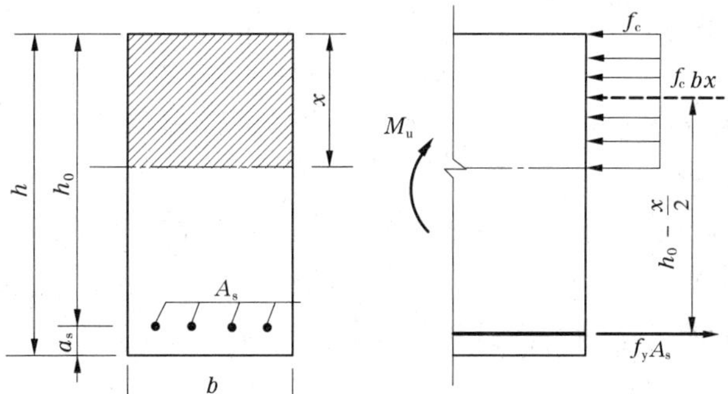

图 5-17　单筋矩形截面梁正截面承载力计算简图

3.2.2　基本公式

根据计算简图和截面内力平衡条件，并满足承载能力极限状态计算表达式的要求，可得出如下基本计算公式：

$$\sum X = 0 \quad f_c bx = f_y A_s \tag{5-4}$$

$$\sum M = 0 \quad KM \leqslant M_u = f_c bx\left(h_0 - \frac{x}{2}\right) \tag{5-5}$$

式中 M——弯矩设计值,按荷载效应基本组合或偶然组合计算,N·mm;

M_u——构件的正截面受弯承载力极限弯矩值,N·mm;

f_c——混凝土轴心抗压强度设计值,N/mm^2;

b——矩形截面宽度,mm;

x——混凝土受压区计算高度,mm;

h_0——截面有效高度,mm;

f_y——受拉钢筋的强度设计值,N/mm^2;

A_s——受拉钢筋的截面面积,mm^2;

K——承载力安全系数,按 SL 191—2008 表 3.2.4 采用。

利用基本公式进行截面设计时,必须求解方程组,比较麻烦。为简化计算,引入两个参数:一是相对受压区计算高度 ξ,$\xi = x/h_0$;二是截面抵抗矩系数参数 α_s,$\alpha_s = \xi(1 - 0.5\xi)$。由此基本公式可改写为

$$KM \leqslant M_u = \alpha_s f_c bh_0^2 \tag{5-6}$$

$$\rho = \xi \frac{f_c}{f_y} \tag{5-7}$$

3.2.3 适用条件

3.2.3.1 防止超筋破坏

基本公式是依据适筋构件破坏时的应力图形情况推导的,仅适用适筋截面。当超筋截面破坏时,受拉钢筋应力达不到其设计强度 f_y,而受压区混凝土达到了极限压应变 ε_{cu}。为了结构的安全,更有效地防止发生超筋破坏,应用基本公式和由它派生出来的计算公式计算时,必须符合下列条件:

$$\xi \leqslant 0.85\xi_b \tag{5-8}$$

ξ_b 值与钢筋级别有关,见表 5-4。

3.2.3.2 防止少筋破坏

钢筋混凝土构件破坏时承担的弯矩等于同截面素混凝土受弯构件所能承担的弯矩时的受力状态,为适筋破坏与少筋破坏的分界。这时梁的配筋率应是适筋受弯构件的最小配筋率。SL 191—2008 不仅考虑了这种等承载力原则,而且考虑了混凝土的性质和工程经验。因此,计算公式应满足:

$$\rho \geqslant \rho_{min} \tag{5-9}$$

最小配筋率 ρ_{min} 具体见附录 D 附表 D-2。

3.2.4 公式应用

钢筋混凝土梁的正截面承载力计算包括截面设计和承载力复核两类问题。

3.2.4.1 截面设计

在进行截面设计时,通常是根据受弯构件的使用要求、外荷载大小、建筑物的级别和选用的材料强度等级,确定截面尺寸以及钢筋数量。

(1)确定截面尺寸。

根据设计经验或已建类似结构,并考虑构造及施工方面的特殊要求,拟定截面高度 h 和截面宽度 b。衡量截面尺寸是否合理的标准是:拟定截面尺寸应使计算出的实际配筋率 ρ 处于常用配筋率范围内。一般梁的常用配筋率范围如下:

矩形截面梁　　0.6% ~1.5%

T形截面梁　　0.9% ~1.8%(相对于梁肋而言)

(2)内力计算。

①确定合理的计算简图。计算简图中应包括计算跨度、支座条件、荷载形式等的确定。简支梁与板的计算跨度 l_0 取下列各值中的较小者:

简支梁　　$l_0 = l_n + a$ 或 $l_0 = 1.05 l_n$

式中 l_n——梁的净跨;

a——梁的支承长度。

②确定弯矩设计值 M。按照荷载的最不利组合,计算出跨中最大正弯矩和支座最大负弯矩的设计值。

(3)配筋计算。

①计算 α_s。由式(5-6)求得 $\alpha_s = \dfrac{KM}{f_c b h_0^2}$。

②计算并验算 ξ。由式 $\alpha_s = \xi(1-0.5\xi)$,求得 $\xi = 1-\sqrt{1-2\alpha_s}$;当 $\xi \leqslant 0.85\xi_b$ 时,进行步骤③;若不满足,将会发生超筋破坏,则应加大截面尺寸,提高混凝土强度等级或采用双筋截面。

③计算并检验 ρ。$\rho = \xi \dfrac{f_c}{f_y}$。当 $\rho \geqslant \rho_{min}$ 时,进行步骤④;若不满足,取 $A_s = \rho_{min} b h_0$。

④计算 A_s。$A_s = \rho b h_0$。根据附录C钢筋表,选出符合构造规定的钢筋直径、间距和根数。实际采用的 $A_{s实}$ 一般等于或略大于计算所需要的 $A_{s计}$;若小于计算所需要的 $A_{s计}$,则应符合 $|(A_{s实} - A_{s计})/A_{s计}| \leqslant 5\%$ 的规定。配筋图应表示出截面尺寸和钢筋的布置,按适当比例绘制。

3.2.4.2 承载力复核

承载力复核是在已知截面尺寸、受拉钢筋截面面积、钢筋级别和混凝土强度等级的条件下,验算构件正截面的承载力。复核步骤如下:

(1)计算 ρ,$\rho = \dfrac{A_s}{b h_0}$。

(2)当 $\rho \geqslant \rho_{min}$ 时,计算 $\xi = \rho f_y / f_c$;当 $\rho < \rho_{min}$ 时,属少筋破坏,不满足设计要求。

(3)当 $\xi \leqslant 0.85\xi_b$ 时,$M_u = f_c b h_0^2 \xi(1-0.5\xi)$;当 $\xi > 0.85\xi_b$ 时,属超筋破坏,应取 $\xi = 0.85\xi_b$ 来计算 M_u。

(4)承载力复核:当 $KM \leqslant M_u$ 时,满足承载力要求;当 $KM > M_u$ 时,不满足承载力要求。

单筋矩形截面梁正截面受弯承载力计算流程见图5-18。

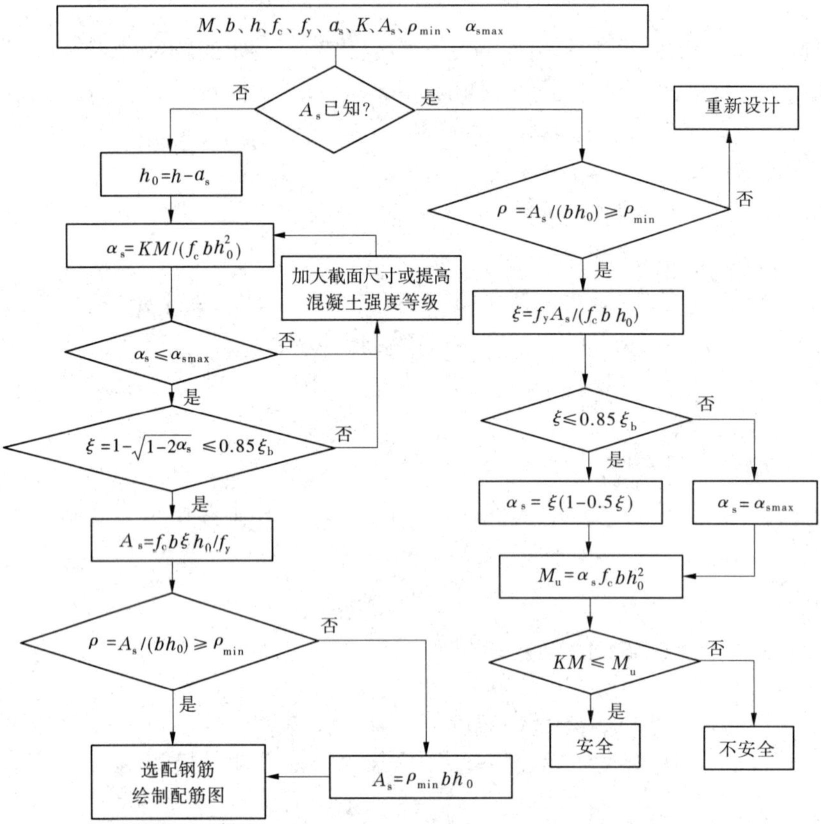

图 5-18　单筋矩形截面梁正截面受弯承载力计算流程

【例 5-1】　某水电站厂房(2 级水工建筑物)的钢筋混凝土筒支梁,如图 5-19 所示。一类环境,净跨 $l_n=6$ m,计算跨度 $l_0=6.24$ m,承受均布永久荷载(包括梁自重)$g_k=12$ kN/m,均布可变荷载 $q_k=9$ kN/m,采用混凝土强度等级为 C20,HRB335 级钢筋。试确定该梁的截面尺寸和纵向受拉钢筋截面面积 A_s。

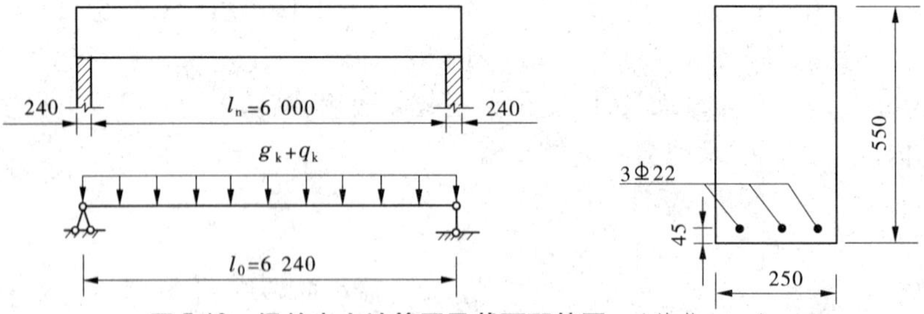

图 5-19　梁的内力计算图及截面配筋图　(单位:mm)

解:查表得:$f_c=9.6$ N/mm²,$f_y=300$ N/mm²,$K=1.20$。

(1)确定截面尺寸。

由构造要求取:

$$h=(1/12 \sim 1/8)l_0=(1/12 \sim 1/8)\times 6\,240=780 \sim 520(\text{mm}),取\ h=550\ \text{mm}$$

$$b=(1/3 \sim 1/2)h=(1/3 \sim 1/2)\times 550=275 \sim 183(\text{mm}),取\ b=250\ \text{mm}$$

(2)内力计算。

$$M = (1.05g_k + 1.20q_k)l_0^2/8 = (1.05 \times 12 + 1.20 \times 9) \times 6.24^2/8 = 113.89(\text{kN}\cdot\text{m})$$

(3)配筋计算。

取 $a_s = 45$ mm,则 $h_0 = h - a_s = 550 - 45 = 505(\text{mm})$。

$$\alpha_s = \frac{KM}{f_c b h_0^2} = \frac{1.20 \times 113.89 \times 10^6}{9.6 \times 250 \times 505^2} = 0.223$$

$$\xi = 1 - \sqrt{1 - 2\alpha_s} = 1 - \sqrt{1 - 2 \times 0.223} = 0.256 < 0.85\xi_b = 0.85 \times 0.55 = 0.468$$

$$A_s = f_c b \xi h_0 / f_y = 9.6 \times 250 \times 0.256 \times 505/300 = 1\ 034(\text{mm}^2)$$

$$\rho = A_s/(bh_0) = 1\ 034/(250 \times 505) = 0.82\% > \rho_{min} = 0.20\%$$

(4)选配钢筋,绘制配筋图。

选受拉纵筋为3 Φ 22($A_s = 1\ 140\ \text{mm}^2$),需要最小梁宽 $b_{min} = 2c + 3d + 2e = 2 \times 30 + 3 \times 22 + 2 \times 25 = 176(\text{mm}) < 200$ mm,符合构造要求。配筋图如图5-19所示。

【例5-2】 某泵站泵房矩形截面梁(3级水工建筑物),一类环境,截面尺寸 $b \times h = 250\ \text{mm} \times 600\ \text{mm}$,配置受拉钢筋为4 Φ 22,采用混凝土强度等级为C20,HRB335级钢筋。计算该梁正截面所能承受的弯矩设计值。

解:查表得:$f_c = 9.6\ \text{N/mm}^2$,$f_y = 300\ \text{N/mm}^2$,$A_s = 1\ 520$,$K = 1.20$。

(1)确定相对受压区计算高度 x。

$$h_0 = h - a_s = 600 - (30 + 22/2) = 559(\text{mm})$$

$$x = \frac{f_y A_s}{f_c b} = \frac{300 \times 1\ 520}{9.6 \times 250} = 190(\text{mm}) < 0.85\xi_b h_0 = 0.85 \times 0.550 \times 559 = 261(\text{mm})$$

不会发生超筋破坏。

(2)计算梁的承载力。

$$M = f_c bx\left(h_0 - \frac{x}{2}\right)/K = 9.6 \times 250 \times 190 \times (559 - 190/2)/1.20$$

$$= 176.32(\text{kN}\cdot\text{m})$$

所以,该梁正截面所能承受的最大弯矩设计值为176.32 kN·m。

3.3 双筋矩形截面梁正截面承载力计算

3.3.1 双筋截面及应用条件

由于混凝土抗压性能好,价格比钢筋低,用钢筋协助混凝土承受压力是不经济的,但对构件的延性有利。双筋截面通常在下列情况下采用:

(1)截面承受的弯矩很大,按单筋截面计算则 $\xi > 0.85\xi_b$,同时截面尺寸及混凝土强度等级因条件限制不能加大或提高。

(2)构件在不同的荷载组合下,同一截面既承受正弯矩又承受负弯矩。

(3)在计算抗震设防烈度为6度以上地区,为了增加构件的延性,在受压区配置普通钢筋,对结构抗震有利。

3.3.2 基本公式及适用条件

3.3.2.1 受压钢筋的设计强度

双筋截面可以看作是在单筋截面的基础上,利用配置在受压区的受力钢筋和受拉区的部分受拉钢筋来承受一部分弯矩。试验表明,双筋截面只要满足 $\xi \leqslant 0.85\xi_b$,它就具有单筋截面适筋梁的破坏特征。因此,双筋截面要考虑受压钢筋的作用及设计强度。

为保证受压钢筋达到设计强度,受压区高度应满足 $x \geqslant 2a_s'$,此时钢筋抗压强度设计值取 $f_y'=f_y$;对于高强度钢筋($f_y>400$ N/mm^2),则取 $f_y'=400$ N/mm^2。因此,受压钢筋不宜用高强度钢筋。

3.3.2.2 计算简图和基本公式

根据双筋矩形截面梁正截面承载力计算简图(见图 5-20)和截面内力平衡条件,并满足承载力极限状态计算表达式的要求,可得如下基本计算公式:

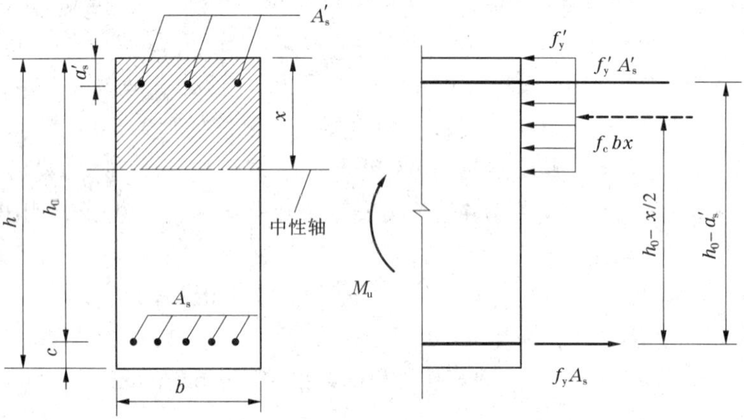

图 5-20 双筋矩形截面梁正截面承载力计算简图

$$\sum X=0 \quad f_yA_s=f_cb\xi h_0+f_y'A_s' \tag{5-10}$$

$$\sum M=0 \quad KM \leqslant M_u=f_cbx(h_0-x/2)+A_s'f_y'(h_0-a_s') \tag{5-11}$$

式中 f_y'——受压钢筋的抗压强度设计值,N/mm^2;

A_s'——受压钢筋的截面面积,mm^2;

a_s'——受压区钢筋合力点至截面受压边缘的距离,mm。

3.3.2.3 适用条件

(1)$\xi \leqslant 0.85\xi_b$ 或 $x \leqslant 0.85\xi_b h_0$,避免发生超筋破坏,保证受拉钢筋应力达到抗拉强度设计值 f_y。

(2)$x \geqslant 2a_s'$,保证受压钢筋应力达到抗压强度设计值 f_y'。

当 $x<2a_s'$,构件破坏时受压钢筋的应力达不到 f_y',SL 191—2008 规定取 $x=2a_s'$,即假定受压钢筋合力点与混凝土压应力的合力点重合,按下式计算:

$$KM \leqslant M_u=A_sf_y(h_0-a_s') \tag{5-12}$$

双筋矩形截面承受的弯矩较大,相应的受拉钢筋配置较多,一般均能满足最小配筋率的要求,无须验算 ρ_{min} 的条件。

3.3.3 公式应用

3.3.3.1 截面设计

(1)第一种情况。

已知弯矩设计值 M，截面尺寸 b、h，钢筋级别，混凝土强度等级、承载力安全系数 K。需计算受压钢筋截面面积 A'_s 和受拉钢筋截面面积 A_s，计算步骤如下：

①先验算是否需配置受压钢筋。计算 $\alpha_s = \dfrac{KM}{f_c b h_0^2}$ 及 $\xi = 1 - \sqrt{1 - 2\alpha_s}$。满足公式 $\xi \leqslant 0.85\xi_b$，按单筋矩形截面进行配筋计算；当 $\xi > 0.85\xi_b$ 时，按双筋矩形截面进行配筋计算。

②$\xi > 0.85\xi_b$，按双筋矩形截面设计计算。此时，根据充分利用受压区混凝土抗压，使总用钢量（$A_s + A'_s$）最小的原则，取 $\xi = 0.85\xi_b$。

③按式(5-10)和式(5-11)求钢筋截面面积 A_s、A'_s：

$$A_s = \frac{1}{f_y}(f_c b\xi h_0 + f'_y A'_s)$$

$$A'_s = \frac{KM - f_c bx(h_0 - x/2)}{f'_y(h_0 - a'_s)}$$

(2)第二种情况。

A'_s 已知，A_s 未知，计算步骤如下：

①由式(5-11)计算 α_s、ξ

$$\alpha_s = \frac{KM - f'_y A'_s(h_0 - a'_s)}{f_c b h_0^2}$$

$$\xi = 1 - \sqrt{1 - 2\alpha_s}$$

②验算 ξ，并计算 x。

若 $\xi > 0.85\xi_b$，说明已配置的受压钢筋 A'_s 数量不足，应增加其数量，此时按第一种情况重新计算 A'_s，若 $\xi \leqslant 0.85\xi_b$，则计算 x。

(3)验算 $x \geqslant 2a'_s$ 并计算 A_s。

若 $x \geqslant 2a'_s$，则 $A_s = \dfrac{1}{f_y}(f_c bx + f'_y A'_s)$；

若 $x < 2a'_s$，取 $x = 2a'_s$，则 $A_s = \dfrac{KM}{f_y(h_0 - a'_s)}$。

3.3.3.2 承载力复核

已知截面尺寸 $b \times h$、混凝土和钢筋的强度等级、受压钢筋和受拉钢筋截面面积 A'_s、A_s，复核正截面受弯承载力，计算步骤如下：

(1)计算受压区高度 x。

$$x = \frac{A_s f_y - A'_s f'_y}{f_c b}$$

(2)判别后求 M_u。

若 $x > 0.85\xi_b h_0$，发生超筋破坏。取 $\xi = 0.85\xi_b$，此时：

$$M_u = f_c bx(h_0 - x/2) + A'_s f'_y(h_0 - a'_s)$$

若 $x \leqslant 0.85\xi_b h_0$，此时：

若 $x \geqslant 2a'_s$ 则 $M_u = f_c bx(h_0 - x/2) + A'_s f'_y(h_0 - a'_s)$；

若 $x < 2a'_s$，取 $x = 2a'_s$，则 $M_u = A_s f_y(h_0 - a'_s)$。

(3)复核条件。

若 $KM \leqslant M_u$,则满足要求;若 $KM > M_u$,则不满足要求。

双筋矩形截面梁正截面受弯承载力计算流程如图 5-21 所示。

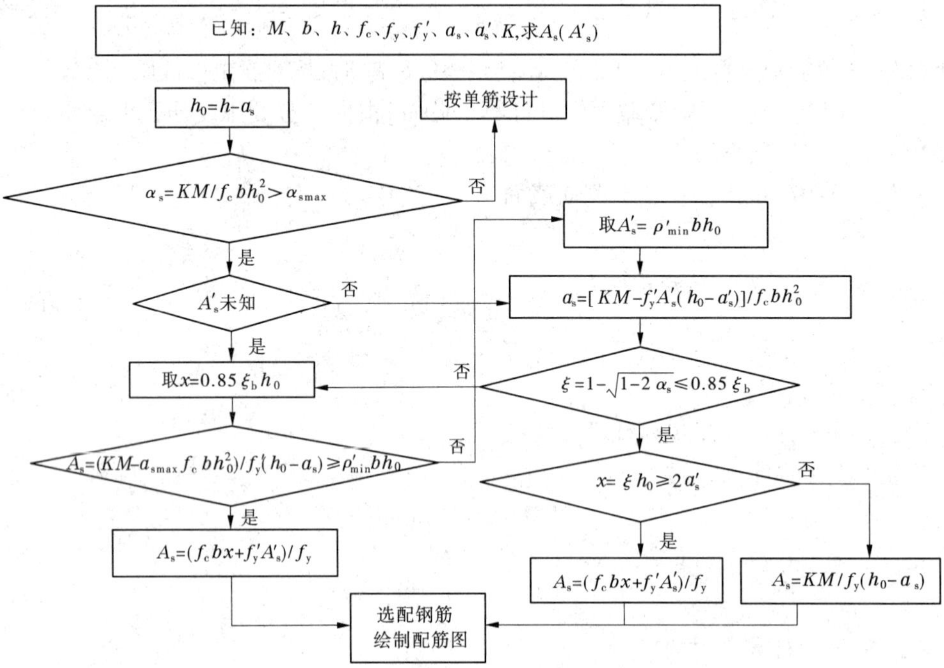

图 5-21　双筋矩形截面梁正截面受弯承载力计算流程

【例 5-3】　已知某矩形截面简支梁(2 级水工建筑物),截面尺寸 $b \times h = 250\ \text{mm} \times 500\ \text{mm}$,一类环境,计算跨度 $l_0 = 6\,500$ mm,在使用期间承受均布荷载标准值 $g_k = 20$ kN/m(包括自重),$q_k = 13.8$ kN/m,混凝土强度等级为 C20,钢筋为 HRB335 级。试计算受力钢筋截面面积(假定截面尺寸、混凝土强度等级因条件限制不能增大或提高)。

解:查表得:$f_c = 9.6\ \text{N/mm}^2$,$f_y = f_y' = 300\ \text{N/mm}^2$,$K = 1.20$。

(1)确定弯矩设计值 M。

$$M = \frac{1}{8}(1.05g_k + 1.20q_k)l_0^2 = \frac{1}{8} \times (1.05 \times 20 + 1.20 \times 13.8) \times 6.5^2$$

$$= 198.36(\text{kN} \cdot \text{m})$$

(2)验算是否应采用双筋截面。

因弯矩较大,初估钢筋布置为两层,取 $a_s = 75$ mm,则 $h_0 = h - a_s = 500 - 75 = 425$(mm)。

$$\alpha_s = \frac{KM}{f_c bh_0^2} = \frac{1.20 \times 198.36 \times 10^6}{9.6 \times 250 \times 425^2} = 0.549 > \alpha_{smax} = 0.358$$

属于超筋破坏,应采用双筋截面进行计算。

(3)配筋计算。

设受压钢筋为一层,取 $a'_s = 45$ mm;为节约钢筋,充分利用混凝土抗压,取 $x = 0.85\xi_b h_0$,则

$$A'_s = \frac{KM - \alpha_{smax} f_c b h_0^2}{f'_y (h_0 - a'_s)}$$
$$= \frac{1.20 \times 198.36 \times 10^6 - 0.358 \times 9.6 \times 250 \times 425^2}{300 \times (425 - 45)} = 727(\text{mm}^2)$$

$$A_s = \frac{0.85 f_c b \xi_b h_0 + f'_y A'_s}{f_y} = \frac{0.85 \times 9.6 \times 250 \times 0.550 \times 425 + 300 \times 727}{300} = 2\,317(\text{mm}^2)$$

(4)选配钢筋,绘制配筋图。

选受压钢筋为 2 Φ 22($A'_s = 760\ \text{mm}^2$),受拉钢筋为 5 Φ 25($A_s = 2\,454\ \text{mm}^2$),截面配筋如图 5-22 所示。

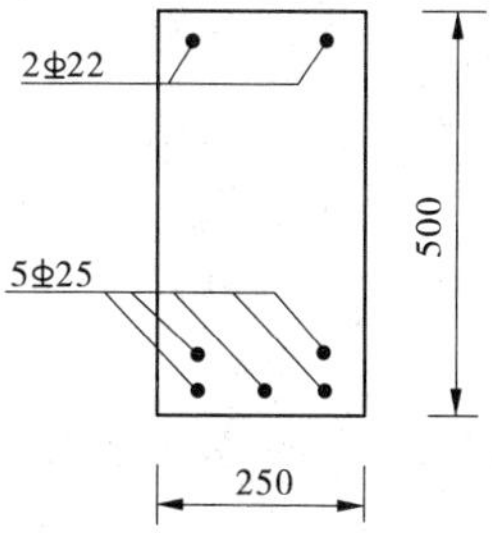

图 5-22　截面配筋图

4　梁的斜截面受剪承载力计算

钢筋混凝土梁在弯矩作用下,如果正截面受弯承载力不够,将沿垂直裂缝发生正截面受弯破坏;在剪力和弯矩共同作用的支座附近区段内,会沿着斜向裂缝发生斜截面受剪破坏或斜截面受弯破坏(见图 5-23)。因此,在保证受弯构件受弯承载力的同时,要保证斜截面承载力,即斜截面受剪承载力和受弯承载力。工程设计中,斜截面受剪承载力是由计算来满足的,斜截面受弯承载力则是通过对纵向钢筋和箍筋的构造来满足的。

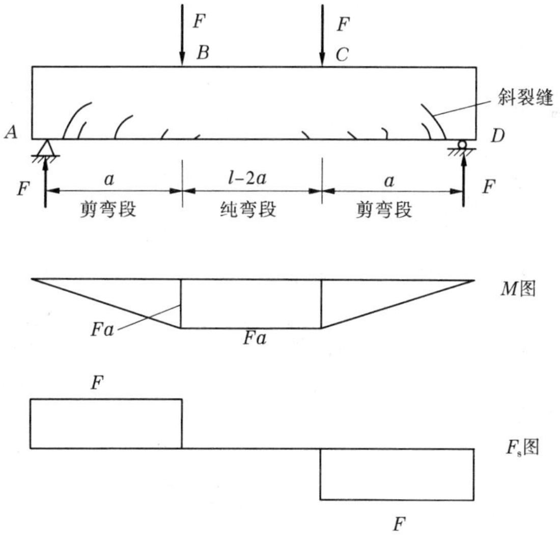

图 5-23　剪弯段及斜裂缝

4.1　梁的斜截面受剪破坏分析

4.1.1　影响斜截面受剪承载力的主要因素

4.1.1.1　剪跨比 λ

剪跨比反映了梁中弯矩和剪力的相对大小(广义剪跨比 $\lambda = M/(Vh_0)$)。剪跨比对梁的斜裂缝发生和发展状况、破坏形态及斜截面承载力影响很大。对梁顶直接施加集中荷载的梁,剪跨比 λ 是影响受剪承载力的主要因素。

4.1.1.2　混凝土强度

混凝土强度反映了混凝土的抗压强度和抗拉强度,也是影响斜截面承载力的一个重要因素。试验表明,构件斜截面承载力随混凝土强度的提高而提高,并接近线性关系。

4.1.1.3　腹筋

斜裂缝出现之前,钢筋和混凝土一样变形很小,所以腹筋的应力很低,对阻止斜裂缝开裂的作用甚微。斜裂缝出现后,与斜裂缝相交的腹筋,不仅可以直接承受部分剪力,还能阻止斜裂缝开展过宽,延缓斜裂缝的开展,提高斜截面上骨料的咬合力及混凝土的受剪承载力。另外,箍筋可限制纵向钢筋的竖向位移,能有效地阻止混凝土沿纵向的撕裂,从而提高纵向钢筋在抗剪中的销栓作用。

4.1.1.4　纵向钢筋

增加纵向钢筋可抑制斜裂缝向受压区的伸展,从而提高骨料咬合力,并加大了剪压区高度,使混凝土的抗剪能力提高。总之,随着纵向钢筋的增加,梁的受剪承载力有所提高,但增幅不大。

除上述几个主要影响因素外,影响斜截面受剪承载力的因素还有截面形式、截面尺寸和加载方式等。

4.1.2　有腹筋梁斜截面受剪破坏的主要形态

有腹筋梁斜截面受剪破坏的主要形态有斜压破坏、剪压破坏和斜拉破坏三种类型,如图5-24所示。

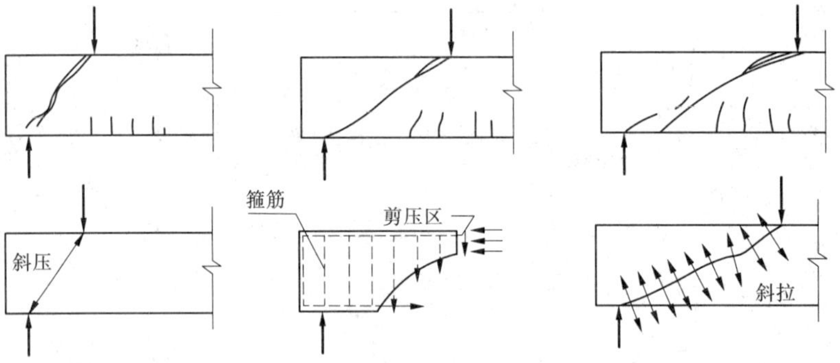

(a)斜压破坏　　(b)剪压破坏　　(c)斜拉破坏

图5-24　梁的剪切破坏形态

4.1.2.1　斜压破坏

如图5-24(a)所示,这种破坏常发生在梁的剪跨比 λ 较小($\lambda \leqslant 1$),且腹筋配置数量过多的情况。其破坏过程是,在荷载作用下,斜裂缝出现后,在裂缝中间形成倾斜的混凝土短柱,随着荷载的增加,这些短柱因混凝土达到轴心抗压强度而被压碎,此时箍筋的应力一般达不到屈服强度。

4.1.2.2　剪压破坏

如图5-24(b)所示,这种破坏常发生在剪跨比 λ 适中($1 < \lambda \leqslant 3$),且腹筋配置数量适当的情况,是最典型的斜截面破坏。其破坏过程是,随着荷载的增加,首先在受拉区出现

一些垂直裂缝和几条细微的斜裂缝，然后斜向延伸，形成较宽的主裂缝——临界斜裂缝，随着荷载的增大，斜裂缝向荷载作用点缓慢发展，剪压区高度不断减小，斜裂缝的宽度逐渐加宽，与斜裂缝相交的箍筋应力也随之增大，破坏时，受压区混凝土在剪应力和压应力共同作用下被压碎，此时箍筋的应力达到屈服强度。

4.1.2.3 斜拉破坏

如图5-24(c)所示，这种破坏常发生在剪跨比 λ 较大($\lambda>3$)，且腹筋配置数量过少的情况。其破坏过程是，随着荷载的增加，一旦出现斜裂缝，上下延伸形成临界斜裂缝，并迅速向受压边缘发展，直至将整个截面裂通，使梁劈裂为两部分而破坏，往往伴随产生沿纵向钢筋的撕裂裂缝。破坏荷载与开裂荷载很接近。

对于上述三种不同的破坏形态，设计时可以采用不同的方法进行处理，以保证构件具有足够的抗剪安全度。一般用限制截面梁的最小尺寸来防止发生斜压破坏，用满足腹筋的间距及限制箍筋的配箍率来防止斜拉破坏，剪压破坏是斜截面受剪承载力计算公式建立的依据。

4.2 梁的斜截面受剪承载力计算

4.2.1 斜截面受剪承载力计算的基本公式

斜截面受剪承载力计算是以剪压破坏特征建立的计算公式。取临界斜裂缝左边一段构件为隔离体(见图5-25)，根据承载力极限状态设计原则和隔离体竖向力的平衡条件可得

$$KV \leqslant V_u = V_c + V_{sv} + V_{sb} \tag{5-13}$$

式中 V——斜截面的剪力设计值，N；

V_c——混凝土的受剪承载力，N；

V_{sv}——箍筋的受剪承载力，N；

V_{sb}——弯起钢筋的受剪承载力，N；

K——承载力安全系数。

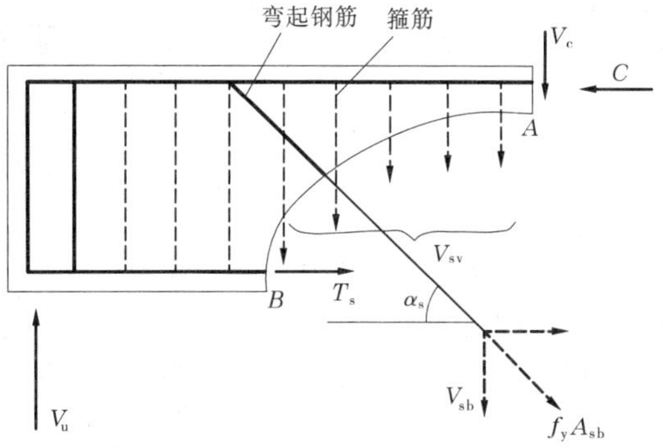

图5-25 斜截面受剪承载力计算简图

若梁不配置弯起钢筋，仅配箍筋时梁的受剪承载力则由混凝土的受剪承载力 V_c 和箍筋的受剪承载力 V_{sv} 两部分组成，并用 V_{cs} 表示，即 $V_{cs}=V_c+V_{sv}$。

4.2.1.1　仅配箍筋的梁

对于承受一般荷载的矩形、T 形和 I 形截面梁,其受剪承载力计算基本公式为

$$KV \leqslant V_{cs} = 0.7f_t bh_0 + 1.25f_{yv}\frac{A_{sv}}{s}h_0 \tag{5-14}$$

对以承受集中力为主的重要的独立梁,其受剪承载力计算基本公式为

$$KV \leqslant V_{cs} = 0.5f_t bh_0 + f_{yv}\frac{A_{sv}}{s}h_0 \tag{5-15}$$

式中　f_t——混凝土轴心抗拉强度设计值,N/mm^2;

b——矩形截面的宽度或 T 形、I 形截面的腹板宽度,mm;

h_0——截面有效高度,mm;

f_{yv}——箍筋抗拉强度设计值,N/mm^2;

A_{sv}——配置在同一截面内箍筋各肢的全部截面面积,mm^2;

s——箍筋间距,mm。

4.2.1.2　弯起钢筋的受剪承载力 V_{sb}

弯起钢筋的受剪承载力是指通过破坏斜裂缝的斜筋所能承担的最大剪力,其值等于弯起钢筋所承受的拉力在垂直于梁轴线方向的分力,即

$$V_{sb} = A_{sb}f_y \sin\alpha_s \tag{5-16}$$

式中　A_{sb}——同一弯起平面内弯起钢筋的截面面积,mm^2;

α_s——斜截面上弯起钢筋与构件纵向轴线的夹角。

4.2.2　计算公式的适用条件

斜截面受剪承载力计算公式是根据有腹筋梁的剪压破坏建立的,因此公式的适用条件必须防止发生斜压破坏和斜拉破坏。

4.2.2.1　防止斜压破坏的条件——最小截面尺寸

当梁截面尺寸过小,配置的腹筋过多,剪力较大时,梁可能发生斜压破坏,这种破坏形态的构件受剪承载力主要取决于混凝土的抗压强度及构件的截面尺寸,腹筋的应力达不到屈服强度而不能充分发挥作用。为了避免发生斜压破坏,构件的最小截面尺寸必须符合下列条件:

当 $h_w/b \leqslant 4.0$ 时　　$KV \leqslant 0.25f_c bh_0$　　(5-17)

当 $h_w/b \geqslant 6.0$ 时　　$KV \leqslant 0.2f_c bh_0$　　(5-18)

当 $4.0 < h_w/b < 6.0$ 时,按直线内插法取用。

式中　V——构件斜截面上最大剪力设计值,N;

b——矩形截面的宽度,T 形截面或 I 形截面的腹板宽度,mm;

h_w——截面的腹板高度,mm,矩形截面取截面的有效高度,T 形截面取截面有效高度减去翼缘高度,I 形截面取腹板净高。

在设计中,若不满足最小截面尺寸要求,应加大截面尺寸或提高混凝土强度等级。

4.2.2.2　防止斜拉破坏的条件——最小配箍率和腹筋的最大间距

试验表明,若腹筋配置数量得过少,一旦斜裂缝出现,由于腹筋的抗剪作用不足以替代斜裂缝发生前混凝土原有的作用,就会发生突然性的斜拉破坏。为了防止发生斜拉破

坏，必须满足箍筋的配箍率及腹筋的间距的要求。

(1)配箍率。

箍筋配置的数量可用配箍率ρ_{sv}来反映，ρ_{sv}是箍筋截面面积与相邻箍筋之间腹板水平截面面积的比值。箍筋配置过少，一旦斜裂缝出现，由于箍筋的抗剪作用不足以替代斜裂缝发生前混凝土原有的作用，就会发生突然性的斜拉破坏。为了防止发生这种破坏，当$KV > V_c$时，箍筋的配置应满足它的最小配箍率ρ_{svmin}要求：

对 HPB235 级钢筋 $\rho_{sv} = A_{sv}/(bs) \geqslant \rho_{svmin} = 0.15\%$ (5-19)

对 HRB335 级钢筋 $\rho_{sv} = A_{sv}/(bs) \geqslant \rho_{svmin} = 0.10\%$ (5-20)

(2)腹筋间距。

腹筋间距过大，有可能在两根腹筋之间出现不与腹筋相交的斜裂缝，这时腹筋便无法发挥作用(见图5-26)。同时，箍筋分布的疏密对斜裂缝开展宽度也有影响。因此，对腹筋的最大间距s_{max}做了规定，在任何情况下，腹筋的间距s或s_1不得大于表5-2中的s_{max}数值。

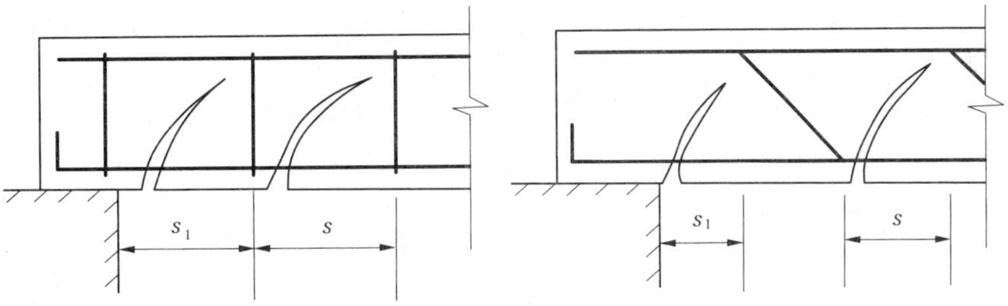

s_1—支座边缘至第一根箍筋或弯筋的距离；s—斜筋或箍筋的距离

图5-26 腹筋间距过大时产生的影响

4.2.3 受剪承载力计算位置

在进行受剪承载力计算时，应先根据危险截面确定受剪承载力的计算位置，对于矩形、T形和I形截面构件受剪承载力的计算位置(见图5-27)应按下列规定采用：

(1)支座边缘处的截面1—1；

(2)受拉区弯起钢筋弯起点处的截面2—2、3—3；

(3)箍筋截面面积或间距改变处的截面4—4；

(4)腹板宽度改变处的截面。

4.2.4 剪力设计值的取值

当计算梁的抗剪钢筋时，剪力设计值V按下列方法采用：当计算支座截面的箍筋和第一排(对支座而言)弯起钢筋时，取用支座边缘的剪力设计值，对于仅承受直接作用在构件顶面的分布荷载的梁，可取距离支座边缘为$0.5h_0$处的剪力设计值；当计算以后的每一排弯起钢筋时，取前一排(对支座而言)弯起钢筋弯起点处的剪力设计值。弯起钢筋设置的排数，与剪力图形及V_{cs}/K值的大小有关。弯起钢筋的计算一直要进行到最后一排弯起钢筋的弯起点，进入V_{cs}/K所能控制区之内，如图5-28所示。

4.2.5 斜截面受剪承载力计算步骤和方法

斜截面受剪承载力计算包括截面设计和承载力复核两个方面。截面设计是在正截面

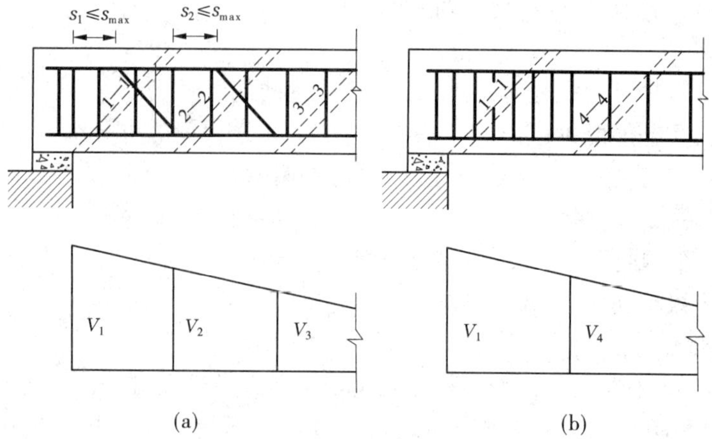

图 5-27 斜截面受剪承载力计算位置

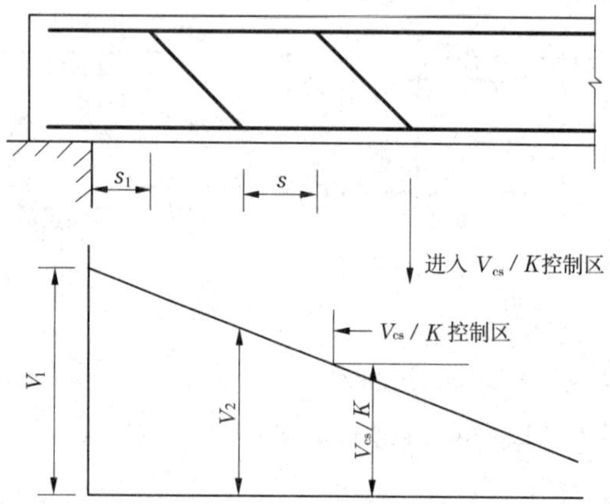

图 5-28 弯起钢筋的剪力计算值

承载力计算完成之后,即在截面尺寸、材料强度、纵向受力钢筋已知的条件下,计算梁内腹筋。承载力复核是在已知截面尺寸和梁内腹筋的条件下,验算梁的受剪承载力是否满足要求。

4.2.5.1 斜截面受剪承载力计算步骤

(1)作梁的剪力图并确定受剪承载力的计算位置。剪力设计值的计算跨度取构件的净跨度,即 $l_0 = l_n$,并按规定选取计算位置。

(2)截面尺寸验算。按式(5-17)或式(5-18)验算构件的截面尺寸,如不满足,则应加大截面尺寸或提高混凝土强度等级。

(3)验算是否按计算配置腹筋。

当梁满足下列条件时,可不必进行抗剪计算,只需满足构造要求。

①一般荷载作用下的矩形、T形及I形截面的受弯构件:

$$KV \leqslant 0.7 f_t b h_0 \tag{5-21}$$

②对以承受集中力为主的重要的独立梁:

$$KV \leqslant 0.5f_t bh_0 \tag{5-22}$$

(4)腹筋的计算。

梁内腹筋通常有两类配置方法：一是仅配箍筋；二是既配箍筋又配弯起钢筋。采用何种方式，视构件具体情况、剪力的大小及纵向钢筋的数量而定。

①仅配箍筋。当剪力完全由混凝土和箍筋承担时，箍筋按下列公式计算：

对矩形、T形或I形截面的梁，由式(5-14)可得：

$$\frac{A_{sv}}{s} \geqslant \frac{KV - 0.7f_t bh_0}{1.25f_{yv}h_0} \tag{5-23}$$

对以承受集中力为主的重要的独立梁，由式(5-15)可得：

$$\frac{A_{sv}}{s} \geqslant \frac{KV - 0.5f_t bh_0}{f_{yv}h_0} \tag{5-24}$$

计算出 A_{sv}/s 后，可先确定箍筋的肢数(通常是双肢箍筋)和直径，再求出箍筋间距 s。选取箍筋直径和间距必须满足构造要求。

②既配箍筋又配弯起钢筋。当需要配置弯起钢筋参与承受剪力时，一般先选定箍筋的直径、间距和肢数，然后按式(5-14)或式(5-15)计算出 V_{cs}，如果 $KV > V_{cs}$，则需按下式计算弯起钢筋的截面面积，即

$$A_{sb} \geqslant \frac{KV - V_{cs}}{f_y \sin\alpha_s} \tag{5-25}$$

第一排弯起钢筋上弯点距支座边缘的距离应满足 50 mm $\leqslant s_1 \leqslant s_{max}$，习惯上一般取 $s_1 = 50$ mm或 $s_1 = 100$ mm。弯起钢筋一般由梁中纵向受拉钢筋弯起而成。当纵向钢筋弯起不能满足正截面和斜截面受弯承载力要求时，可设置单独的仅受剪的弯起钢筋，这时，弯起钢筋应采用"吊筋"的形式。

(5)配箍率验算。

验算配箍率是否满足最小配箍率的要求，以防止发生斜拉破坏。

4.2.5.2 斜截面受剪承载力复核步骤

(1)按式(5-19)、式(5-20)复核构件截面尺寸。

(2)验算箍筋最小直径、箍筋间距等是否满足构造要求，复核配箍率 ρ_{sv}。

(3)复核受剪承载力满足 $KV \leqslant V_{cs} + V_{sb}$。

梁斜截面受剪计算流程如图5-29所示。

【例5-4】 某办公楼简支梁(3级水工建筑物)，如图5-30所示，两端支承在240 mm的砖墙上，净跨度 $l_n = 4$ m，截面尺寸 $b \times h = 200$ mm $\times 500$ mm，该梁承受均布荷载，其中恒荷载标准值 $g_k = 28.57$ kN/m(包括自重)，活荷载标准值 $q_k = 36$ kN/m，混凝土强度等级为C20，箍筋为HPB235级钢筋，按正截面受弯承载力计算已选配HRB335级纵向钢筋3 Φ 25。试根据斜截面受剪承载力要求确定腹筋。

解：取 $a_s = 35$ mm，则 $h_0 = h - a_s = 500 - 35 = 465$(mm)。

(1)计算剪力设计值。

支座边缘处剪力值为

$$V_1 = 0.5 \times (1.05g_k + 1.20q_k)l_n = 0.5 \times (1.05 \times 28.57 + 1.20 \times 36) \times 4 = 146.40(\text{kN})$$

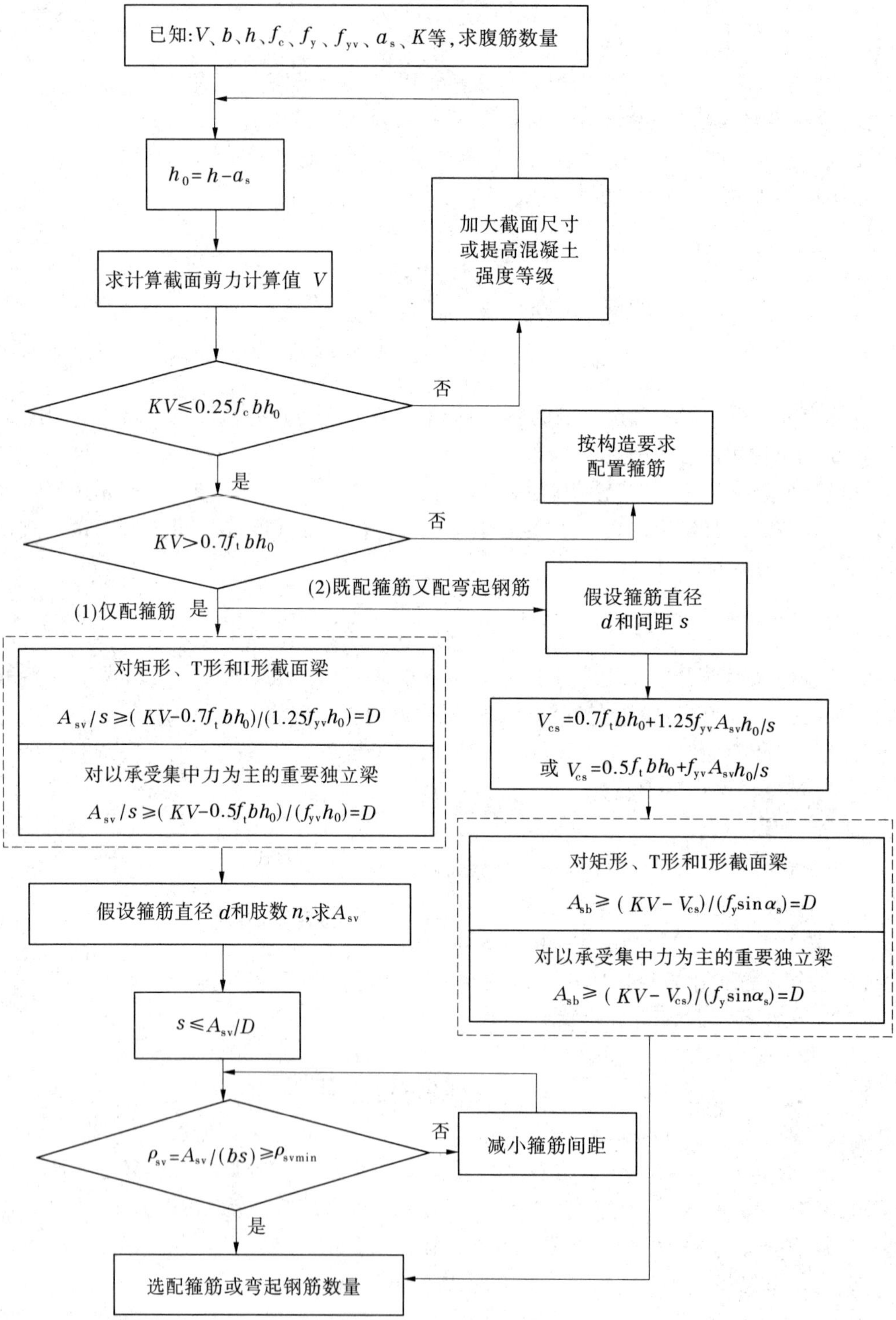

图 5-29 梁斜截面受剪计算流程

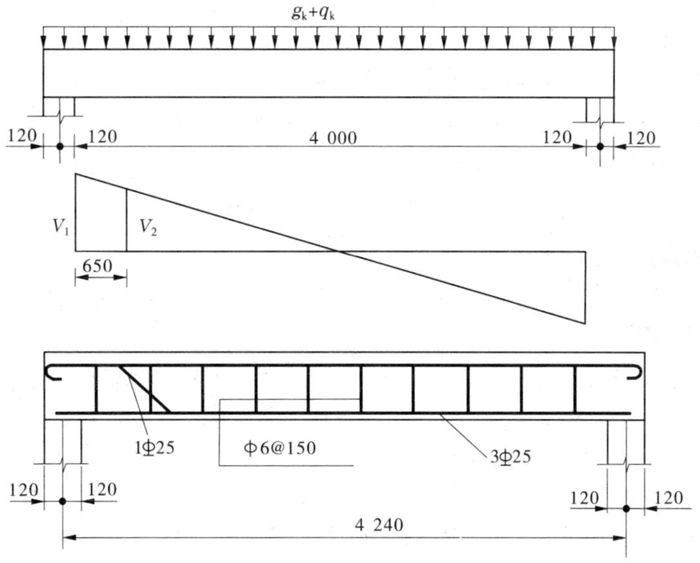

图5-30　剪力图及配筋图

(2)复核梁的截面尺寸。

$$h_w = h_0 = 465\ \text{mm},\quad \frac{h_w}{b} = \frac{465}{200} = 2.3 < 4$$

属于一般梁。

$0.25f_cbh_0 = 0.25 \times 9.6 \times 200 \times 465 = 223.2(\text{kN}) > KV_1 = 1.2 \times 146.40 = 175.68(\text{kN})$

截面尺寸满足要求。

(3)验算是否需按计算配置腹筋。

$$V_c = 0.7f_tbh_0 = 0.7 \times 1.1 \times 200 \times 465 = 71.61(\text{kN}) < KV_1 = 175.68\ \text{kN}$$

应按计算配置腹筋。

(4)腹筋计算。配置腹筋有两种:一种只配置箍筋,另一种是配置箍筋和弯起钢筋。如果既配置箍筋又配置弯起钢筋,计算如下:

按照构造要求,选用双肢Φ 6@150($n=2$,$A_{sv1}=28.3\ \text{mm}^2$,$s=150$ mm),双肢箍。

(5)验算最小配筋率。

$$\rho_{sv} = \frac{A_{sv}}{bs} = \frac{2 \times 28.3}{200 \times 150} = 0.19\% > \rho_{svmin} = 0.15\%$$

满足构造要求,所选箍筋合理。

(6)弯起钢筋计算。

$$V_{cs} = 0.7f_tbh_0 + 1.25f_{yv}\frac{A_{sv}}{s}h_0 = 71\ 610 + 1.25 \times 210 \times \frac{2 \times 28.3 \times 465}{150}$$

$$= 117.69(\text{kN}) \leqslant KV = 175.68\ \text{kN}$$

应配置弯起钢筋,取$\alpha=45°$。

$$A_{sb} = \frac{KV_1 - V_{cs}}{f_y\sin\alpha} = \frac{1.2 \times 146\ 400 - 117\ 690}{300 \times 0.707} = 273.41(\text{mm}^2)$$

选用 1 Φ 25 纵筋当弯起钢筋,$A_{sb}=491\ mm^2$ 满足计算要求。

核算是否需要第二排弯起钢筋。弯起钢筋水平投影长度 $h-2c=500-50=450$ (mm),$s_1=200$ mm,则第一排弯起钢筋下弯点距左支座边缘距离为:$x=s_1+s_b=200+450=650$(mm),则该处对应的剪力值为 $V_2=V_1-(g+q)x=98.82\ kN<V_{cs}=117.69\ kN$,故不需要第二排弯起钢筋。配筋图如图 5-30 所示。

【例 5-5】 某电站厂房简支梁,建筑物级别为 2 级,承受均布荷载作用,处于一类环境条件。梁的截面尺寸 $b\times h=200\ mm\times 400\ mm$,混凝土采用 C20,箍筋采用 HPB235 级钢筋,截面已配有双肢箍筋Φ 8@180。若支座边缘截面剪力设计值 $V=85$ kN,试求斜截面承载力,复核该梁是否安全。

解:查表得:$f_c=9.6\ N/mm^2$,$f_t=1.1\ N/mm^2$,$f_{yv}=210\ N/mm^2$,$K=1.20$,$A_{sv}=101\ mm^2$,$s=180$ mm,取 $a_s=40$ mm,$h_0=h-a_s=400-40=360$(mm)。

(1)复核截面尺寸。

$$h_w=h_0=360\ mm,\frac{h_w}{b}=\frac{360}{200}=1.80<4.0$$

$$0.25f_cbh_0=0.25\times 9.6\times 200\times 360=172.8(kN)>KV=1.20\times 85=102\ kN$$

故截面尺寸满足抗剪条件。

(2)复核配箍率。

$$s=180\ mm\leqslant s_{max}=200\ mm$$

$$\rho_{sv}=\frac{A_{sv}}{bs}=\frac{101}{200\times 180}=0.28\%>\rho_{svmin}=0.15\%$$

(3)复核受剪承载力。

$$\begin{aligned}V_{cs}&=0.7f_tbh_0+1.25f_{yv}\frac{A_{sv}}{s}h_0\\&=0.7\times 1.1\times 200\times 360+1.25\times 210\times\frac{101}{180}\times 360\\&=108.47(kN)\geqslant KV=102\ kN\end{aligned}$$

受剪承载力满足设计要求。

4.3 梁的斜截面受弯承载力的保证措施

钢筋混凝土梁除可能沿着斜截面发生受剪破坏外,还可能沿斜截面发生受弯破坏。在剪力和弯矩共同作用下产生的斜裂缝会导致与斜裂缝相交的纵向钢筋拉力增加,引起沿斜截面受弯承载力不足或锚固不足的破坏。因此,在设计中除保证梁的正截面受弯承载力和斜截面受剪承载力外,还应在考虑纵向钢筋弯起、截断及锚固时采取措施,以保证构件的斜截面受弯承载力不低于正截面受弯承载力。通常,斜截面受弯承载力是不进行计算的,而是用梁内纵向钢筋的弯起、截断、锚固及箍筋的间距等构造措施来保证,通过采用绘制正截面的抵抗弯矩图的方法予以解决。

4.3.1 抵抗弯矩图(M_R 图)

抵抗弯矩图(又称材料抵抗弯矩图),是按照梁内实配的纵筋数量计算并绘制出的各截面所能抵抗的弯矩图,可以用来确定纵筋的弯起和切断位置。

下面以某外伸梁为例说明抵抗弯矩图的画法：

（1）根据截面实际配筋求出梁各截面抵抗弯矩 M_R。

（2）计算第 i 根钢筋承担的抵抗弯矩，$M_{Ri} = M_R A_{si}/A_s$（近似按比例分配）。

（3）画出各截面所能抵抗的弯矩，其外轮廓线即为 M_R 图。图5-31所示为一外伸梁下部钢筋和上部钢筋通长设置时的 M_R 图，图中每一格为相应钢筋所承担的弯矩。点1是②号钢筋的充分利用点，点2既是②号钢筋的不需要点（亦称为理论断点），又是①号钢筋的充分利用点。显然，在图5-31中，M_R 图与 M 图相比，强度有很多富裕，从经济角度出发，AB 跨下部纵筋可以弯起一根②号钢筋，参与 A、B 支座的抗剪，同时②号钢筋弯入支座 B 上部后，可以参与承担支座 B 的负弯矩，即原来的④号钢筋可以省去，用②号钢筋来代替。当然，钢筋的弯起必须满足构造要求，才能起到预期的作用。纵筋弯起后，必定影响正截面的抵抗弯矩值。可以近似认为②号弯起钢筋穿过梁轴线后基本上进入了受压区，抗弯作用完全消失。

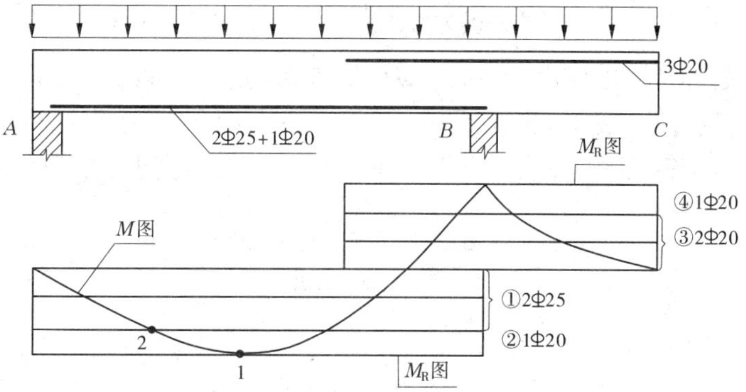

图5-31　抵抗弯矩图的绘制

4.3.2　斜截面受弯承载力的保证措施

4.3.2.1　纵筋弯起时斜截面受弯承载力的保证措施

图5-32表示弯起钢筋的弯起点与弯矩设计图的关系。钢筋①、②共同抵抗跨中截面的弯矩；钢筋②在受拉区的弯起点为1，按正截面受弯承载力计算不需要该钢筋的截面为2，该钢筋强度充分利用的截面为3，钢筋②承担的弯矩为图中阴影部分。可以证明，当弯起点1离开该钢筋充分利用截面3的距离不小于 $h_0/2$，钢筋弯起后与梁轴线的交点在该钢筋正截面抗弯不需要截面2之外时，可以保证斜截面受弯承载力不低于正截面受弯承载力，即满足斜截面受弯承载力要求。

总之，若利用弯起钢筋抗剪，则钢筋的弯起位置应同时满足抗剪计算位置、正截面抗弯（材料图覆盖弯矩设计图）和斜截面抗弯（$s \geq h_0/2$）三项要求。

4.3.2.2　纵筋切断时斜截面受弯承载力的保证措施

承受跨中正弯矩的纵向受力钢筋一般不在跨内截断，而是一部分（或全部）伸入支座，一部分弯起；而连续支座或结点附近的负弯矩区段内的纵向受拉钢筋则常在贯穿支座后的一定位置截断，以节省钢筋。

SL 191—2008规定：纵向受拉钢筋不宜在受拉区截断。必须截断时，应在该钢筋理

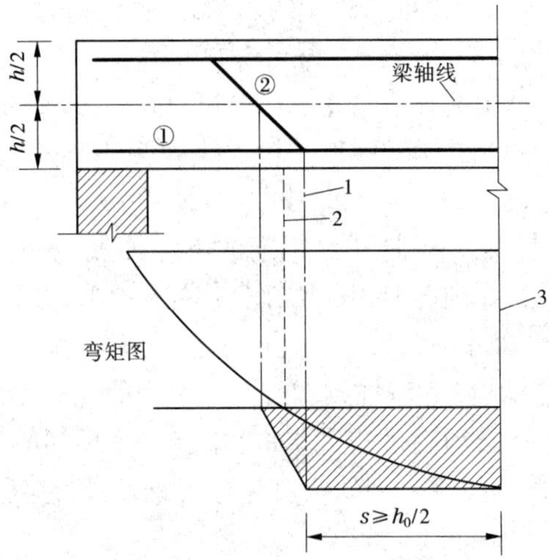

图 5-32　弯起钢筋的弯起点与弯矩设计图的关系

论截断点以外，延伸长度不应小于 $20d$（d 为该纵向钢筋直径）；同时，当 $V > V_c/K$ 时，从该钢筋强度充分利用截面延伸的长度，尚不应小于 $1.2l_a + h_0$（l_a 为受拉钢筋的最小锚固长度）；当 $V \leqslant V_c/K$ 时，从该钢筋强度充分利用截面延伸的长度，尚不应小于 $1.2l_a$（见图 5-33）。

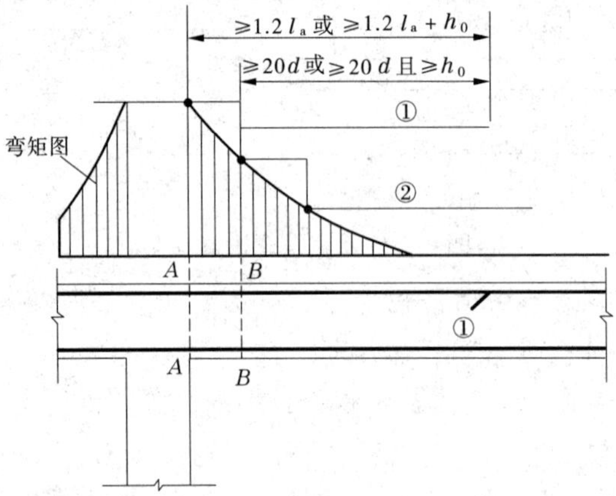

A—A：钢筋①的强度充分利用截面
B—B：按计算不需要钢筋①的截面

图 5-33　弯起钢筋的弯起点

【例 5-6】　支承在砖墙上的外伸梁，其几何尺寸如图 5-34 所示。作用在梁上的均布荷载设计值（包括梁自重）$q_1 = 64$ kN/m，$q_2 = 104$ kN/m。混凝土强度等级为 C30，纵向受力钢筋为 HRB335 级，箍筋为 HPB235 级，构件处于正常环境，3 级水工建筑物，试设计此梁并绘制施工详图。

解：(1) 梁的截面尺寸。

梁高 $h = (1/12 \sim 1/8) l_0 = 580 \sim 870$（mm），取 $h = 700$ mm。

梁宽 $b = (1/3 \sim 1/2) h = 230 \sim 350$（mm），取 $b = 250$ mm。

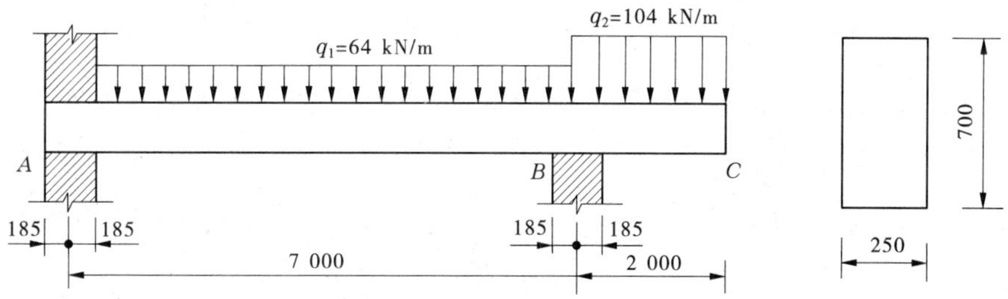

图5-34 外伸梁 (单位:mm)

(2)计算跨度。

AB 跨计算跨度 $l_{AB}=1.05l_n=7.0(m)$,BC 跨计算跨度 $l_{BC}=2.0$ m,计算简图如图5-35所示。

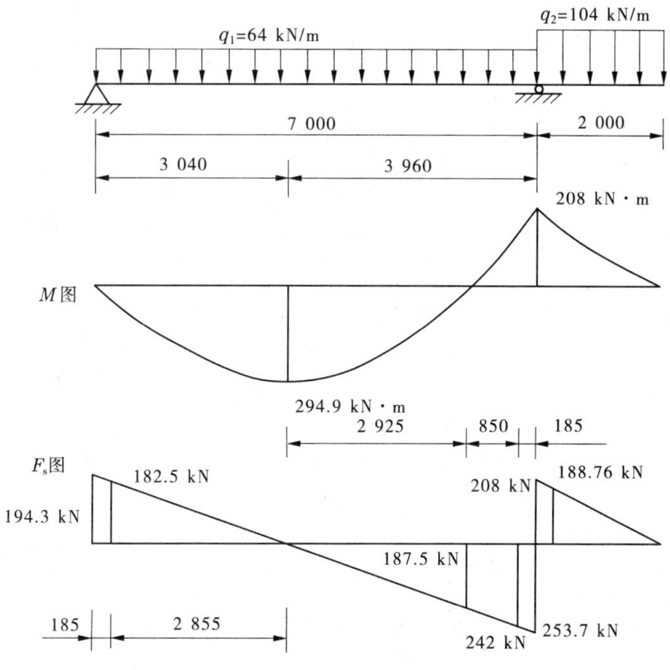

图5-35 计算简图及内力图 (单位:mm)

(3)内力计算。

①梁端反力: $R_B=\left[\frac{1}{2}\times64\times7^2+104\times2\times(1+7)\right]/7=461.7(kN)$

$$R_A=64\times7+104\times2-R_B=194.3(kN)$$

②支座反力: $V_{B右}=R_A-64\times7=194.3-64\times7=-253.7(kN)$

$$V_{B左}=104\times2=208(kN)$$

③弯矩。AB 跨中最大弯矩,根据剪力为零的条件,即

$$V=R_A-q_1x=194.3-64x=0$$

得 $x=3.04$ m,则

$$M_{max}=194.3\times3.04-\frac{1}{2}\times64\times3.04^2=294.9(\text{kN}\cdot\text{m})$$

悬臂端弯矩，$M_B=\frac{1}{2}\times104\times2^2=208(\text{kN}\cdot\text{m})$。$M$ 图、F_s 如图 5-35 所示。

(4)正截面承载力计算。

由于跨中弯矩较大，假设纵向钢筋按两排放置，截面的有效高度为 $h_0=700-60=640(\text{mm})$。

计算结果及过程见表 5-5，配筋如图 5-36 所示。

表 5-5　纵向受拉钢筋计算

计算内容	计算截面	
	跨中截面	支座 B 截面
$M(\text{kN}\cdot\text{m})$	294.9	208
$KM(\text{kN}\cdot\text{m})$	353.9	249.6
$\alpha_s=\frac{KM}{f_c bh_0^2}$	0.24	0.17
$\xi=1-\sqrt{1-2\alpha_s}$	0.279	0.188
$A_s=\frac{f_c bh_0\xi}{f_y}(\text{mm}^2)$	2 127.84	1 433.8
选配钢筋	6 Φ 22	2 Φ 22 + 3 Φ 18
适配钢筋面积(mm^2)	2 281	1 523

(5)斜截面承载力计算。

①截面尺寸验算。

$$\frac{h_w}{b}=\frac{h_0}{b}=\frac{640}{250}=2.56<4.0$$

$$0.25f_c bh_0=0.25\times14.3\times250\times640=572(\text{kN})>KV_{max}=KV_B=290.4\text{ kN}$$

截面尺寸满足抗剪要求。

②验算是否按计算配置抗剪钢筋。

$$0.7f_t bh_0=0.7\times1.43\times250\times640=160.16(\text{kN})<KV_{max}=290.4\text{ kN}$$

应通过计算确定抗剪箍筋。

③受剪箍筋计算，按构造规定采用 Φ 8@200 的双肢箍筋，$A_{sv}=100.6\text{ mm}^2$，$s=200\text{ mm}<s_{max}=250\text{ mm}$。

$$\rho_{sv}=\frac{A_{sv}}{bs}=\frac{100.6}{250\times200}=0.2\%>\rho_{svmin}=0.15\%$$

满足最小配筋率要求。

$$\begin{aligned}V_{cs}&=0.7f_t bh_0+1.25f_{yv}\frac{A_{sv}}{s}h_0\\&=0.7\times1.43\times250\times640+1.25\times210\times\frac{100.6}{200}\times640\\&=244.66(\text{kN})\end{aligned}$$

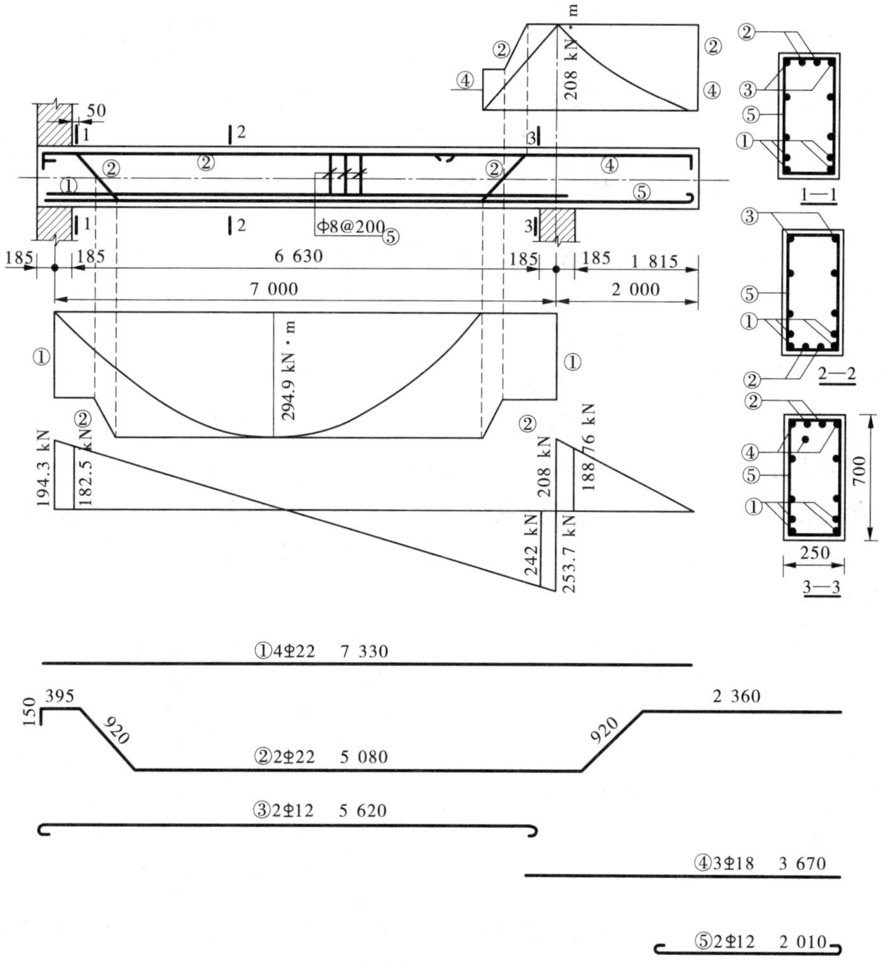

图5-36 梁的抵抗弯矩图及配筋图 （单位：mm）

④弯起钢筋的设置。

支座A，按计算不需要设弯起钢筋，为了斜截面的抗剪强度，可将跨中在支座附近不需要的纵筋弯起。

支座$B_{左}$

$$KV_{B左}=1.20\times242=290.4(\text{kN})>V_{cs}=244.66\ \text{kN}$$

需要设弯起钢筋

$$A_{sb1}=\frac{KV_{B左}-V_{cs}}{f_y\sin45^\circ}=\frac{(1.20\times242-244.66)\times10^3}{300\times0.707}=215.62(\text{mm}^2)$$

需要弯起一根Φ 22 钢筋，考虑到受力均匀，弯起2 Φ 22 的②号钢筋作为一排弯起钢筋，$A_{sb1}=760\ \text{mm}^2>215.62\ \text{mm}^2$。弯起点距支座边缘200 mm $<s_{max}$，同时距支座中线为$200+185=385(\text{mm})>\frac{h_0}{2}=320$ mm。因此，弯起钢筋可承担支座负弯矩。②号弯起钢筋

的下弯点离支座边缘的距离为 $200+(700-2\times25)=850(\text{mm})$，由剪力图的比例关系得该处的剪力为 $V_1=\dfrac{242\times2.925}{3.775}=187.5(\text{kN})$，$KV_1=1.20\times187.5=225(\text{kN})<V_{cs}=244.66\ \text{kN}$，按计算不需要弯起第二排钢筋。

支座 $B_{右}$，同样由比例关系可得支座右侧边缘的剪力：

$$V_2=\frac{208\times(2-0.185)}{2}=188.76(\text{kN})$$

$$KV_2=1.20\times188.76=226.5(\text{kN})<V_{cs}=244.66\ \text{kN}$$

不需要弯起。正截面的材料抵抗弯矩图、梁的配筋及钢筋明细尺寸如图5-36所示。

5　梁的正常使用极限状态验算

随着材料日益向高强、轻质方向发展，构件截面尺寸会越来越小，裂缝及变形问题会变得更加突出，需要对钢筋混凝土结构进行正常使用极限状态验算，即进行抗裂、裂缝宽度及挠度验算。另外，抗裂、裂缝宽度及挠度验算是在结构承载力得到保证的前提下，在正常使用条件下进行的验算，因此荷载及材料强度均采用标准值进行验算。

5.1　梁的抗裂验算

在水工建筑中，特别是承受水压力的建筑，裂缝的存在会降低抗渗性和抗冻性，从而影响钢筋混凝土结构的耐久性。SL 191—2008 规定，承受水压力的轴心受拉、小偏拉以及发生裂缝后会引起严重渗漏的其他构件（如渡槽槽身等），应进行抗裂验算。

与轴心受拉构件抗裂验算类似，把构件看作截面面积为 A_0 的均质弹性体，并考虑混凝土塑性，f_{tk} 折算成 $\gamma_m f_{tk}$，γ_m 称为截面抵抗矩的塑性系数。引用材料力学公式可得出受弯构件开裂弯矩 M_{cr} 为

$$M_{cr}=\gamma_m f_{tk}W_0 \tag{5-26}$$

实际工程中，在进行抗裂验算时，应给式(5-26)中的 f_{tk} 乘以混凝土拉应力限制系数 α_{ct}，并按荷载效应的标准组合进行抗裂验算：

$$M_k\leqslant\gamma_m\alpha_{ct}f_{tk}W_0 \tag{5-27}$$

式中　M_k——按荷载标准值计算的弯矩值；

γ_m——截面抵抗矩塑性系数，矩形截面为 $\gamma_m=1.55\times(0.7+300/h)$，其值不大于1.7，且 $h>3\ 000$ mm 时，应取 $h=3\ 000$ mm，其他截面 γ_m 值可查 SL 191—2008；

α_{ct}——混凝土拉应力限制系数，荷载效应标准组合取0.85；

W_0——换算截面对受拉边缘弹性抵抗矩，$W_0=I_0/(h-y_0)$，I_0、y_0 为换算截面对其重心轴的惯性矩和换算截面重心至受压边缘的距离，计算方法与材料力学公式完全一致。

对于双筋工字形截面（见图5-37）：

$$y_0=\frac{\dfrac{bh^2}{2}+(b'_f-b)\dfrac{h'^2_f}{2}+(b_f-b)h_f\left(h-\dfrac{h_f}{2}\right)+\alpha_E A_s h_0+\alpha_E A'_s a'}{bh+(b_f-b)h_f+(b'_f-b)h'_f+\alpha_E A'_s+\alpha_E A_s} \tag{5-28}$$

$$I_0 = \frac{b_f' y_0^3}{3} - \frac{(b_f' - b)(y_0 - h_f')^3}{3} + \frac{b_f(h - y_0)^3}{3} - \frac{(b_f - b)(h - y_0 - h_f)^3}{3} + \alpha_E A_s(h_0 - y_0)^2 + \alpha_E A_s'(y_0 - a_s')^2 \quad (5\text{-}29)$$

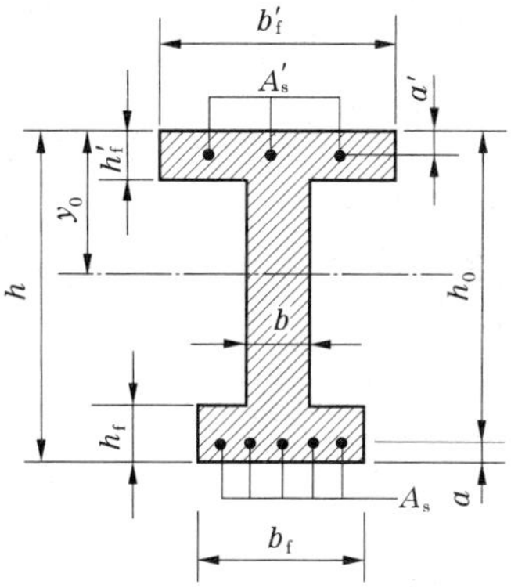

图 5-37　双筋工字形截面

对于矩形、T 形或倒 T 形截面，只需在工字形截面的基础上去掉无关项即可。对于单筋矩形截面的 I_0、y_0，也可按下列公式计算：

$$y_0 = (0.5 + 0.425\alpha_E\rho)h \quad (5\text{-}30)$$

$$I_0 = (0.083\,3 + 0.19\alpha_E\rho)bh^3 \quad (5\text{-}31)$$

式中　α_E——钢筋弹性模量与混凝土弹性模量之比，$\alpha_E = E_s/E_c$；

ρ——纵向受拉钢筋配筋率，$\rho = A_s/(bh_0)$。

提高构件抗裂能力的措施：加大构件截面尺寸与提高混凝土的强度等级，或在混凝土中掺入钢纤维等来实现，但最根本的方法是采用预应力混凝土结构。

5.2　梁的裂缝宽度验算

裂缝有荷载作用引起的和非荷载因素引起的两种裂缝。对于非荷载因素如水化热、温度变化、收缩、基础不均匀沉降等产生的裂缝，主要通过合理的结构方案、构造措施及施工措施来控制。裂缝开展宽度的验算仅限于荷载作用下产生的裂缝宽度的验算。

SL 191—2008 规定，构件最大裂缝宽度 ω_{max} 不应超过规定的最大裂缝宽度允许值 ω_{lim}（见表 5-6）。

表 5-6　最大裂缝宽度允许值　（单位：mm）

环境类别	最大裂缝宽度允许值 ω_{lim}	环境类别	最大裂缝宽度允许值 ω_{lim}
一	0.40	四	0.20
二	0.30	五	0.15
三	0.25		

注：1. 结构构件的混凝土保护层厚度大于 50 mm 时，表列数字可增加 0.05。

2. 当结构构件表面设有专门的防渗面层等防护措施时，最大裂缝宽度允许值可适当加大。

3. 当结构不具备检修维护条件时或严寒地区当年冻融循环次数大于 100 时，最大裂缝宽度允许值可适当减小。

对于矩形、T 形及工字形截面的钢筋混凝土受弯构件的最大裂缝宽度根据 SL 191—

2008 规定可根据下式计算：

$$\omega_{max} = \alpha \frac{\sigma_{sk}}{E_s}\left(30 + c + 0.07\frac{d}{\rho_{te}}\right) \tag{5-32}$$

式中　α——考虑构件受力和荷载长期作用的综合影响系数，取 2.1；

c——混凝土保护层厚度，当 $c>65$ mm 时，取 $c=65$ mm；

d——受拉钢筋直径，直径不同时用换算直径，$d=4A_s/u$，u 为钢筋总周长；

ρ_{te}——纵向受拉钢筋的有效配筋率，$\rho_{te}=A_s/A_{te}$，当 $\rho_{te}<0.03$ 时，取 $\rho_{te}=0.03$，A_s 为受拉区纵筋面积，A_{te} 为有效受拉混凝土截面面积，取其重心与受拉钢筋重心相一致的混凝土面积，$A_{te}=2a_sb$，其中 a_s 为受拉钢筋重心距截面受拉边缘的距离，b 为矩形截面宽度；

σ_{sk}——按荷载标准值计算的构件纵向受拉筋应力，对受弯构件 $\sigma_{sk}=M_k/(0.87h_0A_s)$。

如果构件最大裂缝宽度超过限值，由式(5-32)可采取相应措施予以减小：适当减小钢筋直径，减小钢筋间距，使钢筋在混凝土中均匀分布；采用与混凝土黏结较好的变形钢筋；适当增加配筋量，以降低使用阶段的钢筋应力，但增加的钢筋截面面积不宜超过承载力计算所需纵向钢筋截面面积的 30%；对限制裂缝宽度而言最根本的方法是采用预应力混凝土结构。

5.3　梁的变形验算

水工建筑物中结构尺寸一般较大，变形能满足要求。对于严格限制变形的构件，仍要进行变形验算。如吊车梁变形过大会妨碍行车正常行驶，闸门顶变形过大会使闸门顶与胸墙底梁之间止水失效。

钢筋混凝土梁的变形计算仍采用材料力学中求变形的方法，只是钢筋混凝土梁的抗弯刚度 EI(SL 191—2008 中用 B 表示)不是一个常量。钢筋混凝土受弯构件的挠度计算实质上是如何确定截面抗弯刚度 B。

构件在荷载效应标准组合下的刚度 B 可按 SL 191—2008 规定的公式确定：

$$B = 0.65B_s \tag{5-33}$$

式中　B_s——荷载效应标准组合下受弯构件的短期刚度，N · mm²。

5.3.1　短期刚度 B_s

5.3.1.1　不出现裂缝的构件

对于不出现裂缝的构件，B_s 的计算公式为

$$B_s = 0.85E_cI_0 \tag{5-34}$$

5.3.1.2　允许出现裂缝的构件

对于矩形、T 形及工字形截面受弯构件的短期刚度 B_s 的计算公式为

$$B_s = (0.025 + 0.28\alpha_E\rho)(1 + 0.55\gamma_f' + 0.12\gamma_f)E_cbh_0^3 \tag{5-35}$$

式中　B_s——出现裂缝的钢筋混凝土受弯构件的短期刚度；

ρ——纵向受拉钢筋的配筋率，$\rho=A_s/(bh_0)$；

γ_f'——受压翼缘加强系数，$\gamma_f'=(b_f'-b)h_f'/(bh_0)$；

γ_f——受拉翼缘加强系数，$\gamma_f=(b_f-b)h_f/(bh_0)$。

5.3.2 受弯构件挠度计算

由于梁各截面的弯矩不同,故各截面的抗弯刚度都不相等。考虑到支座附近弯矩较小区段虽然刚度较大,但它对全梁变形的影响不大,故 SL 191—2008 规定了钢筋混凝土受弯构件的挠度计算的"最小刚度原则",即对于等截面构件,可假定各同号弯矩区段内的刚度相等,并取用该区段内最大弯矩处的刚度。

有了刚度的计算公式及"最小刚度原则"后,按荷载效应的标准组合下求出受弯构件长期刚度 B_l 后,将其代入材料力学变形公式即可计算挠度。求得的挠度值不应超过 SL 191—2008规定的挠度限值,即

$$f_{\max} = s\frac{M_s l_0^2}{B_1} \leqslant [f] \tag{5-36}$$

式中 $f_{\max}$——按荷载效应的标准组合下所对应的 B_1 进行计算所求得的挠度值;

$[f]$——SL 191—2008 规定的标准组合下的挠度限值,其值见表 5-7;

s——与荷载形式、支承条件有关的系数,简支梁受均布荷载跨中挠度时,$s=5/48$。

表 5-7 受弯构件挠度限值

项次	构件类型		允许挠度(以计算跨度 l_0 计算)
			短期组合
1	吊车梁	手动吊车	$l_0/500$
		电动吊车	$l_0/600$
2	渡槽槽身、架空管道	$l_0 \leqslant 10$ m	$l_0/400$
		$l_0 > 10$ m	$l_0/500(l_0/600)$
3	工作桥及启闭机大梁		$l_0/400(l_0/500)$
4	屋盖或楼盖	$l_0 \leqslant 6$ m	$l_0/200(l_0/250)$
		6 m $< l_0 \leqslant 12$ m	$l_0/300(l_0/350)$
		$l_0 > 12$ m	$l_0/400(l_0/450)$

注:1. 若构件预先起拱,应将算得的挠度减去起拱值。
2. 表中括号内的数字用于使用上对挠度有较高要求的构件。
3. 悬臂梁的允许挠度值按表中数值乘以 2 取用。
4. 对预应力混凝土构件应减去预加应力产生的反拱值。

5.3.3 减小构件变形的措施

增大构件截面高度是减小挠度的最有效措施。当然,也可以加大截面配筋率、提高受压区钢筋面积、提高混凝土强度等级、选用合理的截面形状(如T形、工字形等)或改变截面形式尺寸等措施来提高截面刚度。

6 梁的结构施工图

为了满足施工要求,钢筋混凝土梁施工图一般包括下列内容。

6.1 配筋图

配筋图表示钢筋骨架的形状以及在模板中的位置,主要为绑扎骨架用。凡规格、长度

或形状不同的钢筋必须编以不同的编号，写在小圆圈内，并在编号引线旁注上这种钢筋的根数及直径。最好在每根钢筋的两端及中间都注上编号，以便查清每根钢筋的来龙去脉。

6.2　钢筋表

钢筋表是列表表示构件中所有不同编号的钢筋种类、规格、形状、长度、根数、重量等，主要为下料及加工成型用，同时可用来计算钢筋用量。

编制钢筋表主要是计算钢筋的长度，下面以一简支梁为例介绍钢筋长度的计算方法，如图5-38所示。

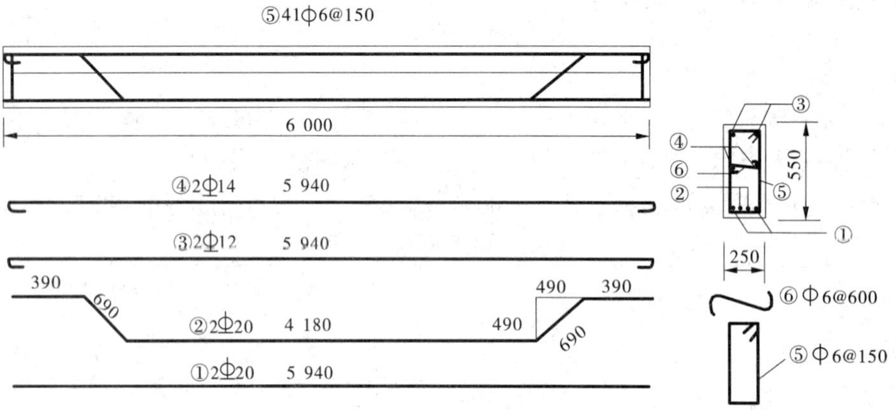

图5-38　钢筋长度的计算

6.2.1　直钢筋

图中的钢筋①、③、④号为直钢筋，其直段上所注长度 = l(构件长度) − $2c$(c 为混凝土保护层)，此长度再加上两端弯钩长即为钢筋全长。一般每个弯钩长度为 $6.25d$。①号钢筋是HRB335级，它的全长为 $6\ 000 - 2\times30 = 5\ 940$(mm)。③号架立钢筋和④号腰筋都是HPB235级钢筋，③号架立钢筋的全长为 $6\ 000 - 2\times30 + 2\times6.25\times12 = 6\ 090$(mm)，④号腰筋的全长为 $6\ 000 - 2\times30 + 2\times6.25\times14 = 6\ 115$(mm)。

6.2.2　弯起钢筋

图中②号钢筋的弯起部分的高度是以钢筋外皮计算的，即由梁高550 mm减去上下混凝土保护层，$550 - 60 = 490$(mm)。由于弯折角等于45°，故弯起部分的底宽及斜边各为490 mm及690 mm。弯起后的水平直段长度由抗剪计算为390 mm。②号钢筋的中间水平直段长由计算得出，即 $6\ 000 - 2\times30 - 2\times390 - 2\times490 = 4\ 180$(mm)，最后可得弯起②号钢筋的全长为 $4\ 180 + 2\times690 + 2\times390 = 6\ 340$(mm)。

6.2.3　箍筋和拉筋

箍筋尺寸一般标注内口尺寸，即构件截面外形尺寸减去主筋混凝土保护层。在注箍筋尺寸时，要注明所注尺寸是内口。

箍筋的弯钩大小与主筋的粗细有关，根据箍筋与主筋直径的不同，箍筋两个弯钩的增加长度见表5-8。

图5-38中⑤号箍筋的长度为 $2\times(490 + 190) + 100 = 1\ 460$(mm)(内口)。

图5-38中⑥号拉筋的长度为 $250 - 2\times30 + 4\times6 = 214$(mm)。

此简支梁的钢筋表见表 5-9。

表 5-8　箍筋两个弯钩的增加长度　（单位:mm）

主筋直径	箍筋直径				
	5	6	8	10	12
10 ~ 25	80	100	120	140	180
28 ~ 32		120	140	160	210

表 5-9　钢筋表

编号	形　状	直径（mm）	长度（mm）	根数	总长（m）	每米质量（kg/m）	质量（kg）
①	5 940	20	5 940	2	11. 88	2. 470	29. 34
②	390　690　4 180　690　390	20	6 340	2	12. 68	2. 470	31. 32
③	5 940	12	6 090	2	12. 18	0. 888	10. 82
④	5 940	14	6 115	2	12. 23	1. 21	14. 80
⑤	540　190　240　490（内口）	6	1 460	41	59. 86	0. 222	13. 30
⑥	214	6	289	11	3. 18	0. 222	0. 71
总质量							100. 29

必须注意,钢筋表内的钢筋长度不是钢筋加工时的断料长度。由于钢筋在弯折及弯钩时要伸长一些,因此断料长度应等于计算长度扣除钢筋伸长值。伸长值和弯折角度等有关数据,可参阅施工手册。

6. 3　说明与附注

说明或附注中包括说明之后可以减少图纸工作量的内容以及一些在施工过程中必须引起注意的事项。例如,尺寸单位、钢筋保护层厚度、混凝土强度等级、钢筋级别、钢筋弯钩取值以及其他施工注意事项。

任务 2　T 形截面钢筋混凝土梁设计

1　T 形截面的概念

钢筋混凝土梁发生正截面破坏时,受拉区混凝土已经开裂。根据正截面承载力计算的基本假定,受拉区拉力全部由受拉钢筋来承担。若将矩形截面的受拉区混凝土去掉一部分,纵向受拉钢筋集中布置在受拉区中部,便成为 T 形截面,如图 5-39 所示。它与原矩形截面相比较,承载力相同,但节省混凝土,减轻了构件自重。

在实际工程中,T 形截面广泛采用。例如,水闸启闭机的工作平台、渡槽槽身、房屋楼盖等结构都是板和梁浇筑在一起形成的整体式肋形结构,对梁进行设计时,板作为梁的翼缘,在纵向共同受力。独立 T 形截面亦常采用,如厂房中的吊车梁、空心板等。一般 T 形截面由梁肋和翼缘两部分组成,梁、板构件是否属于 T 形截面,关键是根据受压区混凝土的形状而定。对于翼缘位于受拉区的⊥形截面(倒 T 形截面),因受拉后翼缘混凝土开裂,不再承受拉力,所以仍应按矩形截面($b \times h$)计算。对 I 形、Π 形、空心形等截面,受压区与 T 形截面相同,均可按 T 形截面进行计算,如图 5-40 所示。

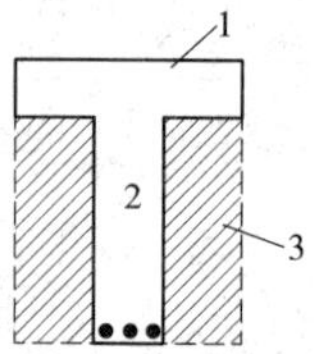

1—翼缘;2—梁肋;3—去掉混凝土

图 5-39　T 形截面

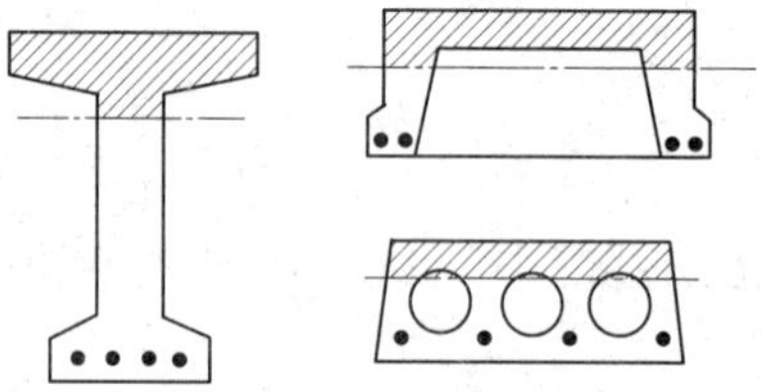

图 5-40　T 形截面的几种形式

根据试验和理论分析,T 形截面受力后,压应力沿翼缘的分布是不均匀的,压应力由梁肋中部向两边逐渐减小。为简化计算,假定翼缘一定宽度范围内承受均匀压应力,这个范围内的翼缘宽度称为翼缘计算宽度,用 b_f' 表示,这个范围以外的翼缘则认为不参加工作。

翼缘的计算宽度主要与梁的工作情况(是整体肋形梁还是独立梁)、梁的计算跨度 l_0、翼缘高度 h_f' 等因素有关。SL 191—2008 规定的翼缘计算宽度见表 5-10(表中符号如图 5-41所示),计算时取表中各项的最小值。

表 5-10　T 形、I 形及倒 L 形截面受弯构件翼缘计算宽度 b_f'

<table>
<tr><th rowspan="2">项次</th><th rowspan="2" colspan="2">考虑情况</th><th colspan="2">T 形、I 形截面</th><th>倒 L 形截面</th></tr>
<tr><th>肋形梁(板)</th><th>独立梁</th><th>肋形梁(板)</th></tr>
<tr><td>1</td><td colspan="2">按计算跨度 l_0 考虑</td><td>$l_0/3$</td><td>$l_0/3$</td><td>$l_0/6$</td></tr>
<tr><td>2</td><td colspan="2">按梁(纵肋)净距 s_n 考虑</td><td>$b+s_n$</td><td>—</td><td>$b+0.5s_n$</td></tr>
<tr><td rowspan="3">3</td><td rowspan="3">按翼缘高度 h_f' 考虑</td><td>当 $h_f'/h_0 \geqslant 0.1$ 时</td><td>—</td><td>$b+12h_f'$</td><td>—</td></tr>
<tr><td>当 $0.05 \leqslant h_f'/h_0 < 0.1$ 时</td><td>$b+12h_f'$</td><td>$b+6h_f'$</td><td>$b+5h_f'$</td></tr>
<tr><td>当 $h_f'/h_0 < 0.05$ 时</td><td>$b+12h_f'$</td><td>b</td><td>$b+5h_f'$</td></tr>
</table>

注:1. 表中 b 为梁的腹板宽度。

2. 如肋形梁在梁跨内设有间距小于纵肋间距的横肋,则可不遵守表中项次 3 的规定。

3. 对于加腋的 T 形、I 形和倒 L 形截面,当受压区加腋的高度 $h_h \geqslant h'_f$ 且加腋的宽度 $b_h \leqslant 3h_h$ 时,其翼缘计算宽度可按表中项次 3 的规定分别增加 $2b_h$(T 形、I 形截面)和 b_h(倒 L 形截面)。

4. 独立梁受压区的翼缘板在荷载作用下经验算沿纵肋方向可能产生裂缝时,计算宽度应取用腹板宽度 b。

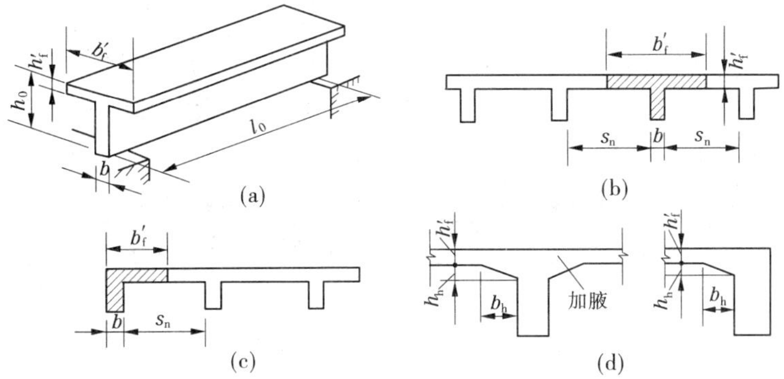

图 5-41　梁翼缘计算宽度

2　T 形截面的计算公式及适用条件

2.1　T 形截面梁的类型及其判别

根据中和轴位置的不同，T 形截面梁可分为两种类型。

第一类 T 形截面：中和轴位于翼缘内，即 $x \leqslant h_f'$（见图 5-42）。

第二类 T 形截面：中和轴位于梁肋内，即 $x > h_f'$（见图 5-43）。

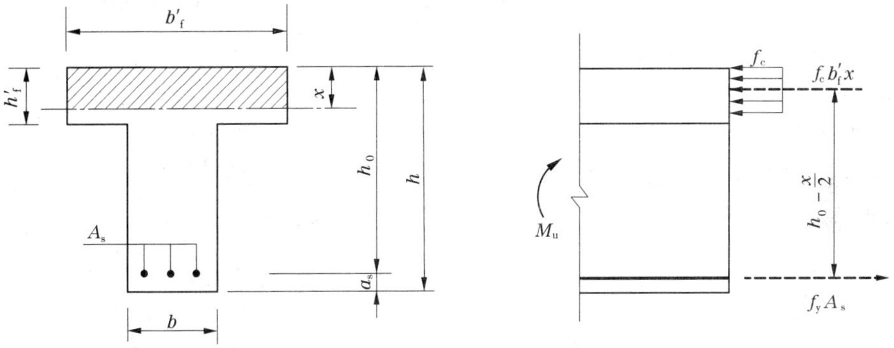

图 5-42　第一类 T 形截面计算应力图

两类 T 形截面的判别：当 $x = h_f'$ 时，中性轴位于翼缘与梁肋的分界处，为两类 T 形截面的分界限，故满足式(5-37)或式(5-38)时，属第一类 T 形截面($x \leqslant h_f'$)；否则属第二类 T 形截面($x > h_f'$)。截面设计时用式(5-37)来判别，承载力复核时用式(5-38)来判别。

由力的平衡条件得

$$\sum M = 0 \qquad KM \leqslant f_c b_f' h_f' \left(h_0 - \frac{h_f'}{2} \right) \tag{5-37}$$

$$\sum X = 0 \qquad A_s f_y \leqslant f_c b_f' h_f' \tag{5-38}$$

2.2　第一类 T 形截面

2.2.1　基本公式

因 $x \leqslant h_f'$，中性轴位于翼缘内，混凝土受压区形状为矩形，故按 $b_f' \times h$ 的单筋矩形截面

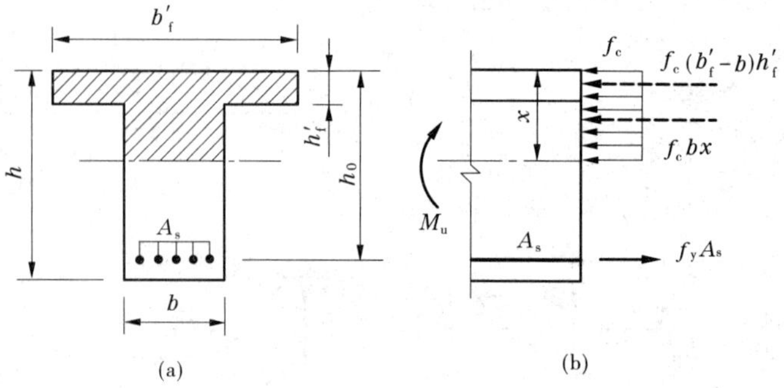

图 5-43　第二类 T 形截面计算应力图

计算,计算应力图形如图 5-42 所示。

由平衡条件得

$$\sum M = 0 \qquad KM \leqslant f_c b'_f x\left(h_0 - \frac{x}{2}\right) \tag{5-39}$$

$$\sum X = 0 \qquad A_s f_y \leqslant f_c b'_f x \tag{5-40}$$

2.2.2　适用条件

(1)$\xi \leqslant 0.85\xi_b$,以防止发生超筋破坏,此条件一般均能满足,可不必验算。

(2)$\rho \geqslant \rho_{min}$,$\rho = A_s/bh_0$,以防止发生少筋破坏。

2.3　第二类 T 形截面

2.3.1　基本公式

因 $x > h'_f$,中性轴通过肋部,压区为 T 形,其应力图形如图 5-43 所示。

由平衡条件得

$$\sum M = 0 \qquad KM \leqslant M_u = f_c b' x\left(h_0 - \frac{x}{2}\right) + f_c(b'_f - b)h'_f\left(h_0 - \frac{h'_f}{2}\right) \tag{5-41}$$

$$\sum X = 0 \qquad A_s f_y = f_c bx + f_c(b'_f - b)h'_f \tag{5-42}$$

2.3.2　适用条件

(1)$\xi \leqslant 0.85\xi_b$,以防止发生超筋破坏。

(2)$\rho \geqslant \rho_{min}$,以防止发生少筋破坏,一般都能满足,可不必验算。

2.4　公式应用

2.4.1　截面设计

T 形截面设计,一般是先按构造或参考同类结构拟定截面尺寸,选择材料,然后计算受拉钢筋截面面积 A_s,其步骤如下:

(1)先判别 T 形截面的类型。若 $KM \leqslant f_c b'_f h'_f(h_0 - h'_f/2)$,则属于第一类 T 形截面;否则属于第二类 T 形截面。

(2)若为第一类 T 形截面,则按 $b'_f \times h$ 的矩形截面进行计算。

(3)若为第二类 T 形截面,则计算如下:

①计算 α_s、ξ。

$$\alpha_s = \frac{KM - f_c(b'_f - b)h'_f\left(h_0 - \frac{h'_f}{2}\right)}{f_c b h_0^2}$$

$$\xi = 1 - \sqrt{1 - 2\alpha_s}$$

②验算 ξ。

当 $\xi > 0.85\xi_b$ 时，属超筋截面，应增大截面尺寸或提高混凝土强度等级；当 $\xi \leq 0.85\xi_b$ 时，$A_s = \frac{1}{f_y}[f_c \xi b h_0 + f_c(b'_f - b)h'_f]$。

(4)选配钢筋并绘图。

T形梁正截面设计流程见图5-44。

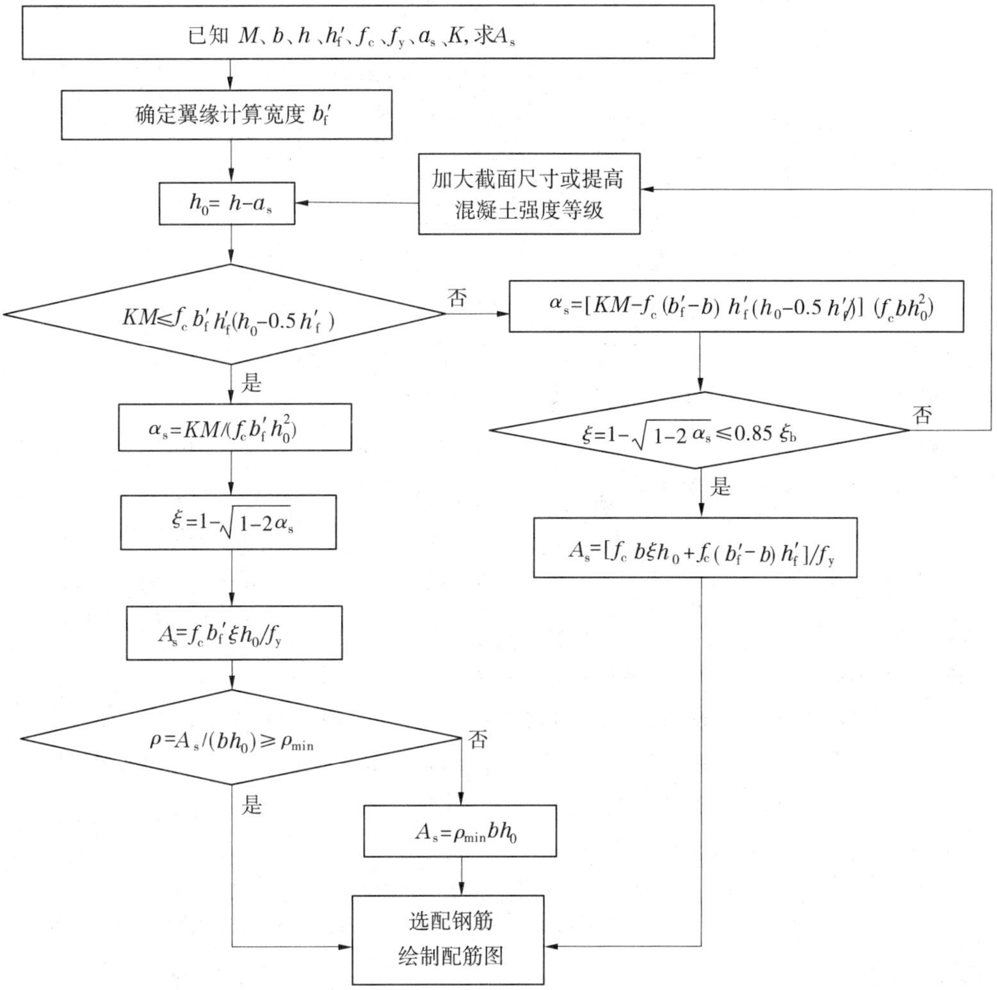

图5-44 T形梁正截面设计流程

2.4.2　承载力复核

承载力复核时,截面尺寸(b、b_f'、h、h_f')、材料强度(f_y、f_c)、受拉钢筋截面面积 A_s 及 a_s 均已知。需要验算的是,在给定承受的外力的条件下,构件的正截面是否安全。步骤如下:

(1)确定翼缘的计算宽度 b_f'。

(2)判别T形截面的类型,确定构件的承载力。若 $A_s f_y \leqslant f_c b_f' h_f'$,则属于第一类T形截面,可按 $b_f' \times h$ 的单筋矩形截面进行复核。若 $A_s f_y > f_c b_f' h_f'$,则按第二类T形截面进行复核,复核只要直接代入公式即可。另外,要注意当 $x > 0.85\xi_b h_0$ 时,取 $x = 0.85\xi_b h_0$ 进行复核。

【例5-7】 某肋形楼盖(2级建筑物)的次梁,一类环境,计算跨度 $l_0 = 6.0$ m,间距为2.5 m,截面尺寸如图5-45所示。在正常使用阶段,梁跨中承受弯矩设计值 $M = 125$ kN·m,混凝土强度等级为C20,HRB335级钢筋。试计算次梁跨中截面受拉钢筋截面面积 A_s。

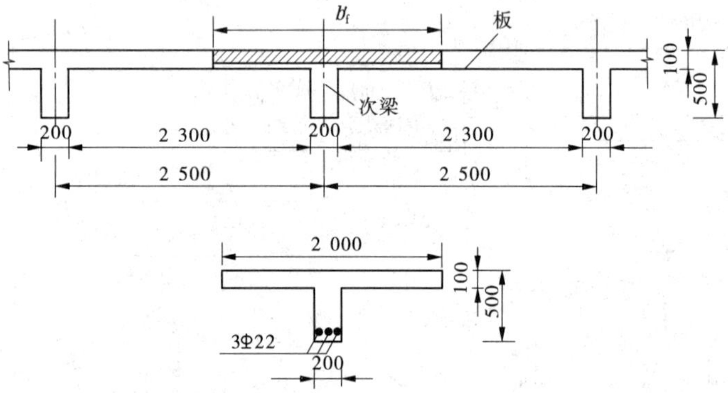

图5-45　截面配筋图

解: 查表得:$f_c = 9.6$ N/mm^2,$f_y = 300$ N/mm^2,$K = 1.20$。

(1)确定翼缘计算宽度 b_f'。

估计受拉钢筋需要布置为一层,取 $a_s = 45$ mm,则 $h_0 = h - a_s = 500 - 45 = 455$(mm)。

按梁跨 l_0 考虑:　　$l_0/3 = 6\,000/3 = 2\,000$(mm)。

按翼缘高度 h_f' 考虑:$h_f'/h_0 = 100/455 = 0.220 > 0.1$,翼缘不受限制。

按梁净距 s_n 考虑:　　$b_f' = b + s_n = 200 + 2\,300 = 2\,500$(mm)。

翼缘计算宽度 b_f' 取三者中的较小值,即 $b_f' = 2\,000$ mm。

(2)判别T形截面的类型。

$$f_c b_f' h_f'(h_0 - h_f'/2) = 9.6 \times 2\,000 \times 100 \times (455 - 100/2)$$
$$= 777.6(\text{kN·m}) > KM = 1.20 \times 125 = 150(\text{kN·m})$$

属于第一类T形截面,按2 000 mm×500 mm的单筋矩形截面梁进行计算。

(3)配筋计算。

$$\alpha_s = \frac{KM}{f_c b_f' h_0^2} = \frac{1.20 \times 125 \times 10^6}{9.6 \times 2\,000 \times 455^2} = 0.038$$

$$\xi = 1 - \sqrt{1 - 2\alpha_s} = 1 - \sqrt{1 - 2 \times 0.038} = 0.039$$

$$A_s = \frac{f_c b_f' \xi h_0}{f_y} = \frac{9.6 \times 2\ 000 \times 0.039 \times 455}{300} = 1\ 136(\text{mm}^2)$$

$$\rho = A_s/(bh_0) = 1\ 136/(200 \times 455) = 1.24\% > 0.2\%$$

(4)选配钢筋,绘配筋图。

选受拉钢筋为3 Φ 22(A_s =1 140 mm^2),正截面配筋如图5-45所示。

【例5-8】 某T形截面吊车梁(3级建筑物),一类环境,计算跨度 l_0 =8.0 m,截面尺寸如图5-46所示;承受弯矩设计值 M =570 kN·m;混凝土强度等级为C25,HRB400级钢筋。试计算所需要的受拉钢筋截面面积。

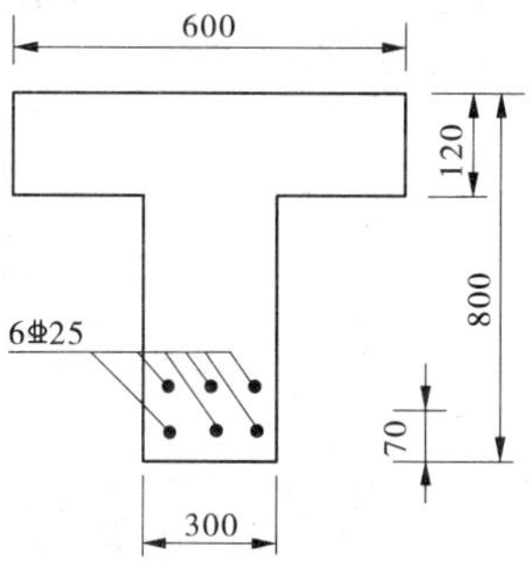

图5-46 截面配筋图

解:查表得:f_c = 11.9 N/mm^2,f_y = 360 N/mm^2,K =1.20。

(1)确定翼缘计算宽度 b_f'。

因弯矩较大,设受拉钢筋布置为两层,取 a_s =70 mm,则 $h_0 = h - a_s = 800 - 70 = 730$(mm)。

按梁跨 l_0 考虑: $l_0/3 = 8\ 000/3 = 2\ 667$(mm)

按翼缘高度 h_f' 考虑: $h_f'/h_0 = 120/730 = 0.164 > 0.1$

$b + 12h_f' = 300 + 12 \times 120 = 1\ 740$(mm)

取翼缘计算宽度 b_f' 为实际宽度,b_f' =600 mm。

(2)判别T形截面梁的类型。

$$f_c b_f' h_f'(h_0 - h_f'/2) = 11.9 \times 600 \times 120 \times (730 - 120/2)$$
$$= 574.06(\text{kN} \cdot \text{m}) < KM = 1.20 \times 570 = 684(\text{kN} \cdot \text{m})$$

属于第二类T形截面。

(3)配筋计算。

$$\alpha_s = \frac{KM - f_c(b_f' - b)h_f'(h_0 - 0.5h_f')}{f_c b h_0^2}$$

$$= \frac{1.20 \times 570 \times 10^6 - 11.9 \times (600 - 300) \times 120 \times (730 - 0.5 \times 120)}{11.9 \times 300 \times 730^2} = 0.209$$

$$\xi = 1 - \sqrt{1 - 2\alpha_s} = 1 - \sqrt{1 - 2 \times 0.209} = 0.237$$

$$A_s = \frac{1}{f_y}[f_c \xi b h_0 + f_c(b_f' - b)h_f']$$

$$= \frac{11.9 \times 0.237 \times 300 \times 730 + 11.9 \times (600 - 300) \times 120}{360} = 2\ 906(\text{mm}^2)$$

(4)选配钢筋,绘制配筋图。

选受拉钢筋为6 Φ 25(A_s =2 945 mm^2),截面配筋如图5-46所示。

任务3 矩形截面钢筋混凝土板设计

1 板的构造知识

1.1 截面形式与尺寸

板的截面一般为矩形,根据使用要求,也可以采用空心板和槽形板等。常见梁、板的截面形式如图5-47所示。

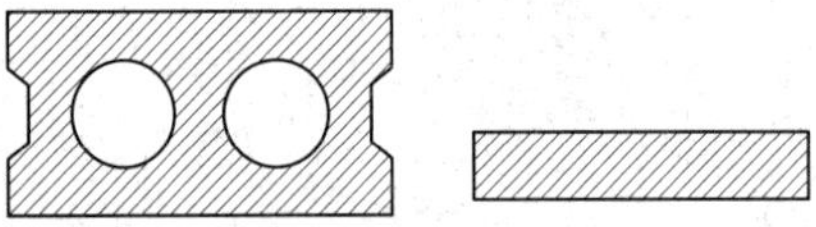

图5-47 板的截面形式

水工建筑物中,由于板在工程中所处部位及受力条件不同,板的厚度 h 变化范围很大,一般由计算确定。考虑施工方便和使用要求,一般建筑物中板厚不宜小于60 mm;水工建筑物中的板厚不宜小于100 mm。板厚在250 mm以下时按10 mm递增;板厚在250 mm以上时按50 mm递增;板厚超过800 mm时,则以100mm递增。

1.2 板的钢筋

板内通常只配置受力钢筋和分布钢筋。

1.2.1 受力钢筋

板的纵向受力钢筋宜采用HPB235、HRB335级钢筋。板的受力钢筋的常用直径为6~12 mm;对于 $h>200$ mm的较厚板(如水电站厂房安装车间的楼面板)和 $h>1\ 500$ mm的厚板(如水闸的底板),受力钢筋的常用直径为12~25 mm。在同一板中,受力钢筋的直径最好相同;为节约钢材,也可采用两种不同直径的钢筋。

为使构件受力均匀,防止产生过宽裂缝,板中受力钢筋的间距 s(中距)不能过大。当板厚 $h\leqslant200$ mm时,$s\leqslant200$ mm;当 $200\ \text{mm}<h\leqslant1\ 500$ mm时,$s\leqslant250$ mm;当板厚 $h>1\ 500$ mm时,$s\leqslant300$ mm。为便于混凝土浇捣,板内钢筋之间的间距不宜过小,一般情况下,其间距 $s\geqslant70$ mm。板内受力钢筋沿板跨方向布置在受拉区,一般每米宽宜采用4~10根。

1.2.2 分布钢筋

分布钢筋是垂直于板受力钢筋方向布置的构造钢筋,位于受力钢筋的内侧,其作用是:①将板面荷载均匀地传递给受力钢筋。②防止因温度变化或混凝土收缩等,沿板跨方向产生裂缝。③固定受力钢筋处于正确位置。板的分布钢筋宜采用HPB235级钢筋。每米板宽内分布钢筋的截面面积不小于受力钢筋截面面积的15%(集中荷载时为25%);分布钢筋的间距不宜大于250 mm,其直径不宜小于6 mm;当集中荷载较大时,分布钢筋的间距不宜大于200 mm。承受分布荷载的厚板,分布钢筋的直径应适当加大,可采用10~16 mm,钢筋的间距为200~400 mm。板的钢筋布置如图5-48所示。

如在板的两个方向均配置受力钢筋,则两个方向的钢筋均可兼做分布钢筋。

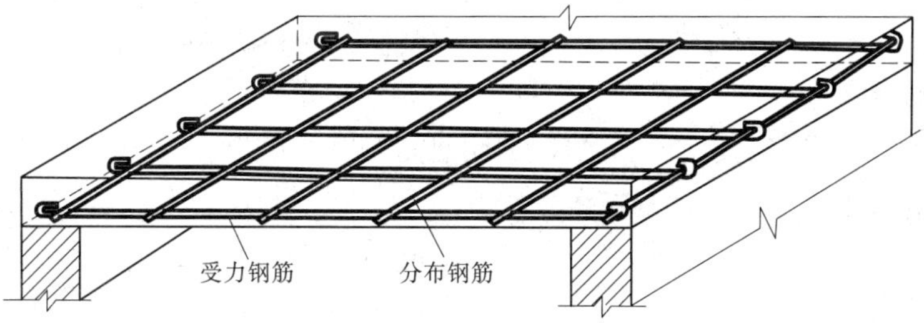

图5-48 板内钢筋布置

2 板的配筋计算

钢筋混凝土板的正截面承载力计算包括截面设计和承载力复核两类问题。

2.1 截面设计

在进行截面设计时，通常是根据受弯构件的使用要求、外荷载大小、建筑物的级别和选用的材料强度等级，确定截面尺寸以及钢筋数量。

2.1.1 确定截面尺寸

根据设计经验或已建类似结构，并考虑构造及施工方面的特殊要求，拟定截面高度 h 和截面宽度 b。衡量截面尺寸是否合理的标准是：拟定截面尺寸应使计算出的实际配筋率 ρ 处于常用配筋率范围内。现浇实心板的常用配筋率一般为 0.4% ~0.8%。

2.1.2 内力计算

(1)确定合理的计算简图。计算简图中应包括计算跨度、支座条件、荷载形式等的确定。简支梁与板的计算跨度 l_0 取下列各值中的较小者：

空心板： $l_0 = l_n + a$ 或 $l_0 = 1.05l_n$

简支实心板： $l_0 = l_n + a, l_0 = l_n + h$ 或 $l_0 = 1.1l_n$

式中 l_0——梁的净跨；

a——梁的支承长度。

(2)确定弯矩设计值 M。按照荷载的最不利组合，计算出跨中最大正弯矩和支座最大负弯矩的设计值。

2.1.3 配筋计算

(1)计算 α_s。由式(5-6)求得 $\alpha_s = \dfrac{KM}{f_c b h_0^2}$。

(2)计算并验算 ξ。由式 $\alpha_s = \xi(1-0.5\xi)$，求得 $\xi = 1-\sqrt{1-2\alpha_s}$；当 $\xi \leqslant 0.85\xi_b$ 时，进行步骤(3)；若不满足，将会发生超筋破坏，则应加大截面尺寸，提高混凝土强度等级或采用双筋截面。

(3)计算并检验 ρ。$\rho = \xi \dfrac{f_c}{f_y}$。当 $\rho \geqslant \rho_{min}$ 时，进行步骤(4)；若不满足，取 $A_s = \rho_{min} b h_0$。

(4)计算 A_s。$A_s = \rho b h_0$。根据附录C钢筋表，选出符合构造规定的钢筋直径、间距和根

数。实际采用的$A_{s实}$一般等于或略大于计算所需要的$A_{s计}$;若小于计算所需要的$A_{s计}$,则应符合$|(A_{s实}-A_{s计})|\leqslant 5\%$的规定。配筋图应表示出截面尺寸和钢筋的布置,按适当比例绘制。

2.2　承载力复核

承载力复核是在已知截面尺寸、受拉钢筋截面面积、钢筋级别和混凝土强度等级的条件下,验算构件正截面的承载力。复核步骤如下:

(1)计算ρ,$\rho=\dfrac{A_s}{bh_0}$。

(2)当$\rho\leqslant\rho_{min}$时,计算$\xi=\rho f_y/f_c$;当$\rho<\rho_{min}$时,属少筋破坏,不满足设计要求。

(3)当$\xi\leqslant 0.85\xi_b$时,$M_u=f_cbh_0^2\xi(1-0.5\xi)$;当$\xi>0.85\xi_b$时,属超筋破坏,应取$\xi=0.85\xi$来计算$M_u$。

(4)承载力复核:当$KM\leqslant M_u$时,满足承载力要求;当$KM>M_u$时,不满足承载力要求。

【例5-9】 某工作机房(3级水工建筑物)中的现浇钢筋混凝土实心板,一类环境,计算跨度$l_0=2\ 360$ mm,板上作用均布可变荷载标准值$q_k=2.87$ kN/m,水磨石地面及细石混凝土垫层厚度为30 mm,重度为22 kN/m^3,板底粉刷砂浆厚度为12 mm,重度为17 kN/m^3,混凝土强度等级为C20,HPB235级钢筋,钢筋混凝土的重度为25 kN/m^3。试确定板厚h和受拉钢筋截面面积A_s。

解:查表得:$f_c=9.6$ N/mm^2,$f_y=210$ N/mm,$K=1.20$。

(1)尺寸拟定。

取$b=1\ 000$ mm,根据梁式板构造规定($h\geqslant l_0/35$),假定板厚$h=100$ mm。

(2)内力计算。

水磨石地面自重标准值	$30\times10^{-3}\times1\times22=0.66$(kN/m)
板的自重标准值	$100\times10^{-3}\times1\times25=2.5$(kN/m)
砂浆自重标准值	$12\times10^{-3}\times1\times17=0.20$(kN/m)
总的自重	$g_k=0.66+2.5+0.20=3.36$(kN/m)
可变荷载标准值	$q_k=2.87$ kN/m
弯矩设计值	$M=(1.05g_k+1.20q_k)l_0^2/8$
	$=(1.05\times3.36+1.20\times2.87)\times2.36^2/8$
	$=4.85$(kN·m)

(3)配筋计算。

取$a_s=25$ mm,$h=100$ mm,则$h_0=h-a_s=100-25=75$(mm)。

$$\alpha_s=\frac{KM}{f_cbh_0^2}=\frac{1.20\times4.85\times10^6}{9.6\times1\ 000\times75^2}=0.108$$

$$\xi=1-\sqrt{1-2\alpha_s}=1-\sqrt{1-2\times0.108}=0.115<0.85\xi_b=0.522$$

$$A_s=f_cb\xi h_0/f_y=9.6\times1\ 000\times0.115\times75/210=394(\text{mm}^2)$$

$$\rho=A_s/(bh_0)=394/(1\ 000\times75)=0.53\%>\rho_{min}=0.20\%$$

说明不会发生少筋破坏,并在板的常用配筋率0.4%~0.8%的范围,所以拟定板厚$h=100$ mm合理。

(4)选配钢筋,绘配筋图。

选受拉钢筋为Φ 8@125($A_s=402\ mm^2$),分布钢筋为Φ 6@250($A_s=113\ mm^2$)。正截面配筋如图5-49所示。

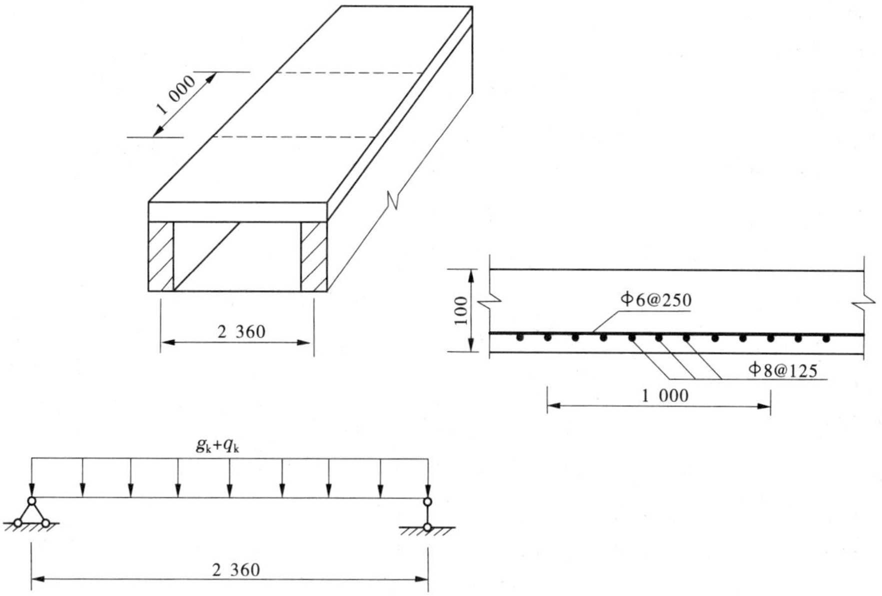

图5-49 板的配筋图

项目小结

本项目主要涵盖了钢筋混凝土梁的截面尺寸及配筋构造;钢筋混凝土梁的受弯试验研究;单筋矩形截面、双筋矩形截面、T形截面梁和矩形截面板的配筋计算与承载力复核;钢筋混凝土梁斜截面的受力特点、破坏形态和影响斜截面受剪承载力的因素;钢筋混凝土梁的受剪承载力计算以及如何配置抗剪钢筋、正确运用构造规定等知识点。

重点掌握钢筋混凝土梁、板截面形式的选择和尺寸初步拟定;梁内纵向受力钢筋、箍筋和弯起钢筋构造要求;梁正截面的破坏特征、适筋梁三个阶段的应力情况及破坏特征;梁、板的正截面受弯承载力的计算步骤与方法;梁斜截面受剪的主要破坏形态以及梁的斜截面受剪承载力的计算步骤与方法。

难点是熟练掌握梁、板的正截面受弯承载力的计算步骤与方法;梁的斜截面受剪承载力的计算步骤与方法;利用材料抵抗弯矩图并根据正截面和斜截面的承载力来确定纵筋的弯起点和截断点的位置;梁、板结构施工图的绘制与识读。

知识技能训练

一、简答题

1. 混凝土保护层的主要作用有哪些？梁的保护层如何确定？

2. 梁中配置的钢筋共有哪几类？

3. 箍筋的最小直径和箍筋的最大间距分别与什么有关？

4. 架立钢筋的直径与什么有关？当截面的腹板高度超过多少时需设置腰筋和拉筋？

5. 简述钢筋混凝土适筋梁三个工作阶段的主要特征。

6. 适筋破坏、超筋破坏及少筋破坏的破坏特征有什么不同？

7. ξ 值定义是什么？写出其公式，并推出 ξ 与配筋率 ρ 之间的关系式。

8. 何为相对界限受压区计算高度 ξ_b，它在承载力计算中的作用是什么？

9. 何为受拉钢筋配筋率？现浇实心板、矩形及 T 形截面梁的常用配筋率范围各是多少？

10. 何为单筋截面？何为双筋截面？两者区别的关键是什么？

11. 复核单筋截面承载力时，若 $x > 0.85\xi_b h_0$，如何计算其承载力？

12. 计算双筋截面，A_s、A_s'均未知时，x 如何取值？当 A_s'已知时，应当如何求 A_s？

13. 截面设计时，为什么要限制 $x \leqslant 0.85\xi_b h_0$？在受压区配置钢筋时，为什么要求 $x \geqslant 2a_s'$？

14. 提高梁正截面承载力的措施有哪些？

15. 影响斜截面受剪承载力的主要因素有哪些？

16. 钢筋混凝土梁的斜截面破坏形态主要有哪三种？其破坏特征各是什么？

17. 有腹筋梁斜截面受剪承载力计算公式是由哪种破坏形态建立起来的？该公式的适用条件是什么？

18. 在梁的斜截面受剪承载力计算中，若计算结果不需要配置腹筋，那么该梁是否仍需配置箍筋和弯起钢筋？若需要，应如何确定？

19. 在斜截面受剪承载力计算中，为什么要验算截面尺寸和最小配箍率？

20. 斜截面受剪承载力的计算位置如何确定？在计算弯起钢筋时，剪力值如何确定？

21. 什么是抵抗弯矩图(M_R 图)？当纵向受拉钢筋截断或弯起时，M_R 图上有什么变化？

22. 在绘制 M_R 图时，如何确定每一根钢筋所抵抗的弯矩？其理论截断点或充分利用点又是如何确定的？

23. 梁中纵向钢筋的弯起与截断应满足哪些要求？

24. 提高钢筋混凝土构件抗裂能力的措施有哪些？

25. 钢筋混凝土梁最大裂缝宽度超过允许值时，应采取哪些措施？

26. 钢筋混凝土梁在荷载作用下开裂后，其刚度为什么不能直接简单地用 EI 来计算？

27. 钢筋混凝土梁挠度验算不满足时，可以采取哪些措施？

28. 图 5-50 为截面尺寸相同、材料相同(f_c、f_y 相同)，但配筋率不同的四种梁、板构件的正截面，分别回答下列问题：

(1) 截面的破坏类型是什么？

(2)截面破坏时钢筋应力达到多大值?

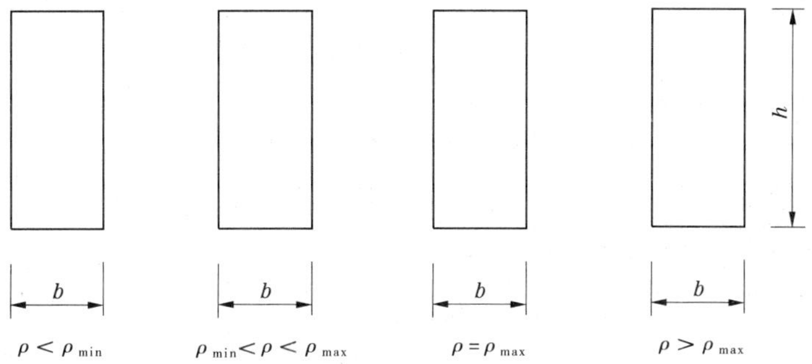

图5-50

29. 截面计算时,如何判别T形截面梁的类型?承载力复核时,如何判别T形截面梁的类型?

30. 某T形梁截面尺寸已定,钢筋数量不限,试列出其最大承载力表达式。

31. 板内配置的钢筋共有哪几类?

32. 板内配置的分布钢筋的作用是什么?

33. 板内受力钢筋的直径和间距如何确定?

34. 板的常用配筋率范围是多少?

35. 空心板、简支实心板正截面承载力设计时计算跨度如何确定?

二、选择题

1. 关于混凝土保护层厚度的含义,下列哪项是正确的?(　　)

A. 纵向受力钢筋的外边缘至混凝土近表面的垂直距离

B. 箍筋外表面至混凝土表面的垂直距离

C. 受力钢筋形心至混凝土表面的垂直距离

D. 受力钢筋合力点至混凝土表面的垂直距离

2. 某钢筋混凝土梁受力钢筋(一层)的混凝土保护层为30 mm,受力钢筋直径为20 mm,则钢筋的计算保护层厚度 a_s 应为(　　)。

A. 35 mm　　B. 40 mm　　C. 50 mm　　D. 55 mm

3. 当钢筋混凝土梁的跨度为5 m时,其架立钢筋的直径不应小于(　　)。

A. 8 mm　　B. 10 mm　　C. 12 mm　　D. 14 mm

4. 某钢筋混凝土梁的箍筋为Φ 6@100,则拉筋应按下列哪项配置?(　　)

A. Φ 6@200　　B. Φ 6@400　　C. Φ 6@500　　D. Φ 6@800

5. 当梁的 $h_w \geq 450$ mm时,为防止因温度变形或混凝土收缩而产生竖向裂缝,应设置(　　)。

A. 纵向受力钢筋　　B. 腰筋　　C. 架立钢筋　　D. 箍筋

6. 钢筋混凝土梁抗裂验算时截面的应力阶段是(　　)。

A. 第Ⅱ阶段　　B. 第Ⅰ阶段末尾

C. 第Ⅱ阶段开始　　D. 第Ⅱ阶段末尾

7. 钢筋混凝土梁裂缝宽度验算时截面的应力阶段是(　　)。

A. 第Ⅱ阶段　　B. 第Ⅰ阶段末尾

C. 第Ⅱ阶段开始　　D. 第Ⅱ阶段末尾

8. 适筋梁受力过程的第三个工作阶段末是进行下列(　　)计算所依据的应力阶段。

A. 抗裂验算　　B. 变形验算

C. 裂缝宽度验算　　D. 正截面承载力计算

9. 钢筋混凝土适筋破坏的破坏特征是(　　)。

A. 受压区混凝土先被压碎　　B. 受拉钢筋先达到屈服强度

C. 受压钢筋先达到屈服强度　　D. 属于脆性破坏

10. 钢筋混凝土梁实际配筋率等于最大配筋率时发生的破坏,称为(　　)。

A. 适筋破坏　　B. 超筋破坏　　C. 少筋破坏　　D. 界限破坏

11. 钢筋混凝土梁实际配筋率小于最小配筋率时发生的破坏,称为(　　)。

A. 适筋破坏　　B. 超筋破坏　　C. 少筋破坏　　D. 界限破坏

12. 钢筋混凝土梁实际配筋率大于最大配筋率时发生的破坏,称为(　　)。

A. 适筋破坏　　B. 超筋破坏　　C. 少筋破坏　　D. 界限破坏

13. 甲、乙两人设计同一根屋面大梁。甲设计的大梁出现了多条裂缝,最大裂缝宽度约为0.15 mm;乙设计的大梁只出现一条裂缝,但最大裂缝宽度达到0.43 mm。你认为(　　)。

A. 甲的设计比较差　　B. 甲的设计比较好

C. 两人的设计各有优劣　　D. 两人的设计都不好

14. 进行受弯构件截面设计时,若按初选截面计算的配筋率大于最大配筋率,说明(　　)。

A. 配筋过少　　B. 初选截面过小　　C. 初选截面过大　　D. 钢筋强度过高

15. 截面尺寸与材料品种确定后,梁的正截面抗弯承载力与受拉纵向钢筋配筋率ρ之间的关系是(　　)。

A. ρ愈大,正截面抗弯承载力也愈大

B. ρ愈小,正截面抗弯承载力也愈大

C. 当$\rho_{min} \leqslant \rho \leqslant \rho_{max}$时,$\rho$愈大,正截面抗弯承载力也愈大

D. 正截面抗弯承载力与ρ无关

16. 下列哪项处于矩形截面梁的经济配筋率范围内?(　　)

A. 0.4%　　B. 0.8%　　C. 1.6%　　D. 2.0%

17. 在梁的配筋率不变的条件下,梁高h与梁宽b相比,对KM的影响是(　　)。

A. h影响小　　B. 两者相当　　C. h影响大　　D. 不一定

18. 提高受弯构件正截面受弯承载力最有效的方法是(　　)。

A. 提高混凝土强度等级　　B. 增加保护层厚度

C. 增加截面高度　　D. 增加截面宽度

19. 双筋截面受弯构件正截面承载力计算公式适用条件$x \geqslant 2a_s'$是为了保证(　　)。

A. 受压钢筋应力达到抗压强度设计值f_y'

B. 受拉钢筋应力达到抗拉强度设计值f_y

C. 受压混凝土达到抗压强度设计值f_c

D. 受压混凝土达到极限压应变

20. 双筋截面受弯构件正截面承载力计算公式适用条件 $x \geqslant 0.85\xi_b h_0$ 是为了保证(　　)。

A. 受压钢筋应力达到抗压强度设计值f_y'

B. 受拉钢筋应力达到抗拉强度设计值f_y

C. 受压混凝土达到抗压强度设计值f_c

D. 受压混凝土达到极限压应变

21. 有腹筋梁抗剪力计算公式中的$0.7f_t bh_0$是代表(　　)抗剪能力。

A. 混凝土的　　B. 不仅是混凝土的　　C. 纵筋与混凝土的　　D. 纵筋的

22. 箍筋对斜裂缝的出现(　　)。

A. 影响很大　　B. 不如纵筋大　　C. 无影响　　D. 影响不大

23. 抗剪公式适用的上限值,是为了保证(　　)。

A. 构件不发生斜压破坏　　B. 构件不发生剪压破坏

C. 构件不发生斜拉破坏　　D. 箍筋不致配置太多

24. 梁的配箍率过大时,在荷载作用下,可能产生的破坏是(　　)。

A. 剪压破坏　　B. 斜拉破坏　　C. 斜压破坏　　D. 弯剪破坏

25. 限制梁的最小配箍率是防止梁发生(　　)破坏。

A. 斜拉破坏　　B. 少筋破坏　　C. 斜压破坏　　D. 剪压破坏

26. 限制梁中箍筋最大间距是为了防止(　　)。

A. 箍筋配置过少,出现斜拉破坏

B. 斜裂缝不与箍筋相交

C. 箍筋对混凝土的约束能力降低

D. 箍筋配置过少,出现斜压破坏

27. 矩形、T形及I形截面的一般梁、板构件,如能满足下列哪个条件,则不需斜截面抗剪计算,按构造要求配置腹筋?(　　)

A. $KV \leqslant 0.7f_t bh_0$　　B. $KV \leqslant 0.6f_t bh_0$

C. $KV \leqslant 0.5f_t bh_0$　　D. $KV \leqslant 0.4f_t bh_0$

28. 在下列哪些情况下,梁斜截面宜设置弯起钢筋。(　　)

A. 梁剪力小

B. 剪力很大,仅配箍筋不足时(箍筋直径过小或间距过大)

C. 跨中梁下部具有较多的正弯矩纵筋,而支座负弯矩小

D. 为使纵筋强度得以充分利用来承受负弯矩

29. 为了保证梁正截面及斜截面的抗弯强度,在作弯矩抵抗图时,应当保证(　　)。

A. 弯起点距该根钢筋的充分利用点的距离$\geqslant h_0/2$

B. 弯起点距该根钢筋的充分利用点的距离$< h_0/2$

C. 弯起点距该根钢筋的充分利用点的距离$\geqslant h_0/2$,且弯矩抵抗图不进入弯距图中

D. 弯起点距该根钢筋的充分利用点的距离 $<h_0/2$，且弯矩抵抗图不进入弯矩图中

30. 提高梁的斜截面受剪承载力最有效的措施是(　　)。

A. 提高混凝土强度等级　　B. 加大截面宽度

C. 加大截面高度　　D. 增加箍筋或弯起钢筋

31. 梁的正常使用极限状态验算不包括(　　)。

A. 变形验算　　B. 抗裂验算　　C. 抗剪验算　　D. 裂缝宽度验算

32. 钢筋混凝土结构施工图不包括(　　)。

A. 附注或说明　　B. 配筋图　　C. 平面图　　D. 钢筋表

33. 某简支梁截面为倒T形，其正截面承载力计算应按(　　)截面计算。

A. 第一类T形截面　　B. 第二类T形截面

C. 矩形截面　　D. T形截面

34. T形截面梁配筋率的的计算公式应为(　　)。

A. $\rho=A_s/(bh_0)$　　B. $\rho=A_s/(bh)$

C. $\rho=A_s/(b_f'h_0)$　　D. $\rho=A_s/(b_f'h)$

35. 以下哪种情况属于第二类T形截面？(　　)

A. $x<h_f'$　　B. $x=h_f'$

C. $x>h_f'$　　D. $x=0$

三、计算题

1. 某2级建筑物的矩形截面梁，二类环境，计算跨度 $l_0=6\,000$ mm，承受弯矩设计值 $M=156$ kN·m，采用混凝土强度等级C25，HRB335级钢筋。试确定梁的截面尺寸并计算受拉钢筋截面面积 A_s。

2. 已知矩形截面简支梁(4级建筑物)，截面尺寸 $b\times h=250$ mm $\times 600$ mm，一类环境，混凝土强度等级C20，HRB335级钢筋，跨中承受弯矩设计值 $M=180$ kN·m。试求钢筋截面面积 A_s。

3. 某4级建筑物的矩形梁，截面尺寸 $b\times h=200$ mm $\times 500$ mm，二类环境，计算跨度 $l_0=5\,200$ mm，正常使用期间承受均布荷载标准值 $g_k=6$ kN/m(包括自重)，均布可变荷载 $q_k=9$ kN/m。混凝土强度等级为C20，HRB335级钢筋。试计算受力钢筋截面面积。

4. 某3级建筑物的矩形梁，一类环境，截面尺寸 $b\times h=200$ mm $\times 450$ mm，混凝土强度等级为C20，HRB335级钢筋，配置一排受拉钢筋为4 Φ 16($A_s=804$ mm^2)。试求正截面受弯承载力。

5. 已知3级建筑物的矩形截面简支梁，截面尺寸 $b\times h=250$ mm $\times 550$ mm，一类环境，混凝土强度等级为C20，HRB335级钢筋。承受弯矩设计值为 $M=250$ kN·m。试计算：

(1)该正截面所需要的受力钢筋截面面积；

(2)在受压区已配置3 Φ 22时，计算受拉钢筋截面面积。

6. 某3级建筑物的矩形截面梁，截面尺寸为 $b\times h=300$ mm $\times 600$ mm，承受弯矩设计值(双筋截面) $M=182$ kN·m，采用混凝土强度等级为C30，受压区已配置2 Φ 18受压钢筋，试配置该截面受拉钢筋截面面积。

7. 某2级建筑物的双筋截面梁，截面尺寸 $b\times h=250$ mm $\times 500$ mm，承受弯矩设计值

$M=160\ kN\cdot m$,采用混凝土强度等级为C20,受压纵筋为2 Φ 16;受拉纵筋采用4 Φ 20和3 Φ 25两种配置。试复核在上述两种配筋情况下,此梁正截面是否安全。

8. 某钢筋混凝土简支梁,一类环境,水工建筑物级别为2级,截面尺寸 $b\times h=250\ mm\times550\ mm$,梁的净跨 $l_n=4.76\ m$,承受永久荷载标准值 $g_k=20\ kN/m$(包括自重),可变均布荷载标准值 $q_k=30\ kN/m$,采用C25混凝土,HPB235级箍筋,取 $a_s=45\ mm$。试为该梁配置箍筋。

9. 某建筑物级别为2级的钢筋混凝土梁,截面尺寸 $b\times h=250\ mm\times500\ mm$,在均布荷载作用下,产生的最大剪力设计值 $V=198\ kN$。采用C25混凝土,HPB235级箍筋,取 $a_s=45\ mm$。试进行箍筋计算。

10. 一建筑物级别为2级的矩形截面简支梁,梁的净跨 $l_n=5\ m$,截面尺寸 $b\times h=200\ mm\times500\ mm$,梁承受的最大剪力设计值 $V=150\ kN$,采用C25混凝土,配置4 Φ 20的HRB335级纵筋,HPB235级箍筋,取 $a_s=45\ mm$。试计算腹筋数量。

11. 已知矩形截面梁,2级建筑物,截面尺寸 $b\times h=200\ mm\times550\ mm$,承受均布荷载作用,配有双肢Φ 8@200箍筋。混凝土采用C20,箍筋采用HPB235级钢筋。若支座边缘截面剪力设计值 $V=112\ kN$,取 $a_s=45\ mm$。试按斜截面承载力复核该梁是否安全。

12. 一两端支承在砖墙上的矩形截面简支梁,建筑物级别为3级,梁的净跨 $l_n=6\ m$,计算跨度 $l_0=6.24\ m$,承受均布荷载设计值 $g+q=45\ kN/m$(包括自重)。要求设计该梁(应考虑梁正、斜截面承载力要求),并画出梁配筋图。

13. 某2级建筑物的吊车梁,梁的截面尺寸 $b\times h=300\ mm\times800\ mm$,翼缘计算宽度 $b_f'=650\ mm$,$h_f'=100\ mm$,计算跨度 $l_0=6\ 000\ mm$,在使用阶段跨中承受弯矩设计值 $M=380\ kN\cdot m$,混凝土强度等级为C20,HRB335级钢筋。试计算跨中截面所需要的受拉钢筋截面面积。

14. 某T形截面梁,2级建筑物,梁的截面尺寸 $b\times h=250\ mm\times700\ mm$,翼缘计算宽度 $b_f'=1\ 400\ mm$,$h_f'=120\ mm$,混凝土强度等级为C25,HRB335级钢筋,配置受拉钢筋为6 Φ 22,承受弯矩设计值 $M=450\ kN\cdot m$。试复核该梁正截面是否安全。

15. 某3级建筑物的现浇钢筋混凝土板,一类环境,计算跨度 $l_0=2\ 760\ mm$,板上作用均布可变荷载标准值 $q_k=2.6\ kN/m$,水磨石地面及细石混凝土垫层厚度为25 mm,重度为22 kN/m^3,板底粉刷砂浆厚度为12 mm,重度为17 kN/m^3,混凝土强度等级为C20,HRB335级钢筋,钢筋混凝土的重度为25 kN/m^3。试确定板厚 h 和受拉钢筋截面面积 A_s。

16. 已知某钢筋混凝土板,3级建筑物,板厚 $h=100\ mm$,混凝土强度等级为C20,HPB235级钢筋。承受弯矩设计值 $M=5.5\ kN\cdot m$,处于二类环境($c=25\ mm$)。试计算此板所需的受拉钢筋截面面积 A_s。

项目6 钢筋混凝土柱设计

知识目标

(1)了解钢筋混凝土柱的类型;
(2)掌握钢筋混凝土柱的构造要求;
(3)掌握轴心受压柱正截面承载力计算;
(4)掌握偏心受压柱承载力计算;
(5)掌握偏心受压柱正常使用极限状态验算。

能力目标

(1)会运用钢筋混凝土柱的构造要求;
(2)会进行轴心受压柱的设计;
(3)会进行偏心受压柱的设计。

任务1 柱及其构造要求

1 概述

钢筋混凝土柱主要以承受轴向压力为主,通常还有弯矩和剪力作用。柱在钢筋结构中具有重要作用,一旦产生破坏,往往导致整个结构的损坏,甚至倒塌。工程中的框架柱、厂房牛腿柱、桁架中受压腹杆都属于柱,水利工程中的水闸工作桥立柱、渡槽排架立柱、水电站厂房立柱、闸墩、桥墩、箱形涵洞也属于柱,如图6-1所示。

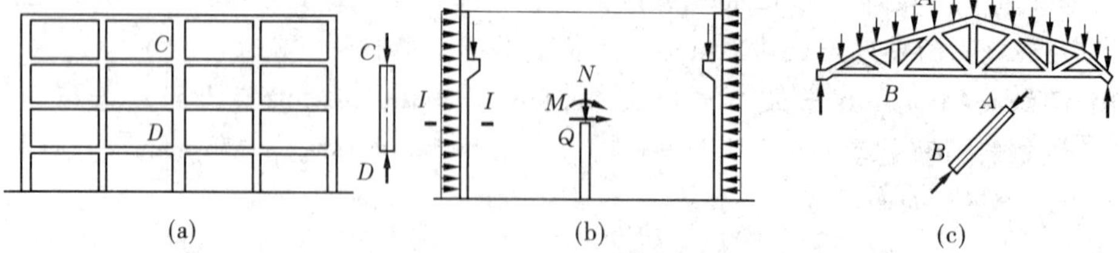

图6-1 柱的工程实例

柱可以分为轴心受压柱和偏心受压柱,偏心受压柱又分为单向偏心受压柱和双向偏心受压柱。如图6-2所示,当截面上只作用有轴向压力且轴向压力作用线与构件重心轴重合时,称为轴心受压构件;当轴向压力作用线与构件重心轴不重合时,称为偏心受压构件。

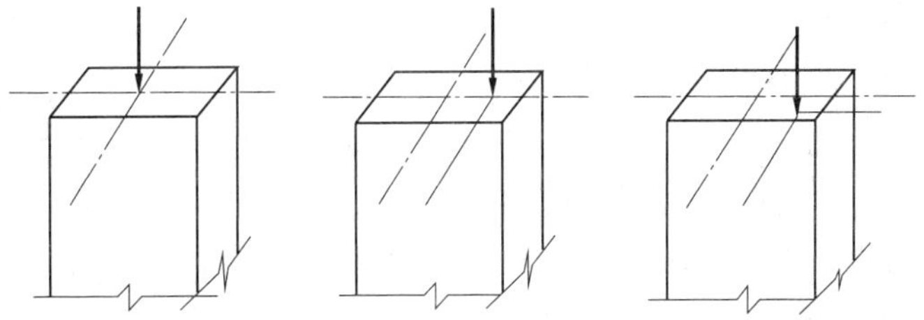

图6-2 柱的类型

实际工程中,真正的轴心受压构件是不存在的。由于施工时钢筋位置和截面集合尺寸的误差、构件混凝土浇筑的不均匀、实际的荷载合力对构件截面重心来说总是或多或少存在着偏心,钢筋的不对称布置,装配式构件安装定位的不准确,都会导致轴向力产生偏心。但有些构件,如恒载较大的等跨多层房屋的中间柱、桁架的受压腹杆、码头中的桩等构件,因为主要承受轴向压力,弯矩很小,一般可忽略弯矩的影响,近似按轴心受压构件设计。实际工程中的单层厂房边柱、一般框架柱、屋架上弦杆、拱等构件均属于偏心受压构件。

2 柱的构造

2.1 截面形式与尺寸

为便于制作模板,轴心受压构件截面形式一般采用方形、矩形、圆形和正多边形。

偏心受压构件一般采用矩形截面,截面长边布置在弯矩作用方向,截面长短边尺寸之比一般为1.5~2.5。为了减轻自重,预制装配式受压柱也可采用I形截面,某些水电站厂房的框架立柱也有采用T形截面的。

柱截面尺寸与长度相比不宜太小,因为构件细长,纵向弯曲的影响越大,承载力降低就越多,不能充分利用材料的强度。水工建筑中,现浇立柱的边长不宜小于300 mm。若立柱边长小于300 mm,混凝土施工缺陷所引起的影响就较为严重,在设计计算时,混凝土强度设计值应该乘以系数0.8。水平浇筑的装配式柱则不受此限制。

为了施工支模方便,截面尺寸宜使用整数,截面边长在800 mm及以下时,宜取50 mm的倍数;在800 mm以上时,可取100 mm的倍数。

2.2 柱材料的选择

混凝土强度等级对钢筋混凝土柱的承载力影响较大。采用强度等级较高的混凝土,可减小构件截面尺寸并节省钢材,比较经济。柱中混凝土强度等级常采用C25、C30、C35、C40等,若截面尺寸不是由强度条件确定的(如闸墩、桥墩),也可采用C15混凝土。

钢筋混凝土柱内配置的纵筋级别可采用HRB400级、HRB335级和RRB400级。对于柱内受压钢筋来说,不宜采用高强度钢筋,因为钢筋的抗压强度受到混凝土极限压应变的限制,不能充分发挥其高强度作用。

箍筋:箍筋级别可采用HPB235级、HRB335级,也可采用HRB400级。

2.3 钢筋的构造要求

2.3.1 钢筋混凝土柱的纵向受力钢筋应符合的要求

(1)纵向受力钢筋直径 d 不宜小于 12 mm,全部纵向钢筋配筋率不宜超过5%;圆柱中纵向钢筋宜沿周边均匀布置,根数不宜少于8根,且不应少于6根。

(2)当偏心受压柱的截面高度 $h\geqslant600$ mm 时,在侧面应设置直径为 10~16 mm 的纵向构造钢筋,其间距不大于 400 mm,并相应地设置复合箍筋或连系拉筋。

(3)柱内纵向钢筋的净距不应小于 50 mm;在水平位置上浇筑的预制柱,其纵向钢筋的最小净距可按 SL 191—2008 第 10.2.2 条中关于梁的规定取用。

(4)偏心受压柱中垂直于弯矩作用平面的侧面上的纵向受力钢筋以及轴心受压柱中各边的纵向受力钢筋,其间距不应大于 300 mm。

2.3.2 钢筋混凝土柱中箍筋应符合的要求

(1)柱中箍筋应做成封闭式。

(2)箍筋的间距不应大于 400 mm,亦不应大于构件截面的短边尺寸。同时,在绑扎骨架中不应大于 $15d$,在焊接骨架中不应大于 $20d$(d 为纵向钢筋的最小直径)。

(3)箍筋直径不应小于纵向钢筋的最大直径的25%,亦不应小于 6 mm。

(4)当柱中全部纵向受力钢筋的配筋率超过3%时,箍筋直径不宜小于 8 mm,间距不应大于 $10d$(d 为纵向钢筋的最小直径),且不应大于 200 mm;箍筋末端应做成135°弯钩且弯钩末端平直段长度不应小于箍筋直径的10倍。箍筋也可焊成封闭环式。

(5)当柱截面短边尺寸大于 400 mm 且各边纵向钢筋多于3根时,或当柱截面短边尺寸不大于 400 mm 但各边纵向钢筋多于4根时,应设置复合箍筋。

(6)柱内纵向钢筋绑扎搭接长度范围内的箍筋的间距应符合 SL 191—2008 第 9.4.6 条的规定。

(7)当柱中纵向钢筋按构造配置,钢筋强度未充分利用时,箍筋的配置要求可适当放宽。

任务2 轴心受压柱设计

1 轴心受压柱试验分析

轴心受压柱按箍筋配置方式不同,可分为普通箍筋柱和螺旋箍筋柱。本节只介绍普通箍筋柱。

柱承载力计算理论是建立在试验基础之上的。试验表明,构件的长细比对构件承载力影响较大。轴心受压柱的长细比是指柱计算长度 l_0 与截面最小回转半径 i 或矩形截面的短边尺寸 b 之比。

当 $l_0/i\leqslant28$ 或 $l_0/b\leqslant8$ 时,为短柱;当 $l_0/i>28$ 或 $l_0/b>8$ 时,为长柱。

1.1 轴心受压短柱的破坏特征

配有纵筋和箍筋的短柱,在轴心压力作用下,短柱全截面受压。由于钢筋与混凝土之间存在黏结力,从加载到破坏,混凝土与钢筋始终保持共同变形,两者压应变始终保持一致,整个截面的压应变是均匀分布的。当荷载较小时,材料处于弹性状态,混凝土与钢筋的应力比值基本上等于两者弹性模量之比。

随着荷载逐渐增大,混凝土塑性变形开始发展,其变形模量降低,随着柱子变形的增大,混凝土应力增加得越来越慢,而钢筋由于在屈服之前一直处于弹性阶段,所以其应力增加始终与其应变成正比。两者的应力比值不再等于弹性模量之比。若荷载长期持续作用,混凝土将发生徐变,钢筋与混凝土之间会产生应力重分配,使混凝土的应力减小,钢筋的应力增大。

当轴向压力达到柱子破坏荷载的90%时,柱子由于横向变形达到极限而出现与压力方向平行的纵向裂缝(见图6-3(a)),混凝土保护层剥落,最后箍筋间的纵向钢筋向外弯凸,混凝土被压碎而破坏(见图6-3(b)),破坏时混凝土的应力达到轴心抗压强度f_c,钢筋应力也达到受压屈服强度f'_y。

试验表明,柱子延性的好坏主要取决于箍筋的数量和形式。箍筋数量越多,对柱子的侧向约束程度越大,柱子的延性就越好。特别是螺旋箍筋,对增加延性的效果更有效。

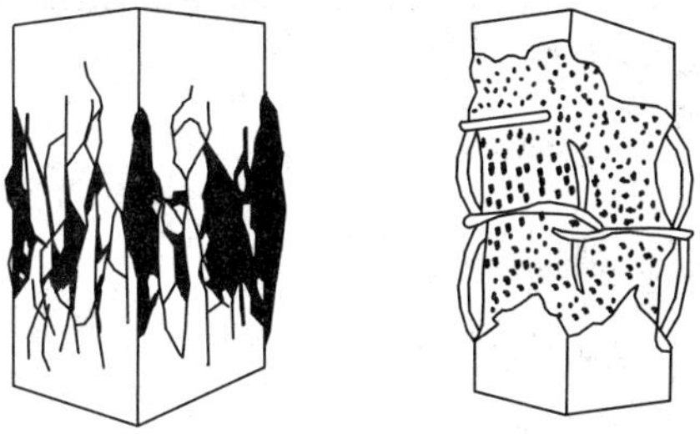

(a) (b)

图6-3 轴心受压短柱的破坏形态

1.2 轴心受压长柱的破坏特征

长柱在轴向压力作用下,不仅发生压缩变形,同时发生纵向弯曲,产生横向挠度。在荷载不大时,长柱全截面受压,但由于发生弯曲,内凹一侧的压应力比外凸一侧的压应力大。破坏前,横向挠度增加得很快,使长柱的破坏比较突然。破坏时,凹侧混凝土被压碎,纵向钢筋被压弯而向外弯凸,凸侧由受压突然变为受拉,出现水平的受拉裂缝(见图6-4)。

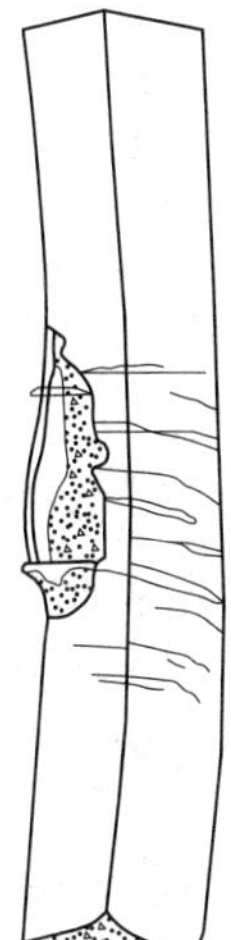

图6-4 轴心受压长柱的破坏形态

工程中的受压柱都存在初始偏心距。初始偏心距对短柱的影响可以忽略不计,而对长柱的影响较大。长柱在荷载作用下,初始偏心距产生附加弯矩,附加弯矩产生的横向挠度又加大了偏心距,相互影响的结果使长柱最终在轴向压力和弯矩共同作用下发生破坏。很细长的长柱还有可能发生失稳破坏。

将截面尺寸、混凝土强度等级和配筋面积相同的长柱与短柱比较,发现长柱的承载力小于短柱,并且柱子越细长则小得越多。因此,设计中必须考虑长细比对承载力降低的影响,常用稳定系数 ϕ 表示长柱承载力较短柱降低的程度。

试验表明,影响 ϕ 值的主要因素是柱的长细比。当 $l_0/b \leqslant 8$ 时,为短柱,可不考虑纵向弯曲的影响,取 $\phi = 1.0$;当 $l_0/b > 8$ 时,为长柱,ϕ 值随 l_0/b 的增大而减小,ϕ 值与 l_0/b 的关系见表6-1。

表6-1　钢筋混凝土轴心受压柱的稳定系数 ϕ

l_0/b	≤8	10	12	14	16	18	20	22	24	26	28
l_0/i	≤28	35	42	48	55	62	69	76	83	90	97
ϕ	1.0	0.98	0.95	0.92	0.87	0.81	0.75	0.70	0.65	0.60	0.56
l_0/b	30	32	34	36	38	40	42	44	46	48	50
l_0/i	104	111	118	125	132	139	146	153	160	167	174
ϕ	0.52	0.48	0.44	0.40	0.36	0.32	0.29	0.26	0.23	0.21	0.19

注:l_0 为构件计算长度,按表6-2计算;b 为矩形截面的短边尺寸,mm;i 为截面最小回转半径,mm。

表6-2　构件的计算长度 l_0

构件及两端约束情况		计算长度 l_0
直杆	两端固定	$0.5l$
	一端固定、一端为不移动的铰	$0.7l$
	两端均为不移动的铰	$1.0l$
	一端固定、一端自由	$2.0l$
拱	三铰拱	$0.58S$
	双铰拱	$0.54S$
	无铰拱	$0.36S$

注:l 为构件支点间长度;S 为拱轴线长度。

必须指出,采用过分细长的柱子是不合理的,因为柱子越细长,受压后越容易发生纵向弯曲而导致失稳,承载力降低越多,材料强度不能充分利用。因此,对一般建筑物中的柱,常限制长细比 $l_0/b \leqslant 30$ 及 $l_0/h \leqslant 25$(b 为截面短边尺寸,h 为长边尺寸)。

柱的计算长度 l_0 与构件的两端支承情况有关,可由表6-2查得。在实际工程中,支座情况并非理想的完全固定或完全铰接,应根据具体情况具体分析。

2　普通箍筋轴心受压柱承载力计算

2.1　计算公式

根据上述受力分析,轴心受压柱正截面受压承载力计算简图如图6-5所示。根据计算简图和内力平衡条件,并满足承载力极限状态设计表达式的要求,可得普通箍筋轴心受

压柱正截面受压承载力计算公式为

$$KN \leq \phi(f_c A + f_y' A_s') \tag{6-1}$$

式中 K——承载力安全系数；

N——轴向压力设计值，N；

ϕ——钢筋混凝土轴心受压柱稳定系数，由表 6-1 查得；

f_c——混凝土轴心抗压强度设计值，N/mm^2；

A——构件截面面积，mm^2，当纵向钢筋配筋率 $\rho' = A_s'/A > 3\%$ 时，式中 A 应改用混凝土净截面面积，$A_n = A - A_s'$；

f_y'——纵向钢筋抗压强度设计值，N/mm^2；

A_s'——全部纵向钢筋的截面面积，mm^2。

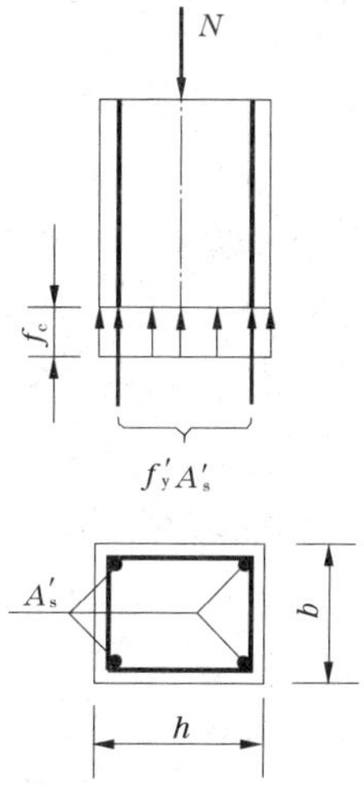

图 6-5 轴心受压柱正截面受压承载力计算简图

2.2 计算公式的应用

2.2.1 截面设计

柱的截面尺寸可由构造要求或参照同类结构确定。然后根据构件的长细比由表 6-1 查出 ϕ 值，再利用式(6-1)计算受压钢筋截面面积得：

$$A_s' = \frac{KN - \phi f_c A}{\phi f_y'} \tag{6-2}$$

计算出钢筋截面面积 A_s' 后，应验算配筋率 ρ' 是否合适(柱子的合适配筋率在 0.8% ~ 3% 范围内)。如果 ρ' 过小或过大，说明截面尺寸选择不当，需要重新选择与计算。

轴心受压柱正截面设计流程见图 6-6。

2.2.2 承载力复核

承载力复核时，构件的计算长度、截面尺寸、材料强度、纵向钢筋截面面积均为已知，先检查配筋率是否满足经济配筋率的要求，然后根据构件的长细比由表 6-1 查出 ϕ 值，再根据式(6-1)进行复核，若式(6-1)得到满足，则截面承载力足够，反之截面承载力不够。

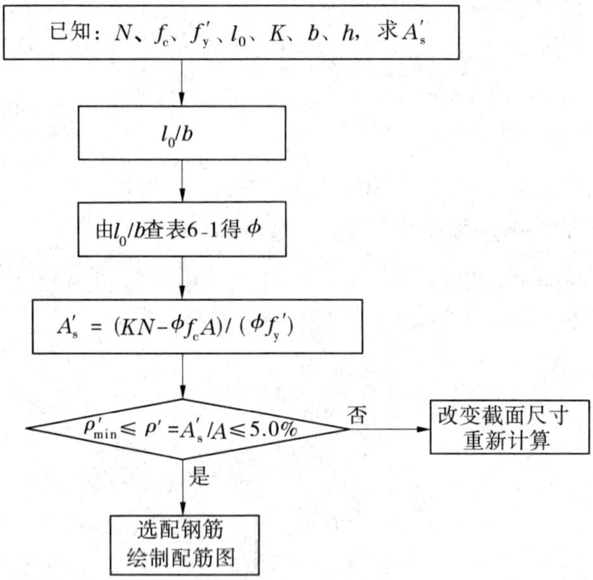

图 6-6　轴心受压柱正截面设计流程

【例 6-1】　某 2 级建筑物中的现浇轴心受压柱,柱底固定,顶部为不移动铰接,柱高 $l=5.6$ m,柱底截面承受的轴心压力设计值 $N=1\ 750$ kN,采用 C20 混凝土及 HRB335 级钢筋。试设计截面并配筋。

解:查表得:$K=1.20$,$f_c=9.6\ \text{N/mm}^2$,$f'_y=300\ \text{N/mm}^2$,拟定截面尺寸为 400 mm×400 mm。

(1)确定稳定系数 ϕ。

$$l_0 = 0.7l = 0.7 \times 5.6 = 3.92(\text{m}) = 3\ 920\ \text{mm}$$

$l_0/b=3\ 920/400=9.8>8$,属于长柱,由表 6-1 查得 $\phi=0.982$。

(2)计算 A'_s。

$$A'_s = \frac{KN - \phi f_c A}{\phi f'_y} = \frac{1.20 \times 1\ 750 \times 10^3 - 0.982 \times 9.6 \times 400^2}{0.982 \times 300} = 2\ 008(\text{mm}^2)$$

$$\rho' = A'_s/A = 2\ 008/400^2 = 1.26\%$$

ρ'在经济配筋率范围内,拟定的截面尺寸合理。

(3)选配钢筋并绘制截面配筋图。

受压钢筋选用 8 Φ 18($A'_s=2\ 036\ \text{mm}^2$),箍筋选用Φ6@250,截面配筋见图 6-7。

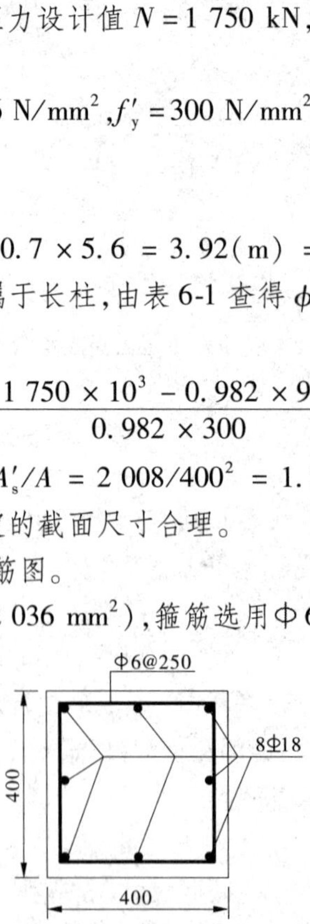

图 6-7　柱截面配筋图

任务 3　偏心受压柱设计

1　偏心受压柱的受力特点及破坏特征

试验结果表明，偏心受压柱的破坏特征与轴向压力的偏心距和配筋情况有关，偏心受压短柱的破坏可分为以下两种类型。

1.1　大偏心受压破坏

当轴向力的偏心距较大时，截面部分受拉、部分受压，如果受拉区配置的受拉钢筋数量适当，则构件在受力后，首先在受拉区产生横向裂缝。随着荷载不断增加，裂缝将不断开展延伸，受拉钢筋应力首先达到受拉屈服强度，随着钢筋塑性的增加，混凝土受压区高度迅速减小，压应变急剧增加，最后混凝土达到极限压应变而被压碎，构件破坏。破坏时受压钢筋应力达到抗压屈服强度，因为这种破坏发生于轴向力偏心距较大的情况，因此称为大偏心受压破坏。其破坏过程类似于双筋梁的适筋破坏。由于破坏是从受拉区开始的，故这种破坏又称为受拉破坏。大偏心受压破坏具有明显的预兆，属于延性破坏。图 6-8为大偏心受压破坏时的截面应力图形。

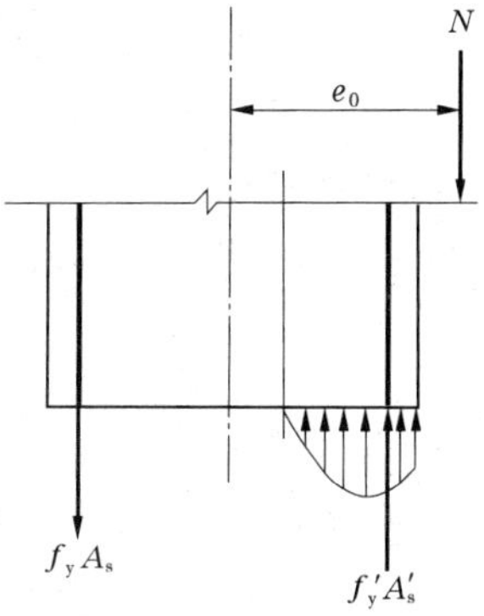

图 6-8　大偏心受压破坏截面应力图形

1.2　小偏心受压破坏

小偏心受压破坏包括下列三种情况：

(1)偏心距很小时，截面全部受压，如图 6-9(a)所示。

(2)偏心距较小时，截面大部分受压，小部分受拉，如图 6-9(b)所示。

(3)偏心距较大时，且受拉钢筋配置过多时，截面部分受拉，部分受压，如图 6-9(c)所示。

上述三种情况，尽管破坏时应力状态有所不同，但破坏特征是相似的，即靠近轴向压力一侧的受压混凝土首先被压碎，与此同时，该侧纵向受压钢筋应力也达到抗压屈服强度；而远离轴向压力一侧的纵向钢筋，不论是受压还是受拉，一般不会屈服。由于上述三种破坏情况中的前两种是在偏心距较小时发生的，故统称为小偏心受压破坏。由于破坏发生在受压区，故这种破坏又称为受压破坏。小偏心受压破坏一般没有明显预兆，属于脆性破坏。

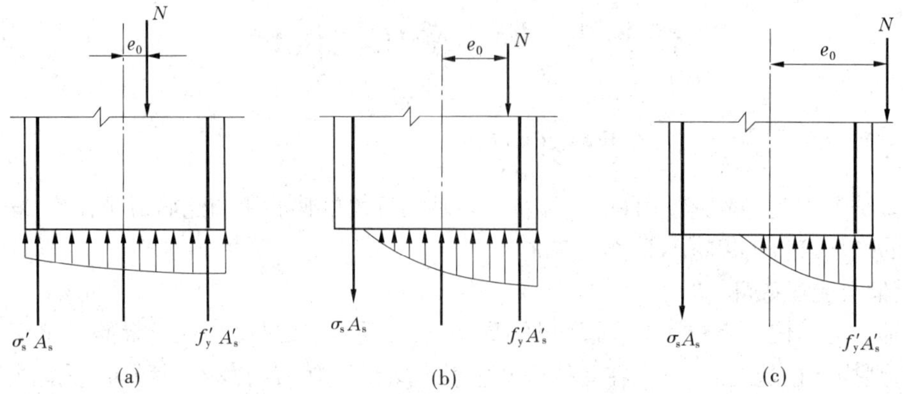

图 6-9　小偏心受压破坏截面应力图形

2　大、小偏心受压的界限与判别

由于大、小偏心受压的破坏特征分别与适筋梁和超筋梁的破坏特征相同,因此两种偏心受压破坏的界限条件与梁两种破坏的界限条件相类似,即在受拉侧钢筋应力达到屈服强度的同时,受压区混凝土恰好达到极限压应变而破坏,这种破坏为大、小偏心受压的界限破坏。界限破坏时的界限相对受压区高度 ξ_b 的计算与梁相同。当 $\xi \leqslant \xi_b$ 时,截面破坏时受拉钢筋屈服,属于大偏心受压;当 $\xi > \xi_b$ 时,截面破坏时受拉钢筋未屈服,属于小偏心受压。

3　偏心受压柱纵向弯曲对其承载力的影响

偏心受压长柱的承载力低于相同截面尺寸和配筋的偏心受压短柱。这是因为在偏心轴向力 N 作用下,细长的构件会产生附加挠度 f(见图 6-10),以致使轴向力 N 对长柱跨长中间截面重心的实际偏心距从初始偏心距 e_0 增大到 $e_0 + f$,偏心距的增大,使得作用在截面上的弯矩也随之增大,从而导致构件承载力降低。显然,长细比越大,偏心受压长柱在轴向压力和弯矩共同作用下的压弯效应越大,产生的附加挠度也越大,承载力降低越多。因此,钢筋混凝土偏心受压长柱承载力计算应考虑长细比对承载力降低的影响。考虑的方法是将初始偏心距 e_0 乘以一个大于 1 的偏心距增大系数 η,即

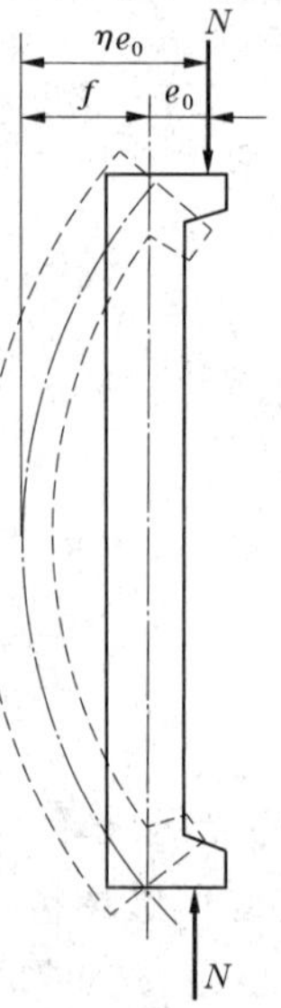

图 6-10　偏心受压长柱纵向弯曲变形

$$e_0 + f = (1 + f/e_0)e_0 = \eta e_0 \tag{6-3}$$

η 值由下列经验公式计算:

$$\eta = 1 + \frac{1}{1\,400\,\frac{e_0}{h_0}}\left(\frac{l_0}{h}\right)^2 \zeta_1 \zeta_2 \tag{6-4}$$

$$\zeta_1 = \frac{0.5f_cA}{KN} \tag{6-5}$$

$$\zeta_2 = 1.15 - 0.01l_0/h \tag{6-6}$$

式中 e_0——初始偏心距,mm,$e_0 = M/N$,当 $e_0 < h_0/30$ 时,取 $e_0 = h_0/30$;

K——承载力安全系数;

N——轴向压力设计值,N;

l_0——构件的计算长度,mm;

h——截面高度,mm;

h_0——截面有效高度,mm;

A——构件截面面积,mm^2;

ζ_1——考虑截面应变对截面曲率的影响系数,当 $\zeta_1 > 1$ 时,取 $\zeta_1 = 1.0$;对于大偏心受压构件,直接取 $\zeta_1 = 1.0$;

ζ_2——考虑构件长细比对截面曲率的影响系数,当 $l_0/h \leqslant 15$ 时,取 $\zeta_2 = 1.0$,当 $l_0/h \leqslant 8$ 时,属于短柱,取 $\eta = 1.0$,当 $8 < l_0/h \leqslant 30$ 时,η 按式(6-4)计算。

4 矩形截面偏心受压柱正截面承载力计算

矩形截面偏心受压柱正截面承载力计算采用的基本假定与梁相同。

4.1 基本公式

4.1.1 大偏心受压

根据大偏心受压破坏时的截面应力图形(见图 6-8)和基本假定,简化出大偏心受压柱的承载力计算简图(见图 6-11)。靠近轴向压力一侧的纵向钢筋截面面积为 A_s'(简称近侧钢筋),远离轴向压力一侧的纵向钢筋截面面积为 A_s(简称远侧钢筋)。

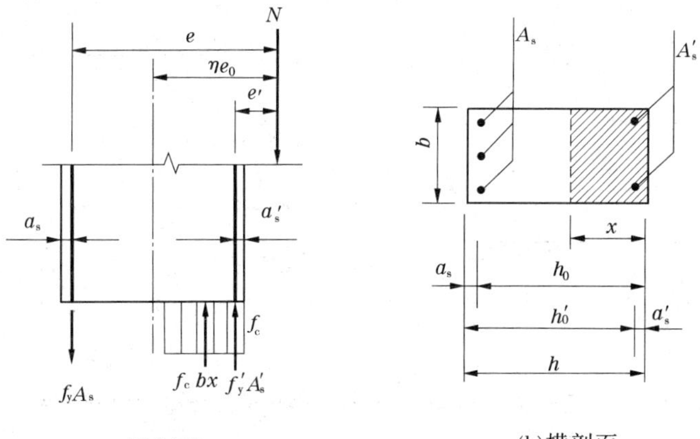

(a)纵剖面 (b)横剖面

图 6-11 矩形截面大偏心受压柱正截面受压承载力计算简图

根据承载力计算简图及截面内力平衡条件,并满足承载力极限状态设计表达式的要求,可建立如下基本公式:

$$KN \leqslant f_cbx + f_y'A_s' - f_yA_s \tag{6-7}$$

$$KNe \leqslant f_cbx(h_0 - 0.5x) + f_y'A_s'(h_0 - a_s') \tag{6-8}$$

式中 e——轴向压力作用点至远侧钢筋 A_s 合力点之间的距离,mm,$e=\eta e_0+h/2-a_s$,e_0 为轴向压力对截面重心的偏心距,mm,$e_0=M/N$,η 为轴向压力偏心距增大系数,按式(6-4)计算,a_s 为远侧钢筋 A_s 合力点至截面近边缘的距离,mm;

a'_s——近侧钢筋 A'_s 合力点至截面近边缘的距离,mm;

其他符号意义同前。

为了计算方便,可将基本公式改写为如下实用公式:

将 $x=\xi h_0$ 代入基本公式(6-7)和式(6-8)中,并令 $\alpha_s=\xi(1-0.5\xi)$,则可得出:

$$KN \leqslant f_c b\xi h_0+f'_y A'_s-f_y A_s \tag{6-9}$$

$$KNe \leqslant \alpha_s f_c b h_0^2+f'_y A'_s(h_0-a'_s) \tag{6-10}$$

基本公式应满足下列适用条件:

(1)为了保证构件破坏时,远侧受拉钢筋应力能达到屈服强度,应满足:

$$x \leqslant \xi_b h_0 \text{ 或 } \xi \leqslant \xi_b$$

(2)为了保证构件破坏时,近侧受压钢筋应力能达到屈服强度,应满足:

$$x \geqslant 2a'_s$$

当 $x<2a'_s$ 时,近侧受压钢筋的应力达不到 f'_y,截面承载力可按下式计算:

$$KNe' \leqslant f_y A_s(h_0-a'_s) \tag{6-11}$$

式中 e'——轴向压力作用点至近侧钢筋 A'_s 合力点的距离,mm,$e'=\eta e_0-h/2+a'_s$。

4.1.2 小偏心受压

根据小偏心受压破坏时的截面应力图形(见图 6-9)和基本假定,简化出小偏心受压柱的承载力计算简图(见图 6-12)。靠近轴向压力一侧的纵向钢筋截面面积为 A'_s,远离轴向压力一侧的纵向钢筋截面面积为 A_s。

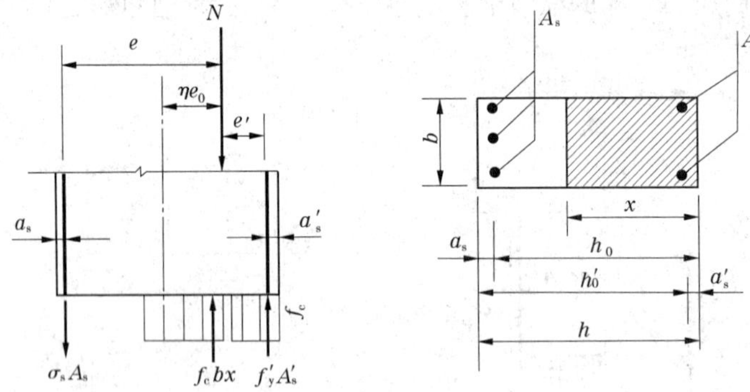

(a)纵剖面 (b)横剖面

图 6-12 矩形截面小偏心受压柱正截面受压承载力计算简图

根据承载力计算简图和截面内力平衡条件,并满足承载力极限状态设计表达式的要求,可建立如下基本公式:

$$KN \leqslant f_c bx+f'_y A'_s-\sigma_s A_s \tag{6-12}$$

$$KNe \leqslant f_c bx(h_0-0.5x)+f'_y A'_s(h_0-a'_s) \tag{6-13}$$

远离轴向压力一侧的纵向钢筋 A_s,无论是受压还是受拉,均未屈服,其应力 σ_s 随 ξ 呈线性变化,可按近似式(6-14)进行计算:

$$\sigma_s = \frac{0.8 - \xi}{0.8 - \xi_b} f_y \tag{6-14}$$

按式(6-14)计算的 σ_s 应满足 $-f'_y \leqslant \sigma_s \leqslant f_y$。

当 $KN > f_c bh$ 时,构件全截面受压($x = h$),若远离轴向力的一侧的钢筋 A_s 配得过少,则该侧混凝土就可能先达到极限压应变而破坏,钢筋 A_s 同时达到屈服强度。为了防止这种情况发生,以 A'_s 为矩心建立方程对 A_s 复核,A_s 应满足如下条件:

$$KNe' \leqslant f_c bh(h'_0 - 0.5h) + f'_y A'_s (h'_0 - a_s) \tag{6-15}$$

式中 e'——轴向力作用点至钢筋 A'_s 合力点的距离,mm,$e' = 0.5h - a'_s - e_0$,为偏于安全考虑,取 $\eta = 1.0$;

h'_0——纵向受压钢筋合力点至受拉边或受压较小边的距离,mm,$h'_0 = h - a'_s$。

4.2 截面设计

偏心受压柱截面设计,首先由结构内力分析得出作用在控制截面上的轴向力设计值 N 和弯矩设计值 M,根据经验或参照同类结构选择材料及拟定截面尺寸,然后计算钢筋截面面积 A_s 及 A'_s,并进行配筋。当计算结果不合理时,则对初拟的截面尺寸进行调整,然后重新进行计算。

截面设计时,应先根据 ξ 的大小判别偏心受压的类型。在钢筋截面面积未知的情况下,无法确定 ξ 的数值,实际设计时可按下列条件来判别:

当 $\eta e_0 > 0.3h_0$ 时,可按大偏心受压柱设计;如果远侧钢筋 A_s 配得过多,也可能转化为小偏心受压柱设计。

当 $\eta e_0 \leqslant 0.3h_0$ 时,可按小偏心受压柱设计。

4.2.1 大偏心受压柱

按非对称配筋方式进行矩形截面大偏心受压柱截面设计时,将会遇到以下两种情况。

(1)A_s 和 A'_s 均未知。

这种情况下,大偏心受压柱实用公式(6-9)和式(6-10)中有三个未知量 A_s、A'_s 和 ξ,需要补充一个条件才能求解。通常以充分发挥混凝土抗压作用,从而使钢筋总用量($A_s + A'_s$)最省作为补充条件。

为充分发挥混凝土的抗压作用,即取 $x = \xi_b h_0$。此时 $\xi = \xi_b$,$\alpha_s = \alpha_{sb} = \xi_b(1 - 0.5\xi_b)$。

将 $\alpha_s = \alpha_{sb}$代入式(6-10)求 A'_s:

$$A'_s = \frac{KNe - \alpha_{sb} f_c bh_0^2}{f'_y(h_0 - a'_s)} \tag{6-16}$$

若 $A'_s \geqslant \rho'_{min} bh_0$,则将已求得的 A'_s 和 $\xi = \xi_b$ 代入式(6-11),求 A_s。

$$A_s = \frac{f_c b\xi_b h_0 + f'_y A'_s - KN}{f_y} \tag{6-17}$$

若 $A'_s < \rho'_{min} bh_0$,则取 $A'_s = \rho'_{min} bh_0$,然后按第二种已知 A'_s 的情况求 A_s。按式(6-11)求出的 A_s 若小于 $\rho_{min} bh_0$,则按 $A_s = \rho_{min} bh_0$ 配筋。

(2)已知 A'_s,求 A_s。

这种情况下,大偏心受压柱实用公式(6-9)和式(6-10)中仅有两个未知量 A_s 和 ξ,可直接求解如下:

由式(6-10)得

$$\alpha_s = \frac{KNe - f'_y A'_s (h_0 - a'_s)}{f_c b h_0^2}$$

$$\xi = 1 - \sqrt{1 - 2\alpha_s}, x = \xi h_0$$

若 $2a'_s \leqslant x \leqslant \xi_b h_0$,由式(6-9)计算 A_s:

$$A_s = \frac{f_c b \xi h_0 + f'_y A'_s - KN}{f_y} \tag{6-18}$$

若 $x > \xi_b h_0$ 时,说明已配置的受压钢筋 A'_s 数量不足。若 A'_s 可以调整,则按第一种情况重新计算 A'_s 和 A_s;若 A'_s 不可调整,则按小偏心受压柱进行设计。

若 $x < 2a'_s$,由式(6-11)计算 A_s:

$$A_s = \frac{KNe'}{f_y (h_0 - a'_s)} \tag{6-19}$$

式中:$e' = \eta e_0 - h/2 + a'_s$。

当式(6-19)中的 e' 为负值时(轴向力 N 作用在钢筋 A_s 与 A'_s 之间),说明构件截面尺寸很大,而轴向力 N 又很小,截面上远离轴向力一边和靠近轴向力一边均不会发生破坏,可以按最小配筋率并满足构造要求配置。

大偏心受压柱正截面设计流程见图 6-13。

4.2.2 小偏心受压柱

小偏心受压柱的截面设计可按下列步骤计算。

(1)计算 A_s。

小偏心受压柱远离轴向力一侧的钢筋 A_s 可能受拉也可能受压,柱破坏时其应力 σ_s 一般达不到屈服强度,为节约钢材,A_s 可按最小配筋率配置。

$$A_s = \rho_{min} b h_0 \tag{6-20}$$

当 $KN > f_c bh$ 时,应按式(6-15)验算距轴向力较远的一侧钢筋截面面积 A_s。

$$A_s = \frac{KN(0.5h - a'_s - e_0) - f_c bh(h'_0 - 0.5h)}{f'_y (h'_0 - a_s)} \tag{6-21}$$

A_s 应取式(6-20)和式(6-21)中的较大值。

(2)计算 ξ 和 A'_s。

将式(6-14)及 $x = \xi h_0$ 代入式(6-12)和式(6-13),联立求解 ξ 和 A'_s。

若 $\xi < 1.6 - \xi_b$,求得 A'_s,计算完毕。

若 $\xi \geqslant 1.6 - \xi_b$,取 $\sigma_s = -f'_y$ 及 $\xi = 1.6 - \xi_b$(当 $\xi > h/h_0$ 时,取 $\xi = h/h_0$),代入式(6-12)和式(6-13)求得 A_s 和 A'_s,计算完毕。

求出的 A_s 和 A'_s 必须满足最小配筋率要求。

小偏心受压柱正截面设计流程见图 6-14。

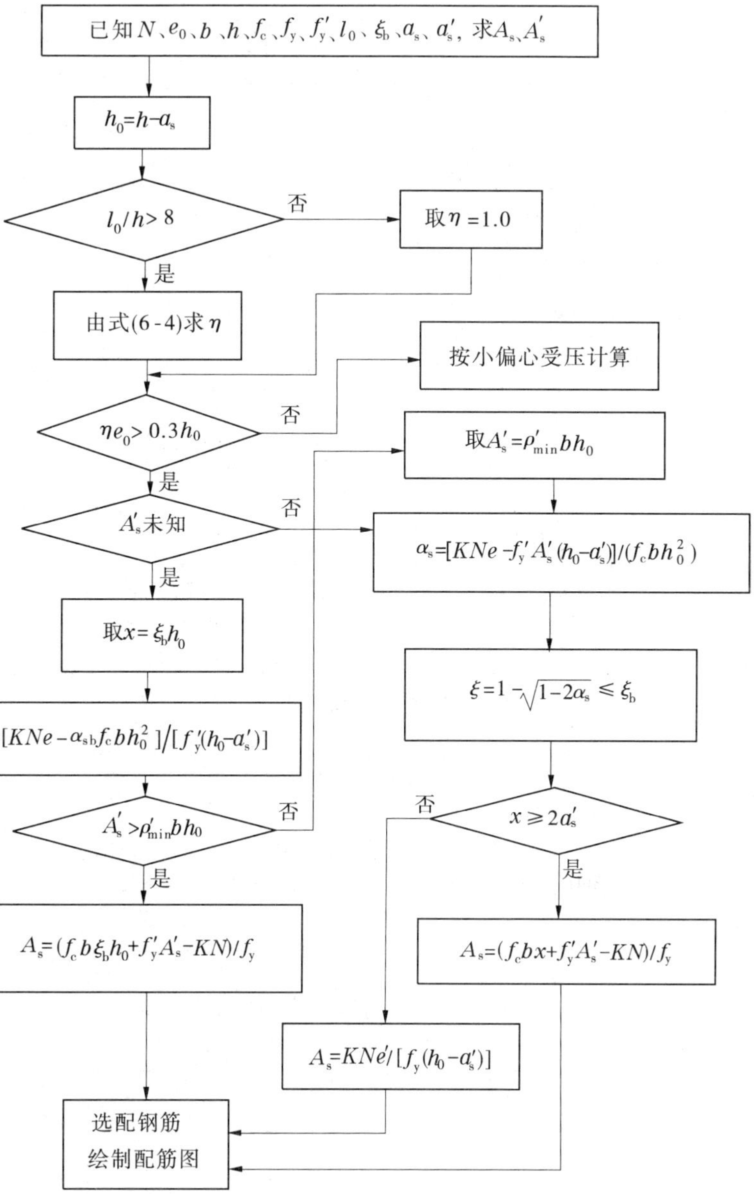

图 6-13　大偏心受压柱正截面设计流程

5　矩形截面偏心受压柱承载力复核

5.1　弯矩作用平面内的承载力复核

偏心受压柱承载力复核时，不像截面设计那样按偏心距 e_0 的大小作为两种偏心受压柱的分界。在截面尺寸、钢筋截面面积及偏心距 e_0 均已确定的条件下，受压区高度 x 即可确定。所以应根据 x 的大小判别两种偏压柱，此时可先按大偏心受压柱计算，根据大偏心受压柱计算简图，对轴向力 N 的作用点取矩（见图 6-11）可得：

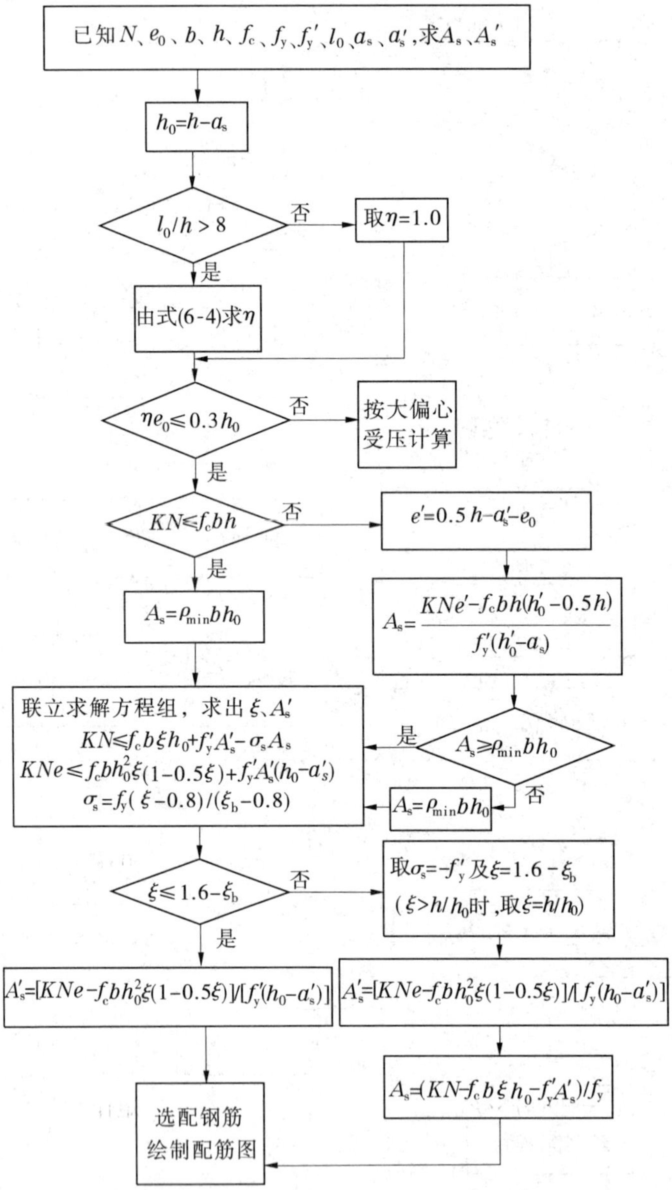

图 6-14　小偏心受压柱正截面设计流程

$$f_cbx(e-h_0+0.5x)=f_yA_se\mp f_y'A_s'e' \tag{6-22}$$

其中

$$e=\eta e_0+h/2-a_s,\ e'=\eta e_0-h/2+a_s'$$

由(6-22)可解得:

$$x=\frac{-B\pm\sqrt{B^2-4AC}}{2A} \tag{6-23}$$

其中

$$A=0.5f_cb,\ B=f_cb(e-h_0),\ C=-(f_yA_se\pm f_y'A_s'e')$$

注意:当轴向力作用在 A_s 和 A_s' 之间时用“+”号;当轴向力作用在 A_s 和 A_s' 之外时用

“－”号。

(1)求出的 $x \leqslant \xi_b h_0$ 时，为大偏心受压柱。

若 $x \geqslant 2a'_s$，将 x 代入式(6-7)复核承载力，若式(6-7)得到满足，则构件正截面安全，否则不安全。

若 $x < 2a'_s$，将 x 代入式(6-11)复核承载力，若式(6-11)得到满足，则构件正截面安全，否则不安全。

(2)求出的 $x > \xi_b h_0$，为小偏心受压柱。

根据小偏心受压柱承载力计算简图，对轴向力 N 的作用点取矩(见图6-12)可得：

$$f_c bx(e - h_0 + 0.5x) = \sigma_s A_s e + f'_y A'_s e' \tag{6-24}$$

将式(6-14)代入式(6-24)，整理得：

$$x = \frac{-B \pm \sqrt{B^2 - 4AC}}{2A} \tag{6-25}$$

其中

$$A = 0.5 f_c b, B = f_c b(e - h_0) + f_y A_s e \frac{1}{(0.8 - \xi_b) h_0}$$

$$C = -\left(f_y A_s e \frac{0.8}{0.8 - \xi_b} + f'_y A'_s e'\right)$$

按式(6-25)计算 x 并计算 ξ。

当 $\xi = x/h_0 < 1.6 - \xi_b$ 时，将 x 代入式(6-13)复核承载力。若式(6-13)得到满足，则构件正截面安全，否则不安全。

当 $\xi > 1.6 - \xi_b$ 时，取 $\sigma_s = -f'_y$，代入式(6-24)求得 x，再代入式(6-12)复核承载力。若式(6-12)得到满足，则构件正截面安全，否则不安全。

有时构件破坏也可能在远离轴向力一侧的钢筋 A_s 一边开始，所以必须用式(6-15)复核承载力。若式(6-15)得到满足，则构件正截面安全，否则不安全。

5.2 垂直于弯矩作用平面的承载力复核

偏心受压柱还可能由于长细比较大，在与弯矩作用平面相垂直的平面内发生纵向弯曲而破坏。在这个平面内没有弯矩作用，因此应按轴心受压柱进行承载力复核，计算时须考虑稳定系数 ϕ 的影响，柱截面内全部纵向钢筋都作为受压钢筋参与计算。

通过分析，认为对于小偏心受压柱一般需要验算垂直于弯矩作用平面的承载力。

【例6-2】 某2级水电站厂房中的预制钢筋混凝土排架立柱。其控制截面的截面尺寸 $b \times h = 300\ \text{mm} \times 500\ \text{mm}$，$l_0 = 4.2$ m，采用C25混凝土，HRB335级钢筋。控制截面承受的轴向压力设计值 $N = 500$ kN，弯矩设计值 $M = 190$ kN·m，取 $a_s = a'_s = 45$ mm。给该柱配置钢筋。

解：查表得：$K = 1.20$，$f_c = 11.9\ \text{N/mm}^2$，$f_y = f'_y = 300\ \text{N/mm}^2$。

(1)判别偏心受压类型。

$$l_0/h = 4\,200/500 = 8.4 > 8，需考虑纵向弯曲的影响$$

$$h_0 = h - a_s = 500 - 45 = 455(\text{mm})$$

$$e_0 = M/N = 190/500 = 0.38(\text{m}) = 380\ \text{mm} > h_0/30 = 455/30 = 15.2(\text{mm})$$

故取 $e_0 = 380$ mm。

$$\zeta_1 = \frac{0.5f_cA}{KN} = \frac{0.5\times11.9\times300\times500}{1.20\times500\times10^3} = 1.49 > 1.0, \text{取} \zeta_1 = 1.0$$

$$l_0/h = 4\,200/500 = 8.4 < 15, \text{取} \zeta_2 = 1.0$$

$$\eta = 1 + \frac{1}{1\,400\frac{e_0}{h_0}}\left(\frac{l_0}{h}\right)^2\zeta_1\zeta_2 = 1 + \frac{1}{1\,400\times\frac{380}{455}}\times\left(\frac{4\,200}{500}\right)^2\times1.0\times1.0 = 1.06$$

$$\eta e_0 = 1.06\times380 = 402.8(\text{mm}) > 0.3h_0 = 0.3\times455 = 136.5(\text{mm})$$

按大偏心受压计算。

$$e = \eta e_0 + h/2 - a_s = 402.8 + 500/2 - 45 = 607.8(\text{mm})$$

(2)计算A'_s和A_s。

$$\alpha_{sb} = \xi_b(1-0.5\xi_b) = 0.550\times(1-0.5\times0.550) = 0.399$$

$$A'_s = \frac{KNe - \alpha_{sb}f_cbh_0^{\,2}}{f'_y(h_0 - a'_s)}$$

$$= \frac{1.20\times500\times10^3\times607.8 - 0.399\times11.9\times300\times455^2}{300\times(455-45)}$$

$$= 567(\text{mm}^2) > \rho'_{min}bh_0 = 0.2\%\times300\times455 = 273(\text{mm}^2)$$

$$A_s = \frac{f_cb\xi_bh_0 + f'_yA'_s - KN}{f_y}$$

$$= \frac{11.9\times300\times0.550\times455 + 300\times567.4 - 1.20\times500\times10^3}{300}$$

$$= 1\,545(\text{mm}^2) > \rho_{min}bh_0 = 0.2\%\times300\times455 = 273(\text{mm}^2)$$

(3)选配钢筋,绘制配筋图。

实配受压钢筋2 Φ 20(A'_s=628 mm²),受拉钢筋4 Φ 22(A_s=1 520 mm²),箍筋为Φ8@250,配筋图如图6-15所示。

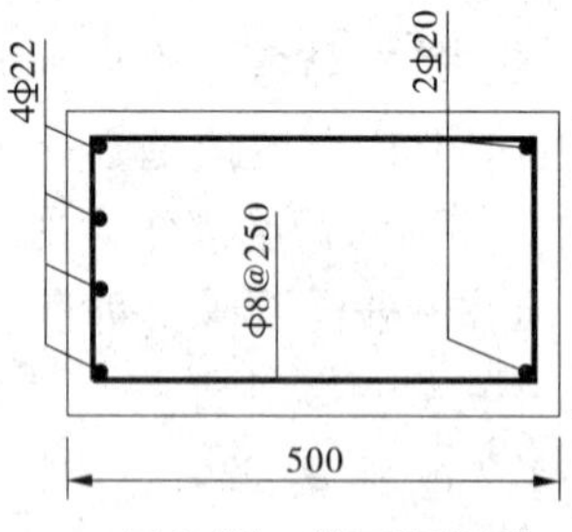

图6-15 截面配筋图

(4)垂直于弯矩作用平面内的承载力复核。

$$l_0/b = 4\,200/300 = 14$$

查表6-1得ϕ=0.92。

$$KN = 1.20\times500 = 600\ (\text{kN})$$

$$< \phi(f_cA + f_y{}'A_s{}') = 0.92\times[11.9\times300\times500 + 300\times(628+1\,520)]$$

$$= 2\,235\times10^3(\text{N}) = 2\,235\text{ kN}$$

垂直于弯矩作用平面的截面承载力满足要求。

【例6-3】 例6-2中的钢筋混凝土受压柱，受压侧钢筋已配2 ⌀ 22($A_s' = 760\ mm^2$)，试求A_s，并绘制配筋图。

解：例6-2已计算出$h_0 = 455\ mm$，$e_0 = 380\ mm$，$\eta = 1.06$，$e = 607.8\ mm$。

(1) 计算受压区高度x。

$$\alpha_s = \frac{KNe - f_y' A_s' (h_0 - a_s')}{f_c b h_0^2}$$

$$= \frac{1.20 \times 500 \times 10^3 \times 607.8 - 300 \times 760 \times (455 - 45)}{11.9 \times 300 \times 455^2} = 0.367$$

$$\xi = 1 - \sqrt{1 - 2\alpha_s} = 1 - \sqrt{1 - 2 \times 0.367} = 0.484 < \xi_b = 0.550$$

属于大偏心受压。

$$x = \xi h_0 = 0.484 \times 455 = 220(mm) > 2a_s' = 90\ mm$$

(2) 计算A_s。

$$A_s = (f_c b \xi h_0 + f_y' A_s' - KN)/f_y$$

$$= (11.9 \times 300 \times 0.484 \times 455 + 300 \times 760 - 1.20 \times 500 \times 10^3)/300$$

$$= 1\ 381(mm^2) > \rho_{min} b h_0 = 0.2\% \times 300 \times 455 = 273(mm^2)$$

实配受拉钢筋2 ⌀ 20 + 2 ⌀ 22($A_s = 1\ 388\ mm^2$)，箍筋为⌀8@250，配筋图见图6-16。

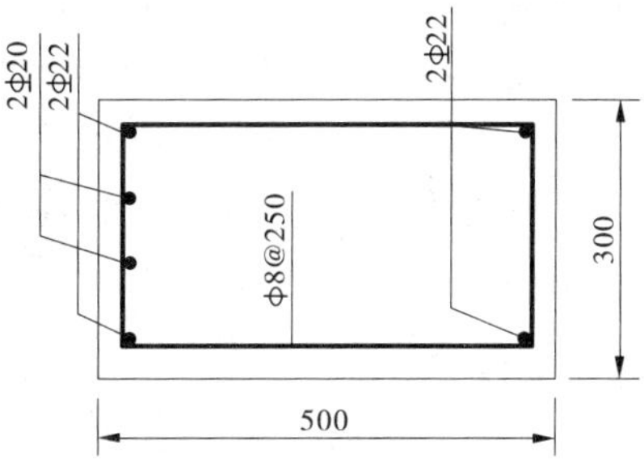

图6-16 截面配筋图

(3) 垂直于弯矩作用平面的承载力复核(略)。

6 对称配筋时承载力计算

由前面可知，不论是大偏心受压柱，还是小偏心受压柱，截面两侧的钢筋截面面积A_s和A_s'都是由各自的计算公式得出的，数量一般不相等，这种配筋方式称为非对称配筋。非对称配筋钢筋用量较省，但施工不方便。

在工程实践中，常在构件截面两侧配置相等的钢筋($A_s = A_s'$，$f_y = f_y'$，$a_s = a_s'$)，称为对称配筋。与非对称配筋相比，对称配筋用钢量较多，但构造简单，施工方便。特别是构件在不同的荷载组合下，同一截面可能承受数值相近的正负弯矩时，更应采用对称配筋。例如，厂房(或渡槽)的排(刚)架立柱在不同方向的风荷载作用时，同一截面可能承受数值相差不大的正负弯矩，此时就应该设计成对称配筋。

对称配筋是偏心受压柱的一种特殊情况，柱截面设计时，也需要先判别偏心受压类型。判别方法是：先假定是大偏心受压，将$A_s = A_s'$，$f_y = f_y'$，$a_s = a_s'$代入式(6-7)得：

$$x = KN/(f_c b) \tag{6-26}$$

若 $x \leqslant \xi_b h_0$,则为大偏心受压;若 $x > \xi_b h_0$,则为小偏心受压。

6.1 大偏心受压柱对称配筋

若 $2a_s' \leqslant x \leqslant \xi_b h_0$,按大偏心受压柱承载力计算式(6-8)确定 A_s',并取 $A_s = A_s'$。

$$A_s = A_s' = \frac{KNe - f_c bx(h_0 - 0.5x)}{f_y'(h_0 - a_s')} \tag{6-27}$$

若 $x < 2a_s'$,则由式(6-11)计算钢筋截面面积得:

$$A_s' = A_s = \frac{KNe'}{f_y(h_0 - a_s')} \tag{6-28}$$

A_s、A_s' 均需满足最小配筋率要求。

6.2 小偏心受压柱对称配筋

当 $x > \xi_b h_0$ 时,按小偏心受压柱进行计算。

将 $A_s = A_s'$,$x = \xi h_0$ 及 $\sigma_s = \dfrac{0.8 - \xi}{0.8 - \xi_b} f_y$ 代入基本公式(6-12)及式(6-13)得:

$$KN \leqslant f_c b \xi h_0 + f_y A_s \frac{\xi - \xi_b}{0.8 - \xi_b} \tag{6-29}$$

$$KNe \leqslant f_c b h_0^2 \xi(1 - 0.5\xi) + f_y' A_s'(h_0 - a_s') \tag{6-30}$$

式(6-29)与式(6-30)中包含 ξ 和 A_s 两个未知量,将两式联立求解,理论上可求出 ξ 及 A_s,然而,联立求解 ξ 需要解 ξ 的三次方程,求解十分困难,必须简化。考虑到在小偏心受压范围内 ξ 值在 0.55 ~ 1.1 之间变动,相应的 $\alpha_s = \xi(1 - 0.5\xi)$ 在 0.4 ~ 0.5 之间,为简化计算,取 $\xi(1 - 0.5\xi) = 0.45$,代入 ξ 的三次方程式中,则 ξ 的近似公式为

$$\xi = \frac{KN - \xi_b f_c b h_0}{\dfrac{KNe - 0.45 f_c b h_0^2}{(0.8 - \xi_b)(h_0 - a_s')} + f_c b h_0} + \xi_b \tag{6-31}$$

将 ξ 代入式(6-32),计算出钢筋截面面积:

$$A_s = A_s' = \frac{KNe - f_c b h_0^2 \xi(1 - 0.5\xi)}{f_y'(h_0 - a_s')} \tag{6-32}$$

不论大偏心、小偏心受压柱,实际配置的 A_s、A_s' 均应满足最小配筋率要求。

对称配筋截面承载力复核方法和步骤与非对称配筋截面承载力复核基本相同。

【例 6-4】 某抽水站(2 级建筑物)钢筋混凝土铰接排架柱,采用对称配筋,截面尺寸 $b \times h = 400\ \text{mm} \times 500\ \text{mm}$,$a_s = a_s' = 45\ \text{mm}$,计算长度 $l_0 = 7.6\ \text{m}$,采用 C20 混凝土及 HRB335 级钢筋,若已知该柱在使用期间截面承受的内力设计值有下列两组:第一组 $N = 500\ \text{kN}$,$M = 200\ \text{kN·m}$;第二组 $N = 1\ 000\ \text{kN}$,$M = 220\ \text{kN·m}$。试配置该柱钢筋。

解:基本资料:$l_0 = 7.6\ \text{m}$,$f_c = 9.6\ \text{N/mm}^2$,$f_y = f_y' = 300\ \text{N/mm}^2$,$K = 1.20$。

$$h_0 = h - a_s = 500 - 45 = 455(\text{mm})$$

$$l_0/h = 7\ 600/500 = 15.2 > 8$$

需考虑纵向弯曲的影响。

(1)第一组内力:$N = 500\ \text{kN}$,$M = 200\ \text{kN·m}$。

①计算 η 值。

$$e_0 = M/N = 200/500 = 0.4(\mathrm{m}) = 400\ \mathrm{mm}$$

$$\zeta_1 = \frac{0.5f_cA}{KN} = \frac{0.5\times 9.6\times 400\times 500}{1.20\times 500\times 10^3} = 1.6 > 1.0，取\ \zeta_1 = 1.0$$

$$\zeta_2 = 1.15 - 0.01l_0/h = 1.15 - 0.01\times 15.2 = 0.998$$

$$\eta = 1 + \frac{1}{1\,400\frac{e_0}{h_0}}\left(\frac{l_0}{h}\right)^2\zeta_1\zeta_2 = 1 + \frac{1}{1\,400\times\frac{400}{455}}\times 15.2^2\times 1.0\times 0.998 = 1.19$$

②判别偏心受压类型。

$$x = KN/(f_cb) = 1.20\times 500\times 10^3/(9.6\times 400) = 156.3(\mathrm{mm}) < \xi_bh_0$$
$$= 0.550\times 455 = 250.3(\mathrm{mm})$$

属于大偏心受压。

③配筋计算。

$$e = \eta e_0 + h/2 - a_s = 1.19\times 400 + 500/2 - 45 = 681(\mathrm{mm})$$

$$2a_s' = 2\times 45 = 90(\mathrm{mm}) < x = 156.3\ \mathrm{mm} < \xi_bh_0 = 250.3\ \mathrm{mm}$$

$$A_s = A_s' = \frac{KNe - f_cbx(h_0 - 0.5x)}{f_y'(h_0 - a_s')}$$
$$= \frac{1.20\times 500\times 10^3\times 681 - 9.6\times 400\times 156.3\times(455 - 0.5\times 156.3)}{300\times(455 - 45)}$$
$$= 1\,483(\mathrm{mm}^2) > \rho_{min}bh_0 = 0.2\%\times 400\times 455 = 364(\mathrm{mm}^2)$$

两侧纵筋均选用4 Φ22（$A_s = A_s' = 1\,520\ \mathrm{mm}^2$），箍筋选用Φ8@250。

(2)第二组内力：$N = 1\,000$ kN，$M = 220$ kN·m。

①计算 η 值。

$$e_0 = M/N = 220/1\,000 = 0.22(\mathrm{m}) = 220\ \mathrm{mm}$$

$$\zeta_1 = \frac{0.5f_cA}{KN} = \frac{0.5\times 9.6\times 400\times 500}{1.20\times 1\,000\times 10^3} = 0.8$$

$$\zeta_2 = 1.15 - 0.01l_0/h = 1.15 - 0.01\times 15.2 = 0.998$$

$$\eta = 1 + \frac{1}{1\,400\frac{e_0}{h_0}}\left(\frac{l_0}{h}\right)^2\zeta_1\zeta_2 = 1 + \frac{1}{1\,400\times\frac{220}{455}}\times 15.2^2\times 0.8\times 0.998 = 1.27$$

②判别偏心受压类型。

$$x = \frac{KN}{f_cb} = \frac{1.20\times 1\,000\times 10^3}{9.6\times 400} = 312.5(\mathrm{mm}) > \xi_bh_0 = 0.550\times 455 = 250.3(\mathrm{mm})$$

属于小偏心受压。

$$e = \eta e_0 + h/2 - a_s = 1.27\times 220 + 500/2 - 45 = 484.4(\mathrm{mm})$$

$$\xi = \frac{KN - \xi_bf_cbh_0}{\frac{KNe - 0.45f_cbh_0^2}{(0.8 - \xi_b)(h_0 - a_s')} + f_cbh_0} + \xi_b$$

$$= \frac{1.20\times 1\,000\times 10^3 - 0.550\times 9.6\times 400\times 455}{\frac{1.20\times 1\,000\times 10^3\times 484.4 - 0.45\times 9.6\times 400\times 455^2}{(0.8-0.550)\times(455-45)} + 9.6\times 400\times 455} + 0.550$$

$$= 0.61$$

$$x = \xi h_0 = 0.61\times 455 = 277.6(\text{mm})$$

③计算钢筋截面面积。

$$A_s = A_s' = \frac{KNe - f_c bx(h_0 - 0.5x)}{f_y'(h_0 - a_s')}$$

$$= \frac{1.20\times 1\,000\times 10^3\times 484.4 - 9.6\times 400\times 277.6\times(455 - 0.5\times 277.6)}{300\times(455-45)}$$

$$= 1\,985.5(\text{mm}^2) > \rho_{\min} bh_0 = 0.2\%\times 400\times 455 = 364(\text{mm}^2)$$

④选配钢筋，两侧纵筋均选用 4 Φ 25（$A_s = A_s' = 1\,964\ \text{mm}^2$）。

经以上计算可知，该柱配筋控制于第二组内力，柱截面两侧沿短边方向均应配置钢筋 4 Φ 25（$A_s = A_s' = 1\,964\ \text{mm}^2$）。选取箍筋为Φ 8 @ 250，配筋图如图 6-17 所示。

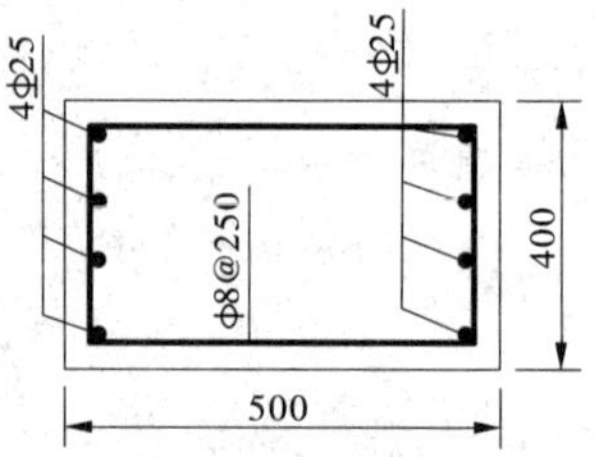

图 6-17　截面配筋图

⑤复核垂直于弯矩作用平面的承载力。

$l_0/b = 7\,600/400 = 19$，查表 6-1 得 $\phi = 0.78$。

$$KN = 1.20\times 1\,000 = 1\,200(\text{kN}) < \phi[f_c A + f_y'(A_s + A_s')]$$

$$= 0.78\times[9.6\times 400\times 500 + 300\times(1\,964 + 1\,964)]\times 10^{-3}$$

$$= 2\,417(\text{kN})$$

满足要求。

7　偏心受压柱斜截面承载力计算

在实际工程中，有不少构件同时承受轴向压力、弯矩和剪力的作用，如框架柱、排架柱等。这类构件由于轴向压力的存在，对其抗剪能力有明显的影响。因此，对于斜截面受剪承载力计算，必须考虑轴向压力的影响。

试验结果表明，轴向压力对受剪承载力起着有利影响。轴向压力能限制构件斜裂缝的出现和开展，增加混凝土剪压区高度，从而提高混凝土的受剪承载力。但轴向压力对受剪承载力的有利作用是有限度的。为了与梁的斜截面受剪承载力计算公式相协调，矩形、T 形和 I 形截面的偏心受压构件斜截面受剪承载力计算公式为

$$KV \leqslant V_c + V_{sv} + V_{sb} + 0.07N \tag{6-33}$$

式中　N——与剪力设计值 V 相应的轴向压力设计值，N，当 $N > 0.3f_cA$ 时，取 $N = 0.3f_cA$，A 为构件的截面面积。

V_c、V_{sv}、V_{sb}符号意义同梁。

如能符合下列要求：

$$KV \leqslant V_c + 0.07N \tag{6-34}$$

则可不进行斜截面受剪承载力计算，仅需参照梁的斜截面受剪承载力计算中当 $KV \leqslant V_c$ 时的有关规定，按构造要求配置箍筋。

为防止发生斜压破坏，矩形、T 形和 I 形截面的偏心受压构件，其截面尺寸应满足下式要求：

$$KV \leqslant 0.25 f_c b h_0 \tag{6-35}$$

柱斜截面受剪承载力的计算步骤与梁相类似，这里不再复述。

8 偏心受压柱正常使用极限状态验算

8.1 偏心受压柱正截面抗裂验算

对使用上不允许出现裂缝的钢筋混凝土偏心受压柱，要求在荷载效应的标准组合下进行抗裂验算。

偏心受压柱可采用与梁相同的方法进行抗裂验算，即将钢筋截面面积换算为混凝土截面面积，然后用材料力学匀质弹性体的公式进行计算。在荷载效应的标准组合下，按下式进行抗裂验算。

$$N_k \leqslant \frac{\gamma_m \alpha_{ct} f_{tk} A_0 W_0}{e_0 A_0 - W_0} \tag{6-36}$$

式中 N_k——按荷载标准值计算的轴向力值，N；

A_0——换算截面面积，$A_0 = A_c + \alpha_E A_s + \alpha_E A'_s$，mm^2；

e_0——轴向力对截面重心的偏心距，mm，对荷载效应的标准组合，$e_0 = M_k / N_k$；

其他符号意义同梁、板抗裂验算。

当偏心受压柱的抗裂验算不满足要求时，需要采取的措施同梁。

8.2 偏心受压柱正截面裂缝宽度验算

在使用荷载的作用下，钢筋混凝土构件截面上的拉应力常常大于混凝土的抗拉强度，在正常使用状态下必然会有裂缝产生，即构件总是带裂缝工作的。如果裂缝过宽，会降低混凝土的抗渗性和抗冻性等使用功能，影响结构的耐久性和外观，因此要限制裂缝宽度。对使用上要求限制裂缝宽度的钢筋混凝土偏心受压柱，应进行裂缝宽度验算，按荷载效应的标准组合所求得的最大裂缝宽度 w_{max}，不宜超过 SL 191—2008 规定的限值。

配置带肋钢筋的矩形、T 形、I 形截面的钢筋混凝土偏心受压构件，在荷载效应标准组合的最大裂缝宽度 w_{max}(mm)可按下式计算：

$$w_{max} = \alpha \frac{\sigma_{sk}}{E_s}\left(30 + c + 0.07 \frac{d}{\rho_{te}}\right) \tag{6-37}$$

式中 α——考虑荷载受力特征和部分荷载长期作用的综合影响系数，对偏心受压构件，取 $\alpha = 2.1$；

ρ_{te}——纵向受拉钢筋的有效配筋率，$\rho_{te} = A_s / A_{te}$，当 $\rho_{te} < 0.03$ 时，取 $\rho_{te} = 0.03$，A_{te} 为有效受拉混凝土截面面积，mm^2，对大偏心受压柱，取值方法同梁，A_s 为受拉区纵向钢筋截面面积，mm^2，对大偏心受压柱，取值方法同梁；

σ_{sk}——按荷载标准值计算得出的构件纵向受拉钢筋应力，N/mm^2；

其他符号意义同梁的裂缝宽度验算。

对于大偏心受压柱,按荷载标准值计算的纵向受拉钢筋应力 σ_{sk} 可按下列公式计算:

$$\sigma_{sk}=\frac{N_k}{A_s}\left(\frac{e}{z}-1\right) \tag{6-38}$$

$$z=\left[0.87-0.12(1-\gamma_f')\left(\frac{h_0}{e}\right)^2\right]h_0 \tag{6-39}$$

$$e=\eta_s e_0+y_s \tag{6-40}$$

$$\eta_s=1+\frac{1}{4\,000\dfrac{e_0}{h_0}}(l_0/h)^2 \tag{6-41}$$

式中 N_k——按荷载标准值计算的轴向压力,N;

A_s——受拉区纵向钢筋截面面积,mm^2,对大偏心受压柱,取值方法同梁;

e——轴向压力作用点至纵向受拉钢筋合力点的距离,mm;

z——纵向受拉钢筋合力点至受压区合力点的距离,mm;

η_s——使用阶段的偏心距增大系数,当 $l_0/h\leqslant 14$ 时,取 $\eta_s=1.0$;

y_s——截面重心至纵向受拉钢筋合力点的距离,mm,$y_s=h_0-y_0$,见图6-18;

γ_f'——受压翼缘面积与腹板有效面积的比值,$\gamma_f'=(b_f'-b)h_f'/(bh_0)$,其中 b_f'、h_f' 分别为受压翼缘的宽度、高度,当 $h_f'>0.2h_0$ 时,取 $h_f'=0.2h_0$。

图6-18 大偏心受压柱截面应力图

当裂缝宽度验算不满足要求时,需要采取的措施与梁的裂缝宽度验算相同。

任务4 钢筋混凝土受拉构件设计

1 受拉构件的类型

钢筋混凝土受拉构件可以分为轴心受拉构件和偏心受拉构件。

钢筋混凝土桁架或拱拉杆、受内压力作用的环形截面管壁及圆形贮液池的筒壁等,通常按轴心受拉构件计算,如图6-19所示。

矩形水池的池壁、矩形剖面料仓或煤斗的壁板、受地震作用的框架边柱,以及双肢柱的受拉肢,属于偏心受拉构件,如图6-20所示。

受拉构件除轴向拉力外，同时受弯矩和剪力作用。

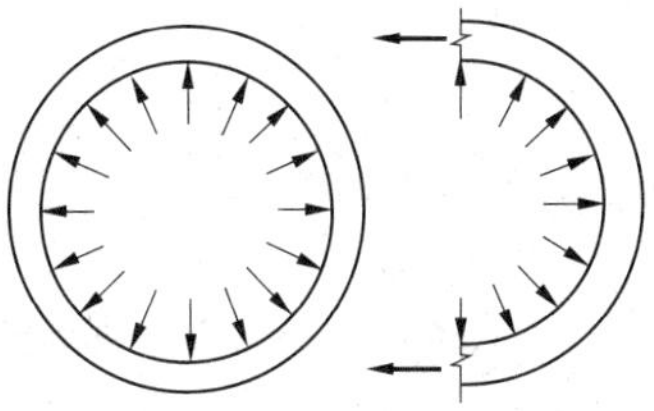

图6-19 钢筋混凝土轴心受拉构件

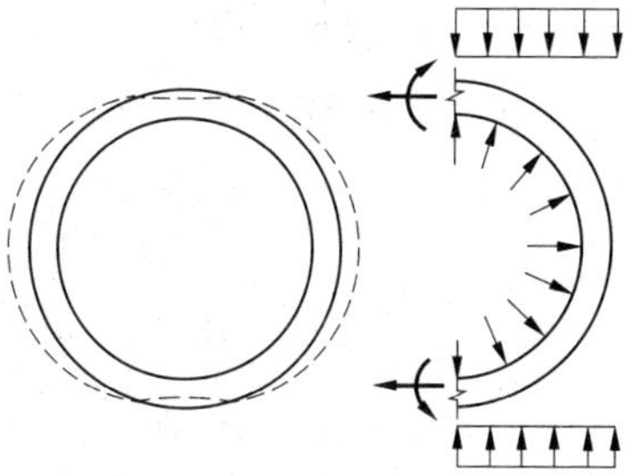

图6-20 钢筋混凝土偏心受拉构件

2 受拉构件的构造要求

2.1 纵向受拉钢筋

（1）为了增强钢筋和混凝土之间的黏结力并减小构件的裂缝宽度，受拉构件的纵向受力钢筋宜采用直径稍小的带肋钢筋。轴心受拉构件的受力钢筋应沿构件周边均匀布置；偏心受拉构件的受力钢筋布置在垂直于弯矩作用平面的两边。

（2）轴心受拉构件和小偏心受拉构件中的受力钢筋不得采用绑扎接头，必须采用焊接；大偏心受拉构件中的受拉钢筋，当直径大于28 mm时，也不宜采用绑扎接头。

（3）为了避免受拉钢筋配置过少引起的脆性破坏，受拉钢筋的用量不应小于最小配筋率配筋。

（4）纵向钢筋的混凝土保护层厚度要求与梁相同。

2.2 箍筋

在受拉构件中，箍筋的作用是与纵筋形成钢筋骨架，固定纵向钢筋在截面中的位置；对于有剪力作用的偏心受拉构件，箍筋主要起抗剪作用。受拉构件中的箍筋，其构造要求与受弯构件箍筋相同。

3 轴心受拉构件正截面承载力计算

轴心受拉构件的正截面受拉承载力应符合下列规定：

$$KN \leqslant f_y A_s \tag{6-42}$$

式中 K——承载力安全系数，按SL 191—2008表3.2.4采用；

N——轴向拉力设计值，N，按SL 191—2008第3.2.2条的规定计算；

f_y——纵向钢筋的抗拉强度设计值，N/mm^2；

A_s——纵向钢筋的全部截面面积，mm^2。

【例6-5】 已知某钢筋混凝土屋架为2级水工建筑物，其下弦拉杆截面尺寸 $b \times h = 400\ mm \times 400\ mm$，承受的轴心拉力设计值为590 kN，采用C25混凝土和HPB235级钢筋。求截面配筋。

解：$A_s = KN/f_y = (1.2 \times 590 \times 10^3)/300 = 2\,360(\text{mm}^2) > 2\rho_{min}bh = 2 \times 0.2\% \times 400 \times 400 = 640(\text{mm}^2)$，纵向钢筋选用 8 ⌀ 20（$A_s = 2\,513\ \text{mm}^2$），拉杆截面的配筋图如图 6-21所示。

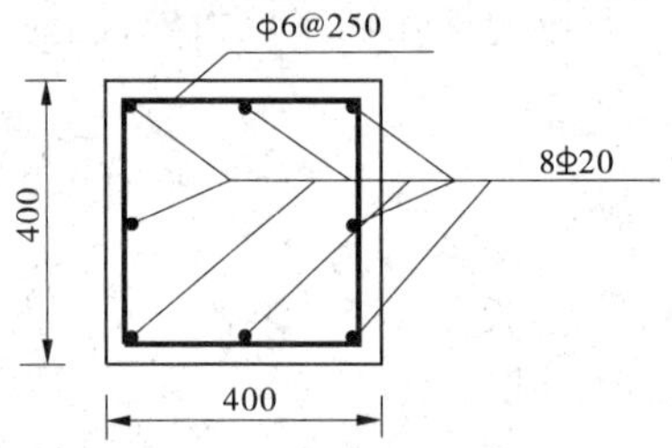

图 6-21　拉杆截面配筋图

4　偏心受拉构件正截面承载力计算

4.1　大、小偏心受拉的界限条件

距轴向拉力 N 较近一侧的纵向钢筋为 A_s，较远一侧的纵向钢筋为 A'_s。试验表明，根据轴向力偏心距 e_0 的不同，偏心受拉构件的破坏特征可分为以下两种情况：

(1)轴向拉力 N 作用在钢筋 A_s 和 A'_s 之外，即偏心距 $e_0 > h/2 - a_s$ 时，称为大偏心受拉。

由于轴向拉力 N 的偏心距较大，受力后截面部分受拉，部分受压，随着荷载的增加，受拉区混凝土开裂，这时受拉区拉力仅由受拉钢筋 A_s 承担，而受压区压力由混凝土和受压钢筋 A'_s 共同承担。随着荷载进一步增加，裂缝进一步扩展，受拉钢筋 A_s 达到屈服强度 f_y，受压区进一步缩小，以致混凝土被压碎，同时受压钢筋 A'_s 的应力也达到屈服强度 f'_y，其破坏形态与大偏心受压构件类似。大偏心受压构件破坏时，构件截面不会裂通，截面上有受压区存在，否则截面受力不会平衡。

(2)轴向拉力 N 作用在钢筋 A_s 和 A'_s 之间，即偏心距 $e_0 \leqslant h/2 - a_s$ 时，称为小偏心受拉。

当偏心距较小时，受力后即为全截面受拉，随着荷载的增加，混凝土达到极限拉应变而开裂，进而全截面裂通，最后钢筋应力达到屈服强度，构件破坏；当偏心距较大时，混凝土开裂前截面部分受拉，部分受压，在受拉区混凝土开裂后，裂缝迅速发展至全截面裂通，混凝土退出工作，这时截面将全部受拉，随着荷载的不断增加，最后钢筋应力达到屈服强度，构件破坏。

因此，只要轴向拉力 N 作用在钢筋 A_s 和 A'_s 之间，不管偏心距大小如何，构件破坏时均为全截面受拉，拉力由 A_s 和 A'_s 共同承担，构件受拉承载力取决于钢筋的抗拉强度，小偏心受拉构件破坏时，构件全截面裂通，截面上不会有受压区存在，否则截面受力不会平衡。

4.2　小偏心受拉构件正截面承载力计算

轴向拉力 N 作用在钢筋 A_s 合力点与 A'_s 合力点之间的小偏心受拉构件（见图 6-22），其正截面受拉承载力应符合下列规定：

$$KNe \leqslant f'_y A'_s (h_0 - a'_s) \tag{6-43}$$

$$KNe' \leqslant f_y A_s (h'_0 - a_s) \tag{6-44}$$

式中　A_s、A'_s——配置在靠近及远离轴向拉力一侧的纵向钢筋截面面积，mm^2；

e、e'——轴向拉力至钢筋 A_s 合力点及 A'_s 合力点之间的距离，mm。

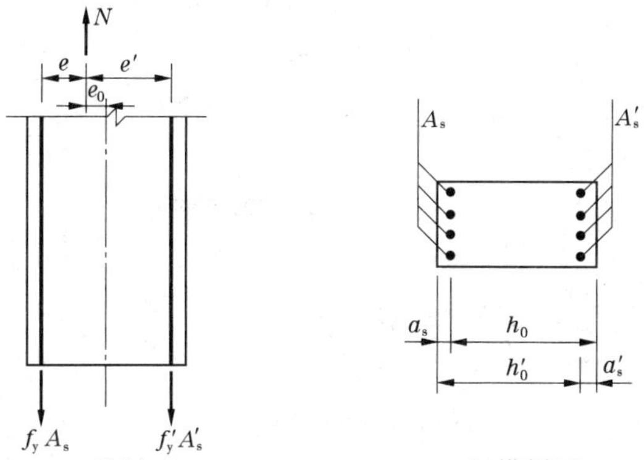

图 6-22　小偏心受拉构件的正截面受拉承载力计算简图

【例 6-6】　某钢筋混凝土输水涵洞为 2 级水工建筑物，涵洞截面尺寸如图 6-23 所示。该涵洞采用 C25 混凝土和 HPB335 级钢筋($f_y = 300\ N/mm^2$)。使用期间在自重、土压力及动水压力作用下，每米涵洞长度内，控制截面 $A—A$ 的内力为：弯矩设计值 $M = 38\ kN \cdot m$(以外壁受拉为正)，轴心拉力设计值 $N = 340\ kN$(以受拉为正)，$K = 1.20$，$a_s = a_s' = 60$ mm，涵洞壁厚为 550 mm。试配置 $A—A$ 截面的配筋。

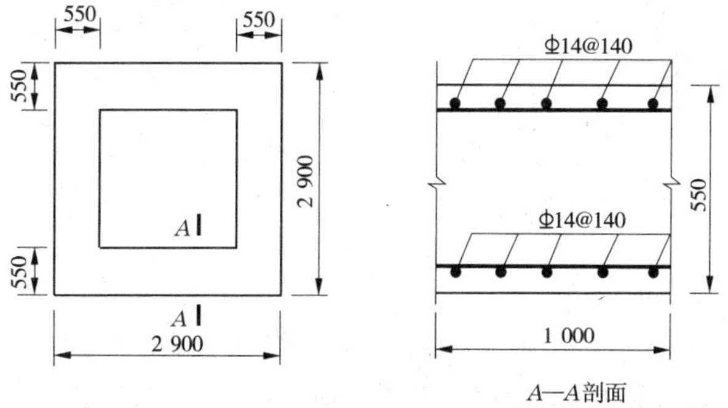

图 6-23　输水涵洞截面与 $A—A$ 截面配筋图

解：(1)判别受拉构件类型。

$$h_0 = h - a_s = 550 - 60 = 490(mm)$$

$$e_0 = M/N = 38/340 = 0.112(m) = 112\ mm < h/2 - a_s = 550/2 - 60 = 215(mm)$$

属于小偏心受拉构件。

(2)计算纵向钢筋截面面积 A_s 和 A_s'。

$$e \leqslant h/2 - a_s - e_0 = 550/2 - 60 - 112 = 103(mm)$$

$$e' \leqslant h/2 - a_s' + e_0 = 550/2 - 60 + 112 = 327(mm)$$

根据式(6-43)和式(6-44)得

$$A_s = \frac{KNe'}{f_y(h_0 - a_s')} = \frac{1.20 \times 340 \times 10^3 \times 327}{300 \times (490 - 60)}$$

$$= 1\ 034(mm^2) > \rho_{min}bh_0 = 0.15\% \times 1\ 000 \times 490 = 735(mm^2)$$

$$A'_s = \frac{KNe}{f_y(h_0 - a'_s)} = \frac{1.20 \times 340 \times 10^3 \times 103}{300 \times (490 - 60)}$$

$$= 326(\mathrm{mm}^2) < \rho_{\min} bh_0 = 0.15\% \times 1\ 000 \times 490 = 735(\mathrm{mm}^2)$$

(3)选配钢筋并绘制配筋图。

为满足最小配筋率的要求且便于施工,内外侧钢筋均选配Φ14@140($A_s = A'_s = 1\ 100\ \mathrm{mm}^2/\mathrm{m}$),截面配筋图如图6-23所示。

4.3 大偏心受拉构件正截面承载力计算

轴向拉力N不作用在钢筋A_s合力点与A'_s合力点之间的矩形截面大偏心受拉构件(见图6-24),其正截面受拉承载力应符合下列规定:

$$KN \leqslant f_y A_s - f'_y A'_s - f_c bx \tag{6-45}$$

$$KNe \leqslant f_c bx\left(h_0 - \frac{x}{2}\right) + f'_y A'_s(h_0 - a'_s) \tag{6-46}$$

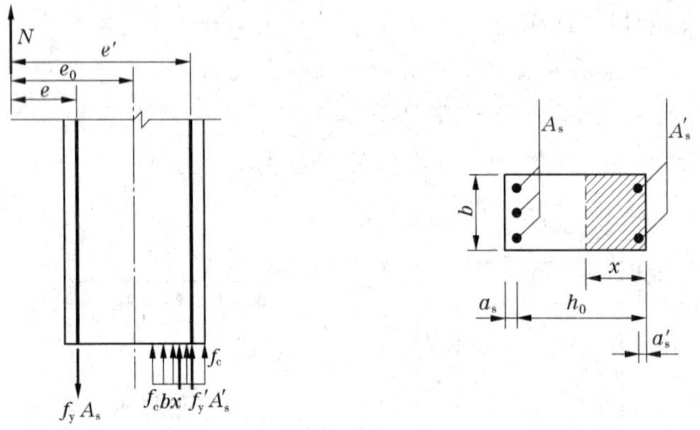

(a)纵剖面　(b)横剖面

图6-24　矩形截面大偏心受拉构件的正截面受拉承载力计算

此时,混凝土受压区的计算高度应符合$x \leqslant 0.85\xi bh_0$的要求。计算中考虑受压钢筋A'_s时,应符合$x \geqslant 2a'_s$的条件;当$x < 2a'_s$时,可按SL 191—2008式(6.4.2-2)计算。

对称配筋的偏心受拉构件,不论大、小偏心受拉情况,均可按SL 191—2008式(6.4.2-2)计算。

【例6-7】 某渡槽(3级水工建筑物)底板设计时,沿水流方向取单宽板带为计算单元(取$b = 1\ 000$ mm),取底板厚度$h = 300$ mm。已知跨中截面上弯矩设计值$M = 36$ kN·m(底板下部受拉),轴心拉力设计值$N = 21$ kN,$K = 1.20$,根据结构耐久性要求取$a_s = a'_s = 40$ mm,采用C25混凝土($f_c = 11.9\ \mathrm{N/mm^2}$)及HPB335级钢筋($f_y = f'_y = 300\ \mathrm{N/mm^2}$)。试配置跨中截面的配筋并绘制配筋图。

解:(1)判别受拉构件类型。

$$e_0 = M/N = 36/21 = 1.714(\mathrm{m}) = 1\ 714\ \mathrm{mm} > h/2 - a_s = 300/2 - 40 = 110(\mathrm{mm})$$

属于大偏心受拉构件。

(2)计算纵向钢筋A'_s。

$$h_0 = h - a_s = 300 - 40 = 260(\mathrm{mm})$$

$$e = e_0 - h/2 + a_s = 1\ 714 - 300/2 + 40 = 1\ 604(\text{mm})$$

$$\alpha_{smax} = 0.85\xi_b(1 - 0.5 \times 0.85\xi_b) = 0.85 \times 0.550 \times (1 - 0.5 \times 0.85 \times 0.550) = 0.358$$

$$A'_s = \frac{KNe - \alpha_{smax} f_c b h_0^2}{f'_y(h_0 - a'_s)} = \frac{1.20 \times 21 \times 10^3 \times 1\ 604 - 0.358 \times 11.9 \times 1\ 000 \times 260^2}{300 \times (260 - 40)} < 0$$

按构造规定受压钢筋配置Φ 12@200（$A'_s = 565\ \text{mm}^2 > \rho'_{min} b h_0 = 0.15\% \times 1\ 000 \times 260 = 390(\text{mm}^2)$），此时，本题转化为已知 A'_s 求 A_s，其计算方法与大偏心受压柱相似。

（3）已知 A'_s，求 A_s。

$$\alpha_s = \frac{KNe - f'_y A'_s(h_0 - a'_s)}{f_c b h_0^2}$$

$$= \frac{1.20 \times 21 \times 10^3 \times 1\ 604 - 300 \times 565 \times (260 - 40)}{11.9 \times 1\ 000 \times 260^2} = 0.004$$

$$\xi = 1 - \sqrt{1 - 2\alpha_s} = 1 - \sqrt{1 - 2 \times 0.004} \approx 0.004$$

$x < 2a'_s = 2 \times 40 = 80(\text{mm})$，则 A_s 应按 SL 191—2008 式（6.4.2-2）计算。

$$e' = e_0 + h/2 - a'_s = 1\ 714 + 300/2 - 40 = 1\ 824(\text{mm})$$

$$A_s = \frac{KNe'}{f_y(h_0 - a'_s)} = \frac{1.20 \times 21 \times 10^3 \times 1\ 824}{300 \times (260 - 40)}$$

$$= 696(\text{mm}^2) > \rho_{min} b h_0 = 0.15\% \times 1\ 000 \times 260 = 390(\text{mm}^2)$$

受拉钢筋选用Φ 14@200（$A_s = 770\ \text{mm}^2$）。

（4）绘制配筋图。

截面配筋图如图 6-25 所示。

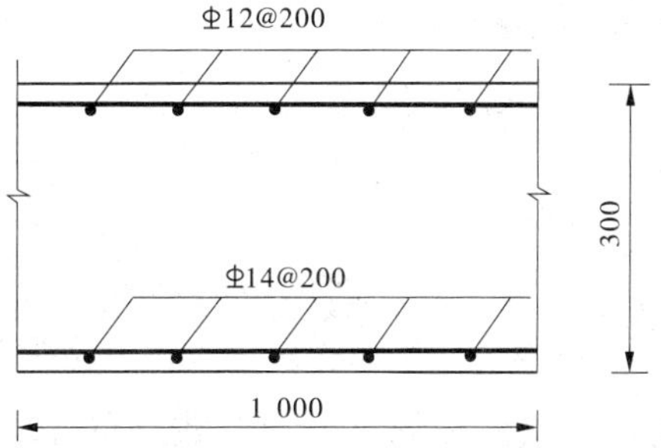

图 6-25 渡槽底板断面配筋图

5 受拉构件正常使用极限状态验算

5.1 受拉构件正截面抗裂验算

对使用上不允许出现裂缝的钢筋混凝土受拉构件，在荷载效应标准组合下，其抗裂验算应符合下列规定：

轴心受拉构件

$$N_k \leqslant \alpha_{ct} f_{tk} A_0 \tag{6-47}$$

偏心受拉构件

$$N_k \leqslant \frac{\gamma_m \alpha_{ct} f_{tk} A_0 W_0}{e_0 A_0 + \gamma_m W_0} \tag{6-48}$$

式中 N_k——按荷载标准值计算的轴向力值,N;

α_{ct}——混凝土拉应力限制系数,对荷载效应的标准组合,α_{ct}可取为0.85;

f_{tk}——混凝土轴心抗拉强度标准值,N/mm^2,按附录B附表B-6确定;

γ_m——截面抵抗矩塑性系数,按附录D附表D-4采用;

e_0——轴向力对截面重心的偏心距,mm;

A_0——换算截面面积,mm^2,$A_0 = A_c + \alpha_E A_s + \alpha_E A'_s$,$\alpha_E$为钢筋弹性模量与混凝土弹性模量的比值,即$\alpha_E = E_s/E_c$,$A_c$为混凝土截面面积,mm^2,$A_s$为受拉钢筋截面面积,mm^2;

W_0——换算截面受拉边缘的弹性抵抗矩,mm^3,$W_0 = I_0/(h - y_0)$,y_0为换算截面重心至受压边缘的距离,mm,I_0为换算截面对其重心轴的惯性矩,mm^4,h为截面全高,mm。

【例6-8】 某矩形截面轴心受拉构件(3级水工建筑物),截面尺寸$b \times h = 400\ \text{mm} \times 400\ \text{mm}$,承受轴向拉力标准值$N_k = 200$ kN,混凝土强度等级采用C25,纵筋采用HRB335级钢筋,配置4 Φ 16,试验算该构件是否满足抗裂要求。

解:

$$\alpha_{ct} f_{tk} A_0 = 0.85 \times 1.78 \times \left(400 \times 400 + \frac{2.0 \times 10^5}{2.8 \times 10^4} \times 2\ 513\right) = 269(\text{kN}) > N_k = 200\ \text{kN}$$

故该轴心受拉构件正截面抗裂验算满足要求。

5.2 受拉构件正截面裂缝宽度验算

在荷载效应标准组合下的最大裂缝宽度ω_{max}(mm)可按下式计算:

$$\omega_{max} = \alpha \frac{\sigma_{sk}}{E_s}\left(30 + c + 0.07 \frac{d}{\rho_{te}}\right) \tag{6-49}$$

式中 α——考虑构件受力特征和荷载长期作用的综合影响系数,对偏心受拉构件,取$\alpha = 2.4$,对轴心受拉构件,取$\alpha = 2.7$;

c——最外层纵向受拉钢筋外边缘至受拉区边缘的距离,mm,当$c > 65$ mm时,取$c = 65$ mm;

d——钢筋直径,mm,当钢筋用不同直径时,式中的d改用换算直径$4A_s/u$,u为纵向受拉钢筋截面总周长,mm;

ρ_{te}——纵向受拉钢筋的有效配筋率,$\rho_{te} = \dfrac{A_s}{A_{te}}$,当$\rho_{te} < 0.03$时,取$\rho_{te} = 0.03$;

A_{te}——有效受拉混凝土截面面积,mm^2,对受弯、偏心受拉及大偏心受压构件,A_{te}取为其重心与受拉钢筋A_s重心相一致的混凝土面积,即$A_{te} = 2a_s b$,a_s为A_s重心至截面受拉边缘的距离,b为矩形截面的宽度,对有受拉翼缘的倒T形及I形截面,b为受拉翼缘宽度,对轴心受拉构件,A_{te}取为$2a_s l_s$,但不大于构件全截面面积,a_s为一侧钢筋重心至截面边缘的距离,l_s为沿截面周边配置的受拉钢筋重心连线的总长度，A_s 为受拉区纵向钢筋截面面积，mm^2，对受弯、偏心受拉及大偏心受压构件，A_s 取受拉区纵向钢筋截面面积，对全截面受拉的偏心受拉构件，A_s 取拉应力较大一侧的钢筋截面面积，对轴心受拉构件，A_s 取全部纵向钢筋截面面积；

σ_{sk}——按荷载标准值计算的构件纵向受拉钢筋应力，N/mm^2。

钢筋混凝土构件最大裂缝宽度计算中，按荷载标准值计算的纵向受拉钢筋应力可按下列公式计算：

轴心受拉构件

$$\sigma_{sk} = \frac{N_k}{A_s} \tag{6-50}$$

偏心受拉构件（矩形截面）

$$\sigma_{sk} = \frac{N_k}{A_s}\left(1 \pm 1.1\frac{e_s}{h_0}\right) \tag{6-51}$$

式中 N_k——按荷载标准值计算的轴向拉力，N；

A_s——受拉区纵向钢筋截面面积，mm^2，取值原则与式（6-49）的规定相同；

e_s——轴向拉力作用点至纵向受拉钢筋（对全截面受拉的偏心受拉构件，为拉应力较大一侧的钢筋）合力点的距离，mm。

对小偏心受拉构件，式（6-51）括号内取减号，对大偏心受拉构件，则取加号。

【例6-9】 已知条件同例6-8，若轴心拉力标准值 $N_k = 400$ kN，试验算构件裂缝宽度是否满足要求，保护层厚度取30 mm，环境类别为二类。

解：纵向受拉钢筋应力：

$$\sigma_{sk} = \frac{N_k}{A_s} = \frac{400 \times 10^3}{2\ 513} = 159.2(N/mm^2)$$

纵向受拉钢筋的有效配筋率：

$$\rho_{te} = \frac{A_s}{A_{te}} = \frac{A_s}{2a_s l_s} = \frac{2\ 513}{2 \times 40 \times 1\ 280} = 0.025$$

$$w_{max} = \alpha\frac{\sigma_{sk}}{E_s}\left(30 + c + 0.07\frac{d}{\rho_{te}}\right) = 2.7 \times \frac{159.2}{2.0 \times 10^5} \times \left(30 + 30 + 0.07 \times \frac{20}{0.025}\right)$$

$$= 0.25(mm) < w_{lim} = 0.3\ mm$$

故该构件裂缝宽度验算满足要求。

项目小结

本项目主要涵盖钢筋混凝土柱的概念、分类、工程应用。学习理解并能灵活运用钢筋混凝土柱的构造要求；轴心受压柱的试验破坏原理，柱的分类；普通箍筋柱的设计与构造要求；偏心受压柱的试验破坏原理，偏心受压柱的分类；大、小偏心受压构件的构造要求；大、小偏心受压构件的设计原理、计算公式、适用条件及偏心受压柱正截面、斜截面承载力计算与截面复核；偏心受压柱的开裂验算、裂缝宽度验算、变形验算；受拉构件的构造要求;大、小偏心受拉构件的分类;轴心受拉、偏心受拉构件的承载力计算及正常使用极限状态验算等知识点。

重点是掌握普通箍筋柱的设计与构造要求;偏心受压柱的分类;大、小偏心受压构件的构造要求;大、小偏心受压构件的设计原理、计算公式、适用条件及偏心受压柱正截面、斜截面承载力计算与截面复核;偏心受压柱的开裂验算、裂缝宽度验算、变形验算;偏心受拉构件的基本概念。

难点是掌握普通箍筋柱、偏心受压柱的构造要求、正截面及斜截面承载力计算与截面复核;偏心受压柱的开裂验算、裂缝宽度验算、变形验算。

知识技能训练

一、简答题

1. 工程中哪些构件属于钢筋混凝土柱?柱可以分为哪几类?
2. 柱中箍筋有何作用?
3. 轴心受压柱和偏心受压柱中的纵向钢筋分别应该怎样布置?
4. 长柱承载力低于短柱的原因是什么?
5. 偏心距增大系数 η 的物理意义是什么?
6. 大偏心受压柱和小偏心受压柱破坏特征有何区别?大偏心受压和小偏心受压的界限是什么?
7. 能否将 $\eta e_0 > 0.3h_0$ 作为判别是大偏心受压柱的标准?
8. 解释例 6-3 纵向钢筋计算面积比例 6-2 纵向钢筋计算面积多的原因。
9. 为什么偏心受压柱要进行垂直于弯矩作用平面承载力复核?
10. 偏心受压柱垂直于弯矩作用平面承载力复核,计算式中的 A_s' 是不是指一侧受压钢筋?并说明理由。
11. 偏心受压柱采用对称配筋有什么优点和缺点?
12. 哪些构件属于受拉构件?试举例说明。
13. 怎样判别大、小偏心受拉构件?
14. 简述大、小偏心受拉构件的破坏特征。
15. 大、小偏心受拉构件正截面承载力计算公式的适用条件是什么?其意义是什么?

二、单选题

1. 受压柱常用的混凝土强度等级是(　　)或更高强度等级的混凝土。

A. C20　　B. C25　　C. C30　　D. C35

2. 水工建筑中,现浇立柱的边长不宜小于(　　)。

A. 300 mm　　B. 350 mm　　C. 400 mm　　D. 450 mm

3. 正方形和矩形柱中的纵向钢筋的根数不得少于(　　)。

A. 2 根　　B. 3 根　　C. 4 根　　D. 5 根

4. 轴向压力对构件抗剪强度的影响,下列说法中哪项是正确的?(　　)

A. 轴向压力可提高构件的抗剪强度

B. 轴向压力对构件抗剪强度影响不大

C. 轴向压力可降低构件的抗剪强度

D. 轴向压力可提高构件的抗剪强度，但轴向压力过大时，反而降低构件的抗剪强度

5. 轴压构件稳定系数 ϕ 主要与下列哪项因素有关？（　　）

A. 长细比　　B. 混凝土强度等级　　C. 钢筋强度　　D. 纵筋配筋率

6. 大偏心受压构件与小偏心受压构件破坏的共同点是下列哪项？（　　）

A. 受压区混凝土破坏　　B. 受压钢筋达到屈服强度

C. 受拉区混凝土拉裂　　D. 远离轴向力一侧钢筋受拉

7. 验算裂缝宽度是指下列哪项位置？（　　）

A. 钢筋表面的裂缝宽度　　B. 钢筋水平处构件侧表面的裂缝宽度

C. 构件底面的裂缝宽度　　D. 钢筋合力作用点侧表面的裂缝宽度

8. 钢筋混凝土大偏心受压构件的破坏特征是下列哪项？（　　）

A. 远离轴向力作用一侧的钢筋达到屈服强度，随后压区混凝土被压碎，受压钢筋亦达到屈服强度

B. 远离轴向力作用一侧的钢筋应力不定，而另一侧钢筋受压屈服，混凝土被压碎

C. 靠近轴向力作用一侧的钢筋和混凝土应力不定，而另一侧受拉钢筋达到屈服强度

D. 靠近轴向力作用一侧的钢筋应力达到屈服强度，而另一侧受拉钢筋应力不定

9. 矩形截面大偏心受压构件截面设计时令 $x=\xi_b h_0$，下列说法中哪项是正确的？（　　）

A. 保证不发生小偏心受压构件

B. 保证破坏时，远离轴向力作用一侧的钢筋应力能达到屈服强度

C. 使钢筋用量最少

D. 使混凝土用量最少

10. 矩形截面小偏心受压构件截面设计时，A_s 可按最小配筋率及构造要求配置，下列说法中哪项是正确的？（　　）

A. 保证构件破坏时，A_s 的应力达到屈服强度，以充分利用钢筋的抗拉作用

B. 保证构件破坏不是从 A_s 一侧先被压坏引起

C. 节约钢筋用量，因为构件破坏时 A_s 的应力一般达不到屈服强度

D. 简化设计过程

11. 当偏心受压柱的截面高度大于下列哪项时，侧面应设置纵向构造钢筋。（　　）

A. 500 mm　　B. 600 mm　　C. 700 mm　　D. 800 mm

12. 在钢筋混凝土柱中，在下列哪项情况下需要设置附加箍筋？（　　）

A. 截面短边大于 400 mm，一侧纵向受力钢筋多于 3 根

B. 截面短边大于 400 mm，一侧纵向受力钢筋多于 4 根

C. 截面短边大于 400 mm，一侧纵向受力钢筋多于 5 根

D. 截面短边大于 400 mm，一侧纵向受力钢筋多于 6 根

13. 大偏心受拉构件设计时，若已知受压钢筋截面面积 A'_s，计算出 $\xi>0.85\xi_b$，原因是下列哪项？（　　）

A. A_s' 过大　　B. A_s' 过小　　C. A_s 过大　　D. A_s 过小

14. 大偏心受拉构件的破坏特征与下列哪种构件类似?(　　)

A. 小偏心受拉　　B. 大偏心受压　　C. 受剪　　D. 小偏心受压

15. 衡量裂缝开展宽度是否超过允许值,应以下列哪项为准?(　　)

A. 最大宽度　　B. 最小宽度　　C. 平均宽度　　D. 允许宽度

16. 当柱中全部纵向受力钢筋的配筋率超过3%时,箍筋直径不宜小于下列哪项数值?(　　)

A. 5 mm　　B. 6 mm　　C. 8 mm　　D. 10 mm

17. 大偏心受压构件设计时,若已知受压钢筋截面面积 A_s',计算出 $\xi > \xi_b$,则说明(　　)。

A. A_s' 过大　　B. A_s' 过小　　C. A_s 过大　　D. A_s 过小

18. 大偏心受压构件的破坏特征与(　　)构件类似。

A. 小偏心受拉　　B. 大偏心受拉　　C. 受剪　　D. 小偏心受压

19. 对于小偏心受拉构件,当轴向拉力值一定时,则(　　)。

A. 若偏心距 e_0 改变,则总用量 $A_s + A_s'$ 不变

B. 若偏心距 e_0 改变,则总用量 $A_s + A_s'$ 改变

C. 若偏心距 e_0 增大,则总用量 $A_s + A_s'$ 增大

D. 若偏心距 e_0 增大,则总用量 $A_s + A_s'$ 减少

20. 偏心受拉构件的受剪承载力(　　)。

A. 随着轴向力的增加而增加

B. 随着轴向力的减小而增加

C. 小偏心受拉时随着轴向力的增加而增加

D. 大偏心受拉时随着轴向力的增加而增加

三、多选题

1. 受压柱内配置的受力钢筋一般采用(　　)级钢筋。

A. HPB235　　B. HRB335　　C. HRB400　　D. RRB400

2. 轴心受压构件的截面一般采用(　　)。

A. 正方形　　B. 矩形　　C. 圆形　　D. I 型

3. 柱中采用绑扎骨架时,箍筋间距不应大于(　　)。

A. 400 mm　　B. 柱子截面短边 b

C. $15d$　　D. $20d$

四、计算题

1. 某2级水工建筑物钢筋中的柱,截面尺寸为300 mm×300 mm,柱计算长度 $l_0 = 4.6$ m,采用C20混凝土,HRB335级钢筋。柱底截面承受的轴心压力设计值 $N = 860$ kN。试计算柱底截面受力钢筋面积并配筋。

2. 某3级水工建筑物中的正方形截面轴心受压柱,柱高7.2 m,两端为不动铰支座,采用C25混凝土,HRB335级钢筋。计算截面承受的轴心压力设计值 $N = 1\ 950$ kN(包括自重)。试设计该柱。

3. 某3级水工建筑物中的钢筋混凝土轴心受压柱，截面尺寸为350 mm×350 mm，柱高3.6 m，两端为不移动铰支座，采用C20混凝土，已配8 Φ14钢筋。作用在截面的轴心压力设计值$N=1\ 100$ kN。试复核截面是否安全？

4. 某2级水工建筑物中的矩形截面偏心受压柱，截面尺寸$b\times h=400$ mm×600 mm，柱的计算长度$l_0=7.5$ m，采用C25混凝土，HRB400级钢筋。$a_s=a_s'=45$ mm。控制截面承受的轴向压力设计值为$N=860$ kN，弯矩设计值$M=356$ kN·m。试按非对称配筋方式给该柱配置钢筋。

5. 计算题1中的钢筋混凝土受压柱，受压侧配3 Φ25。试求A_s，并绘制配筋图。

6. 某水电站厂房（1级水工建筑物）矩形截面偏心受压柱，截面尺寸$b\times h=400$ mm×600 mm，柱的计算长度$l_0=6.5$ m，采用C25混凝土，HRB400级钢筋。截面承受的轴向力设计值$N=610$ kN，偏心距$e_0=500$ mm，取$a_s=a_s'=45$ mm。采用非对称配筋方式，试计算钢筋截面面积A_s和A_s'。

7. 某钢筋混凝土受压柱，条件同计算题3，受压侧配3 Φ20，试求A_s。

8. 计算题1中的钢筋混凝土受压柱。若采用对称配筋，试配置该柱钢筋。

9. 某2级水工建筑物中的矩形截面偏心受压柱，截面尺寸$b\times h=400$ mm×500 mm，计算长度为$l_0=5$ m，采用C30混凝土，HRB335级钢筋，承受内力设计值$N=1\ 200$ kN，$M=330$ kN·m。$a_s=a_s'=45$ mm。试按对称配筋配置该柱钢筋。

10. 某1级水工建筑物中的矩形截面偏心受压柱，截面尺寸$b\times h=400$ mm×500 mm，$l_0=7.2$ m，采用C30混凝土，HRB400级钢筋，计算截面承受内力设计值$N=1\ 700$ kN，$M=130$ kN·m，$a_s=a_s'=45$ mm，试按对称配筋方式给该柱配置钢筋。

11. 某2级水工建筑物中的矩形截面大偏心受压柱，采用对称配筋。截面尺寸$b\times h=300$ mm×500 mm，$l_0=6$ m；受拉钢筋和受压钢筋均为3 Φ25（$A_s=A_s'=1\ 473$ mm^2）；混凝土为C25，钢筋为HRB335级；混凝土保护层厚度$c=30$mm。控制截面按荷载标准值计算的内力值为：$N_k=300$ kN，$M_k=150$ kN·m。试验算裂缝最大宽度是否满足要求。

12. 某2级水工建筑物中的矩形截面受拉构件，截面尺寸$b\times h=300$ mm×400 mm，采用C20混凝土，HRB335级钢筋，承受轴向拉力设计值$N=360$ kN，弯矩设计值$M=36$ kN·m，$a_s=a_s'=45$ mm。试确定钢筋截面面积A_s和A_s'。

13. 某3级水工建筑物中的偏心受拉构件，截面$b\times h=400$ mm×550 mm，采用C20混凝土，HRB335级钢筋，$a_s=a_s'=45$ mm。按下列两种情况计算钢筋截面面积：①承受轴向拉力设计值$N=450$ kN，弯矩设计值$M=150$ kN·m；②承受轴向拉力设计值$N=450$ kN，弯矩设计值$M=60$ kN·m。

项目7 单向板肋形楼盖设计与构造

知识目标

(1)了解单向板肋形楼盖的构造要求;
(2)掌握单向板肋形楼盖中板的设计方法与步骤;
(3)掌握单向板肋形楼盖中次梁的设计方法与步骤;
(4)掌握单向板肋形楼盖中主梁的设计方法与步骤;
(5)掌握单向板肋形楼盖配筋图的绘制。

能力目标

(1)会进行单向板肋形楼盖中板的设计与配筋计算;
(2)会进行单向板肋形楼盖中次梁的设计与配筋计算;
(3)会进行单向板肋形楼盖中主梁的设计与配筋计算。

任务1 单向板肋形结构设计

1 梁板结构

1.1 梁板结构布局

钢筋混凝土梁板结构是水工结构应用较广泛的一种结构形式,如水电站厂房中的屋面和楼面、隧洞进水口的工作平台、闸坝上的工作桥、港口码头的上部结构、扶壁式挡土墙等均可以设计成梁板结构。梁板结构整体性好、刚度大、抗震性能强、抗震性好且灵活性较大,能适应各类荷载和平面布置及有较复杂的空洞等情况。

钢筋混凝土梁板结构是由梁、板、柱(或无梁)组成的结构形式,这种梁板结构也称为肋形结构或肋梁结构。板的四周为梁或墙,作用在楼面上的竖向荷载,首先通过板传递给次梁,再由次梁传递给主梁,主梁又传递给柱或墙,最后传递给基础(下部结构)。平面柱网轴线的选定,就决定了主梁的跨度。次梁的跨度则取决于主梁的间距,而次梁间距又决定了板的跨度。因此,如何根据建筑平面和板受力条件以及经济因素来正确决定梁格的布置,这是一个非常重要的问题。

肋形结构是由板和支承板的梁所组成的梁板结构,根据施工方法的不同可分为整体式和装配式两种。整体式类型结构整体性好、刚度大、抗震性好,在实际工程中应用广泛。图7-1是整体式水电站主厂房屋盖示意图,图7-2是整体式渡槽示意图,图7-3是由板、次梁、主梁组成的整体式梁板结构。

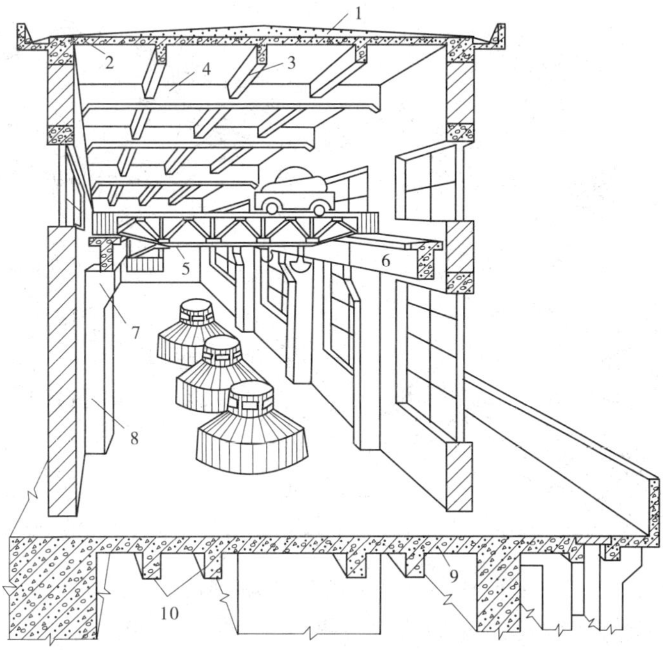

1—屋面构造;2—屋面板;3—纵梁;4—横梁;5—吊车;
6—吊车梁;7—牛腿;8—柱;9—楼板;10—纵梁

图 7-1 整体式水电站主厂房屋盖示意图

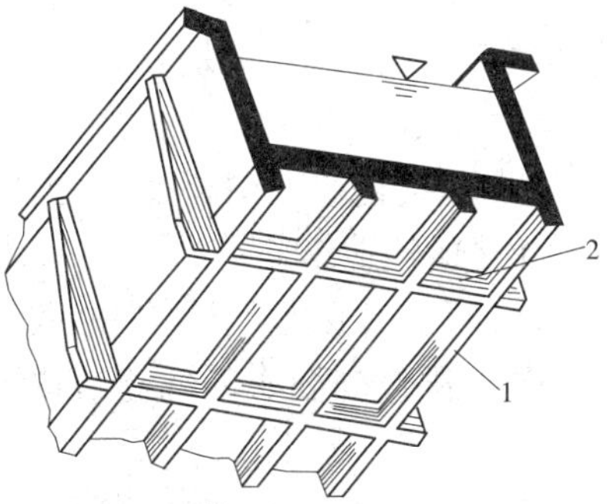

1—纵梁;2—横梁

图 7-2 整体式渡槽示意图

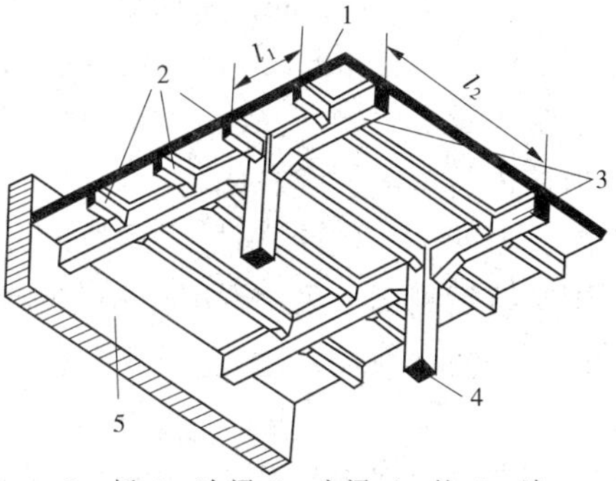

1—板;2—次梁;3—主梁;4—柱;5—墙

图 7-3 整体式梁板结构

1.2 梁板结构分类

梁板结构按施工方法的不同可分为现浇整体式、预制装配式和装配整体式三种。

现浇整体式楼盖的混凝土为现场浇筑,楼盖的整体性好,抗震性能强,防水性能好,且具有很强的适应性,但需较多模板。随着施工技术的不断革新和抗震对楼盖整体性要求的提高,现浇整体式楼盖的应用正在日益增多。现浇整体式楼盖按其受力和支撑情况的不同可分为单向板肋梁楼盖、双向板肋梁楼盖、井式楼盖和无梁楼盖(见图7-4)。

肋形结构主要承受垂直于板面的荷载作用,板上荷载传递给梁,梁上荷载传递给柱或墙,最后传给基础和地基。整体式肋形结构根据梁格的布置情况可分为以下两种类型:

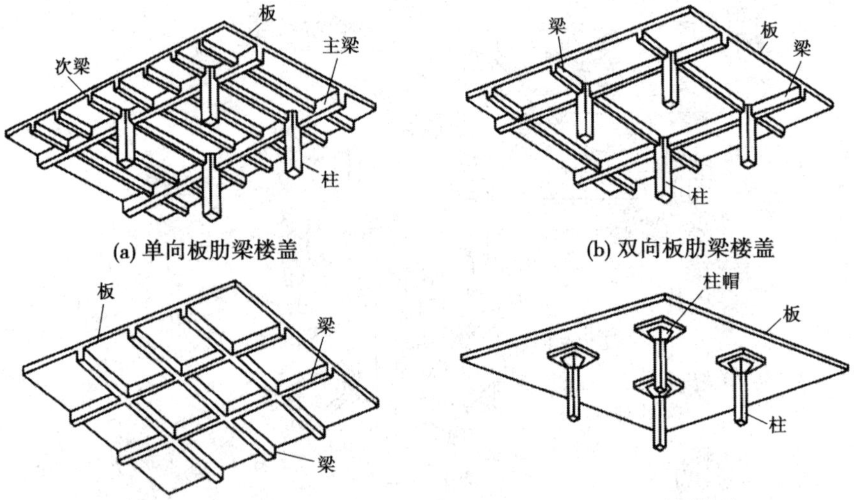

(a) 单向板肋梁楼盖　(b) 双向板肋梁楼盖

(c) 井式楼盖　(d) 无梁楼盖

图 7-4　现浇楼盖的结构形式

(1)单向板肋形结构。当梁格布置使板块的两个方向的跨度之比 $l_2/l_1 \geqslant 3$ 时,板上的荷载主要沿短向传递给次梁(或墙),短向为板的主要弯曲方向,受力钢筋沿短向布置,长向仅布置分布钢筋,这就是单向板肋形结构。单向板肋形结构的优点是计算简单、施工方便。

(2)双向板肋形结构。当梁格布置使板块的两个方向的跨度之比 $l_2/l_1 < 2$ 时,板在两个方向上的弯曲变形相近,板上荷载沿两个方向传递给四边的支承,板是双向受力,两个方向都要布置受力钢筋,故称为双向板肋形结构。双向板肋形结构的优点是经济美观。

当长边与短边长度之比为 $2 < l_2/l_1 < 3$ 时,相关规范建议宜按双向板计算;当按沿短边方向受力的单向板计算时,应沿长边方向布置足够数量的构造钢筋。

预制装配制楼盖采用混凝土预制构件,施工速度快,便于工业化生产。但楼盖的整体性、抗震性、防水性较差,不变于开设孔洞。高层建筑及抗震设防要求高的建筑均不宜采用。

装配整体式楼盖是在各预制构件吊装就位后,再在板面做配筋现浇层而形成的叠合式楼盖。这样做可节省模板,楼盖的整体性也较好,但费工、费料,采用较少。

2　板的设计

2.1　单向板肋形楼盖中板的构造要求

(1)板的最小支承长度应满足下列要求:

①支承在砌体上时,不应小于 100 mm;

②支承在混凝土及钢筋混凝土上时,不应小于 100 mm;

③支承在钢结构上时,不应小于 80 mm。

板的支承长度不宜小于板的厚度 h,板的支承长度应考虑受力钢筋在支座内的锚固长度要求。

(2)混凝土板应按下列原则进行设计:

①两对边支承的板应按单向板计算。

②四边支承的板应按下列规定计算:当长边与短边长度之比小于或等于2时,应按双向板计算;当长边与短边长度之比大于2,但小于3时,宜按双向板计算;当按沿短边方向受力的单向板计算时,应沿长边方向布置足够数量的构造钢筋;当长边与短边长度之比大于或等于3时,可按沿短边方向受力的单向板计算。

(3)当多跨单向板、多跨双向板采用分离式配筋时,跨中正弯矩钢筋宜全部伸入支座;支座负弯矩钢筋向跨内的延伸长度应覆盖负弯矩图并满足钢筋锚固的要求。

(4)钢筋混凝土板中受力钢筋的间距:当板厚 $h \leqslant 200$ mm 时,不应大于 200 mm;当 200mm $< h \leqslant 1\ 500$ mm 时,不应大于 250 mm;当 $h > 1\ 500$ mm 时,不应大于 300 mm。

板中弯起钢筋的弯起角不宜小于30°,厚板中的弯起角可为45°或60°。钢筋弯起后,板中受力钢筋直通伸入支座的截面面积不应小于跨中钢筋截面面积的1/3,其间距不应大于400 mm。

(5)简支板或连续板的下部纵向受力钢筋伸入支座的长度 l_{as} 不应小于 $5d$,d 为下部纵向受力钢筋的直径。当采用焊接网配筋时,其末端至少应有一根横向钢筋配置在支座边缘内(见图7-5(a))。当不能符合上述要求时,应在受力钢筋末端制成弯钩(见图7-5(b))或加焊附加的横向锚固钢筋(见图7-5(c))。

注1:当 $KV > V_c$ 时,配置在支座边缘内的横向锚固钢筋不应少于2根,其直径不应小于纵向受力钢筋直径的一半。

注2:当连续板内温度、收缩应力较大时,伸入支座的锚固长度宜适当增加。

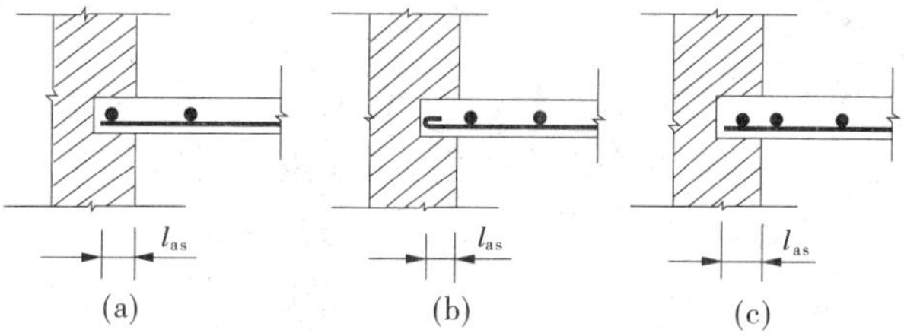

图7-5 焊接网在板的简支支座上的锚固

(6)单向板中单位长度上的分布钢筋截面面积不应小于单位长度上受力钢筋截面面积的15%(集中荷载时为25%);分布钢筋的间距不宜大于250 mm,直径不宜小于6 mm;当集中荷载较大时,分布钢筋的间距不宜大于200 mm。

承受分布荷载的厚板,其分布钢筋的配置可不受上述规定的限制。分布钢筋的直径可采用10~16 mm,间距可为200~400 mm。

当板处于温度变幅较大或处于不均匀沉降的复杂条件,且在与受力钢筋垂直的方向所受约束很大时,分布钢筋宜适当增加。

(7)如板边为部分嵌固,而在分析中没有考虑到这种嵌固的影响,则应在板的顶部沿板边配置垂直板边的钢筋,其数量可按承受跨中最大弯矩绝对值的1/4计算。钢筋应从支座边伸出至少为1/5跨度的长度;若为单向板,则平行板跨方向的板边,其顶部垂直板边的钢筋可按构造要求适当配置。

(8)现浇板的受力钢筋与梁的肋部平行时,应沿梁肋方向每米长度内配置不少于 5 根与梁肋垂直的构造钢筋,其直径不应小于 8 mm,且单位长度内的总截面面积不应小于板中单位长度内受力钢筋截面面积的 1/3,伸入板中的长度从肋边算起每边不应小于板计算跨度 l_0 的 1/4(见图 7-6)。

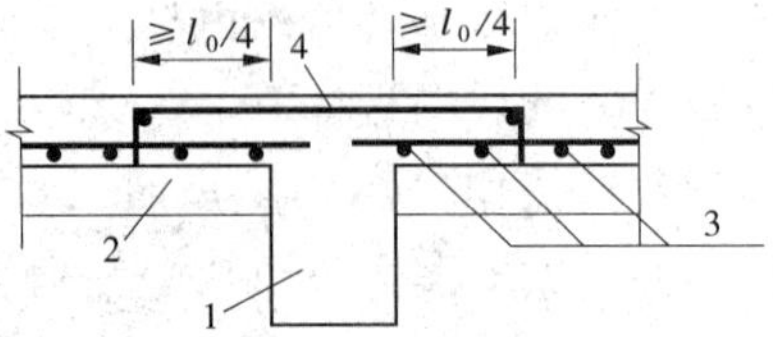

1—主梁;2—次梁;3—板的受力钢筋;
4—间距不大于 200 mm、直径不小于 8 mm 的构造钢筋

图 7-6　板中与梁肋垂直的构造钢筋配筋

(9)在温度、收缩应力较大的现浇板区域内,钢筋间距宜取为 150 ~200 mm,并应在板的未配筋表面布置温度收缩钢筋,板的上、下表面沿纵、横两个方向的配筋率不宜小于 0.1%。

温度收缩钢筋可利用原有钢筋贯通布置,也可另行设置构造钢筋网,并与原有钢筋按受拉钢筋的要求搭接或在周边构件中锚固。

(10)留有孔洞的板,当荷载垂直于板面时,除应验算板的承载力外,可按以下方式进行构造处理:

①当 b 或 d(b 为垂直于板的受力钢筋方向的孔洞宽度,d 为圆孔直径)小于 300 mm 并小于板宽的 1/3 时,可不设附加钢筋,只将受力钢筋间距做适当调整,或将受力钢筋绕过孔洞周边,不予切断。

②当 b 或 d 为 300 ~1 000 mm 时,应在洞边每侧配置附加钢筋,每侧的附加钢筋截面面积不应小于洞口宽度内被切断的钢筋截面面积的 1/2,且不应小于 2 根直径为 10 mm 的钢筋;当板厚大于 200 mm 时,宜在板的顶、底部均配置附加钢筋。

③当 b 或 d 大于 1 000 mm 时,除按上述规定配置附加钢筋外,在矩形孔四角尚应配置 45°方向的构造钢筋(见图 7-7(a));在圆孔环向尚应配置不少于 2 根直径为 10 mm 的钢筋,搭接长度 $30d$,并设置直径不小于 8 mm、间距不大于 300 mm 的放射形径向钢筋(见图 7-7(b))。

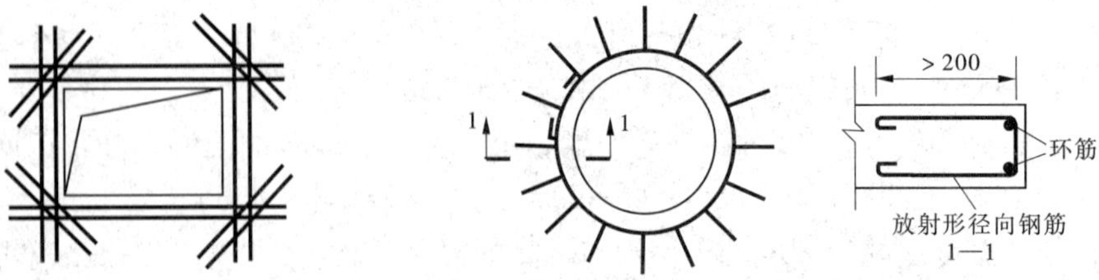

(a)矩形孔构造钢筋　　(b)圆孔构造钢筋

图 7-7　矩形孔四角及圆孔环向构造钢筋

④当 b 或 d 大于 1 000 mm,并在孔洞附近有较大的集中荷载作用时,宜在洞边加设肋梁或暗梁。当 b 或 d 大于 1 000 mm,而板厚小于 $0.3b$ 或 $0.3d$ 时,也宜在洞边加设肋梁。

(11)在混凝土板内配置抗冲切箍筋或弯起钢筋时,应符合下列构造要求:

①板厚不应小于150 mm。

②按计算所需的箍筋及相应的架立钢筋应配置在与45°冲切破坏锥面相交的范围内,且从集中荷载作用面或柱截面边缘向外的分布长度不应小于$1.5h_0$;箍筋应为封闭式,直径不应小于6 mm,间距不应大于$h_0/3$(见图7-8(a))。

③弯起钢筋可由一排或两排组成,其弯起角可根据板的厚度在30°~45°之间选取,弯起钢筋的倾斜段应与冲切破坏斜截面相交,其交点应在离局部荷载或集中反力作用面积周边以外$h/2$~$2h/3$的范围内,弯起钢筋直径不应小于12 mm,且每一方向不应少于3根(见图7-8(b))。

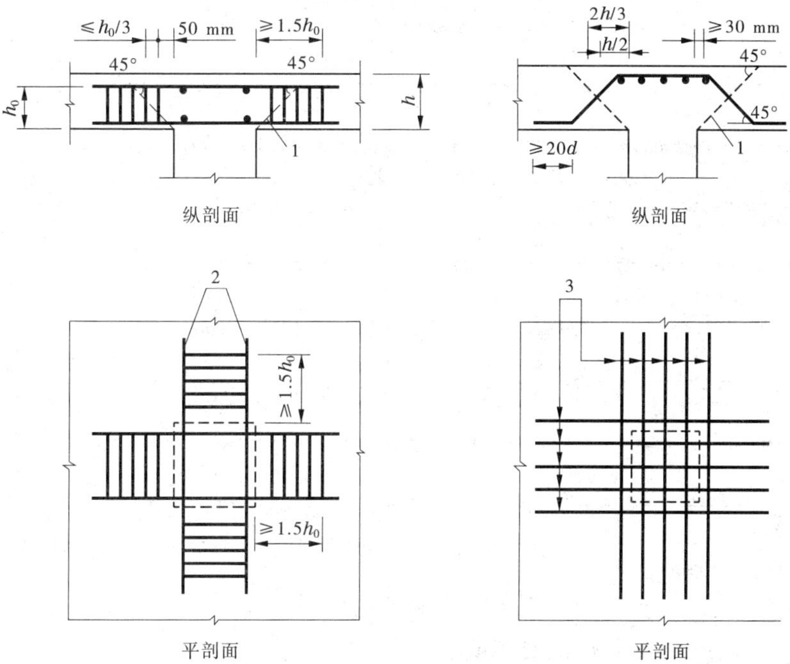

(a)箍筋　　(b)弯起钢筋

1—冲切破坏锥体斜截面;2—架立钢筋;3—弯起钢筋不少于3根

图7-8　板中抗冲切钢筋布置

2.2　单向板楼盖中板的计算及配筋

2.2.1　板的设计

2.2.1.1　结构平面布置

原则:满足使用要求,技术经济合理,方便施工。

梁格布置中,柱距决定了主梁的跨度,主梁的间距决定了次梁的跨度,次梁的间距决定了板的跨度,板跨直接影响板厚,而板厚的增加对材料用量影响较大。根据工程经验,一般建筑中较为合理梁板跨度为:板跨1.5~2.7 m,次梁跨4~6 m,主梁跨5~8 m。

对于单向连续板,一般要求$h \geq l/40$。水工建筑物中,由于板在工程中所处部位及受力条件不同,板厚h可在相当大的范围内变化。一般薄板厚度大于100 mm,特殊情况下适当加厚。

某水电站副厂房楼盖,3级水工建筑物,基本组合时的承载力安全系数 $K=1.20$。其平面尺寸为25 m×21.6 m,平面布置如图7-9所示。采用现浇钢筋混凝土单向板楼盖。楼面为20 mm厚水泥砂浆面层(重度为20 kN/m^3),钢筋混凝土现浇板(重度为25 kN/m^3),20 mm厚混合砂浆顶棚抹灰(重度为17 kN/m^3)。四周围普通砖砌墙,墙厚均为240 mm,直接承载主梁位置设有扶壁,钢筋混凝土柱为400 m×400 m。楼面均布可变荷载标准值为6 kN/m^2。混凝土强度等级为C25。梁内受力钢筋采用HRB400级,其余钢筋采用HPB235级或HRB335级。

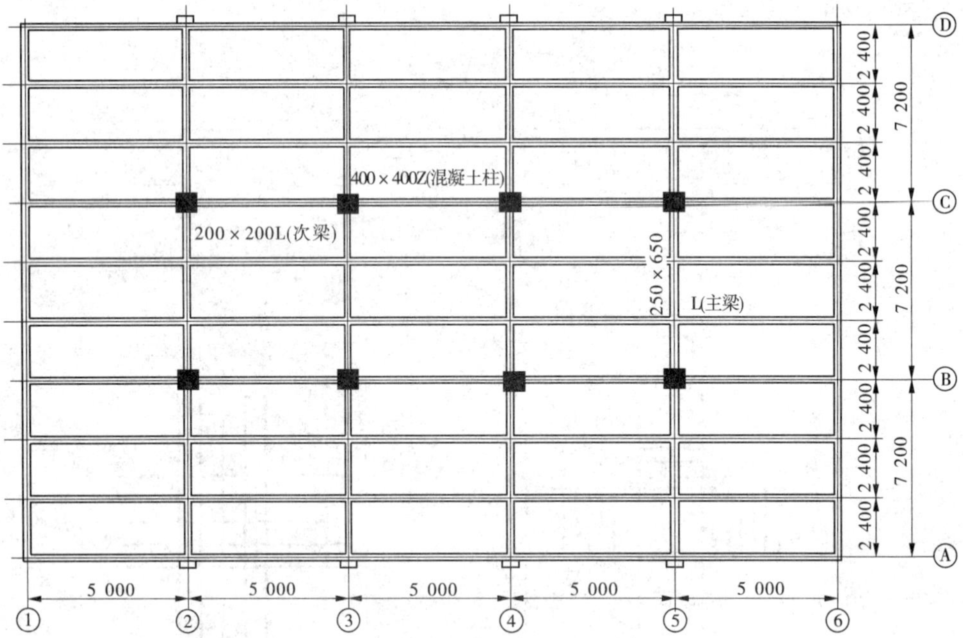

图7-9　楼盖平面布置图

板跨如图7-9所示为2.4 m,板厚取80 mm。

2.2.1.2　计算简图

(1)荷载计算。

板通常是取1 m宽的板带作为计算单元,板上单位长度的荷载包括永久荷载 g_k 和可变荷载 g_k。

20 mm厚水泥砂浆抹面:	$0.02\times1.0\times20=0.4$(kN/m)
80 mm厚钢筋混凝土板:	$0.08\times1.0\times25=2.0$(kN/m)
20 mm厚板底混合砂浆抹灰:	$0.02\times1.0\times17=0.34$(kN/m)
永久荷载小计:	2.7 kN/m
可变荷载标准值为	6.0 kN/m

折算荷载:

$$g'_k = g_k + q_k/2 = 2.7 + 6.0/2 = 5.7(\text{kN/m})$$

$$q'_k = q_k/2 = 6.0/2 = 3.0(\text{kN/m})$$

(2)支座的简化与修正。

板的中间支承为次梁,计算时假设为铰支座,这样,板简化为以边墙和次梁为铰支座的多跨连续梁。对支座的简化,忽略了支座抗扭刚度的影响,与实际情况不符,在实际工程中通常采用调整荷载来修正,方法是用折算荷载代替实际荷载,板的折算荷载为

$$g'_k = q_k + q_k/2 \quad q'_k = q_k/2$$

(3)计算跨度与跨数。

边跨: $l_{01} = l_n + b/2 + h/2$ 或 $l_{01} = l_n + a/2 + b/2 \leq 1.1l_n$

中间跨: $l_{02} = l_c$

注:计算剪力时,计算跨度取净跨 $l_0 = l_n$。

当等跨连续梁板的跨数超过 5 跨时,可按 5 跨计算,即两边各取两跨及中间任一一跨,并将中间这一跨的内力值作为各中间跨的内力值。这样既简化了计算,又满足了实际工程精度要求。

次梁截面为 200 mm×400 mm,取板在墙上的支承长度为 120 mm。板的尺寸及其支承情况如图 7-10(a)所示。板的计算跨度如下:

①边跨:

$$l_n = 2\,400 - 120 - 200/2 = 2\,180(\text{m})$$

$$l_{01} = l_n + b/2 + h/2 = 2\,180 + 200/2 + 80/2 = 2\,320(\text{mm})$$

$$l_{01} = l_n + b/2 + a/2 = 2\,180 + 200/2 + 120/2 = 2\,340(\text{mm})$$

$$l_{01} = 1.1l_n = 1.1 \times 2\,180 = 2\,398(\text{mm})$$

应取 l_{01} =2 320 mm,但为了方便计算和安全,取 l_{01} =2 400 mm。

②中间跨:

$$l_{02} = l_c = 2\,400\ \text{mm}$$

两跨相差:$(l_{02} - l_{01})/l_{02} = (2\,400 - 2\,320)/2\,400 = 3.3\% < 10\%$,故按等跨来考虑,9 跨按 5 跨来计算。计算简图如图 7-10(b)所示。

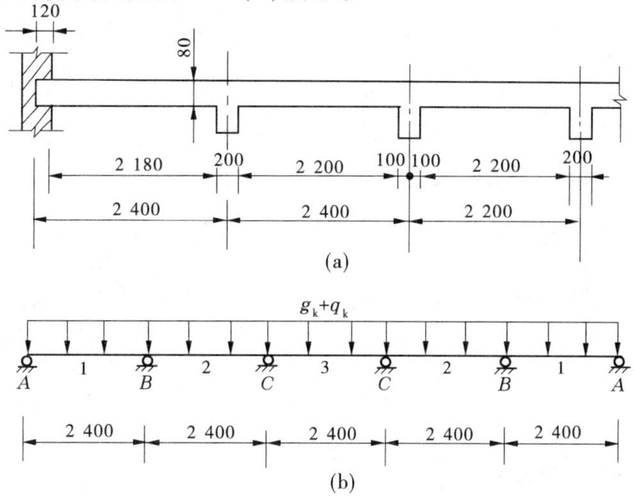

图 7-10 连续板的构造及计算简图

(4)内力计算。

连续板的剪力一般由混凝土承担,不需要进行斜面承载力计算,所以不需设置腹筋。计算结果见表 7-1。

表 7-1　板的内力计算

截面	边跨中	支座 B	2 跨中	支座 C	3 跨中
α_1	0.078 1	−0.105 0	0.033 1	−0.079 0	0.046 2
α_2	0.100 0	−0.119 0	0.078 7	−0.111 0	0.085 5
$M=1.05\alpha_1 g'_k l_0^2+1.20\alpha_2 q'_k l_0^2$ (kN·m)	$1.05\times0.0781\times5.7\times2.4^2+1.20\times0.1\times3.0\times2.2^2=4.77$	$-1.05\times0.105\times5.7\times2.4^2-1.20\times0.119\times3.0\times2.4^2=-6.09$	$1.05\times0.0331\times5.7\times2.4^2+1.20\times0.0787\times3.0\times2.4^2=2.77$	$-1.05\times0.079\times5.7\times2.4^2-1.20\times0.111\times3.0\times2.4^2=-5.03$	$1.05\times0.0462\times5.7\times2.4^2+1.20\times0.0855\times3.0\times2.4^2=3.37$

支座边缘的弯矩值:

$$V_0=(1.05g'_k+1.20q'_k)l_n/2=(1.05\times5.7+1.20\times3.0)\times2.2/2=10.54(\text{kN})$$

$$M'_B=-(M_B-0.5bV_0)=-(6.09-0.5\times0.2\times10.54)=-5.04(\text{kN}\cdot\text{m})$$

$$M'_C=-(M_C-0.5bV_0)=-(5.03-0.5\times0.2\times10.54)=-3.98(\text{kN}\cdot\text{m})$$

(5)配筋计算。

$b=1\ 000$ mm,$h=80$ mm,$h_0=55$ mm,$f_c=11.9$ N/mm²,$f_y=210$ N/mm²,承载力安全系数 $K=1.20$,计算结果列于表 7-2。

表 7-2　板的正截面承载力计算表

截面	第一跨	支座 B	第二跨	支座 C	第三跨
M(kN/m)	4.77	−5.04	2.77	−3.98	3.37
$\alpha_s=\frac{KM}{f_c bh_0^2}$	0.159	0.168	0.092	0.133	0.112
$\xi=1-\sqrt{1-2\alpha_s}$	0.174	0.185	0.097	0.143	0.119
$\rho=\xi\frac{f_c}{f_y}$(%)	0.99	1.05	0.55	0.81	0.67
$A_s=\rho bh_0$(mm²)	544.5	577.5	302.5	445.5	3 685
选配钢筋(分离式配筋)	Φ10@220	Φ10@140	Φ8@140	Φ8/10@140	Φ8@140
实配钢筋截面面积(mm²)	561	561	359	460	359
$\rho=A_s/bh_0$(%) ($\rho_{min}=0.20\%$)	1.02	1.02	0.65	0.84	0.65

注:中间板带的中间跨及中间支座考虑拱作用,其弯矩可以减小 20% 配置钢筋。

2.2.2　单向板肋形楼盖中板的施工图识读与绘制

为了便于施工,连续板中受力钢筋的配筋采用分离式。其中下部受力钢筋全部伸入支座。伸入支座的锚固长度不应小于 $5d$，支座负弯矩钢筋向跨内的延伸的长度取从支座边 $a = l_n/4 = 2\ 200/4 = 550$（mm）。

在板的配筋图中，除按计算配置受力钢筋外，还应设置下列构造钢筋：

（1）分布钢筋。按构造规定，分布钢筋的直径不小于 6 mm，间距不宜大于 250 mm。每米板宽内分布钢筋的截面面积不小于受力钢筋截面面积的 15%，约为 87 mm^2。选用Φ6@250，$A_s = 113\ mm^2$。

（2）板边的构造钢筋。因为现浇钢筋混凝土板周边嵌固在砌墙中，其上部与板边垂直的构造钢筋伸入板内的长度，从墙边算起不小于板短边计算跨度的 1/5，即 $l_{01}/5 = 2\ 400/5 = 480$（mm），直径不小于 6 mm，间距不宜大于 200 mm。其数量按承受跨中最大弯矩的 1/4 计算，约为 127 mm^2，所以取Φ6@200，$A_s = 141\ mm^2$。延伸长度取 480 mm。

（3）板脚部构造钢筋。在两边嵌固于墙的板脚部位上部，设置Φ6@200 的双向构造钢筋。该钢筋伸入板内的长度，从墙边算起不小于板短边计算跨度的 1/4，即 $l_{01}/4 = 2\ 400/4 = 600$（mm）。

（4）垂直于主梁的上部钢筋。直径不宜小于 8 mm，间距不宜大于 200 mm，单位长度内的中截面面积不应小于板中单位长度内受力钢筋截面面积的 1/3，约为 180 mm^2。该钢筋伸入板内的长度，从梁边算起不小于板短边计算跨度的 1/4，即 $l_0/4 = 2\ 400/4 = 600$（mm），取Φ8@200，$A_s = 251\ mm^2$。

板的配筋图如图 7-11 所示。

3　梁的设计与施工图的绘制

3.1　单向板肋形楼盖梁的构造规定

（1）梁的最小支承长度应满足下列要求：

①支承在砌体上，当梁的截面高度不大于 500 mm 时，支承长度不应小于 180 mm；当梁的截面高度大于 500 mm 时，支承长度不应小于 240 mm。

②支承在钢筋混凝土梁、柱上时，支承长度不应小于 180 mm。

此外，梁的支承长度还应满足纵向受力钢筋在支座处的锚固要求。

（2）梁的下部纵向钢筋水平方向的净距不应小于钢筋直径，也不应小于 25 mm；上部纵向钢筋水平方向的净距不应小于 1.5 倍钢筋的最大直径，也不应小于 30 mm 和骨料最大粒径的 1.5 倍。

梁的下部纵向受力钢筋不宜多于两层，当两层布置不开时，允许钢筋成束布置，但每束钢筋以 2 根为宜。受力钢筋多于两层时，第三层及以上的钢筋间距应增加 1 倍。

各层钢筋之间的净间距不应小于 25 mm 和钢筋的最大直径。

伸入梁支座范围内的纵向受力钢筋不应少于 2 根。

（3）简支梁和连续梁简支端的下部受力钢筋伸入支座内的锚固长度 l_{as} 应符合下列规定（见图 7-12）：

当 $KV \leqslant V_c$ 时

$$l_{as} \geqslant 5d \tag{7-1}$$

当 $KV > V_c$ 时

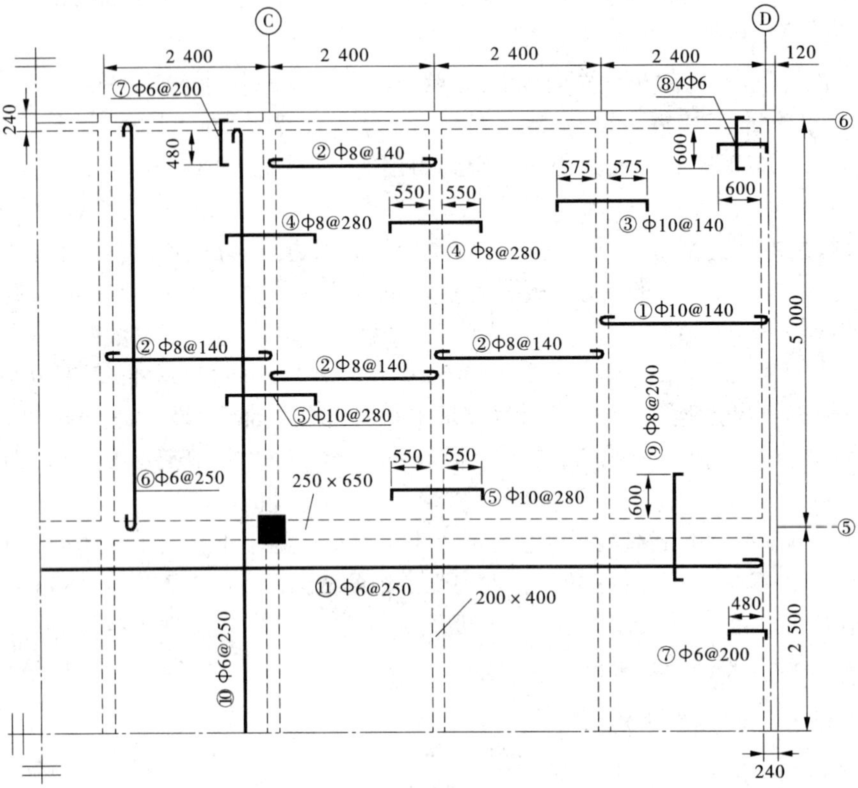

图 7-11　板的配筋图

带肋钢筋　　　　$l_{as} \geqslant 12d$　　　　(7-2)

光面钢筋　　　　$l_{as} \geqslant 15d$　　　　(7-3)

式中　d——纵向受力钢筋的直径，mm。

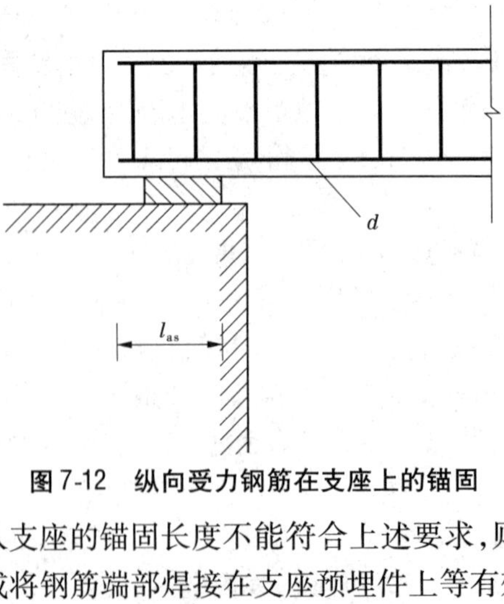

图 7-12　纵向受力钢筋在支座上的锚固

如纵向受力钢筋伸入支座的锚固长度不能符合上述要求，则应采取钢筋上弯或采用贴焊锚筋、镦头、焊锚板或将钢筋端部焊接在支座预埋件上等有效锚固措施。

如焊接骨架中采用光面钢筋作为纵向受力钢筋，则应在锚固长度 l_{as} 内加焊横向钢筋：当 $KV \leq V_c$ 时，至少1根；当 $KV > V_c$ 时，至少2根。横向钢筋直径不应小于纵向受力钢筋直径的一半。同时，加焊在最外边的横向钢筋应靠近纵向钢筋的末端。

(4)钢筋混凝土梁支座截面负弯矩纵向受拉钢筋不宜在受拉区截断。当必须截断时，应符合以下规定(见图7-13)：

①当 $KV \leq V_c$ 时，应延伸至按正截面受弯承载力计算不需要该钢筋的截面以外，延伸长度不应小于 $20d$，且从该钢筋强度充分利用截面伸出的长度不应小于 $1.2l_a$。

②当 $KV > V_c$ 时，应延伸至按正截面受弯承载力计算不需要该钢筋的截面以外，延伸长度不应小于 h_0 且不应小于 $20d$，且从该钢筋强度充分利用截面伸出的长度不应小于 $1.2l_a + h_0$。

③若按上述规定确定的截断点仍位于负弯矩受拉区内，则应延伸至按正截面受弯承载力计算不需要该钢筋的截面以外，延伸长度不应小于 $1.3h_0$ 并不应小于 $20d$，且从该钢筋强度充分利用截面伸出的延伸长度不应小于 $1.2l_a + 1.7h_0$。

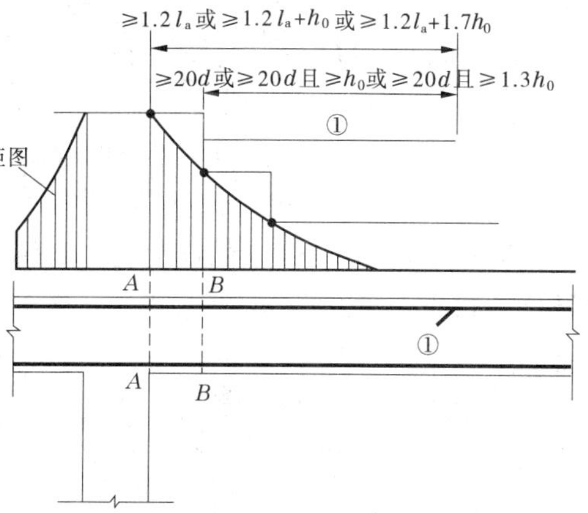

A—*A*—钢筋①的强度充分利用截面；*B*—*B*—按计算不需要钢筋①的截面

图7-13　纵向受拉钢筋截断时的延伸长度

(5)在钢筋混凝土悬臂梁中，应有不少于2根上部钢筋伸至悬臂梁外端，并向下弯折不小于 $12d$；其余钢筋不应在梁的上部截断，而应按相关规范规定的弯起点位置向下弯折，并应按相关规范的规定在梁的下边锚固。

(6)纵向受压钢筋在跨中截断时，应伸至按计算不需该钢筋的截面以外，其伸出的长度不应小于 $15d$；但对绑扎骨架中末端无弯钩的光面钢筋，不应小于 $20d$。

(7)钢筋混凝土梁中宜采用箍筋作为抗剪钢筋。箍筋的配置应符合下列要求：

①当按计算不需设置抗剪钢筋时，对高度大于300 mm的梁，仍应沿全梁设置箍筋；对高度小于300 mm的梁，可仅在构件端部各1/4跨度范围内设置箍筋，但当在构件中部1/2跨度范围内有集中荷载作用时，应沿梁全长设置箍筋。

②当 $KV > V_c$ 时，箍筋的配筋率 ρ_{sv} 不应小于0.15%(HPB235级钢筋)或0.10%(HRB335级钢筋)。$\rho_{sv} = \dfrac{A_{sv}}{bs}$，$A_{sv}$ 为箍筋各肢的全部截面面积。

③高度 $h > 800$ mm的梁，箍筋直径不宜小于8 mm；高度 $h \leq 800$ mm的梁，箍筋直径

不宜小于6 mm。当梁中配有计算需要的受压钢筋时,箍筋直径尚不应小于 $d/4$(d 为受压钢筋中的最大直径)。

④箍筋最大间距 s 宜符合表7-3的规定。

表7-3　梁中箍筋的最大间距 s　　(单位:mm)

项次	梁高 h	$KV > V_c$	$KV \leq V_c$
1	$h \leq 300$	150	200
2	$300 < h \leq 500$	200	300
3	$500 < h \leq 800$	250	350
4	$h > 800$	300	400

注:薄腹梁的箍筋间距宜适当减小。

⑤当梁中配有计算需要的纵向受压钢筋时,箍筋应做成封闭式,箍筋间距在绑扎骨架中不应大于 $15d$,在焊接骨架中不应大于 $20d$(d 为受压钢筋中的最小直径),同时在任何情况下均不应大于400 mm;当一层内纵向受压钢筋多于5根且直径大于18 mm时,箍筋间距不应大于 $10d$。

⑥纵向钢筋绑扎搭接处的箍筋间距应符合相关规范的规定。

⑦当梁的宽度大于400 mm且一层内的纵向受压钢筋多于3根,或当梁的宽度不大于400 mm但一层内的纵向受压钢筋多于4根时,应设置复合箍筋。

(8)梁中配有两片及两片以上的焊接骨架时,应设横向连系拉筋,并用点焊或绑扎方法使其与骨架的纵向钢筋连成一体。横向连系拉筋的间距不应大于500 mm,且不宜大于梁宽的2倍。当梁设置有计算需要的纵向受压钢筋时,横向连系拉筋的间距尚应符合下列要求:点焊时不应大于 $20d$,绑扎时不应大于 $15d$(d 为纵向钢筋中的最小直径)。

(9)受扭构件的钢筋配置应符合下列要求:

①抗扭纵向钢筋的配筋率 ρ_{st} 不应小于0.3%(HPB235级钢筋)或0.2%(HRB335级钢筋)。$\rho_{st}=\dfrac{A_{st}}{bh}$,$A_{st}$ 为全部抗扭纵向钢筋的截面面积。

抗扭纵向钢筋应沿截面周边对称布置,在截面四角上必须设置,其间距不应大于200 mm或梁截面的短边长度。抗扭纵向钢筋应按受拉钢筋锚固在支座内。

在弯剪扭构件中,配置在截面弯曲受拉边的纵向受力钢筋,其截面面积不应小于按相关规范所规定的受弯构件钢筋最小配筋率计算出的钢筋截面面积与按本条受扭纵向钢筋最小配筋率计算并分配到弯曲受拉边的钢筋截面面积之和。

②抗扭箍筋应做成封闭式;采用绑扎骨架时,箍筋末端应做成不小于135°的弯钩,弯钩端头平直段长度不应小于 $10d_s$(d_s 为箍筋直径)。

在弯剪扭构件中,箍筋的配筋率 ρ_{sv}($\rho_{sv}=A_{sv}/(b \cdot s)$,$s$ 为箍筋间距)不应小于0.20%(HPB235级钢筋)或0.15%(HRB335级钢筋)。箍筋间距应符合SL 191—2008的规定,其中受扭所需的箍筋应做成封闭式,且应沿截面周边布置;当采用复合箍筋时,位于截面内部的箍筋不应计入受扭所需的箍筋面积。

(10)绑扎骨架的钢筋混凝土梁,当设置弯起钢筋时,弯起钢筋的弯终点外应留有锚固长度，其长度在受拉区不应小于 $20d$，在受压区不应小于 $10d$（d 为弯起钢筋的直径）。对于光面钢筋，在末端尚应设置弯钩。梁底层的角部钢筋不应弯起，梁顶层的角部钢筋不应弯下。

梁中弯起钢筋的弯起角可根据梁的高度取为45°或60°。

（11）在梁的受拉区，弯起钢筋的弯起点应设在按正截面受弯承载力计算该钢筋的强度被充分利用的截面以外，其距离不应小于 $h_0/2$。同时，弯起钢筋与梁中心线的交点应位于按计算不需要该钢筋的截面以外（见图7-14）。

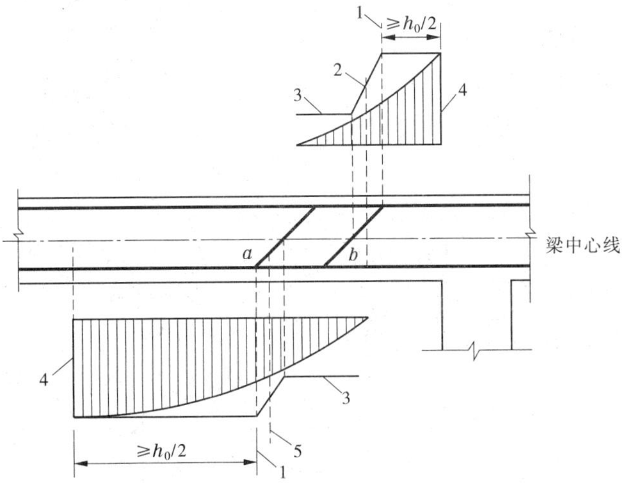

1—在受拉区域中的弯起点；2—按计算不需要钢筋"b"的截面；
3—正截面受弯承载力图形；4—按计算钢筋强度充分利用的截面；
5—按计算不需要钢筋"a"的截面

图7-14 弯起钢筋的弯起点与弯矩图形的关系

当按计算需设置弯起钢筋时，前一排（对支座而言）的弯起点至后一排的弯终点的距离不应大于SL 191—2008 中表7-3 的规定。

抗剪的斜筋不应采用浮筋。

（12）位于梁下部或梁截面高度范围内的集中荷载应全部由附加横向钢筋（吊筋、箍筋）承担。附加横向钢筋宜优先采用箍筋，箍筋应布置在长度 s 的范围内，$s=2h_1+3b$（见图7-15）；当采用吊筋时，其弯起段应伸至梁上边缘，且末端水平段长度不应小于SL 191—2008 的规定。

附加横向钢筋的总截面面积 A_{sv} 按下式计算：

$$A_{sv}=\frac{KF}{f_{yv}\sin\alpha} \tag{7-4}$$

式中 A_{sv}——承受集中荷载所需的附加横向钢筋总截面面积，mm^2，当采用吊筋时，A_{sv} 应为左、右弯起段截面面积之和；

K——承载力安全系数；

F——作用在梁下部或梁截面高度范围内的集中荷载设计值，N，按 SL 191—2008 第3.2.2条的规定计算；

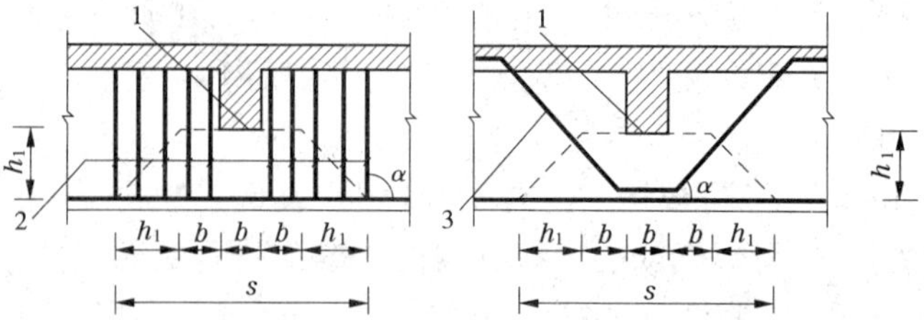

1—传递集中荷载的位置;2—附加箍筋;3—附加吊筋

图 7-15　梁下部或截面高度范围内有集中荷载作用时附加横向钢筋的布置

f_{yv}——附加横向钢筋的抗拉强度设计值,N/mm^2;

α——附加横向钢筋与梁轴线间的夹角,(°)。

(13)梁中架立钢筋的直径:梁的跨度小于 4 m 时,不宜小于 8 mm;跨度等于 4 ~ 6 m 时,不宜小于 10 mm;跨度大于 6 m 时,不宜小于 12 mm。

(14)当梁端实际受到部分约束但按简支梁计算时,应在支座区上部设置纵向构造钢筋,其截面面积不应小于梁跨中下部纵向受拉钢筋计算所需截面面积的 1/4,且不应少于 2 根;自支座边缘向跨内伸出的长度不应小于 $l_0/5$,l_0 为该跨的计算跨度。

(15)当梁的腹板高度 h_w 超过 450 mm 时,在梁的两侧应沿高度设置纵向构造钢筋,每侧纵向构造钢筋(不包括梁上、下部受力钢筋及架立钢筋)的截面面积不应小于腹板截面面积 bh_w 的 0.1%,且其间距不宜大于 200 mm。腹板高度 h_w 按 SL 191—2008 的规定取用。

两侧纵向构造钢筋之间宜设置连系拉筋,连系拉筋直径可取与箍筋相同,间距为 500 ~ 700 mm。

(16)对薄腹梁,应在下部 1/2 梁高的腹板内沿两侧配置纵向构造钢筋,其直径为 10 ~ 14 mm,间距为 100 ~ 150 mm,并按上疏下密的方式布置;在上部 1/2 梁高的腹板内可按 SL 191—2008 的规定配置纵向构造钢筋。

3.2　单向板肋形楼盖中次梁的设计

3.2.1　荷载计算

永久荷载的标准值:

板传来荷载　　$2.7 \times 2.4 = 6.48(kN/m)$

次梁梁肋自重　　$0.2 \times (0.4 - 0.08) \times 25 = 1.6(kN/m)$

次梁粉刷　　$0.02 \times 2 \times (0.4 - 0.08) \times 17 = 0.22(kN/m)$

永久荷载小计:　　$g_k = 8.3\ kN/m$

可变荷载标准值:　　$q_k = 6 \times 2.4 = 14.4(kN/m)$

折算荷载标准值:　　$g'_k = g_k + q_k/4 = 8.3 + 14.4/4 = 11.9(kN/m)$

$q'_k = 3q_k/4 = 3 \times 14.4/4 = 10.8(kN/m)$

3.2.2　计算简图

次梁在砖墙上的支承长度 240 mm。主梁截面面积为 250 mm × 650 mm。计算跨度如下:

(1)边跨。

$$l_{n1}=5\ 000-240/2-250/2=4\ 755(\text{mm})$$

$$l_{01}=l_{n1}+a/2+b/2=4\ 755+240/2+250/2=5\ 000(\text{mm})$$

$$l_{01}=1.05l_{n1}=1.05\times4\ 755=4\ 993(\text{mm})$$

取 $l_{01}=5\ 000$ mm。

(2)中间跨。

$$l_{n2}=l_c-a=5\ 000-250=4\ 750(\text{mm})$$

$$l_{02}=l_c=5\ 000\ \text{mm}$$

$$l_{02}=1.05l_{n2}=1.05\times4\ 750=4\ 988(\text{mm})$$

两者相差较小,为了计算方便,取 $l_{02}=5\ 000$ mm。

次梁设计时,取其中相邻板中心线之间部分作为计算单元。本结构为五跨连续梁。次梁构造及计算简图如图 7-16(a)、(b)所示。

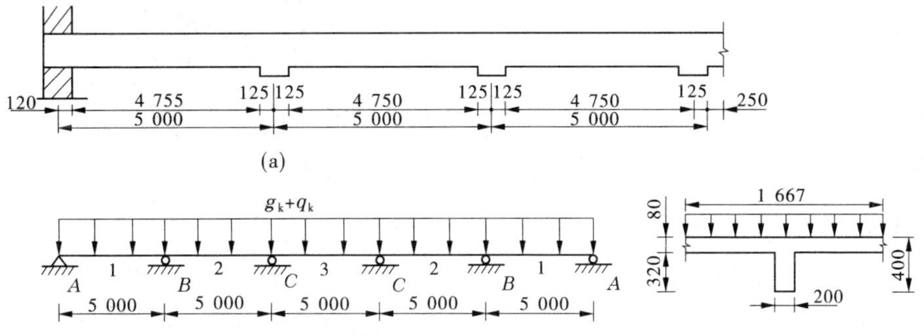

图 7-16　次梁的构造及计算简图

3.2.3　内力计算

(1)弯矩计算。连续梁各控制截面的弯矩设计值的计算及结果列于表 7-4。

表 7-4　次梁的弯矩计算

截面	边跨	支座 B	第二跨	支座 C	第三跨
α_1	0.078 1	−0.105	0.033 1	−0.079	0.046 2
α_2	0.100 0	−0.119	0.078 7	−0.111	0.085 5
$M=1.05\alpha_1 g'_k l_0^2+1.20\alpha_2 q'_k l_0^2$ (kN·m)	$1.05\times0.078\ 1\times11.9\times5^2+1.20\times0.100\ 0\times10.8\times5^2=56.8$	$-1.05\times0.105\times11.9\times5^2-1.20\times0.119\times10.8\times5^2=-71.4$	$1.05\times0.033\ 1\times11.9\times5^2+1.20\times0.078\ 7\times10.8\times5^2=35.8$	$-1.05\times0.079\times11.9\times5^2-1.20\times0.111\times10.8\times5^2=-60.6$	$1.05\times0.046\ 2\times11.9\times5^2+1.20\times0.085\ 5\times10.8\times5^2=42.1$

支座边缘的弯矩设计值:

$$V_0=(g'_k+q'_k)l_n/2=(11.9+10.8)\times4.75/2=53.9(\text{kN})$$

$$M'_B=-(M_B-0.5bV_0)=-(71.4-0.5\times0.25\times53.9)=-64.7(\text{kN}\cdot\text{m})$$

$$M'_C = -(M_C - 0.5bV_0) = -(60.6 - 0.5 \times 0.25 \times 53.9) = -53.9(\text{kN} \cdot \text{m})$$

(2)剪力计算。支座边缘剪力设计值的计算及结果列于表 7-5。

表 7-5　次梁的剪力计算表

截面	支座 A	支座 $B_左$	支座 $B_右$	支座 $C_左$	支座 $C_右$
β_1	0.395	−0.606	0.526	−0.474	0.500
β_2	0.447	−0.620	0.598	−0.576	0.591
$V = 1.05\beta_1 g'_k l_n + 1.2\beta_2 q'_k l_n$(kN)	$1.05 \times 0.395 \times 11.9 \times 4.755 + 1.20 \times 0.447 \times 10.8 \times 4.755 = 51.0$	$-1.05 \times 0.606 \times 11.9 \times 4.755 - 1.20 \times 0.620 \times 10.8 \times 4.755 = -74.2$	$1.05 \times 0.526 \times 11.9 \times 4.755 + 1.20 \times 0.598 \times 10.8 \times 4.75 = 68.0$	$-1.05 \times 0.474 \times 11.9 \times 4.755 - 1.20 \times 0.576 \times 10.8 \times 4.75 = -63.6$	$1.05 \times 0.500 \times 11.9 \times 4.755 + 1.20 \times 0.591 \times 10.8 \times 4.75 = 66.1$

3.2.4　配筋计算

(1)计算翼缘宽度 b'_f。根据整浇梁楼盖的受力特点,板所在梁上截面参与受力,因此在配筋设计时,次梁跨中截面按 T 形截面设计,计算翼缘宽度:

$$b'_f = l_0/3 = 5\ 000/3 = 1\ 667(\text{mm})$$

$$b'_f = b + s_n = 2\ 400(\text{mm})$$

取 $b'_f = 1\ 667$ mm,荷载计算单元如图 7-16(c)所示。

次梁支座截面因承受负弯矩(上面受压、下面受拉)而按矩形截面计算。

(2)正截面的承载力计算:$b = 200$ mm,$h = 400$ mm,$h_0 = 360$ mm,$h'_f = 80$ mm,$f_c = 11.9$ kN/mm^2,$f_t = 1.27$ N/mm^2,$f_y = 360$ N/mm^2,承载力安全系数 $K = 1.20$,计算结果见表 7-6。

表 7-6　次梁的正截面承载力计算

截面	第一跨	支座 B	第二跨	支座 C	第三跨
M(kN/m)	56.8	−64.7	35.8	−53.9	42.1
h_0(mm)	360	360	360	360	360
b'_f或 b(mm)	1 667	200	1 667	200	1 667
$f_c b'_f h'_f (h_0 - h'_f/2)$(kN · m)	507.8		507.8		507.8
$\alpha_s = \dfrac{KM}{f_c b'_f h_0(\text{或} b) h_0^2}$	0.027	0.252	0.017	0.210	0.020
$\xi = 1 - \sqrt{1 - 2\alpha_s}$	0.027	0.296	0.017	0.238	0.020
$A_s = \xi \dfrac{f_c}{f_y} b'_f h_0(\text{或} b)(\text{mm}^2)$	535.6	704.5	337.2	566.4	396.7
选配钢筋	2 Φ 16 直 1 Φ 16 弯	2 Φ 18 直 2 Φ 16(左)弯	2 Φ 16 直	2 Φ 18 直 1 Φ 14 直	2 Φ 16 直
实配钢筋	603	710	402	663	402
$\rho = A_s/bh_0$(%)($\rho_{min} = 0.20\%$)	0.84	0.99	0.56	0.92	0.56

(3)斜截面受剪力承载力计算,计算结果见表7-7。

表7-7 次梁的斜截面受剪承载力计算

截面(kN)	支座 A	支座 $B_{左}$	支座 $B_{右}$	支座 $C_{左}$	支座 $C_{右}$
V(kN)	51.0	-74.2	68.0	-63.6	66.1
KV(kN)	61.2	89.0	81.6	76.3	79.3
h_0(mm)	360	360	360	360	360
$0.25f_cbh_0$(kN)	$214.2>KV$	$214.2>KV$	$214.2>KV$	$214.2>KV$	$214.2>KV$
$V_c=0.7f_tbh_0$	$64.0>KV$	$64.0<KV$	$64.0<KV$	$64.0<KV$	$64.0<KV$
箍筋数量、直径(mm)	2、6	2、6	2、6	2、6	2、6
$s=\dfrac{1.25f_{yv}A_{sv}h_0}{KV-0.7f_tbh_0}$(mm)		215	306	438	352
实配箍筋间距 s(mm)	180	180	180	180	180
$\rho_{sv}=A_{sv}/(bs)$(%) ($\rho_{svmin}=0.15$)	0.16	0.16	0.16	0.16	0.16

4 主梁设计

4.1 荷载计算

为了简化计算,将主梁自重等效为集中荷载。

永久荷载标准值:

次梁传来的永久荷载 $8.3\times5=41.5$(kN)

主梁梁肋自重 $0.25\times(0.65-0.08)\times25\times2.4+$

$0.02\times2\times(0.65-0.08)\times17\times2.4=9.5$(kN)

永久荷载小计: $G_k=41.5+9.5=51.0$(kN)

可变荷载标准值: $Q_k=14.4\times5=72.0$(kN)

4.2 计算简图

主梁端部支撑在带壁柱砖墙上,支撑长度为370 mm。中间支撑在400 mm×400 mm的混凝土柱上。主梁按三跨连续梁计算,其计算跨度如下:

(1)边跨。

$$l_{n1}=7\ 200-120-400/2=6\ 880(\text{mm})$$

$$l_{01}=l_c=7\ 200\ \text{mm}$$

$$l_{01}=1.05l_{n1}=1.05\times6\ 880=7\ 224(\text{mm})$$

取小值,$l_{01}=7\ 200$ mm。

(2)中间跨。

$$l_{n2}=7\ 200-400=6\ 800(\text{mm})$$

$$l_{02}=l_c=7\ 200\ \text{mm}$$

$$l_{02}=1.05\times l_{n2}=1.05\times6\ 800=7\ 140(\text{mm})$$

应取 l_{02} =7 140 mm,但为了计算方便,取 l_{02} =7 200 mm。

内力可按三跨连续梁内力系数表来计算。构造及计算简图如图 7-17 所示。

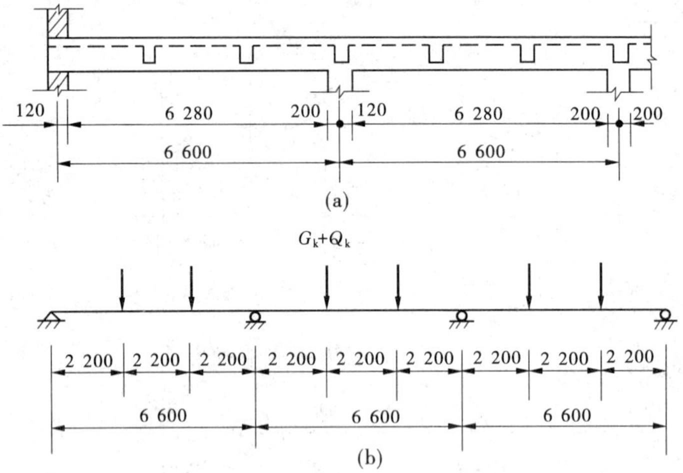

图 7-17 主梁的构造及计算简图

4.3 内力计算

根据弹性计算方法,集中荷载作用下连续梁的内力按下式计算:

$$M = 1.05\alpha_1 G_k l_0 + 1.20\alpha_2 Q_k l_0 \qquad V = 1.05\beta_1 G_k + 1.20\beta_2 Q_k$$

$$G_k l_0 = 51.0 \times 7.2 = 367.2(\text{kN} \cdot \text{m})$$

$$Q_k l_0 = 72.0 \times 7.2 = 518.4(\text{kN} \cdot \text{m})$$

式中:α_1、α_2、β_1、β_2 可查附录 E。

弯矩设计值计算结果见表 7-8,剪力设计值计算结果见表 7-9。

表 7-8 主梁弯矩计算表

序号	荷载简图	边跨中		中间支座	中间跨中	
		$\frac{\alpha}{M_1}$	M_{1a}	$\frac{\alpha}{M_B(M_C)}$	M_{2b}	$\frac{\alpha}{M_2}$
①	图 7-18(a)	0.244 / 94.08	59.77	−0.267(−0.267) / −102.94(−102.94)	25.83	0.067 / 25.83
②	图 7-18(b)	0.289 / 179.78	152.20	−0.133(−0.133) / −82.74(−82.74)	−82.74	−0.133 / −82.74
③	图 7-18(c)	0.229 / 142.46	77.97	−0.311(−0.089) / −193.47(−55.37)	59.72	0.170 / 105.75
④	图 7-18(d)	−0.044 / −27.37	−54.95	−0.133(0.133) / −82.74(−82.74)	124.42	0.200 / 124.42
最不利内力组合	①+②	273.86	211.97	−185.68(−187.11)	−56.91	−56.91
	①+③	236.54	137.74	−296.41(−158.31)	85.5	131.58
	①+④	66.71	4.82	−185.6(−185.68)	150.25	150.25

注:$M_{1a}=M_1-M_B/3$,$M_{2B}=M_2-(M_b-M_c)/3$,其中 M_B、M_c 均以正值带入。

表 7-9 主梁剪力计算表

序号	计算简图	边支座	边跨中	中间支座	中间跨中
		$\frac{\beta}{V_A}$	V_1^r	$\frac{\beta}{V_B^l(V_B^r)}$	V_{2b}^r
①	图 7-18(a)	$\frac{0.733}{39.25}$	−14.30	$\frac{-1.267(1.000)}{-67.85(53.55)}$	0
②	图 7-18(b)	$\frac{0.866}{74.82}$	−11.58	$\frac{-1.134(0)}{-97.98(0)}$	0
③	图 7-18(c)	$\frac{0.689}{59.53}$	−26.87	$\frac{-1.311(1.222)}{-113.27(105.58)}$	19.18
④	图 7-18(d)	$\frac{-0.133}{-11.49}$	−11.49	$\frac{-0.133(1.000)}{-11.49(86.40)}$	0
最不利内力组合	①+②	114.07	−25.88	−1 165.83(53.55)	0
	①+③	98.78	−41.17	−181.12(159.13)	19.18
	①+④	27.76	−25.79	−79.34 (139.95)	0

可变荷载的最不利组合见图 7-18。

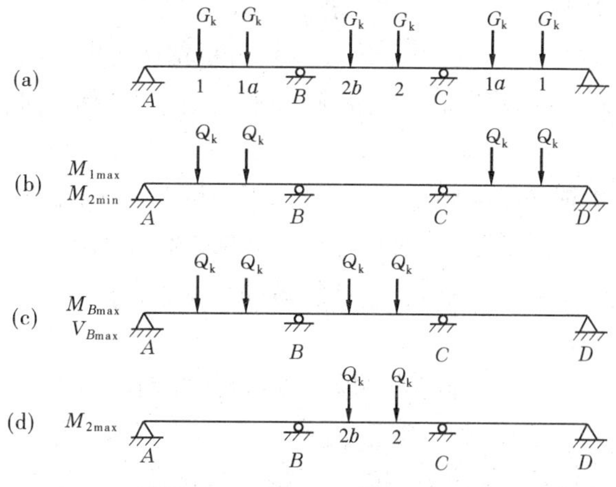

图 7-18 可变荷载的最不利组合

4.4 正截面承载力计算

主梁跨中截面按 T 形截面计算，翼缘高度 $h_f' = 80$ mm。

计算翼缘宽度：$b_f' = l_0/3 = 7.2/3 = 2.4(\text{m}) < b + s_n = 5.0(\text{m})$

所以取 $b'_f=2\ 400$ mm。

截面有效高度：

支座 B　　　$h_0=650-80=570(\text{mm})$

边跨中　　　$h_0=650-70=580(\text{mm})$

中跨截面：$h_0=650-40=610(\text{mm})$(下部)　$h_0=650-60=590(\text{mm})$(上部)

主梁支座截面按矩形截面计算，计算弯矩采用支座边缘截面处的弯矩值，即

$$M'_B=-(M_B-0.5bV_0)$$

因为 $b=0.4\ \text{m}>0.05l_n=0.05\times6.8=0.34(\text{m})$，取 $b=0.34$ m。

$$M'_B=-(M_B-0.5bV_0)=-[296.41-0.5\times0.34\times(1.05\times51.0+1.20\times72.0)]$$
$$=-272.62(\text{kN}\cdot\text{m})$$

判别T形梁截面类型：

$$f_cb'_fh'_f(h_0-h'_f/2)=11.9\times2\ 400\times80\times(580-80/2)=1\ 233.8\ (\text{kN}\cdot\text{m})$$
$$>KM_1=1.20\times273.86=328.63\ (\text{kN}\cdot\text{m})$$
$$>KM_2=1.20\times150.25=180.30\ (\text{kN}\cdot\text{m})$$

主梁跨中按第一类T形梁截面计算。

$f_c=11.9\ \text{N/mm}^2$，$f_t=1.27\ \text{N/mm}^2$，$f_y=360\ \text{N/mm}^2$，承载力安全系数 $K=1.20$，计算结果见表7-9。

连续梁的配筋构造：

(1)纵向钢筋直径宜选用12～25 mm，最大不宜超过28 mm。

(2)纵向钢筋直径种类不宜超过两种，且直径相差应大于或等于2 mm。

(3)每排纵向受力钢筋宜用3～4根，最多用两排。

(4)选配钢筋时，先选跨中受力钢筋，支座负弯矩钢筋可由两边跨的一部分钢筋弯起而得，如果不足，则另加直钢筋以满足支座上面负弯矩所需的钢筋量。弯起钢筋的弯起点应满足斜截面受弯承载力的要求。

(5)跨中下部受力钢筋至少要有两根伸入支座，并放在下部两脚处(兼做支座截面架立钢筋)，其截面面积不宜小于跨中钢筋截面面积的一半。

(6)支座上部钢筋由两边弯起时，应不使钢筋在支座处碰头，另应加直钢筋放在上面两角处(兼做架立钢筋)。

(7)绘制结构施工图时，所有钢筋均应予以编号，如钢筋的种类、直径、形状及长度完全相同，可以编同一个号，否则需分别编号。

(8) 主梁应绘制弯矩包络图及抵抗弯矩图，以确定纵筋弯起或截断的具体位置。

4.5　主梁斜截面受剪承载力计算

计算结果见表7-10、表7-11。

表7-10 主梁正截面弯矩承载力计算

截面	边跨中	中间支座 B	中间跨	
M(kN·m)	273.86	-272.62	150.25	-56.91
b'_f 或 b(mm)	2 400	250	2 400	250
h_0(mm)	580	570	610	590
$\alpha_s=\dfrac{KM}{f_c b'_f(\text{或}\,b)h_0^2}$	0.034	0.338	0.017	0.066
$\xi=1-\sqrt{1-2\alpha_s}$	0.035	0.431	0.017	0.068
$A_s=\xi\dfrac{f_c}{f_y}b'_f(\text{或}\,b)h_0$(mm)	1 610	2 030	823	332
选配钢筋	2 Φ 20(直) +2 Φ 18(直) 2 Φ 18(弯)	4 Φ 22(直) +2 Φ 18(左弯)	3 Φ 20 (直)	2 Φ 22 (直)
实配钢筋	1 645	2 029	942	760
$\rho=A_s/(bh_0)$(%) ($\rho_{min}=0.20\%$)	1.13	1.42	0.62	0.52

表7-11 主梁斜截面受剪承载力计算

截面	支座 A	支座 $B_{左}$	支座 $B_{右}$
V(kN)	114.07	-181.12	159.13
KV(kN)	136.88	-217.34	190.96
h_0(mm)	580	570	570
$0.25f_c bh_0$(kN)	$431.4>KV$	$423.9>KV$	$423.9>KV$
$V_c=0.7f_t bh_0$(kN)	$128.9<KV$	$126.7>KV$	$126.7<KV$
选配箍筋肢数、直径(mm)	2、8	2、8	2、8
$s=\dfrac{1.25f_{yv}A_{sv}h_0}{KV-0.7f_t bh_0}$(mm)	1 927	169.6	239
实配箍筋间距 s(mm)	160	160	200
$\rho=A_{sv}/(bs)$(%)($\rho_{svmin}=0.15\%$)	0.25	0.425	0.20
$V_{cs}=0.7f_t bh_0+1.25f_{yv}\dfrac{A_{sv}}{s}h_0$	225.0	221.2	202.3

4.6 主梁吊筋计算

由次梁传来的全部集中荷载为

$$F = 1.05G_k + 1.20Q_k = 1.05 \times 51.0 + 1.20 \times 72.0 = 139.95(\text{mm}^2)$$

$$A_{sb} \geqslant \frac{KF}{f_{yv}\sin\alpha} = \frac{1.20 \times 139.95 \times 10^3}{360\sin 45^\circ} = 660(\text{mm}^2)$$

选用2 Ф 16($A_{sb} = 2 \times 2 \times 201 = 804(\text{mm}^2)$)。

任务2 双向板肋形楼盖的设计计算

1 双向板的受力分析

肋形结构中如果梁格布置得使板的长边跨度与短边跨度之比 $l_2/l_1 \leqslant 2$ 时,即构成双向板肋形结构。

在四边简支的正方形板中(见图7-19(a)),当均布荷载逐渐增加时,第一批裂缝出现在板底面的中间部分,随后沿着对角线的方向向四角扩展。在接近破坏时,板底面四角附近也出现了与对角线垂直且大致成一圆形的裂缝,这种裂缝的出现,促使板底面对角线方向的裂缝进一步扩展。

在四边简支的矩形板中(见图7-19),第一批裂缝出现在板底面中间部分,且平行于长边方向,当荷载继续增加时,这些裂缝逐渐延长,并沿45°方向向四周扩展。在接近破坏时,板顶面四角也先后出现裂缝,其方向垂直于对角线。这些裂缝的出现,促使板底面45°方向的裂缝进一步扩展。最后,跨中受力钢筋达到屈服强度,板随之破坏。

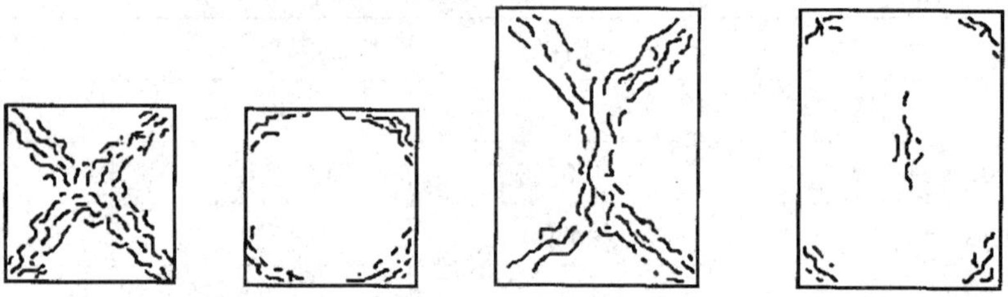

(a) 板底 (b) 板顶 (c) 板底 (d) 板顶

图7-19 双向板的破坏形态

按理论分析,钢筋应该垂直于裂缝的方向配置。但试验表明板中钢筋的布置方向对破坏荷载的数值并无显著影响,钢筋平行于板边布置时,对推迟第一批裂缝的出现有良好的作用,而且施工方便,所以采用较多。

简支的正方形板或矩形板,在荷载作用下,板的四角都有翘起的趋势。板传递给四边支座的压力,并非沿边长均匀分布,而是支座的中部较大,向两端逐渐减小。

当配筋相同时,采用较细的钢筋较为有利。当钢筋数量相同时,将板中间部分的钢筋排列较密些要比均匀布置有效。

以上的试验结果,对双向板的计算和构造都是非常关键的。

2 双向板的内力计算

双向板的内力计算有按弹性计算方法和考虑塑性变形内力重分布方法两种。

按弹性计算方法是根据弹性薄板小挠度理论的假定进行的。在工程设计中,大多根据板的荷载及支撑情况利用已经制定的表格进行计算。

2.1 单块双向板的计算

对于承受均布荷载的单块矩形双向板,可以根据板的四边支承情况及沿 x 与 y 方向的跨度之比 l_x/l_y,利用附录按下式计算:

$$M = \alpha p l_x^2$$

式中 M——相应于不同支承情况单位板宽内跨中或支座中点弯矩值;

α——根据不同支承情况和跨度比 l_x/l_y,由附录 F 查得;

l_x——板的跨度,见附录 F 插图所示;

p——作用在双向板上的均布荷载。

2.2 连续双向板的计算

计算连续的双向板时,可将连续的双向板简化为单块双向板来计算。

2.2.1 跨中最大弯矩

当均布永久荷载 g 和可变荷载 q 作用时,最不利的荷载应按图 7-20(a)布置。这种布置情况可简化为满布的 p'(见图 7-20(b))和一上一下作用的 p''(见图 7-20(c))两种荷载情况之和。设全部荷载 $p=g+q$ 由 p' 和 p'' 组成,则

$$p' = g + q/2 \quad (对称荷载)$$

$$p'' = \pm q/2 \quad (反对称荷载)$$

在满布的荷载 p' 作用下,因为荷载对称,近似认为板的中间支座都是固定支座;在一上一下的荷载 p'' 的作用下,近似符合反对称关系,可以认为中间支座的弯矩等于零,这样就可以将中间支座都看作简支支座。至于板的边支座根据实际情况确定。这样,就可将连续双向板分成作用 p' 和 p'' 的单块双向板计算,将上述两种情况求得的跨中弯矩相叠加,便可得到可变荷载在最不利位置时所产生的跨中最大弯矩和最小弯矩。

2.2.2 支座中点最大弯矩

计算连续双向板的支座弯矩,可将全部荷载 $p=g+q$ 布满各跨,则可计算支座最大弯矩。各跨的板都可近似地认为固定在各中间支座上。这样连续双向板的支座弯矩也可由附录 F 查得。如相邻两跨的另一端支承情况不一样,或两跨的跨度不相等,可取相邻两跨板的同一支座弯矩的平均值作为该支座的弯矩计算值。

例如,如图 7-20(e)所示两列三跨双向板,当周边均为简支时,在一上一下的荷载 p'' 作用下,每块板均可看作四边简支板。而在满布的荷载 p' 作用下,角跨板可看作两邻边固定、两邻边简支的双向板;中跨板则可看作三边固定、一边简支的双向板。

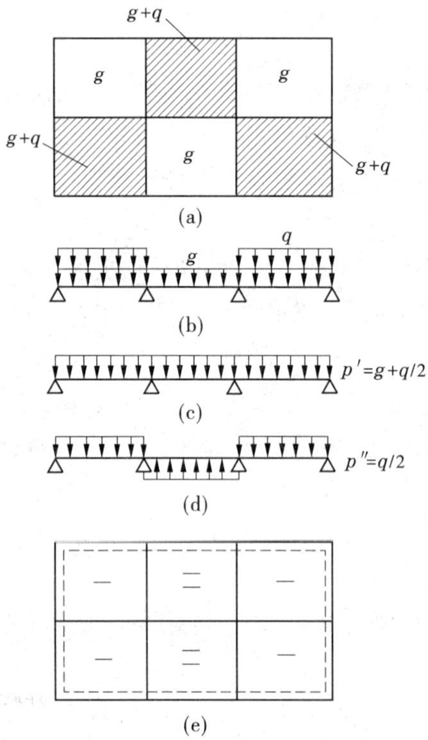

图 7-20　连续双向板简化为单块板计算

3　双向板的截面设计与构造

3.1　截面配筋计算特点

3.1.1　有效高度 h_0 不同

在求得双向板跨中和支座的最大弯矩设计值后,即可按一般受弯构件选择板的厚度和计算钢筋用量。但需注意,双向板跨中两个方向均需配置受力钢筋,钢筋是纵横交叉配置的,因而两个方向的截面有效高度是不同的。

短跨方向的弯矩较大,钢筋应放在下层。长跨方向的弯矩较小,钢筋应放在上层。

3.1.2　分板带配筋

按弹性计算方法计算出的板跨中最大弯矩是板中间板带的弯矩,故所求出的钢筋用量是中间板带单位宽度内所需要的钢筋用量。四边支座板在破坏时的形状好像一个倒置的四面落水的坡屋面,各板条之间不但受弯而且受扭,靠近支座板带的弯矩比中间板带的弯矩要小,它的钢筋用量也比中间板带的钢筋用量少。考虑到施工的方便,可按图 7-21 处理,即将板在两个方向各划分为三个板带,边缘板带宽度均为 $l_1/4$,其余为中间板带。

在中间板带,按跨中最大弯矩值配筋。

在边缘板带,单位宽度内的钢筋用量则为相应中间板带钢筋用量的一半。但在任何情况下,每米宽度内的钢筋不少于 3 根。

由支座最大弯矩求得的支座钢筋数量,沿板边应均匀配置,不得分带减少。

在简支的单块板中,考虑到简支支座嵌固作用,可将每一方向的跨中钢筋弯起 1/3 ~

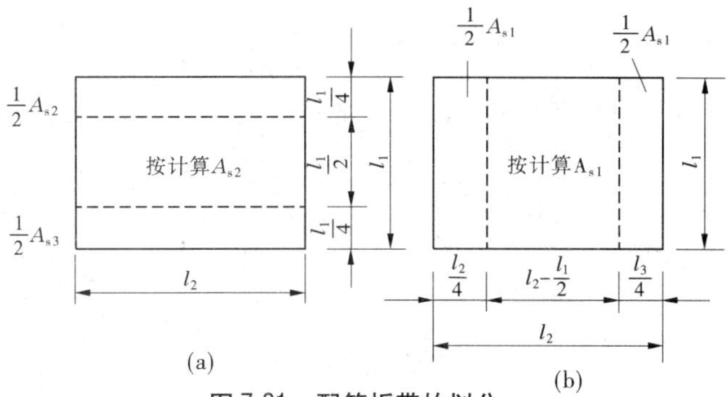

图 7-21 配筋板带的划分

1/2 伸入到支座上面以承担可能产生的负弯矩。

在连续双向板中,承担中间支座负弯矩的钢筋,可由相邻两跨跨中钢筋各弯起 1/3 ~ 1/2 来承担,不足部分另加直钢筋;由于边缘板带内跨中钢筋较少,钢筋弯起较困难,可在支座上面另加直钢筋。

3.2 双向板的构造要求

3.2.1 板的厚度

双向板的厚度一般不宜小于 80 mm,且不大于 60 mm。同时,为满足刚度要求,简支板还应小于 $L/45$,连续板亦小于 $L/45$,L 为双向板的较小计算跨度。

3.2.2 受力钢筋

受力钢筋常用分离式。短筋承受的弯距较大,应放在外层,使其有较大的截面有效高度。支座负筋一般伸出支座边 $L_x/4$,L_x 为短向净跨。

当配筋面积较大时,在靠近支座边 $L_x/4$ 的边缘板带内的跨中正弯距钢筋量减少 50%。

3.2.3 构造钢筋

底筋为双向均匀受力钢筋,但支座负筋还需设分布筋。当边支座视为简支计算,但实际上受到边梁或墙约束时,应配置支座构造负筋,其数量应不少于 1/3 受力钢筋和Φ 8@200 伸出支座边 $L_x/4$,L_x 为双向板的短向净跨度。

4 支承双向板的梁的计算特点

(1)荷载近似分配。双向板上的荷载是沿着两个方向传到四边的支承梁上,在设计中多采用近似方法进行分配的,即对每一区格,从四角作 45°线与平行于长边的中线相交(见图 7-22),将板的面积分为四小块,每小块面积上的荷载认为传递到相邻的梁上。因此,短跨梁上的荷载是三角形分布,长跨梁上的荷载是梯形分布。梁上的荷载确定后即可计算梁的内力(见图 7-22)。

(2)等效均布荷载 p_E:按弹性计算方法计算承受梯形或三角形分布荷载的连续梁的内力时,计算跨度可仍按一般连续梁的规定取用。当其跨度相等或相差不超过 10% 时,可按照支座弯矩等效的原则,将梯形(或三角形)分布荷载折算成等效的均布荷载 p_E。

(3)查附录 F 求支座弯矩。

(4)由支座弯矩和实际荷载求各跨跨中弯矩和支座剪力。

梁的截面设计、裂缝和变形验算及配筋构造与支承单向板的梁完全相同。

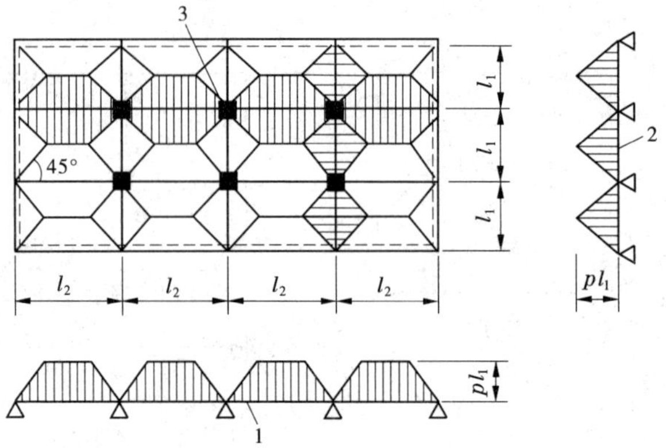

1—次梁;2—主梁;3—柱子

图7-22　双向板传给梁的荷载

项目小结

本项目主要涵盖梁、板结构的概念,梁板结构的布局和分类;单向板肋形结构的板、次梁、主梁的受力分析、内力计算、截面设计与配筋构造;双向板肋形结构的含义、双向板的受力分析、内力计算、截面设计与构造以及支承双向板的梁的计算。

重点掌握单向板肋形结构梁和板的内力计算和配筋、截面设计与构造;单块双向板的计算、双向板的截面设计与构造。

难点是熟练应用单向板肋形结构、双向板的截面设计与构造。

知识技能训练

一、简答题

1. 简述现浇肋梁楼盖的组成及荷载传递途径。

2. 什么是单向板? 什么是双向板?

3. 单向板和双向板是如何区分的?

4. 说明单向板肋梁盖中板的计算简图。

5. 简述双向板肋形结构的定义及其破坏特征。

6. 按弹性计算方法如何计算双向板内力?

7. 简述双向板的截面设计与构造要求。

二、单选题

1. 在计算钢筋混凝土肋梁楼盖连续次梁内力时,为考虑主梁对次梁的转动约束,用折算荷载代替实际计算荷载,其做法是(　　)。

A. 减小恒载,减小活载　　B. 增大恒载,减小活载

C. 减小恒载,增大活载　　D. 增大恒载,增大活载

2. 现浇钢筋混凝土单向板肋梁楼盖的主次梁相交处,在主梁中设置附加横向钢筋的目的是(　　)。

A. 承担剪力

B. 防止主梁发生受弯破坏

C. 防止主梁产生过大的挠度

D. 防止主梁由于斜裂缝引起的局部破坏

3. 按单向板进行设计(　　)。

A. 600 mm × 3 300 mm 的预制空心楼板

B. 长短边之比小于2的四边固定板

C. 长短边之比等于1.5,两短边嵌固,两长边简支

D. 长短边相等的四边简支板

4. 为了设计上的便利,对于四边均有支承的板,当(　　)按单向板设计。

A. $\frac{l_2}{l_1} \leqslant 2$　　B. $\frac{l_2}{l_1} \leqslant 1$　　C. $\frac{l_2}{l_1} \leqslant 3$　　D. $\frac{l_2}{l_1} > 3$

5. 对于多跨连续的板,按塑性理论计算时,当边支座为砖墙时,边跨的计算跨度取(　　)。

A. $l_n + \frac{b}{2} + \frac{a}{2}$　　B. $l_n + \frac{b}{2} + \frac{h}{2}$

C. $l_n + \frac{h}{2}$和 $l_n + \frac{a}{2}$两者中取小值　　D. $1.025l_n + \frac{b}{2}$

6. 在单板肋梁楼盖设计中,一般楼面板的最小厚度 h 可取为(　　)。

A. ≥50 mm　　B. ≥60 mm　　C. ≥80 mm　　D. 没有限制

7. 对于板内受力钢筋的间距,下面哪条是错误的?(　　)

A. 间距 $s \geqslant 70$ mm

B. 当板厚 $h \leqslant 150$ mm 时,间距不应大于 200 mm

C. 当板厚 $h > 150$ mm 时,间距不应大于 $1.5h$,且不应大于 250 mm

D. 当板厚 $h > 150$ mm 时,间距不应大于 $1.5h$,且不应大于 300 mm

三、多选题

1. 关于单向板肋梁楼盖的结构平面布置,下列叙述正确的是(　　)。

A. 单向板肋梁楼盖的结构布置一般取决于建筑功能要求,在结构上应力求简单、整齐、经济适用

B. 柱网尽量布置成长方形或正方形

C. 主梁有沿横向和纵向两种布置方案,沿横向布置主梁,房屋空间刚度较差,而且限制了窗洞的高度

D. 梁格布置尽可能是等跨的,且边跨最好比中间跨稍小(约在10%以内)

2. 单向板肋梁楼盖按弹性理论计算时,连续梁、板的跨数应按(　　)确定。

A. 对于各跨荷载相同,其跨数超过五跨的等跨等截面连续梁、板,将所有中间跨均以第三跨来代替

B. 对于超过五跨的多跨连续梁、板,可按五跨来计算其内力

C. 当梁板跨数少于五跨时,按五跨来计算内力

D. 当梁板跨数少于五跨时,按实际跨数计算

附　录

附录 A　型钢规格和截面特性

附表 A-1　热轧等边角钢(GB/T 706—2008)

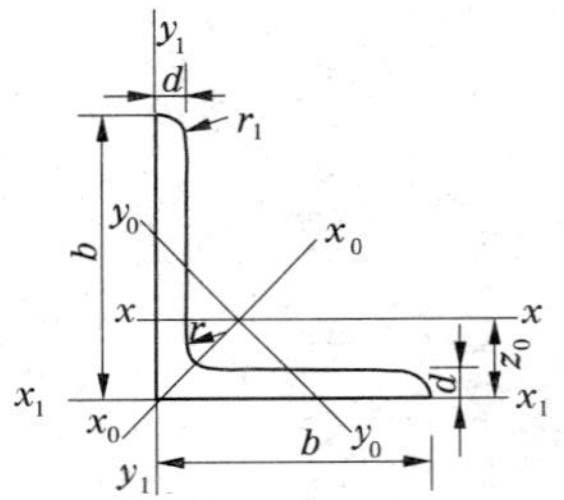

符号意义：

b——边宽度；　　　　I——惯性矩；

d——边厚度；　　　　i——惯性半径；

r_1——边端内圆弧半径；　　z_0——重心距离；

r——内圆弧半径；　　W——截面系数

角钢号数	尺寸(mm)			截面面积	理论质量	外表面积	参考数值										
							x—x			x_0—x_0			y_0—y_0			x_1—x_1	z_0 (cm)
	b	d	r	(cm^2)	(kg/m)	(m^2/m)	I_x (cm^4)	i_x (cm)	W_x (cm^3)	I_{x_0} (cm^4)	i_{x_0} (cm)	W_{x_0} (cm^3)	I_{y_0} (cm^4)	i_{y_0} (cm)	W_{y_0} (cm^3)	I_{x_1} (cm^4)	
2	20	3	3.5	1.132	0.889	0.078	0.40	0.59	0.29	0.63	0.75	0.45	0.17	0.39	0.20	0.81	0.60
		4		1.459	1.145	0.077	0.50	0.58	0.36	0.78	0.73	0.55	0.22	0.38	0.24	1.09	0.64
2.5	25	3		1.432	1.124	0.098	0.82	0.76	0.46	1.29	0.95	0.73	0.34	0.49	0.33	1.57	0.73
		4		1.859	1.459	0.097	1.03	0.74	0.59	1.62	0.93	0.92	0.43	0.48	0.40	2.11	0.76
3.0	30	3	4.5	1.749	1.373	0.117	1.46	0.91	0.68	2.31	1.15	1.09	0.61	0.59	0.51	2.71	0.85
		4		2.276	1.786	0.117	1.84	0.90	0.87	2.92	1.13	1.37	0.77	0.58	0.62	3.63	0.89
3.6	36	3		2.109	1.656	0.141	2.58	1.11	0.99	4.09	1.39	1.61	1.07	0.71	0.76	4.68	1.00
		4		2.756	2.163	0.141	3.29	1.09	1.28	5.22	1.38	2.05	1.37	0.70	0.93	6.25	1.04
		5		3.382	2.654	0.141	3.95	1.08	1.56	6.24	1.36	2.45	1.65	0.70	1.09	7.84	1.07
4.0	40	3	5	2.359	1.852	0.157	3.59	1.23	1.23	5.69	1.55	2.01	1.49	0.79	0.96	6.41	1.09
		4		3.086	2.422	0.157	4.60	1.22	1.60	7.29	1.54	2.58	1.91	0.79	1.19	8.56	1.13
		5		3.791	2.976	0.156	5.53	1.21	1.96	8.76	1.52	3.01	2.30	0.78	1.39	10.74	1.17
4.5	45	3		2.659	2.088	0.177	5.17	1.40	1.58	8.20	1.76	2.58	2.14	0.90	1.24	9.12	1.22
		4		3.486	2.736	0.177	6.65	1.38	2.05	10.56	1.74	3.32	2.75	0.89	1.54	12.18	1.26
		5		4.292	3.369	0.176	8.04	1.37	2.51	12.74	1.72	4.00	3.33	0.88	1.81	15.25	1.30
		6		5.076	3.985	0.176	9.33	1.36	2.95	14.76	1.70	4.64	3.89	0.88	2.06	18.36	1.33

注：截面图中的 $r_1=(1/3)d$ 及表中 r 值的数据用于孔型设计，不作交货条件。

续附表 A-1

角钢号数	尺寸(mm) b	尺寸(mm) d	尺寸(mm) r	截面面积 (cm^2)	理论质量 (kg/m)	外表面积 (m^2/m)	参考数值 x—x I_x (cm^4)	x—x i_x (cm)	x—x W_x (cm^3)	$x_0—x_0$ I_{x_0} (cm^4)	$x_0—x_0$ i_{x_0} (cm)	$x_0—x_0$ W_{x_0} (cm^3)	$y_0—y_0$ I_{y_0} (cm^4)	$y_0—y_0$ i_{y_0} (cm)	$y_0—y_0$ W_{y_0} (cm^3)	$x_1—x_1$ I_{x_1} (cm^4)	z_0 (cm)
5	50	3	5.5	2.971	2.332	0.197	7.18	1.55	1.96	11.37	1.96	3.22	2.98	1.00	1.57	12.50	1.34
		4		3.897	3.059	0.197	9.26	1.54	2.56	14.70	1.94	4.16	3.82	0.99	1.96	16.69	1.38
		5		4.803	3.770	0.196	11.21	1.53	3.13	17.79	1.92	5.03	4.64	0.98	2.31	20.90	1.42
		6		5.688	4.465	0.196	13.05	1.52	3.68	20.68	1.91	5.85	5.42	0.98	2.63	25.14	1.46
5.6	56	3	6	3.343	2.624	0.221	10.19	1.75	2.48	16.14	2.20	4.08	4.24	1.13	2.02	17.56	1.48
		4		4.390	3.446	0.220	13.18	1.73	3.24	20.92	2.18	5.28	5.46	1.11	2.52	23.43	1.53
		5		5.415	4.251	0.220	16.02	1.72	3.97	25.42	2.17	6.42	6.61	1.10	2.98	29.33	1.57
		8	7	8.367	6.568	0.219	23.63	1.68	6.03	37.37	2.11	9.44	9.89	1.09	4.16	47.24	1.68
6.3	63	4	7	4.978	3.907	0.248	19.03	1.96	4.13	30.17	2.46	6.78	7.89	1.26	3.29	33.35	1.70
		5		6.143	4.822	0.248	23.17	1.94	5.08	36.77	2.45	8.25	9.57	1.25	3.90	41.73	1.74
		6		7.288	5.721	0.247	27.12	1.93	6.00	43.03	2.43	9.66	11.20	1.24	4.46	50.14	1.78
		8		9.515	7.469	0.247	34.46	1.90	7.75	54.56	2.40	12.25	14.33	1.23	5.47	67.11	1.85
		10		11.657	9.151	0.246	41.09	1.88	9.39	64.85	2.36	14.56	17.33	1.22	6.36	84.31	1.93
7	70	4	8	5.570	4.372	0.275	26.39	2.18	5.14	41.80	2.74	8.44	10.99	1.40	4.17	45.74	1.86
		5		6.875	5.397	0.275	32.21	2.16	6.32	51.08	2.73	10.32	13.34	1.39	4.95	57.21	1.91
		6		8.160	6.406	0.275	37.77	2.15	7.48	59.93	2.71	12.11	15.61	1.38	5.67	68.73	1.95
		7		9.424	7.398	0.275	43.09	2.14	8.59	68.35	2.69	13.81	17.82	1.38	6.34	80.29	1.99
		8		10.667	8.373	0.274	48.17	2.12	9.68	76.37	2.68	15.43	19.98	1.37	6.98	91.92	2.03
7.5	75	5	9	7.367	5.818	0.295	39.97	2.33	7.32	63.30	2.92	11.94	16.63	1.50	5.77	70.56	2.04
		6		8.797	6.905	0.294	46.95	2.31	8.64	74.38	2.90	14.02	19.51	1.49	6.67	84.55	2.07
		7		10.160	7.976	0.294	53.57	2.30	9.93	84.96	2.89	16.02	22.18	1.48	7.44	98.71	2.11
		8		11.503	9.030	0.294	59.96	2.28	11.20	95.07	2.88	17.93	24.86	1.47	8.19	112.97	2.15
		10		14.126	11.089	0.293	71.98	2.26	13.64	113.92	2.84	21.48	30.05	1.46	9.56	141.71	2.22

续附表 A-1

角钢号数	尺寸(mm)			截面面积	理论质量	外表面积	参考数值										
							x—x			x_0—x_0			y_0—y_0			x_1—x_1	z_0 (cm)
	b	d	r	(cm²)	(kg/m)	(m²/m)	I_x (cm⁴)	i_x (cm)	W_x (cm³)	I_{x_0} (cm⁴)	i_{x_0} (cm)	W_{x_0} (cm³)	I_{y_0} (cm⁴)	i_{y_0} (cm)	W_{y_0} (cm³)	I_{x_1} (cm⁴)	
		5		7.912	6.211	0.315	48.79	2.48	8.34	77.33	3.13	13.67	20.25	1.60	6.66	85.36	2.15
		6		9.397	7.376	0.314	57.35	2.47	9.87	90.98	3.11	16.08	23.72	1.59	7.65	102.50	2.19
8	80	7	9	10.860	8.525	0.314	65.58	2.46	11.34	104.07	3.10	18.40	27.09	1.58	8.58	119.70	2.23
		8		12.303	9.658	0.314	73.49	2.44	12.83	116.60	3.08	20.61	30.39	1.57	9.46	136.97	2.27
		10		15.126	11.874	0.313	88.43	2.42	15.64	140.09	3.04	24.76	36.77	1.56	11.08	171.74	2.35
		6		10.637	8.350	0.354	82.77	2.79	12.61	131.26	3.51	20.63	34.28	1.80	9.95	145.87	2.44
		7		12.301	9.656	0.354	94.83	2.78	14.54	150.47	3.50	23.64	39.18	1.78	11.19	170.30	2.48
9	90	8	10	13.944	10.946	0.353	106.47	2.76	16.42	168.97	3.48	26.55	43.97	1.78	12.35	194.80	2.52
		10		17.167	13.476	0.353	128.58	2.74	20.07	203.90	3.45	32.04	53.26	1.76	14.52	244.07	2.59
		12		20.306	15.940	0.352	149.22	2.71	23.57	236.21	3.41	37.12	62.22	1.75	16.49	293.76	2.67
		6		11.932	9.366	0.393	114.95	3.01	15.68	181.98	3.90	25.74	47.92	2.00	12.69	200.07	2.67
		7		13.796	10.830	0.393	131.86	3.09	18.10	208.97	3.89	29.55	54.74	1.99	14.26	233.54	2.71
		8		15.638	12.276	0.393	148.24	3.08	20.47	235.07	3.88	33.24	61.41	1.98	15.75	267.09	2.76
10	100	10	12	19.261	15.120	0.392	179.51	3.05	25.06	284.68	3.84	40.26	74.35	1.96	18.54	334.48	2.84
		12		22.800	17.898	0.391	208.90	3.03	29.48	330.68	3.81	46.80	86.84	1.95	21.08	402.34	2.91
		14		26.256	20.611	0.391	236.53	3.00	33.73	374.06	3.77	52.90	99.00	1.94	23.44	470.75	2.99
		16		29.627	23.257	0.390	262.53	2.98	37.82	414.16	3.74	58.57	110.89	1.94	25.63	539.80	2.06
		7		15.196	11.928	0.433	177.16	3.41	22.05	280.94	4.30	36.12	73.38	2.20	17.51	310.64	2.96
		8		17.238	13.532	0.433	199.46	3.40	24.95	316.49	4.28	40.69	82.42	2.19	19.39	355.20	3.01
11	110	10	12	21.261	16.690	0.432	242.19	3.38	30.60	384.39	4.25	49.42	99.98	2.17	22.91	444.65	3.09
		12		25.200	19.782	0.431	282.55	3.35	36.05	448.17	4.22	57.62	116.93	2.15	26.15	534.60	3.16
		14		29.056	22.809	0.431	320.71	3.32	40.31	508.01	4.18	65.31	133.40	2.14	29.14	625.16	3.24

续附表 A-1

角钢号数	尺寸(mm)			截面面积	理论质量	外表面积	参考数值										
							$x—x$			$x_0—x_0$			$y_0—y_0$			$x_1—x_1$	z_0 (cm)
	b	d	r	(cm^2)	(kg/m)	(m^2/m)	I_x (cm^4)	i_x (cm)	W_x (cm^3)	I_{x_0} (cm^4)	i_{x_0} (cm)	W_{x_0} (cm^3)	I_{y_0} (cm^4)	i_{y_0} (cm)	W_{y_0} (cm^3)	I_{x_1} (cm^4)	
12.5	125	8	14	19.750	15.504	0.492	297.03	3.88	32.52	470.89	4.88	53.28	123.16	2.50	25.86	521.01	3.37
		10		24.373	19.133	0.491	361.67	3.85	39.97	573.89	4.85	64.93	149.46	2.48	30.62	651.93	3.45
		12		28.912	22.696	0.491	423.16	3.83	41.17	671.44	4.82	75.96	174.88	2.46	35.03	783.42	3.53
		14		33.367	26.193	0.490	481.65	3.80	54.16	763.73	4.78	86.41	199.57	2.45	39.13	915.61	3.61
14	140	10		27.373	21.488	0.551	514.65	4.34	50.58	817.27	5.46	82.56	212.04	2.78	39.20	915.11	3.82
		12		32.512	25.522	0.551	603.68	4.31	59.80	958.79	5.43	96.85	248.57	2.76	45.02	1 099.28	3.90
		14		37.567	29.490	0.550	688.81	4.28	68.75	1 093.56	5.40	110.47	284.06	2.75	50.45	1 284.22	3.98
		16		42.539	33.393	0.549	770.24	4.26	77.46	1 221.81	5.36	123.42	318.67	2.74	55.55	1 470.07	4.06
16	160	10	16	31.502	24.729	0.630	779.53	4.98	66.70	1 237.30	6.27	109.36	321.76	3.20	52.76	1 365.33	4.31
		12		37.441	29.391	0.630	916.58	4.95	78.98	1 455.68	6.24	128.67	377.49	3.18	60.74	1 639.57	4.39
		14		43.296	33.987	0.629	1 048.36	4.92	90.95	1 665.02	6.20	147.17	431.70	3.16	68.24	1 914.68	4.47
		16		49.067	38.518	0.629	1 175.08	4.89	102.63	1 865.57	6.17	164.89	484.59	3.14	75.31	2 190.82	4.55
18	180	12		42.241	33.159	0.710	1 321.35	5.59	100.82	2 100.10	7.05	165.00	542.61	3.58	78.41	2 332.80	4.89
		14		48.896	38.388	0.709	1 514.48	5.56	116.25	2 407.42	7.02	189.14	625.53	3.56	88.38	2 723.48	4.97
		16		55.467	43.542	0.709	1 700.99	5.54	131.13	2 703.37	6.98	212.40	698.60	3.55	97.83	3 115.29	5.05
		18		61.955	48.634	0.708	1 875.12	5.50	145.64	2 988.24	6.94	234.78	762.01	3.51	105.14	3 502.43	5.13
20	200	14	18	54.642	42.894	0.788	2 103.55	6.20	144.70	3 343.26	7.82	236.40	863.83	3.98	111.82	3 734.10	5.46
		16		62.013	48.680	0.788	2 366.64	6.18	163.65	3 760.89	7.79	265.93	971.41	3.96	123.96	4 270.39	5.54
		18		69.301	54.401	0.787	2 620.64	6.15	182.22	4 164.54	7.75	294.48	1 076.74	3.94	135.52	4 808.13	5.62
		20		76.505	60.056	0.787	2 867.30	6.12	200.42	4 554.55	7.72	322.06	1 180.04	3.93	146.55	5 347.51	5.69
		24		90.661	71.186	0.785	3 338.25	6.07	236.17	5 294.97	7.64	374.41	1 381.53	3.90	166.55	6 457.16	5.87

附表 A-2　热轧不等边角钢(GB/T 706—2008)

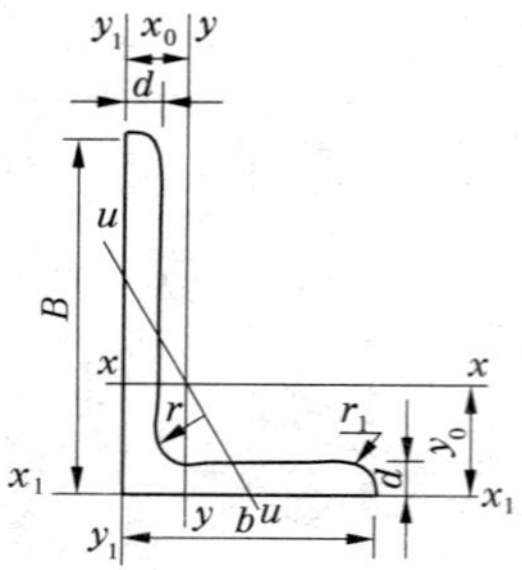

符号意义：

B——长边宽度；　　b——短边宽度；

d——边厚度；　　r——内圆弧半径；

r_1——边端内圆弧半径；　　I——惯性矩；

i——惯性半径；　　W——截面系数；

x_0——重心距离；　　y_0——重心距离

角钢号数	尺寸(mm)				截面面积	理论质量	外表面积	参考数值													
								x—x			y—y			x_1—x_1		y_1—y_1		u—u			
	B	b	d	r				I_x	i_x	W_x	I_y	i_y	W_y	I_{x1}	y_0	I_{y1}	x_0	I_u	i_u	W_u	tanα
					(cm^2)	(kg/m)	(m^2/m)	(cm^4)	(cm)	(cm^3)	(cm^4)	(cm)	(cm^3)	(cm^4)	(cm)	(cm^4)	(cm)	(cm^4)	(cm)	(cm^3)	
2.5/1.6	25	16	3	3.5	1.162	0.912	0.080	0.70	0.78	0.43	0.22	0.44	0.19	1.56	0.86	0.43	0.42	0.14	0.34	0.16	0.392
			4		1.499	1.176	0.079	0.88	0.77	0.55	0.27	0.43	0.24	2.09	0.90	0.59	0.46	0.17	0.34	0.20	0.381
3.2/2	32	20	3		1.492	1.717	0.102	1.53	1.01	0.72	0.46	0.55	0.30	3.27	1.08	0.82	0.49	0.28	0.43	0.25	0.382
			4		1.939	1.522	0.101	1.93	1.00	0.93	0.57	0.54	0.39	4.37	1.12	1.12	0.53	0.35	0.42	0.32	0.374
4/2.5	40	25	3	4	1.890	1.484	0.127	3.08	1.28	1.15	0.93	0.70	0.49	6.39	1.32	1.59	0.59	0.56	0.54	0.40	0.386
			4		2.467	1.936	0.127	3.93	1.26	1.49	1.18	0.69	0.63	8.53	1.37	2.14	0.63	0.71	0.54	0.52	0.381
4.5/2.8	45	28	3	5	2.149	1.687	0.143	4.45	1.44	1.47	1.34	0.79	0.62	9.10	1.47	2.23	0.64	0.80	0.61	0.51	0.383
			4		2.806	2.203	0.143	5.69	1.42	1.91	1.70	0.78	0.80	12.13	1.51	3.00	0.68	1.02	0.60	0.66	0.380
5/3.2	50	32	3	5.5	2.431	1.908	0.161	6.24	1.60	1.84	2.02	0.91	0.82	12.49	1.60	3.31	0.73	1.20	0.70	0.68	0.404
			4		3.177	2.494	0.160	8.02	1.59	2.39	2.58	0.90	1.06	16.65	1.65	4.45	0.77	1.53	0.69	0.87	0.402
5.6/3.6	56	36	3	6	2.743	2.153	0.181	8.88	1.80	2.32	2.92	1.03	1.05	17.54	1.78	4.70	0.80	1.73	0.79	0.87	0.408
			4		3.590	2.818	0.180	11.45	1.79	3.03	3.76	1.02	1.37	23.39	1.82	6.33	0.85	2.23	0.79	1.13	0.408
			5		4.415	3.466	0.180	13.86	1.77	3.71	4.49	1.01	1.65	29.25	1.87	7.94	0.88	2.67	0.78	1.36	0.404
6.3/4	63	40	4	7	4.058	3.185	0.202	16.49	2.02	3.87	5.23	1.14	1.70	33.30	2.04	8.63	0.92	3.12	0.88	1.40	0.398
			5		4.993	3.920	0.202	20.02	2.00	4.74	6.31	1.12	2.71	41.63	2.08	10.86	0.95	3.76	0.87	1.71	0.396
			6		5.908	4.638	0.201	23.36	1.96	5.59	7.29	1.11	2.43	49.98	2.12	13.12	0.99	4.34	0.86	1.99	0.393
			7		6.802	5.339	0.201	26.53	1.98	6.40	8.24	1.10	2.78	58.07	2.15	15.47	1.03	4.97	0.86	2.29	0.389

注：截面图中的 $r_1=(1/3)d$ 及表中 r 数据用于孔型设计，不作交货条件。

续附表 A-2

角钢号数	尺寸(mm)				截面面积	理论质量	外表面积	参考数值														
								x—x			y—y			x_1—x_1		y_1—y_1		u—u			
	B	b	d	r	(cm²)	(kg/m)	(m²/m)	I_x (cm⁴)	i_x (cm)	W_x (cm³)	I_y (cm⁴)	i_y (cm)	W_y (cm³)	I_{x1} (cm⁴)	y_0 (cm)	I_{y1} (cm⁴)	x_0 (cm)	I_u (cm⁴)	i_u (cm)	W_u (cm³)	tanα
7/4.5	70	45	4	7.5	4.547	3.570	0.226	23.17	2.26	4.86	7.55	1.29	2.17	45.92	2.24	12.26	1.02	4.40	0.98	1.77	0.410
			5		5.609	4.403	0.225	27.95	2.23	5.92	9.13	1.28	2.65	57.10	2.28	15.39	1.06	5.40	0.98	2.19	0.407
			6		6.647	5.218	0.225	32.54	2.21	6.95	10.62	1.26	3.12	68.35	2.32	18.58	1.09	6.35	0.98	2.59	0.404
			7		7.657	6.011	0.225	37.22	2.20	8.03	12.01	1.25	3.57	79.99	2.36	21.84	1.13	7.16	0.97	2.94	0.402
(7.5/5)	75	50	5	8	6.125	4.808	0.245	34.86	2.39	6.83	12.61	1.44	3.30	70.00	2.40	21.04	1.17	7.41	1.10	2.74	0.435
			6		7.260	5.699	0.245	41.12	2.38	8.12	14.70	1.42	3.88	84.30	2.44	25.37	1.21	8.54	1.08	3.19	0.435
			8		9.467	7.431	0.244	52.39	2.35	10.52	18.53	1.40	4.99	112.50	2.52	34.23	1.29	10.87	1.07	4.10	0.429
			10		11.590	9.098	0.244	62.71	2.33	12.79	21.96	1.38	6.04	140.80	2.60	43.43	1.36	13.10	1.06	4.99	0.423
8/5	80	50	5	8	6.375	5.005	0.255	41.96	2.56	7.78	12.82	1.42	3.32	85.21	2.60	21.06	1.14	7.66	1.10	2.74	0.388
			6		7.560	5.935	0.255	49.49	2.56	9.25	14.95	1.41	3.91	102.53	2.65	25.41	1.18	8.85	1.08	3.20	0.387
			7		8.724	6.484	0.255	56.16	2.54	10.58	16.96	1.39	4.48	119.33	2.69	29.82	1.21	10.18	1.08	3.70	0.384
			8		9.867	7.745	0.254	62.83	2.52	11.92	18.85	1.38	5.03	136.41	2.73	34.32	1.25	11.38	1.07	4.16	0.381
9/5.6	90	56	5	9	7.121	5.661	0.287	60.45	2.90	9.92	18.32	1.59	4.21	121.32	2.91	29.53	1.25	10.98	1.23	3.49	0.385
			6		8.557	6.717	0.286	71.03	2.88	11.74	21.42	1.58	4.96	145.59	2.95	35.58	1.29	12.90	1.23	4.18	0.384
			7		9.880	7.756	0.286	81.01	2.86	13.49	24.36	1.57	5.70	169.66	3.00	41.71	1.33	14.67	1.22	4.72	0.382
			8		11.183	8.779	0.286	91.03	2.85	15.27	27.15	1.56	6.41	194.17	3.04	47.93	1.36	16.34	1.21	5.29	0.380
10/6.3	100	63	6	10	9.617	7.550	0.320	99.06	3.21	14.64	30.94	1.79	6.35	199.71	3.24	50.50	1.43	18.42	1.38	5.25	0.394
			7		11.111	8.722	0.320	113.45	3.20	16.88	35.26	1.78	7.29	233.00	3.28	59.14	1.47	21.00	1.38	6.02	0.393
			8		12.584	9.878	0.319	127.37	3.18	19.08	39.39	1.77	8.21	266.32	3.32	67.88	1.50	23.50	1.37	6.78	0.391
			10		15.467	12.142	0.319	153.81	3.15	23.32	47.12	1.74	9.98	333.06	3.40	85.73	1.58	28.33	1.35	8.24	0.387
10/8	100	80	6	10	10.637	8.350	0.354	107.04	3.17	15.19	61.24	2.40	10.16	199.83	2.95	102.68	1.97	31.65	1.72	8.37	0.627
			7		12.301	9.656	0.354	122.73	3.16	17.52	70.08	2.39	11.71	233.20	3.00	119.98	2.01	36.17	1.72	9.60	0.626
			8		13.944	10.946	0.353	137.92	3.14	19.81	78.58	2.37	13.21	266.61	3.04	137.37	2.05	40.58	1.71	10.80	0.625
			10		17.167	13.476	0.353	166.87	3.12	24.24	94.65	2.35	16.12	333.63	3.12	172.48	2.13	49.10	1.69	13.12	0.622

续附表 A-2

角钢号数	尺寸(mm) B	b	d	r	截面面积 (cm²)	理论质量 (kg/m)	外表面积 (m²/m)	x—x I_x (cm⁴)	i_x (cm)	W_x (cm³)	y—y I_y (cm⁴)	i_y (cm)	W_y (cm³)	x_1—x_1 I_{x1} (cm⁴)	y_0 (cm)	y_1—y_1 I_{y1} (cm⁴)	x_0 (cm)	u—u I_u (cm⁴)	i_u (cm)	W_u (cm³)	tanα
11/7	110	70	6	10	10.637	8.350	0.354	133.37	3.54	17.85	42.92	2.01	7.90	265.78	3.53	69.08	1.57	25.36	1.54	6.53	0.403
			7		12.301	9.656	0.354	153.00	3.53	20.60	49.01	2.00	9.09	310.07	3.57	80.82	1.61	28.95	1.53	7.50	0.402
			8		13.944	10.946	0.353	172.04	3.51	23.30	54.87	1.98	10.25	354.39	3.62	92.70	1.65	32.45	1.53	8.45	0.401
			10		17.167	13.476	0.353	208.39	3.48	28.54	65.88	1.96	12.48	443.13	3.70	116.83	1.72	39.20	1.51	10.29	0.397
12.5/8	125	80	7	11	14.096	11.066	0.403	227.98	4.02	26.86	74.42	2.30	12.01	454.99	4.01	120.32	1.80	43.81	1.76	9.92	0.408
			8		15.989	12.551	0.403	256.77	4.01	30.41	83.49	2.28	13.56	519.99	4.06	137.85	1.84	49.15	1.75	11.18	0.407
			10		19.712	15.474	0.402	312.04	3.98	37.33	100.67	2.26	16.56	650.09	4.14	173.40	1.92	59.45	1.74	13.64	0.404
			12		23.351	18.330	0.402	364.41	3.95	44.01	116.67	2.24	19.43	780.39	4.22	209.67	2.00	69.35	1.72	16.01	0.400
14/9	140	90	8	12	18.038	14.160	0.453	365.64	4.50	38.48	120.69	2.59	17.34	730.53	4.50	195.79	2.04	70.83	1.98	14.31	0.411
			10		22.261	17.475	0.452	445.50	4.47	47.31	146.03	2.56	21.22	913.20	4.58	245.92	2.12	85.82	1.96	17.48	0.409
			12		26.400	20.724	0.451	512.59	4.44	55.87	169.79	2.54	24.95	1 096.09	4.66	296.89	2.19	100.21	1.95	20.54	0.406
			14		30.456	23.908	0.451	594.10	4.42	64.18	192.10	2.51	28.54	1 279.26	4.74	348.82	2.27	114.13	1.94	23.52	0.403
16/10	160	100	10	13	25.315	19.872	0.512	668.69	5.14	62.13	205.03	2.85	26.56	1 362.89	5.24	336.59	2.28	121.74	2.19	21.92	0.390
			12		30.054	23.592	0.511	784.91	5.11	73.49	239.06	2.82	31.28	1 635.56	5.32	405.94	2.36	142.33	2.17	25.79	0.388
			14		34.709	27.247	0.510	896.30	5.08	84.56	271.20	2.80	35.83	1 908.50	5.40	476.42	2.43	162.23	2.16	29.56	0.385
			16		39.281	30.835	0.510	1 003.04	5.05	95.33	301.60	2.77	40.24	2 181.79	5.48	548.22	2.51	182.57	2.16	33.44	0.382
18/11	180	110	10	14	28.373	22.273	0.571	956.25	5.80	78.96	278.11	3.13	32.49	1 940.40	5.89	447.22	2.44	166.50	2.42	26.88	0.376
			12		33.712	26.464	0.571	1 124.72	5.78	93.53	325.03	3.10	38.32	2 328.38	5.98	538.94	2.52	194.87	2.40	31.66	0.374
			14		38.967	30.589	0.570	1 286.91	5.75	107.76	369.55	3.08	43.97	2 716.60	6.06	631.95	2.59	222.30	2.39	36.32	0.372
			16		44.139	34.649	0.569	1 443.06	5.72	121.64	411.85	3.06	49.44	3 105.15	6.14	726.46	2.67	248.94	2.38	40.87	0.369
20/12.5	200	125	12	15	37.912	29.761	0.641	1 570.90	6.44	116.73	483.16	3.57	49.99	3 193.85	6.54	787.74	2.83	285.79	2.74	41.23	0.392
			14		43.867	34.436	0.640	1 800.97	6.41	134.65	550.83	3.54	57.44	3 726.17	6.62	922.47	2.91	326.58	2.73	47.34	0.390
			16		49.739	39.045	0.639	2 023.35	6.38	152.18	615.44	3.52	64.69	4 258.86	6.70	1 058.86	2.99	366.21	2.71	53.32	0.388
			18		55.526	43.588	0.639	2 238.30	6.35	169.33	677.19	3.49	71.74	4 792.00	6.78	1 197.13	3.06	404.83	2.70	59.18	0.385

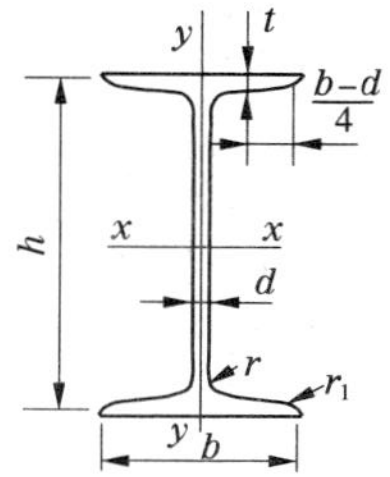

附表 A-3 热轧 I 型钢(GB/T 706—2008)

符号意义:

h——高度;　　r_1——腿端圆弧半径;

b——腿宽度;　　I——惯性矩;

d——腰厚度;　　W——截面系数;

t——平均腿宽度;　　i——惯性半径;

r——内圆弧半径;　　S——半截面的静矩

型号	尺寸(mm)						截面面积	理论质量	参考数值						
									x—x				y—y		
	h	b	d	t	r	r_1	(cm^2)	(kg/m)	I_x (cm^4)	W_x (cm^3)	i_x (cm)	$I_x:S_x$ (cm)	I_y (cm^4)	W_y (cm^3)	i_y (cm)
10	100	68	4.5	7.6	6.5	3.3	14.3	11.2	245.0	49	4.14	8.59	33	9.72	1.52
12.6	126	74	5	8.4	7	3.5	18.1	14.2	488.43	77.529	5.195	10.85	46.906	12.677	1.609
14	140	80	5.5	9.1	7.5	3.8	21.5	16.9	712	102	5.76	12	64.4	16.1	1.73
16	160	88	6	9.9	8	4	26.1	20.5	1 130	141	6.58	13.8	93.1	21.1	1.89
18	180	94	6.5	10.7	8.5	4.3	30.6	24.1	1 660	185	7.36	15.4	122	26	2
20a	200	100	7	11.4	9	4.5	35.5	27.9	2 370	237	8.15	17.2	158	31.5	2.12
20b	200	102	9	11.4	9	4.5	39.5	31.1	2 500	250	7.96	16.9	169	33.1	2.06
22a	220	110	7.5	12.3	9.5	4.8	42	33	3 400	309	8.99	18.9	225	40.9	2.31
22b	220	112	9.5	12.3	9.5	4.8	46.4	36.4	3 570	325	8.78	18.7	239	42.7	2.27
25a	250	116	8	13	10	5	48.5	38.1	5 023.54	401.88	10.18	21.58	280.046	43.283	2.403
25b	250	118	10	13	10	5	53.5	42	5 283.96	422.72	9.938	21.27	309.297	52.423	2.404
28a	280	122	8.5	13.7	10.5	5.3	55.45	43.4	7 114.14	508.15	11.32	24.62	345.051	56.565	2.495
28b	280	124	10.5	13.7	10.5	5.3	61.05	47.9	7 480	534.29	11.08	24.24	379.496	61.209	2.493
32a	320	130	9.5	15	11.5	5.8	67.05	52.7	11 075.5	692.2	12.84	27.46	459.93	70.758	2.619
32b	320	132	11.5	15	11.5	5.8	73.45	57.7	11 621.4	726.33	12.58	27.09	501.53	75.989	2.614
32c	320	134	13.5	15	11.5	5.8	79.95	62.8	12 167.5	760.47	12.34	26.77	543.81	81.166	2.608

注:截面图和表中标注的圆弧半径 r、r_1 的数据用于孔型设计,不作交货条件。

续附表 A-3

型号	尺寸(mm)						截面面积(cm^2)	理论质量(kg/m)	参考数值						
									x—x				y—y		
	h	b	d	t	r	r_1			I_x(cm^4)	W_x(cm^3)	i_x(cm)	$I_x:S_x$(cm)	I_y(cm^4)	W_y(cm^3)	i_y(cm)
36a	360	136	10	15.8	12	6	76.3	59.9	15 760	875	14.4	30.7	552	81.2	2.69
36b	360	138	12	15.8	12	6	83.5	65.6	16 530	919	14.1	30.3	582	84.3	2.64
36c	360	140	14	15.8	12	6	90.7	71.2	17 310	962	13.8	29.9	612	87.4	2.6
40a	400	142	10.5	16.5	12.5	6.3	86.1	67.6	21 720	1 090	15.9	34.1	660	93.2	2.77
40b	400	144	12.5	16.5	12.5	6.3	94.1	73.8	22 780	1 140	15.6	33.6	692	96.2	2.71
40c	400	146	14.5	16.5	12.5	6.3	102	80.1	23 850	1 190	15.2	33.2	727	99.6	2.65
45a	450	150	11.5	18	13.5	6.8	102	80.4	32 240	1 430	17.7	38.6	855	114	2.89
45b	450	152	13.5	18	13.5	6.8	111	87.4	33 760	1 500	17.4	38	894	118	2.84
45c	450	154	15.5	18	13.5	6.8	120	94.5	35 280	1 570	17.1	37.6	938	122	2.79
50a	500	158	12	20	14	7	119	93.6	46 470	1 860	19.7	42.8	1 120	142	3.07
50b	500	160	14	20	14	7	129	101	48 560	1 940	19.4	42.4	1 170	146	3.01
50c	500	162	16	20	14	7	139	109	50 640	2 080	19	41.8	1 220	151	2.96
56a	560	166	12.5	21	14.5	7.3	135.25	106.2	65 585.6	2 343.31	22.02	47.73	1 370.16	165.08	3.182
56b	560	168	14.5	21	14.5	7.3	146.45	115	68 512.5	2 446.69	21.63	47.17	1 486.75	174.25	3.162
56c	560	170	16.5	21	14.5	7.3	157.85	123.9	71 439.4	2 551.41	21.27	46.66	1 558.39	183.34	3.158
63a	630	176	13	22	15	7.5	154.9	121.6	93 916.2	2 981.47	24.62	54.17	1 700.55	193.24	3.314
63b	630	178	15	22	15	7.5	167.5	131.5	98 083.6	3 163.38	24.2	53.51	1 812.07	203.6	3.289
63c	630	180	17	22	15	7.5	180.1	141	102 251.1	3 298.42	23.82	52.92	1 924.91	213.88	3.268

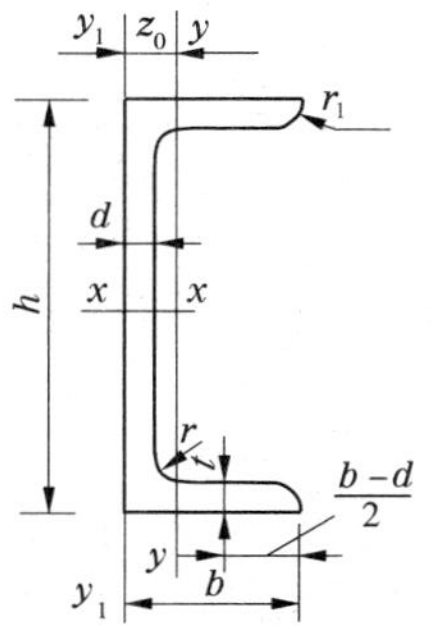

附表 A-4　热轧槽钢(GB/T 706—2008)

符号意义:

h——高度;　r_1——腿端圆弧半径;
b——腿宽度;　I——惯性矩;
d——腰厚度;　W——截面系数;
t——平均腿宽度;　i——惯性半径;
r——内圆弧半径;　z_0——y—y 轴与 y_1—y_1 轴的间距

型号	尺寸(mm)						截面面积(cm^2)	理论质量(kg/m)	参考数值							
									x—x			y—y			y_1—y_1	
	h	b	d	t	r	r_1			W_x(cm^3)	I_x(cm^4)	i_x(cm)	W_y(cm^3)	I_y(cm^4)	i_y(cm)	I_{y_1}(cm^4)	z_0(cm)
5	50	37	4.5	7	7	3.5	6.93	5.44	10.4	26	1.94	3.55	8.3	1.1	20.9	1.35
6.3	63	40	4.8	7.5	7.5	3.75	8.444	6.63	16.123	50.786	2.453	4.50	11.872	1.185	28.38	1.36
8	80	43	5	8	8	4	10.24	8.04	25.3	101.3	3.15	5.79	16.6	1.27	37.4	1.43
10	100	48	5.3	8.5	8.5	4.25	12.74	10	39.7	198.3	3.95	7.8	25.6	1.41	54.9	1.52
12.6	126	53	5.5	9	9	4.5	15.69	12.37	62.137	391.466	4.953	10.242	37.99	1.567	77.09	1.59
14a	140	58	6	9.5	9.5	4.75	18.51	14.53	80.5	563.7	5.52	13.01	53.2	1.7	107.1	1.71
14b	140	60	8	9.5	9.5	4.75	21.31	16.73	87.1	609.4	5.35	14.12	61.1	1.69	120.6	1.67
16a	160	63	6.5	10	10	5	21.95	17.23	108.3	866.2	6.28	16.3	73.3	1.83	144.1	1.8
16	160	65	8.5	10	10	5	25.15	19.74	116.8	934.5	6.1	17.55	83.4	1.82	160.8	1.75
18a	180	68	7	10.5	10.5	5.25	25.69	20.17	141.4	1 272.7	7.04	20.03	98.6	1.96	189.7	1.88
18	180	70	9	10.5	10.5	5.25	29.29	22.99	152.2	1 369.9	6.84	21.52	111	1.95	210.1	1.84
20a	200	73	7	11	11	5.5	28.83	22.63	178	1 780.4	7.86	24.2	128	2.11	244	2.01
20	200	75	9	11	11	5.5	32.83	25.77	191.4	1 913.7	7.64	25.88	143.6	2.09	268.4	1.95

注:截面图和表中标注的圆弧半径 r、r_1 的数据用于孔型设计,不作交货条件。

续附表 A-4

型号	尺寸(mm)						截面面积 (cm^2)	理论质量 (kg/m)	参考数值							
									$x—x$			$y—y$			$y_1—y_1$	z_0(cm)
	h	b	d	t	r	r_1			W_x (cm^3)	I_x (cm^4)	i_x (cm)	W_y (cm^3)	I_y (cm^4)	i_y (cm)	I_{y_1} (cm^4)	
22a	220	77	7	11.5	11.5	5.75	31.84	24.99	217.6	2 393.9	8.67	28.17	157.8	2.23	298.2	2.1
22	220	79	9	11.5	11.5	5.75	36.24	28.45	233.8	2 571.4	8.42	30.05	176.4	2.21	326.3	2.03
25a	250	78	7	12	12	6	34.91	27.47	269.597	3 369.62	9.823	30.607	175.529	2.243	322.256	2.065
25b	250	80	9	12	12	6	39.91	31.39	282.402	3 530.04	9.405	32.657	196.421	2.218	353.187	1.982
25c	250	82	11	12	12	6	44.91	35.32	295.236	3 690.45	9.065	35.926	218.415	2.206	384.133	1.921
28a	280	82	7.5	12.5	12.5	6.25	40.02	31.42	340.328	4 764.59	10.91	35.718	217.989	2.333	387.566	2.097
28b	280	84	9.5	12.5	12.5	6.25	45.62	35.81	366.460	5 130.45	10.60	37.929	242.144	2.304	427.589	2.016
28c	280	86	11.5	12.5	12.5	6.25	51.22	40.21	392.594	5 496.32	10.35	40.301	267.602	2.286	426.597	1.951
32a	320	88	8	14	14	7	48.7	38.22	474.879	7 598.06	12.49	46.473	304.787	2.502	552.31	2.242
32b	320	90	10	14	14	7	55.1	43.25	509.012	8 144.20	12.15	49.157	336.332	2.471	592.933	2.158
32c	320	92	12	14	14	7	61.5	48.28	543.145	8 690.33	11.88	52.642	374.175	2.467	643.299	2.092
36a	360	96	9	16	16	8	60.89	47.8	659.7	11 874.2	13.97	63.54	455	2.73	818.4	2.44
36b	360	98	11	16	16	8	68.09	53.45	702.9	12 651.8	13.63	66.85	496.7	2.7	880.4	2.37
36c	360	100	13	16	16	8	75.29	50.1	746.1	13 429.4	13.36	70.02	536.4	2.67	947.9	2.34
40a	400	100	10.5	18	18	9	75.05	58.91	878.9	17 577.9	15.30	78.83	592	2.81	1 067.7	2.49
40b	400	102	12.5	18	18	9	83.05	65.19	932.2	18 644.5	14.98	82.52	640	2.78	1 135.6	2.44
40c	400	104	14.5	18	18	9	91.05	71.47	985.6	19 711.2	14.71	86.19	687.8	2.75	1 220.7	2.42

附录 B　材料强度标准值、设计值及材料的弹性模量

附表 B-1　普通钢筋强度标准值　　（单位：N/mm²）

种类		符号	直径(mm)	f_{yk}
热轧钢筋	HPB235(Q235)	Φ	8～20	235
	HRB335(20MnSi)	Φ	6～50	335
	HRB400(20MnSiV、20MnSiNb、20MnTi)	Φ	6～50	400
	RRB400(K20MnSi)	$Φ^{R}$	8～40	400

注：1. 热轧钢筋直径是指公称直径。

2. 当采用直径大于 40 mm 的钢筋时，应有可靠的工程经验。

附表 B-2　普通钢筋强度设计值　　（单位：N/mm²）

种类		符号	f_y	f'_y
热轧钢筋	HPB235(Q235)	Φ	210	210
	HRB335(20MnSi)	Φ	300	300
	HRB400(20MnSiV、20MnSiNb、20MnTi)	Φ	360	360
	RRB400(K20MnSi)	$Φ^{R}$	360	360

注：在钢筋混凝土结构中，轴心受拉或小偏心受拉构件的钢筋抗拉强度设计值大于 300 N/mm² 时，仍应按 300 N/mm² 取用。

附表 B-3　预应力钢筋强度标准值

种类		符号	公称直径(mm)	f_{ptk}(N/mm²)
钢绞线	1×2	$Φ^{S}$	5、5.8	1 570、1 720、1 860、1 960
			8、10	1 470、1 570、1 720、1 860、1 960
			12	1 470、1 570、1 720、1 860
	1×3		6.2、6.5	1 570、1 720、1 860、1 960
			8.6	1 470、1 570、1 720、1 860、1 960
			8.74	1 570、1 670、1 860
			10.8、12.9	1 470、1 570、1 720、1 860、1 960
	1×3I		8.74	1 570、1 670、1 860
	1×7		9.5、11.1、12.7	1 720、1 860、1 960
			15.2	1 470、1 570、1 670、1 720、1 860、1 960
			15.7	1 770、1 860
			17.8	1 720、1 860
	(1×7)C		12.7	1 860
			15.2	1 820
			18.0	1 720

续附表 B-3

种类		符号	公称直径(mm)	f_{ptk}(N/mm²)
消除应力钢丝	光圆 螺旋肋	Φ^{P} Φ^{R}	4、4.8、5	1 470、1 570、1 670、1 860
			6、6.25、7	1 470、1 570、1 670、1 770
			8、9	1 470、1 570
			10、12	1 470
	刻痕	Φ^{I}	≤5	1 470、1 570、1 670、1 770、1 860
			>5	1 470、1 570、1 670、1 770
钢棒	螺旋槽	Φ^{HG}	7.1、9、10.7、12.6	1 080、1 230、1 420、1 570
	螺旋肋	Φ^{HR}	6、7、8、10、12、14	
螺纹钢筋	PSB785	Φ^{PS}	18、25、32、40、50	980
	PSB830			1 030
	PSB930			1 080
	PSB1080			1 230

注:1. 钢绞线直径 d 是指钢绞线外接圆直径,即《预应力混凝土用钢绞线》(GB/T 5224—2003)中的公称直径 D_n;钢丝、螺纹钢筋及钢棒的直径 d 均指公称直径。

2. 1×3I 为三根刻痕钢丝捻制的钢绞线,(1×7)C 为七根钢丝捻制又经模拔的钢绞线。

3. 根据国家标准,同一规格的钢丝有不同的强度级别,因此表中对同一规格的钢丝列出了相应的 f_{ptk} 值,在设计中可自行选用。

附表 B-4　预应力钢筋强度设计值　(单位:N/mm²)

种类		符号	f_{ptk}	f_{py}	f'_{py}
钢绞线	1×2 1×3 1×3I 1×7 (1×7)C	Φ^{S}	1 470	1 040	390
			1 570	1 110	
			1 670	1 180	
			1 720	1 220	
			1 770	1 250	
			1 820	1 290	
			1 860	1 320	
			1 960	1 380	
消除应力钢丝	光圆 螺旋肋 刻痕	Φ^{P} Φ^{R} Φ^{I}	1 470	1 040	410
			1 570	1 110	
			1 670	1 180	
			1 770	1 250	
			1 860	1 320	

续附表 B-4 （单位：N/mm²）

种类		符号	f_{ptk}	f_{py}	f'_{py}
钢棒	光圆	Φ^{P}	1 080	760	400
	螺旋槽	Φ^{HG}	1 230	870	
	螺旋肋	Φ^{HR}	1 420	1 005	
	带肋	Φ^{R}	1 570	1 110	
螺纹钢筋	PSB785	Φ^{PS}	980	650	400
	PSB830		1 030	685	
	PSB930		1 080	720	
	PSB1080		1 230	820	

注：当预应力钢绞线、钢丝的强度标准值不符合表中的规定时，其强度设计值应进行换算。

附表 B-5 钢筋弹性模量 E_s （单位：N/mm²）

钢筋种类	E_s
HPB235 级钢筋	2.1×10^5
HRB335 级钢筋、HRB400 级钢筋、RRB400 级钢筋	2.0×10^5
消除应力钢丝（光圆钢丝、螺旋肋钢丝、刻痕钢丝）	2.05×10^5
钢绞线	1.95×10^5
钢棒（光圆钢棒、螺旋肋钢棒、带肋钢棒）、螺纹钢筋	2.0×10^5

注：必要时钢绞线可采用实测的弹性模量。

附表 B-6 混凝土强度标准值 （单位：N/mm²）

强度种类	符号	混凝土强度等级									
		C15	C20	C25	C30	C35	C40	C45	C50	C55	C60
轴心受压	f_{ck}	10.0	13.4	16.7	20.1	23.4	26.8	29.6	32.4	35.5	38.5
轴心受拉	f_{tk}	1.27	1.54	1.78	2.01	2.20	2.39	2.51	2.64	2.74	2.85

附表 B-7 混凝土强度设计值 （单位：N/mm²）

强度种类	符号	混凝土强度等级									
		C15	C20	C25	C30	C35	C40	C45	C50	C55	C60
轴心抗压	f_c	7.2	9.6	11.9	14.3	16.7	19.1	21.1	23.1	25.3	27.5
轴心抗拉	f_t	0.91	1.10	1.27	1.43	1.57	1.71	1.80	1.89	1.96	2.04

注：计算现浇钢筋混凝土轴心受压和偏心受压构件时，如截面的长边或直径小于 300 mm，则表中的混凝土强度设计值应乘以系数 0.8；当构件质量（如混凝土成型、截面和轴线尺寸等）确有保证时，可不受此限制。

附表 B-8　混凝土弹性模量 E_c　　（单位：$\times 10^4$ N/mm^2）

混凝土强度等级	C15	C20	C25	C30	C35	C40	C45	C50	C55	C60
E_c	2.20	2.55	2.80	3.00	3.15	3.25	3.35	3.45	3.55	3.60

附录C　钢筋的截面面积及公称质量

附表C-1　钢筋的公称直径、公称截面面积及公称质量

公称直径(mm)	不同根数钢筋的公称截面面积(mm²)									单根钢筋公称质量(kg/m)
	1	2	3	4	5	6	7	8	9	
6	28.3	57	85	113	142	170	198	226	255	0.222
6.5	33.2	66	100	133	166	199	232	265	299	0.260
8	50.3	101	151	201	252	302	352	402	453	0.395
10	78.5	157	236	314	393	471	550	628	707	0.617
12	113.1	226	339	452	565	678	791	904	1 017	0.888
14	153.9	308	461	615	769	923	1 077	1 231	1 385	1.210
16	201.1	402	603	804	1 005	1 206	1 407	1 608	1 809	1.580
18	254.5	509	763	1 017	1 272	1 527	1 781	2 036	2 290	2.000
20	314.2	628	942	1 256	1 570	1 884	2 199	2 513	2 827	2.470
22	380.1	760	1 140	1 520	1 900	2 281	2 661	3 041	3 421	2.980
25	490.9	982	1 473	1 964	2 454	2 945	3 436	3 927	4 418	3.850
28	615.8	1 232	1 847	2 463	3 079	3 695	4 310	4 926	5 542	4.830
32	804.2	1 609	2 413	3 217	4 021	4 826	5 630	6 434	7 238	6.310
36	1 017.9	2 036	3 054	4 072	5 089	6 107	7 125	8 143	9 161	7.990
40	1 256.6	2 513	3 770	5 027	6 283	7 540	8 796	10 053	11 310	9.870
50	1 964.0	3 928	5 892	7 856	9 820	11 784	13 748	15 712	17 676	15.420

附表 C-2　每米板宽各种钢筋间距时的钢筋截面面积

钢筋间距(mm)	钢筋直径(mm)为下列数值时的钢筋截面面积(mm^2)															
	6	6/8	8	8/10	10	10/12	12	12/14	14	14/16	16	16/18	18	20	22	25
70	404	561	718	920	1 122	1 369	1 616	1 907	2 199	2 536	2 872	3 254	3 635	4 488	5 430	7 012
75	377	524	670	859	1 047	1 278	1 508	1 708	2 053	2 367	2 681	3 037	3 393	4 189	5 068	6 545
80	353	491	628	805	982	1 198	1 414	1 669	1 924	2 218	2 513	2 847	3 181	3 927	4 752	6 136
85	333	462	591	758	924	1 127	1 331	1 571	1 811	2 088	2 365	2 680	2 994	3 696	4 472	5 775
90	314	436	559	716	873	1 065	1 257	1 484	1 710	1 972	2 234	2 531	2 827	3 491	4 224	5 454
95	298	413	529	678	827	1 009	1 190	1 405	1 620	1 868	2 116	2 398	2 679	3 307	4 001	5 167
100	283	393	503	644	785	958	1 131	1 335	1 539	1 775	2 011	2 278	2 545	3 142	3 801	4 909
110	257	357	457	585	714	871	1 028	1 214	1 399	1 614	1 828	2 071	2 313	2 856	3 456	4 462
120	236	327	419	537	654	798	942	1 113	1 283	1 480	1 676	1 899	2 121	2 618	3 168	4 091
125	226	314	402	515	628	767	905	1 068	1 232	1 420	1 608	1 822	2 036	2 513	3 041	3 927
130	217	302	387	495	604	737	870	1 027	1 184	1 366	1 547	1 752	1 957	2 417	2 924	3 776
140	202	280	359	460	561	684	808	954	1 100	1 268	1 436	1 627	1 818	2 244	2 715	3 506
150	188	262	335	429	524	639	754	890	1 026	1 183	1 340	1 518	1 696	2 094	2 534	3 272
160	177	245	314	403	491	599	707	834	962	1 110	1 257	1 424	1 590	1 963	2 376	3 068
170	166	231	296	379	462	564	665	785	906	1 044	1 183	1 340	1 497	1 848	2 236	2 887
180	157	218	279	358	436	532	628	742	855	985	1 117	1 266	1 414	1 745	2 112	2 727
190	149	207	265	339	413	504	595	703	810	934	1 058	1 199	1 339	1 653	2 001	2 584
200	141	196	251	322	393	479	565	668	770	888	1 005	1 139	1 272	1 571	1 901	2 454
220	129	178	228	293	357	436	514	607	700	807	914	1 036	1 157	1 428	1 728	2 231
240	118	164	209	268	327	399	471	556	641	740	838	949	1 060	1 309	1 584	2 045
250	113	157	201	258	314	383	452	534	616	710	804	911	1 018	1 257	1 521	1 963
260	109	151	193	248	302	369	435	514	592	682	773	858	979	1 208	1 462	1 888
280	101	140	180	230	280	342	404	477	550	634	718	814	909	1 122	1 358	1 753
300	94	131	168	215	262	319	377	445	513	592	670	759	848	1 047	1 267	1 636
320	88	123	157	201	245	299	353	417	481	554	630	713	795	982	1 188	1 534
330	86	119	152	195	238	290	343	405	466	538	609	690	771	952	1 152	1 487

附录 D 钢筋混凝土常用构造规定

附表 D-1 混凝土保护层最小厚度 (单位:mm)

项次	构件类别	环境类别				
		一	二	三	四	五
1	板、墙	20	25	30	45	50
2	梁、柱、墩	30	35	45	55	60
3	截面厚度不小于 2.5 m 的底板及墩墙		40	50	60	65

注:1. 直接与地基接触的结构底层钢筋或无检修条件的结构,保护层厚度应适当加大。
2. 有抗冲耐磨要求的结构面层钢筋,保护层厚度应适当加大。
3. 混凝土强度等级不低于 C30 且浇筑质量有保证的预制构件或薄板,保护层厚度可按表中数值减小 5 mm。
4. 钢筋表面涂塑或结构外表面敷设永久性涂料或面层时,保护层厚度可适当减小。
5. 严寒和寒冷地区受冰冻的部位,保护层厚度还应符合《水工建筑物抗冰冻设计规范》(SL 211—2006)的规定。

附表 D-2 钢筋混凝土构件纵向受力钢筋的最小配筋率 ρ_{min} (%)

项次	分类	钢筋等级		
		HPB235	HRB335	HRB400、RRB400
1	受弯构件、偏心受拉构件的受拉钢筋			
	梁	0.25	0.20	0.20
	板	0.20	0.15	0.15
2	轴心受压柱的全部纵向钢筋	0.60	0.60	0.55
3	偏心受压构件的受拉或受压钢筋			
	柱、肋拱	0.25	0.20	0.20
	墩墙、板、板拱	0.20	0.15	0.15

注:1. 项次 1、3 中的配筋率是指钢筋截面面积与构件肋宽乘以有效高度的混凝土截面面积的比值,即 $\rho=\frac{A_s}{bh_0}$ 或 $\rho'=\frac{A'_s}{bh_0}$;项次 2 中的配筋率是指全部纵向钢筋截面面积与柱截面面积的比值。
2. 温度、收缩等因素对结构产生的影响较大时,纵向受拉钢筋的最小配筋率应适当增大。
3. 当结构有抗震设防要求时,钢筋混凝土框架结构构件的最小配筋率应按 SL 191—2008 第 13 章有关规定取值。

附表 D-3　结构构件的裂缝控制等级及最大裂缝宽度限值 w_{lim}

环境类别	钢筋混凝土结构	预应力混凝土结构	
	w_{lim}(mm)	裂缝控制等级	w_{lim}(mm)
一	0.40	三	0.20
二	0.30	二	—
三	0.25	一	—
四	0.20	一	—
五	0.15	一	—

注:1. 表中的规定适用于采用热轧钢筋的钢筋混凝土结构和采用预应力钢丝、钢绞线、螺纹钢筋及钢棒的预应力混凝土结构;当采用其他类别的钢筋时,其裂缝控制要求可按专门标准确定。
2. 结构构件的混凝土保护层厚度大于 50 mm 时,表列裂缝宽度限值可增加 0.05。
3. 当结构构件不具备检修维护条件时,表列最大裂缝宽度限值宜适当减小。
4. 当结构构件承受水压且水力梯度 $i>20$ 时,表列最大裂缝宽度限值宜减小 0.05。
5. 结构构件表面设有专门可靠的防渗面层等防护措施时,最大裂缝宽度限值可适当加大。
6. 对严寒地区,当年冻融循环次数大于 100 时,表列最大裂缝宽度限值宜适当减小。

附表 D-4　截面抵抗矩的塑性系数 γ_m 值

项次	截面特征		γ_m	截面图形
1	矩形截面		1.55	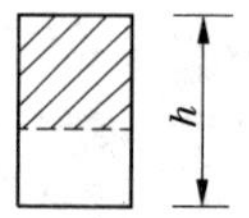
2	翼缘位于受压区的 T 形截面		1.50	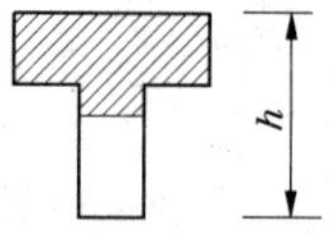
3	对称 I 形或箱形截面	$b_f/b\leqslant 2$,h_f/h 为任意值	1.45	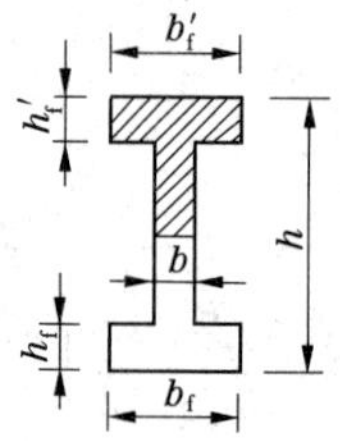
		$b_f/b>2$,$h_f/h\geqslant 0.2$	1.40	
		$b_f/b>2$,$h_f/h<0.2$	1.35	

续附表 D-4

项次	截面特征		γ_m	截面图形
4	翼缘位于受拉区的倒T形截面	$b_f/b\leq2, h_f/h$ 为任意值	1.50	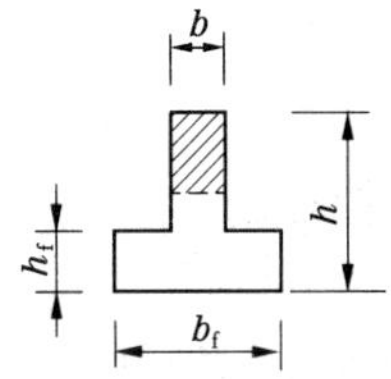
		$b_f/b>2, h_f/h\geq0.2$	1.55	
		$b_f/b>2, h_f/h<0.2$	1.40	
5	圆形或环形截面		$(1.6\sim0.24)d_1/d$	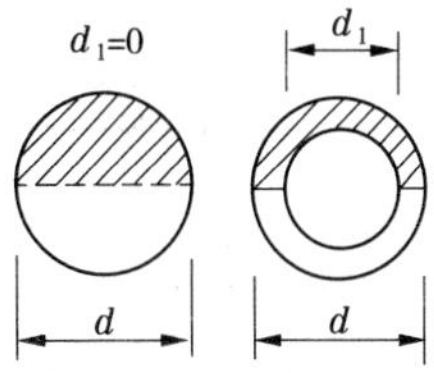
6	U 形截面		1.35	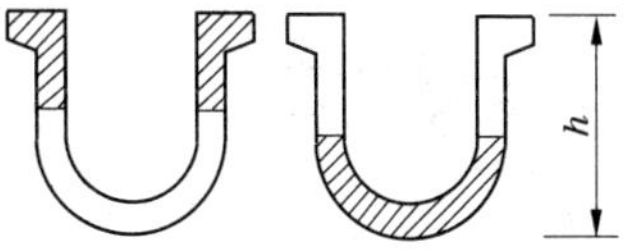

注：1. 对 $b_f'>b_f$ 的 I 形截面，可按项次 2 与项次 3 之间的数值采用；对 $b_f'<b_f$ 的 I 形截面，可按项次 3 与项次 4 之间的数值采用。

2. 根据 h 值的不同，表内数值尚应乘以 $(0.7+300/h)$，其值应不大于 1.1，式中 h 以 mm 计，当 $h>3\ 000$ mm 时，取 $h=3\ 000$ mm，对圆形和环形截面，h 即外径 d。

3. 对于箱形截面，表中 b 值是指各肋宽度的总和。

附表 D-5　受弯构件的挠度限值

项次	构件类型	挠度限值
1	吊车梁： 手动吊车 电动吊车	 $l_0/500$ $l_0/600$
2	渡槽槽身、架空管道： 当 $l_0<10$ m 时 当 $l_0>10$ m 时	 $l_0/400$ $l_0/500(l_0/600)$
3	工作桥及启闭机下大梁	$l_0/400(l_0/500)$
4	屋盖、楼盖： 当 $l_0\leq6$ m 时 当 6 m $<l_0<12$ m 时 当 $l_0>12$ m 时	 $l_0/200(l_0/250)$ $l_0/300(l_0/350)$ $l_0/400(l_0/450)$

注：1. 表中 l_0 为构件的计算跨度。

2. 表中括号内的数字适用于使用上对挠度有较高要求的构件。

3. 若构件制作时预先起拱，则在验算最大挠度值时，可将计算所得的挠度值减去起拱值；对预应力混凝土构件尚可减去预加应力所产生的反拱值。

4. 悬臂构件的挠度限值按表中相应数值乘 2 取用。

附录 E 等跨等截面连续梁在常用荷载作用下的内力系数表

梁内力按如下公式计算：

1. 在均布荷载及三角形荷载作用下：$M = \alpha_1 g l_0^2 + \alpha_2 q l_0^2$，　$V = \beta_1 g l_n + \beta_2 q l_n$

2. 在集中荷载作用下：$M = \alpha_1 G l_0 + \alpha_2 Q l_0$，　$V = \beta_1 G + \beta_2 Q$

内力正负号规定如下：M—使截面下部受拉、上部受压为正；V—对邻近所产生的力矩沿顺时针方向者为正。

附表 E-1　两跨梁内力系数

荷载图	跨内最大弯矩		支座弯矩	剪力		
	M_1	M_2	M_B	V_B	V_{Bl} V_{Br}	V_C
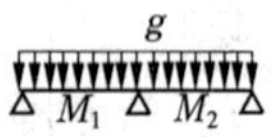	0.070	0.070	−0.125	0.375	−0.625 0.625	−0.375
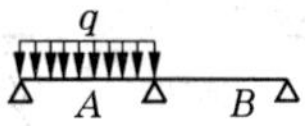	0.096	—	−0.063	0.437	−0.563 0.063	0.063
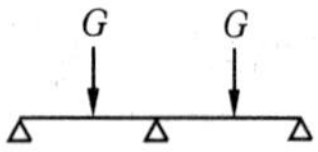	0.156	0.156	−0.188	0.312	−0.688 0.688	−0.312
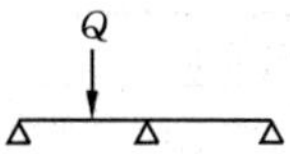	0.203	−0.047	−0.094	0.406	−0.594 0.094	0.094
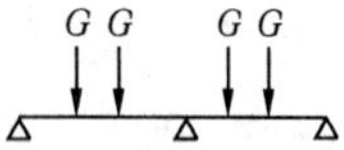	0.222	0.222	−0.333	0.667	−1.334 1.334	−0.667
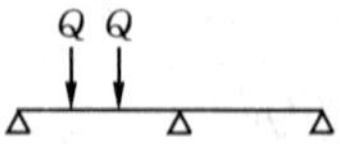	0.278	−0.056	−0.167	0.833	−1.167 0.167	0.167
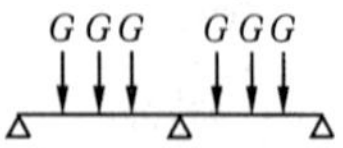	0.266	0.266	−0.469	1.042	−1.958 1.958	−1.042
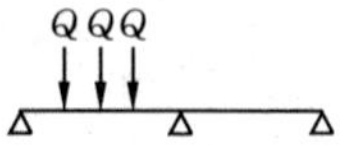	0.383	−0.117	−0.234	1.266	−1.734 0.234	0.234

附表 E-2 三跨梁内力系数

荷载图	跨内最大弯矩		支座弯矩		剪力			
	M_1	M_2	M_B	M_C	V_A	V_{Bl} V_{Br}	V_{Cl} V_{Cr}	V_D
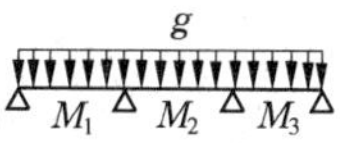	0.080	0.025	-0.100	-0.100	0.400	-0.600 0.500	-0.500 0.600	-0.400
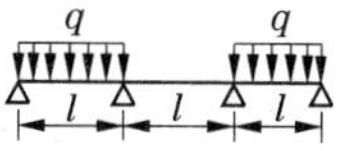	0.101	-0.050	-0.050	-0.050	0.450	-0.550 0	0 0.550	-0.450
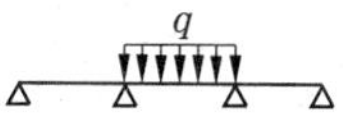	-0.025	0.075	-0.050	-0.050	-0.050	-0.050 0.500	-0.500 0.050	0.050
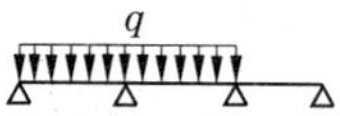	0.073	0.054	-0.117	-0.033	0.383	-0.617 0.583	-0.417 0.033	0.033
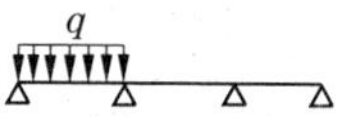	0.094	—	-0.067	0.017	0.433	-0.567 0.083	0.083 -0.017	-0.017
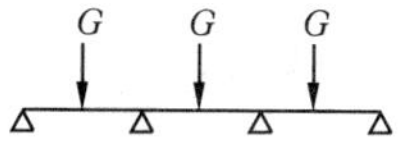	0.175	0.100	-0.150	-0.150	0.350	-0.650 0.500	-0.500 0.650	-0.350
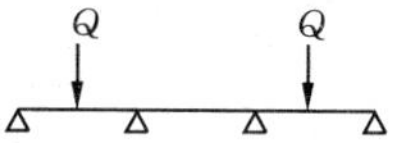	0.213	-0.075	-0.075	-0.075	0.425	-0.575 0	0 0.575	-0.425
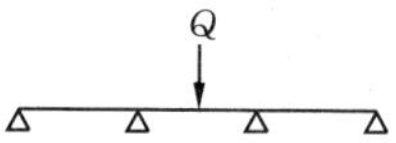	-0.038	-0.175	-0.075	-0.075	-0.075	-0.075 0.500	-0.500 0.075	0.075
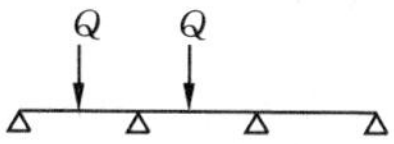	0.162	0.137	-0.175	-0.050	0.325	-0.675 0.625	-0.375 0.050	0.050
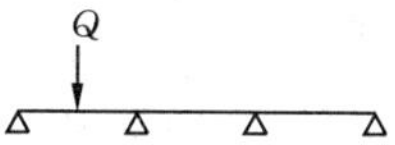	0.200	—	-0.100	0.025	0.400	-0.600 0.125	0.125 -0.025	-0.025
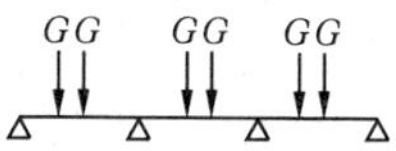	0.244	0.067	-0.267	-0.267	0.733	-1.267 1.000	-1.000 1.267	-0.733

续附表 E-2

荷载图	跨内最大弯矩		支座弯矩		剪力			
	M_1	M_2	M_B	M_C	V_A	V_{Bl} V_{Br}	V_{Cl} V_{Cr}	V_D
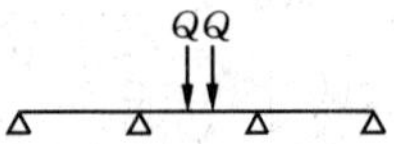	-0. 044	0. 200	-0. 133	-0. 133	-0. 133	-0. 133 1. 000	-1. 000 10. 133	0. 133
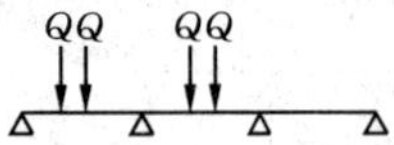	0. 229	0. 170	-0. 311	-0. 089	0. 689	-1. 311 1. 222	-0. 778 0. 089	0. 089
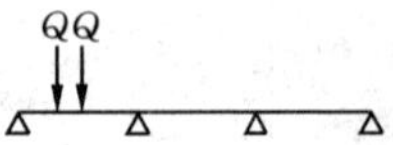	0. 274	—	-0. 178	0. 044	0. 822	-1. 178 0. 222	0. 222 -0. 044	-0. 044
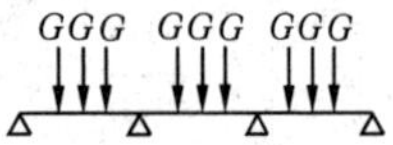	0. 313	0. 125	-0. 375	-0. 375	1. 125	-1. 875 1. 500	-1. 500 1. 875	-1. 125
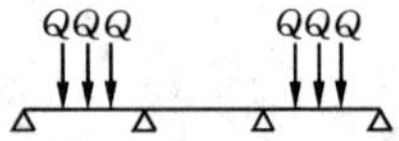	0. 406	-0. 188	-0. 188	-0. 188	1. 313	-1. 688 0	0 1. 688	-1. 313
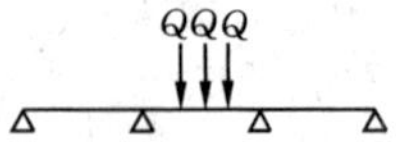	-0. 094	0. 313	-0. 188	-0. 188	-0. 188	-0. 188 1. 500	-1. 500 0. 188	0. 188
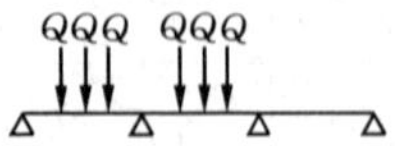	—	—	-0. 437	-0. 125	1. 063	-1. 938 1. 812	-1. 188 0. 125	0. 125
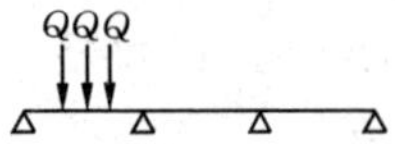	—	—	-0. 250	0. 062	1. 250	-1. 750 0. 312	0. 312 -0. 062	-0. 062

附表 E-3　四跨梁内力系数

荷载图	跨内最大弯矩				支座弯矩			剪力				
	M_1	M_2	M_3	M_4	M_B	M_C	M_D	V_A	V_{Bl} V_{Br}	V_{Cl} V_{Cr}	V_{Dl} V_{Dr}	V_E
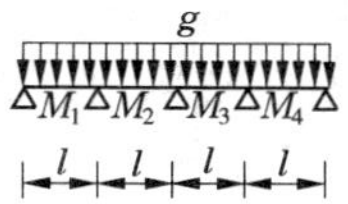	0.077	0.036	0.036	0.077	-0.107	-0.071	-0.107	0.393	-0.067 0.536	-0.464 0.464	-0.536 0.607	-0.393
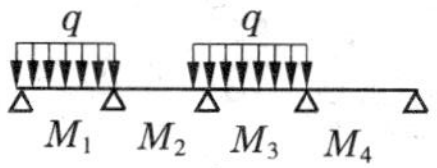	0.100	—	0.081	-0.023	-0.054	-0.036	-0.054	0.446	-0.554 0.018	0.018 0.482	-0.518 0.054	0.054
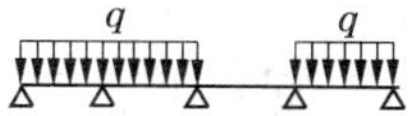	0.072	0.061	—	0.098	-0.121	-0.018	-0.058	0.380	-0.620 0.603	-0.397 -0.040	-0.040 0.558	-0.442
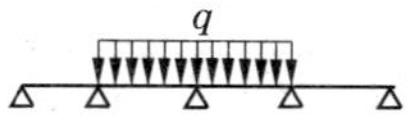	—	0.056	0.056	—	-0.036	-0.107	-0.036	-0.036	-0.036 0.429	-0.571 0.571	-0.429 0.036	0.036
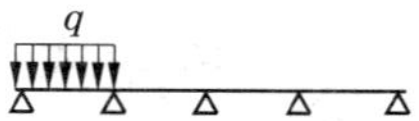	0.094	—	—	—	-0.067	0.018	-0.004	0.433	-0.567 0.085	0.085 -0.022	-0.022 0.004	0.004
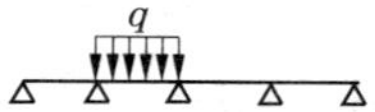	—	0.074	—	—	-0.049	-0.054	0.013	-0.049	-0.049 0.496	-0.504 0.067	0.067 -0.013	-0.013
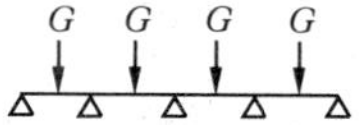	0.169	0.116	0.116	0.169	-0.161	-0.107	-0.161	0.339	-0.661 0.554	-0.446 0.446	-0.554 0.661	-0.339

续附表 E-3

荷载图	跨内最大弯矩				支座弯矩			剪力				
	M_1	M_2	M_3	M_4	M_B	M_C	M_D	V_A	V_{Bl} V_{Br}	V_{Cl} V_{Cr}	V_{Dl} V_{Dr}	V_E
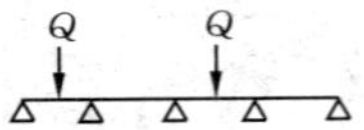	0.210	-0.067	0.183	-0.040	-0.080	-0.054	-0.080	0.420	-0.580 0.027	0.027 0.473	-0.527 0.080	0.080
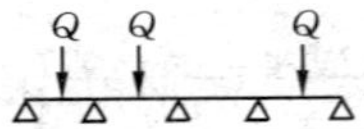	0.159	0.146	—	0.206	-0.181	-0.027	-0.087	0.319	-0.681 0.654	-0.346 -0.060	-0.060 0.587	-0.413
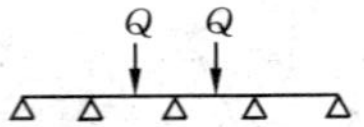	—	0.142	0.142	—	-0.054	-0.161	-0.054	-0.054	-0.054 0.393	-0.607 0.607	-0.393 0.054	0.054
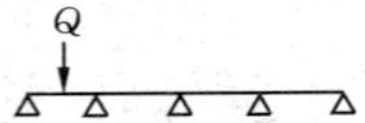	0.200	—	—	—	-0.100	0.027	-0.007	0.400	-0.600 0.127	0.127 -0.033	-0.033 0.007	0.007
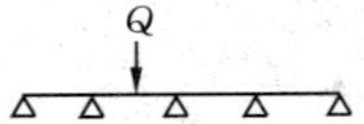	—	0.173	—	—	-0.074	-0.080	0.020	-0.074	-0.074 0.493	-0.507 0.100	0.100 -0.020	-0.020
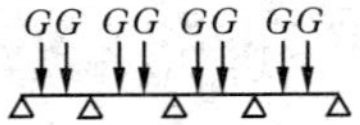	0.238	0.111	0.111	0.238	-0.286	-0.191	-0.286	0.714	-1.286 1.095	-0.905 0.905	-1.095 1.286	-0.714
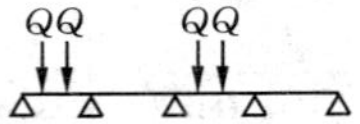	0.286	-0.111	-0.222	-0.048	-0.143	-0.095	-0.143	0.857	-1.143 0.048	0.048 0.952	-1.048 0.143	0.143
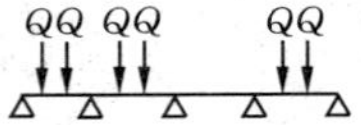	0.226	0.194	—	0.282	-0.321	-0.048	-0.155	0.679	-1.321 1.274	-0.726 -0.107	-0.107 1.155	-0.845

续附表 E-3

荷载图	跨内最大弯矩				支座弯矩			剪力				
	M_1	M_2	M_3	M_4	M_B	M_C	M_D	V_A	V_{Bl} V_{Br}	V_{Cl} V_{Cr}	V_{Dl} V_{Dr}	V_E
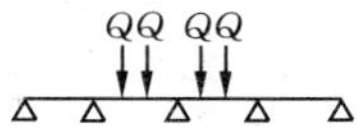	—	0.175	0.175	—	−0.095	−0.286	−0.095	−0.095	−0.095 0.810	−1.190 1.190	−0.810 0.095	0.095
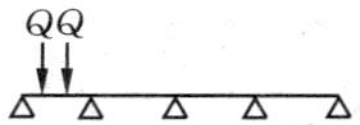	0.274	—	—	—	−0.178	0.048	−0.012	0.821	−1.178 0.226	0.226 −0.060	−0.060 0.012	0.012
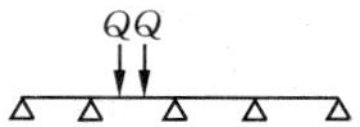	—	0.198	—	—	−0.131	−0.143	0.036	−0.131	−0.131 0.988	−1.012 0.178	0.178 −0.036	−0.036
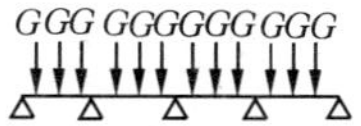	0.299	0.165	0.165	0.299	−0.402	−0.268	−0.402	1.098	−1.902 1.634	−1.336 1.336	−1.634 1.902	−1.098
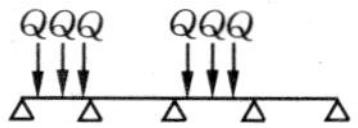	0.400	−0.167	0.333	−0.101	−0.201	−0.134	−0.201	1.299	−1.701 0.067	0.067 1.433	−1.567 0.201	−0.201
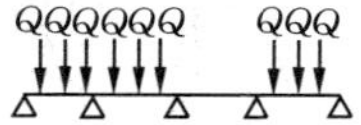	—	—	—	—	−0.452	−0.067	−0.218	1.048	−1.952 1.885	−1.115 −0.151	−0.151 1.718	1.282
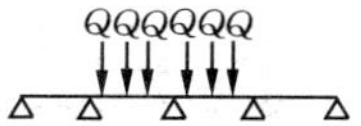	—	—	—	—	−0.134	−0.402	−0.134	−0.134	−0.134 1.232	1.232 −1.768	−1.232 0.134	0.134
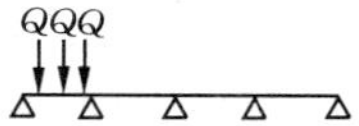	—	—	—	—	−0.251	0.067	−0.017	1.249	−1.751 0.318	0.318 0.318	−0.084 0.017	0.017
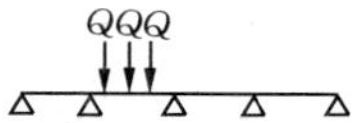	—	—	—	—	−0.184	−0.201	0.050	−0.184	−0.184 1.483	−1.517 0.251	0.251 −0.050	−0.050

附表 E-4　五跨梁内力系数

荷载图	跨内最大弯矩			支座弯矩				剪力					
	M_1	M_2	M_3	M_B	M_C	M_D	M_E	V_A	V_{Bl} V_{Br}	V_{Cl} V_{Cr}	V_{Dl} V_{Dr}	V_{El} V_{Er}	V_F
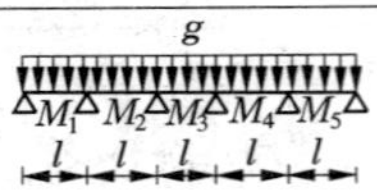	0.078	0.033	0.046	-0.105	-0.079	-0.079	-0.105	0.395	-0.606 0.526	-0.474 0.500	-0.500 0.474	-0.526 0.606	-0.395
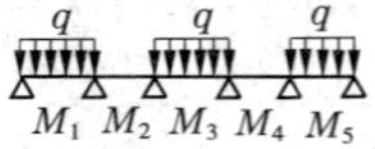	0.100	-0.046	0.085	-0.053	-0.040	-0.040	0.053	0.447	-0.553 0.013	0.013 0.500	-0.500 -0.013	-0.013 0.553	-0.447
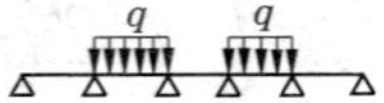	-0.026	0.079	-0.040	-0.053	-0.040	-0.040	-0.053	-0.053	-0.053 0.513	-0.487 0	0 0.487	-0.513 0.053	0.053
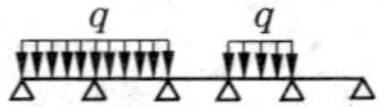	0.073	②0.059 0.078	—	-0.119	-0.022	-0.044	-0.051	0.380	-0.620 0.598	-0.402 -0.023	-0.023 0.493	-0.507 0.052	0.052
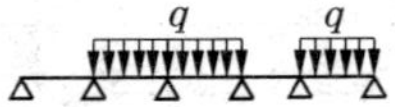	①— 0.098	0.064	-0.035	-0.011	-0.020	-0.057	-0.035	-0.035 0.424	-0.576 0.591	-0.409 -0.037	-0.037 0.557	-0.433	
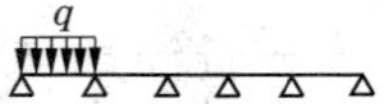	0.094	—	—	-0.067	-0.018	-0.005	0.001	0.433	-0.567 0.085	0.085 -0.023	-0.023 0.006	0.006 -0.001	-0.001
	—	0.074	—	-0.049	-0.054	-0.014	-0.004	-0.049	-0.049 0.495	-0.505 0.068	0.068 -0.018	-0.018 0.004	0.004

注:①分子及分母分别代表 M_1 和 M_5 的弯矩系数;②分子及分母分别代表 M_2 和 M_4 的弯矩系数。

续附表 E-4

荷载图	跨内最大弯矩			支座弯矩				剪力					
	M_1	M_2	M_3	M_B	M_C	M_D	M_E	V_A	V_{Bl} V_{Br}	V_{Cl} V_{Cr}	V_{Dl} V_{Dr}	V_{El} V_{Er}	V_F
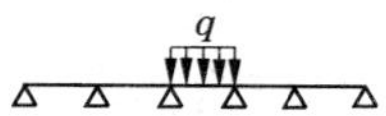	—	—	0.072	0.013	−0.053	−0.053	0.013	0.013	0.013 −0.066	−0.066 0.500	−0.500 0.066	0.066 −0.013	−0.013
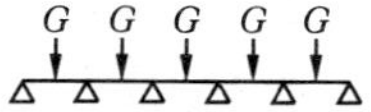	0.171	0.112	0.132	−0.158	−0.118	−0.118	−0.158	0.342	−0.658 0.540	−0.460 0.500	−0.500 0.460	−0.540 0.658	−0.342
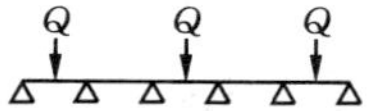	0.211	−0.069	0.191	−0.079	−0.059	−0.059	−0.079	0.421	−0.579 0.020	0.020 0.500	−0.500 −0.020	−0.020 0.579	−0.421
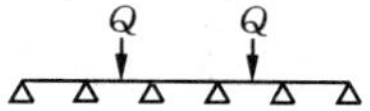	−0.039	0.181	−0.059	−0.079	−0.059	−0.059	−0.079	−0.079	−0.079 0.520	−0.480 0.000	0 0.480	−0.520 0.079	0.079
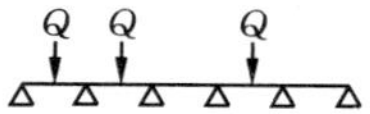	0.160	②0.144 0.178	—	−0.179	−0.032	−0.066	−0.077	0.321	−0.679 0.647	−0.353 −0.034	−0.034 0.489	−0.511 0.077	0.077
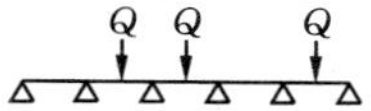	①— 0.207	0.140	0.151	−0.052	−0.167	−0.031	−0.086	−0.052	−0.052 0.385	−0.615 0.637	−0.363 −0.056	−0.056 0.586	−0.414
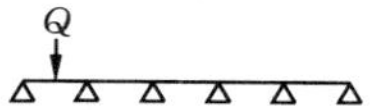	0.200	—	—	−0.100	0.027	−0.007	0.002	0.400	−0.600 0.127	0.127 −0.034	−0.034 0.009	0.009 −0.002	−0.002
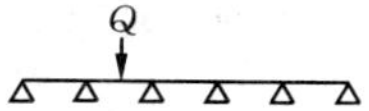	—	0.173	—	−0.073	−0.081	0.022	−0.005	−0.073	−0.073 0.493	−0.507 0.102	0.102 −0.027	−0.027 0.005	0.005

续附表 E-4

荷载图	跨内最大弯矩			支座弯矩				剪力					
	M_1	M_2	M_3	M_B	M_C	M_D	M_E	V_A	V_{Bl} V_{Br}	V_{Cl} V_{Cr}	V_{Dl} V_{Dr}	V_{El} V_{Er}	V_F
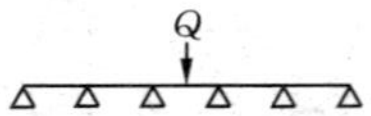	—	—	0.171	0.020	-0.079	-0.079	0.020	0.020	0.020 -0.099	-0.099 0.500	-0.500 0.099	0.099 -0.020	-0.020
	0.240	0.100	0.122	-0.281	-0.211	-0.211	-0.281	0.719	-1.281 1.070	-0.930 1.000	-0.100 0.930	-1.070 1.281	-0.719
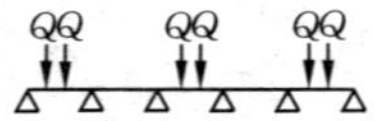	0.287	-0.117	0.228	-0.140	-0.105	-0.105	-0.140	0.860	-1.140 0.035	0.035 1.000	-1.000 -0.035	-0.035 1.140	-0.860
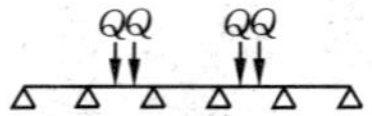	-0.047	0.216	-0.105	-0.140	-0.105	-0.105	-0.140	-0.140	-0.140 1.035	-0.965 0.000	0.000 0.965	-1.035 0.140	0.140
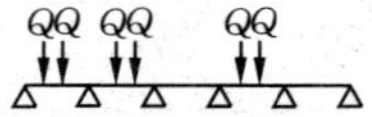	0.227	②0.189 0.209	—	-0.319	-0.057	-0.118	-0.137	0.681	-1.319 1.262	-0.738 -0.061	-0.061 0.981	-1.019 0.137	0.137
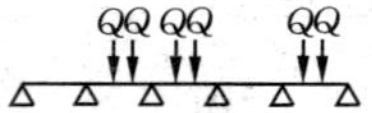	①— 0.282	0.172	0.198	-0.093	-0.297	-0.054	-0.153	-0.093	-0.093 0.766	-1.204 1.243	-0.757 -0.099	-0.099 1.153	-0.847
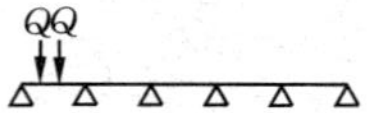	0.274	—	—	-0.179	0.048	-0.013	0.003	0.821	-1.179 0.227	0.227 -0.061	-0.061 0.016	0.016 -0.003	-0.003
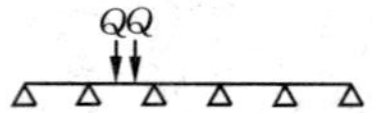	—	0.198	—	-0.131	-0.144	0.038	-0.010	-0.131	-0.131 0.987	-1.013 0.182	0.182 -0.048	-0.048 0.010	0.010

续附表 E-4

荷载图	跨内最大弯矩			支座弯矩				剪力					
	M_1	M_2	M_3	M_B	M_C	M_D	M_E	V_A	V_{Bl} V_{Br}	V_{Cl} V_{Cr}	V_{Dl} V_{Dr}	V_{El} V_{Er}	V_F
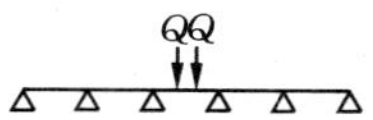	—	—	0.193	0.035	-0.140	-0.140	0.035	0.035	0.035 -0.175	-0.175 1.000	-1.000 0.175	0.175 -0.035	-0.035
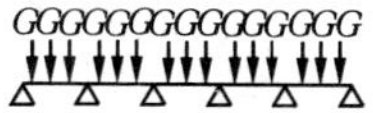	0.302	0.155	0.204	-0.395	-0.296	-0.296	-0.395	1.105	-1.895 1.599	1.401 1.500	-1.500 1.401	-1.599 1.895	-1.105
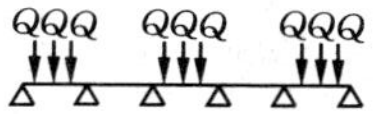	0.401	-0.173	0.352	-0.198	-0.148	-0.148	-0.198	1.302	-1.697 0.050	0.050 1.500	-1.500 -0.050	-0.050 1.697	-1.302
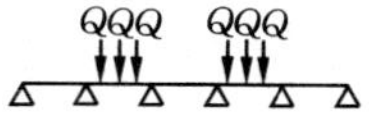	-0.099	0.327	-0.148	-0.198	-0.148	-0.148	-0.198	-0.197	-0.197 1.550	-1.450 0.000	0.000 1.450	-1.550 0.197	0.197
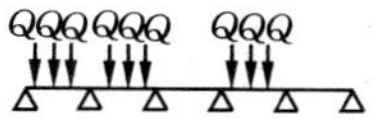	—	—	—	-0.449	-0.081	-0.166	-0.193	1.051	-1.949 1.867	-1.133 -0.085	-0.085 1.473	-1.527 0.193	0.193
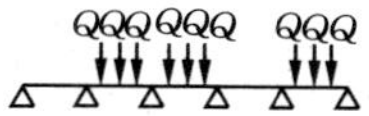	—	—	—	-0.130	-0.417	-0.076	-0.215	-0.130	-0.130 1.213	-1.787 1.841	-1.159 -0.139	-0.139 1.715	-1.285
	—	—	—	-0.251	0.067	-0.018	0.004	1.249	-1.751 0.318	0.318 -0.085	-0.085 0.022	0.022 -0.004	-0.004
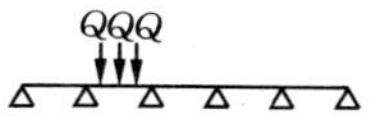	—	—	—	-0.184	-0.202	0.054	-0.013	-0.184	-0.184 1.482	-1.518 0.256	0.256 0.067	-0.067 -0.013	0.013
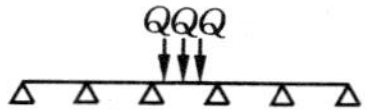	—	—	—	-0.049	-0.197	-0.197	0.049	0.049	0.049 -0.247	1.500 -1.500	-1.500 0.247	0.247 -0.049	-0.049

附录F　双向板的内力和挠度系数表

1. 内力计算公式

$$M = 表中系数 \times ql$$

式中,l 取 l_x 和 l_y 之间的较小值。

表中内力系数为泊松比 $\upsilon = 0$ 时求得的系数;当 $\upsilon \neq 0$ 时,表中系数需要按下式换算:

$$m_x^{\upsilon} = m_x + \upsilon m_y$$

$$m_y^{\upsilon} = m_y + \upsilon m_x$$

对于混凝土可以取 $\upsilon = 0.17$。

表中系数:

m_x,$m_{x\max}$——平行于 l_x 方向板中心点单位板宽内的弯矩和板跨内最大弯矩;

m_y,$m_{y\max}$——平行于 l_y 方向板中心点单位板宽内的弯矩和板跨内最大弯矩;

m_{ox},m_{oy}——平行于 l_x 和 l_y 方向自由边的中点单位板宽内的弯矩;

m_x'——固定边中点沿 l_x 方向单位板宽内的弯矩;

m_y'——固定边中点沿 l_y 方向单位板宽内的弯矩;

m_{xz}'——平行于 l_x 方向自由边上固定端单位板宽内的支座弯矩。

2. 挠度计算公式

$$f(或 f_{\max}) = 表中系数 \times \frac{ql^4}{B_c}$$

$$B_c = \frac{Eh^3}{12(1-\upsilon^2)} \quad (刚度)$$

式中　E——弹性模量;

h——板厚;

υ——泊松比;

f, $f_{\max}$——板中心点的挠度和最大挠度。

l 取 l_x 和 l_y 之间的较小值。

3. 正负号规定

弯矩——使板的受荷面积受压者为正;

挠度——变位方向与荷载方向相同者为正。

4. 边界约束符号规定

————代表自由边;- - - - - -代表简支边;┴┴┴┴┴┴代表固定板。

附表 F-1 四边简支板

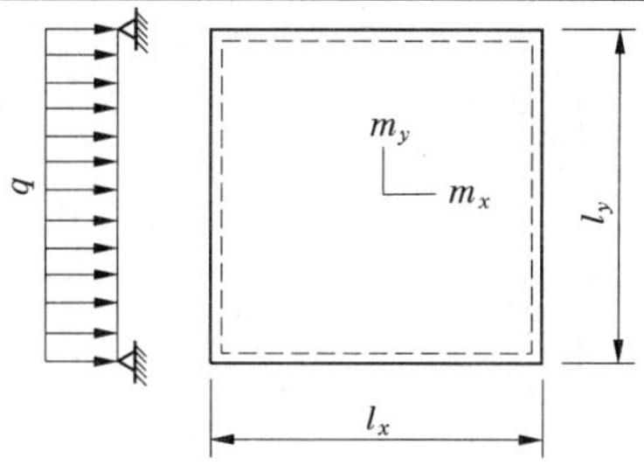

l_x/l_y	f	m_x	m_y	l_x/l_y	f	m_x	m_y
0.50	0.010 13	0.096 5	0.017 4	0.80	0.006 03	0.056 1	0.033 4
0.55	0.009 40	0.089 2	0.021 0	0.85	0.005 47	0.050 6	0.034 8
0.60	0.008 67	0.082 0	0.024 2	0.90	0.004 96	0.045 6	0.035 8
0.65	0.007 96	0.075 0	0.027 1	0.95	0.004 49	0.041 0	0.036 4
0.70	0.007 27	0.068 3	0.029 6	1.00	0.004 06	0.036 8	0.036 8
0.75	0.006 63	0.062 0	0.031 7				

附表 F-2 三边简支、一边固定板

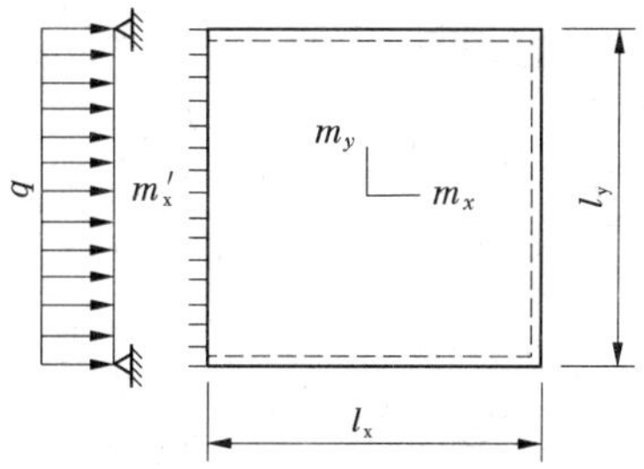

l_x/l_y	l_y/l_x	f	f_{max}	m_x	$m_{x,max}$	m_y	$m_{y,max}$	m_x'
0.50		0.004 88	0.005 04	0.058 3	0.064 6	0.006 0	0.006 3	−0.121 2
0.55		0.004 71	0.004 92	0.056 3	0.061 8	0.008 1	0.008 7	−0.118 7
0.60		0.004 53	0.004 72	0.053 9	0.058 9	0.010 4	0.011 1	−0.115 8
0.65		0.004 32	0.004 48	0.051 3	0.055 9	0.012 6	0.013 3	−0.112 4
0.70		0.004 10	0.004 22	0.048 5	0.052 9	0.014 8	0.015 4	−0.108 7
0.75		0.003 88	0.003 99	0.045 7	0.049 6	0.016 8	0.017 4	−0.104 8
0.80		0.003 65	0.003 76	0.042 8	0.046 3	0.018 7	0.019 3	−0.100 7
0.85		0.003 43	0.003 52	0.040 0	0.043 1	0.020 4	0.021 1	−0.096 5
0.90		0.003 21	0.003 29	0.037 2	0.040 0	0.021 9	0.022 6	−0.092 2
0.95		0.002 99	0.003 06	0.034 5	0.036 9	0.023 2	0.023 9	−0.088 0
1.00	1.00	0.002 79	0.002 85	0.031 9	0.034 0	0.024 3	0.024 9	−0.083 9
	0.95	0.003 16	0.003 20	0.032 4	0.034 5	0.028 0	0.028 7	−0.088 2
	0.90	0.003 60	0.003 68	0.032 9	0.034 7	0.032 2	0.033 0	−0.092 6
	0.85	0.004 09	0.004 17	0.032 9	0.034 7	0.037 0	0.037 8	−0.097 0
	0.80	0.004 64	0.004 73	0.032 6	0.034 3	0.042 4	0.043 3	−0.101 4
	0.75	0.005 26	0.005 36	0.031 9	0.033 5	0.048 5	0.049 4	−0.105 6
	0.70	0.005 95	0.006 05	0.030 8	0.032 3	0.055 3	0.056 2	−0.109 6
	0.65	0.006 70	0.006 80	0.029 1	0.030 6	0.062 7	0.063 7	−0.116 6
	0.60	0.007 52	0.007 62	0.026 8	0.028 9	0.070 7	0.071 7	−0.116 6
	0.55	0.008 38	0.008 48	0.023 9	0.027 1	0.079 2	0.080 1	−0.119 3
	0.50	0.009 27	0.009 35	0.020 5	0.024 9	0.088 0	0.088 8	−0.121 5

附表 F-3　两边简支、两对边固定板

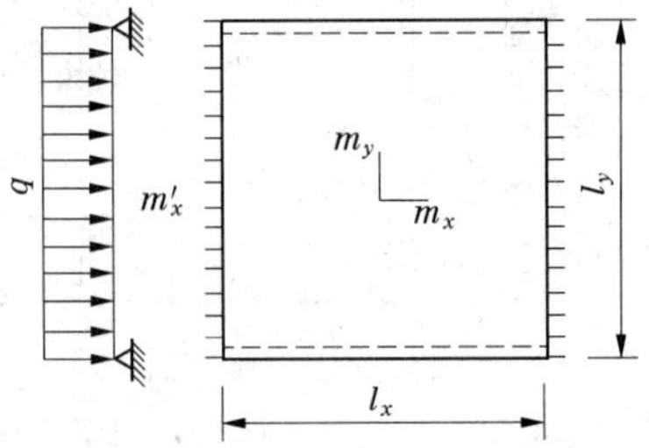

l_x/l_y	l_y/l_x	f	m_x	m_y	m'_x
0.50		0.002 61	0.041 6	0.001 7	−0.084 3
0.55		0.002 59	0.041 0	0.002 8	−0.084 3
0.60		0.002 55	0.040 2	0.004 2	−0.083 4
0.65		0.002 50	0.039 2	0.005 7	−0.082 6
0.70		0.002 43	0.037 9	0.007 2	−0.081 4
0.75		0.002 36	0.036 6	0.008 8	−0.079 9
0.80		0.002 28	0.035 1	0.010 3	−0.078 2
0.85		0.002 20	0.033 5	0.011 8	−0.076 3
0.90		0.002 11	0.031 9	0.013 3	−0.074 3
0.95		0.002 01	0.030 2	0.014 6	−0.072 1
1.00	1.00	0.001 92	0.028 5	0.015 8	−0.069 8
	0.95	0.002 23	0.029 6	0.018 9	−0.074 6
	0.90	0.002 60	0.030 6	0.224 0	−0.079 7
	0.85	0.003 03	0.031 4	0.026 6	−0.085 0
	0.80	0.003 54	0.031 9	0.031 6	−0.090 4
	0.75	0.041 30	0.032 1	0.037 4	−0.095 9
	0.70	0.048 20	0.031 8	0.044 1	−0.101 3
	0.65	0.005 60	0.030 8	0.051 8	−0.106 6
	0.60	0.006 47	0.029 2	0.060 4	−0.111 4
	0.55	0.007 43	0.026 7	0.069 8	−0.115 6
	0.50	0.008 44	0.023 4	0.079 8	−0.119 1

附表 F-4　四边固定板

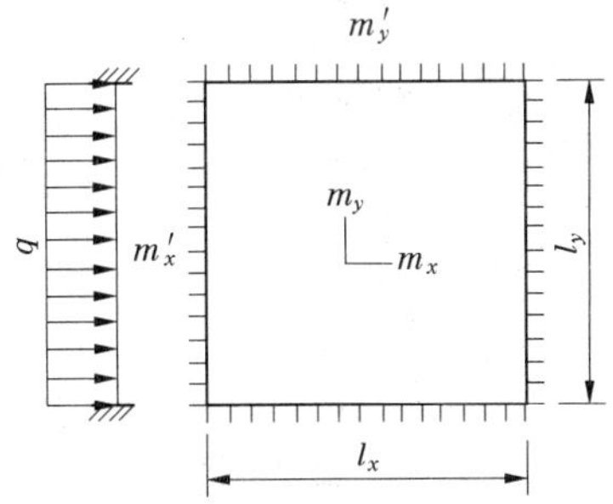

l_x/l_y	f	m_x	m_y	m'_x	m'_y
0.50	0.002 53	0.040 0	0.003 8	-0.082 9	-0.057 0
0.55	0.002 46	0.038 5	0.005 6	-0.081 4	-0.057 1
0.60	0.002 36	0.036 7	0.007 6	-0.079 3	-0.057 1
0.65	0.002 24	0.034 5	0.009 5	-0.076 6	-0.057 1
0.70	0.002 44	0.032 1	0.011 3	-0.073 5	-0.056 9
0.75	0.001 97	0.029 6	0.013 0	-0.070 1	-0.056 5
0.80	0.001 82	0.027 1	0.014 4	-0.066 4	-0.055 9
0.85	0.001 68	0.024 6	0.015 6	-0.062 6	-0.055 1
0.90	0.001 53	0.022 1	0.016 5	-0.058 8	-0.054 1
0.95	0.001 40	0.019 8	0.017 2	-0.055 0	-0.052 8
1.00	0.001 27	0.017 6	0.017 6	-0.051 3	-0.051 3

附表 F-5　两邻边简支、两邻边固定板

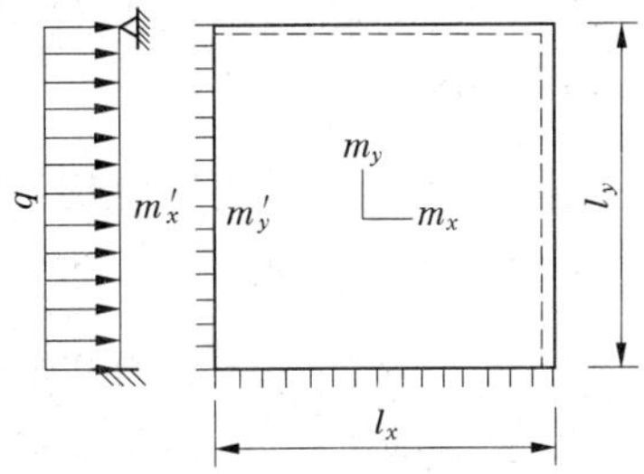

l_x/l_y	f	f_{max}	m_x	$m_{x,max}$	m_y	$m_{y,max}$	m'_x	m'_y
0.50	0.004 68	0.004 71	0.055 9	0.056 2	0.007 9	0.013 5	-0.117 9	-0.078 6
0.55	0.004 45	0.004 54	0.052 9	0.053 0	0.010 4	0.015 3	-0.114 0	-0.078 5
0.60	0.004 19	0.004 29	0.049 6	0.049 8	0.012 9	0.016 9	-0.109 5	-0.078 2
0.65	0.003 91	0.003 99	0.046 1	0.046 5	0.015 1	0.018 3	-0.104 5	-0.077 7
0.70	0.003 63	0.003 68	0.042 6	0.043 2	0.017 2	0.019 5	-0.099 2	-0.077 0
0.75	0.003 35	0.003 40	0.039 1	0.039 6	0.018 9	0.020 6	-0.093 8	-0.076 0
0.80	0.003 08	0.003 13	0.035 6	0.036 1	0.020 4	0.021 8	-0.088 3	-0.074 8
0.85	0.002 81	0.002 86	0.032 2	0.032 8	0.021 5	0.022 9	-0.082 9	-0.078 3
0.90	0.002 56	0.002 61	0.029 1	0.029 7	0.022 4	0.023 8	-0.077 6	-0.071 6
0.95	0.002 32	0.002 37	0.026 1	0.026 7	0.023 0	0.024 4	-0.072 6	-0.069 8
1.00	0.002 10	0.002 15	0.023 4	0.024 0	0.023 4	0.024 9	-0.067 7	-0.067 7

附表 F-6　一边简支、三边固定板

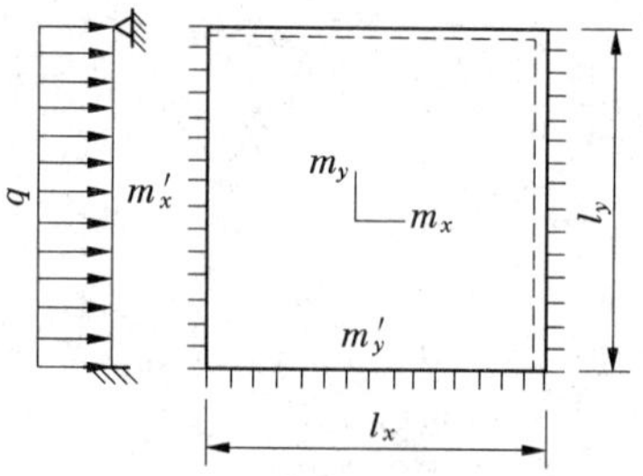

l_x/l_y	l_y/l_x	f	f_{max}	m_x	$m_{x,max}$	m_y	$m_{y,max}$	m'_x	m'_y
0.50		0.002 57	0.002 58	0.040 8	0.040 9	0.002 8	0.008 9	−0.083 6	−0.056 9
0.55		0.002 52	0.002 55	0.039 8	0.039 9	0.004 2	0.009 3	−0.082 7	−0.057 0
0.60		0.002 45	0.002 49	0.038 4	0.038 6	0.005 9	0.010 5	−0.081 4	−0.057 1
0.65		0.002 37	0.002 40	0.036 8	0.037 1	0.007 6	0.011 6	−0.079 6	−0.057 2
0.70		0.002 27	0.002 29	0.035 0	0.035 4	0.009 3	0.012 7	−0.077 4	−0.057 2
0.75		0.002 16	0.002 19	0.033 1	0.033 5	0.010 9	0.013 7	−0.075 0	−0.057 2
0.80		0.002 05	0.002 08	0.031 0	0.031 4	0.012 4	0.014 7	−0.072 2	−0.057 0
0.85		0.001 93	0.001 96	0.028 9	0.029 3	0.013 8	0.015 5	−0.069 3	−0.056 7
0.90		0.001 81	0.001 84	0.026 8	0.027 3	0.015 9	0.016 3	−0.066 3	−0.056 3
0.95		0.001 69	0.001 72	0.024 7	0.025 2	0.016 0	0.017 2	−0.063 1	−0.055 8
1.00	1.00	0.001 57	0.001 60	0.022 7	0.023 1	0.016 8	0.018 0	−0.060 0	−0.055 0
	0.95	0.001 78	0.001 82	0.022 9	0.023 4	0.019 4	0.020 7	−0.062 9	−0.059 9
	0.90	0.002 01	0.002 06	0.022 8	0.023 4	0.022 3	0.023 8	−0.065 6	−0.065 3
	0.85	0.002 27	0.002 33	0.022 5	0.023 1	0.025 5	0.027 3	−0.068 3	−0.071 1
	0.80	0.002 56	0.002 62	0.021 9	0.022 4	0.029 0	0.031 1	−0.070 7	−0.077 2
	0.75	0.002 88	0.002 94	0.020 8	0.021 4	0.032 9	0.035 4	−0.072 9	−0.083 7
	0.70	0.003 19	0.032 70	0.019 4	0.020 0	0.037 0	0.040 0	−0.074 8	−0.090 3
	0.65	0.003 52	0.003 65	0.017 5	0.018 2	0.041 2	0.044 6	−0.076 2	−0.097 0
	0.60	0.003 86	0.004 03	0.015 3	0.016 0	0.045 4	0.049 3	−0.077 8	−0.103 3
	0.55	0.004 19	0.004 37	0.012 7	0.013 3	0.049 6	0.054 1	−0.078 0	−0.109 3
	0.50	0.004 49	0.004 63	0.009 9	0.010 3	0.053 4	0.058 8	−0.078 4	−0.114 6

参考文献

[1] 毕守一,李燕飞. 工程力学与建筑结构[M]. 郑州:黄河水利出版社,2009.
[2] 邹林. 工程力学[M]. 武汉:华中科技大学出版社,2013.
[3] 王建伟,郭遂安. 水工钢筋混凝土结构[M]. 郑州:黄河水利出版社,2011.
[4] 段凯敏,丁灿辉,张宪明. 水工钢筋混凝土结构[M]. 武汉:华中科技大学出版社,2012.
[5] 周氏,章定国,钮新强,等. 水工混凝土结构设计手册[M]. 北京:中国水利水电出版社, 1999.
[6] 河海大学,大连理工大学,西安理工大学,等. 水工钢筋混凝土结构学[M]. 3 版. 北京:中国水利水电出版社,2009.
[7] 赵瑜. 水工钢筋混凝土结构[M]. 北京:中央广播电视大学出版社,2001.
[8] 徐有邻,周氏. 混凝土结构设计规范理解与应用[M]. 北京:中国建筑工业出版社,2002.
[9] 袁建力. 建筑结构[M]. 北京: 中国水利水电出版社,1998.
[10] 赵积华. 建筑结构设计原理[M]. 2 版. 南京:河海大学出版社,1999.
[11] 彭明,王建伟. 建筑结构[M]. 2 版. 郑州:黄河水利出版社,2009.
[12] 翟爱良,郑晓燕. 钢筋混凝土结构计算与设计[M]. 北京:中国水利水电出版社,1999.
[13] 龚绍熙. 新编注册结构工程师专业考试教程[M]. 北京:中国建材工业出版社,2006.